高等院校计算机应用系列教材

计算机网络教程

(第3版)

溪利亚　刘智珺　主　编
苏　莹　蔡　芳　副主编

清華大學出版社
北　京

内 容 简 介

本书以“重基础、重实践、重应用”为宗旨，注重学生“懂、建、管、用”专业能力的培养，内容包括计算机网络概述、数据通信技术、计算机网络体系结构、局域网、网络互联技术、Internet 技术、网络安全技术等理论知识和实践应用，以满足学习者对掌握网络系统分析、设计、组建、运维和应用开发能力的需求。

本书编排方式新颖，内容基础性强，概念清晰，逻辑严谨，实验教学源于生活中的网络应用，实用性强，并遴选了重要知识点录制了微课视频和实践指导微视频。读者扫描书中二维码就可以观看相应知识点的讲解，这为读者学习和理解相关内容提供了方便。

本书可作为高等院校计算机专业和理工类网络课程的教材，也可作为从事计算机与信息技术应用的工程技术人员的参考书。

图书在版编目(CIP)数据

计算机网络教程 / 溪利亚，刘智珺主编. —3 版. —北京：清华大学出版社，2023.1（2024.1重印）
高等院校计算机应用系列教材
ISBN 978-7-302-61989-5

Ⅰ.①计… Ⅱ.①溪… ②刘… Ⅲ.①计算机网络—高等学校—教材 Ⅳ.①TP393

中国版本图书馆 CIP 数据核字(2022)第 179934 号

责任编辑：刘金喜
封面设计：高娟妮
版式设计：孔祥峰
责任校对：成凤进
责任印制：沈　露

出版发行：清华大学出版社
网　　址：https://www.tup.com.cn，https://www.wqxuetang.com
地　　址：北京清华大学学研大厦 A 座　　邮　　编：100084
社 总 机：010-83470000　　邮　　购：010-62786544
投稿与读者服务：010-62776969，c-service@tup.tsinghua.edu.cn
质 量 反 馈：010-62772015，zhiliang@tup.tsinghua.edu.cn
印 装 者：天津鑫丰华印务有限公司
经　　销：全国新华书店
开　　本：185mm×260mm　　印　　张：19.25　　字　　数：492 千字
版　　次：2014 年 1 月第 1 版　　2023 年 1 月第 3 版　　印　　次：2024 年 1 月第 2 次印刷
定　　价：79.00 元

产品编号：098067-01

前　言

计算机网络课程是带领学生走进互联网世界，探寻互联网奥秘，体验互联网创新推动经济、科技发展的一门重要课程。计算机网络技术的发展日新月异，不断有新概念、新技术、新应用涌现。因此，本书依据“面向基础，注重实践，面向实际应用，面向未来发展”的理念，立足于培养高素质应用型人才的教学要求，安排教学内容，设计呈现方式，全面讲解计算机网络知识。

(1) 面向基础，注重专业知识的积累和应用，培养基于互联网思维的创新意识。

全书分为两部分，第一部分以理论教学为主，第二部分以实践教学为主。本书的理论部分按照“模块化”的原则，将计算机网络技术 7 章内容，分为了网络理论、网络技术、网络应用和网络安全 4 个模块。计算机网络技术各章之间的结构关系如图 1 所示。

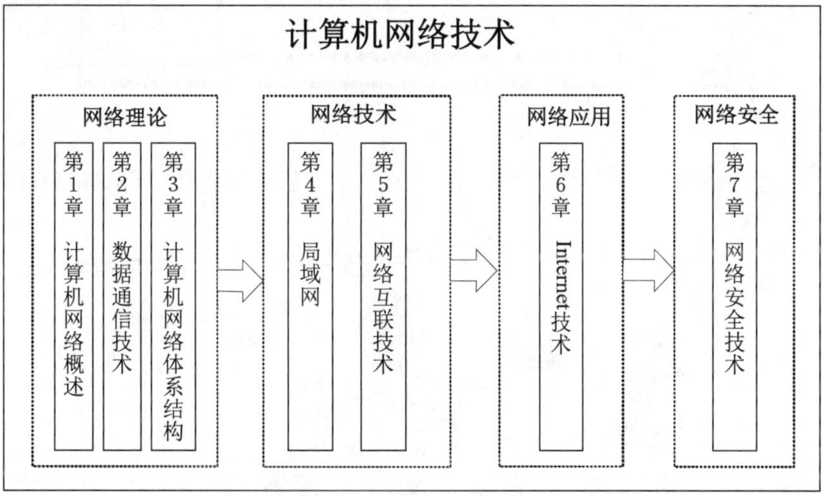

图 1　计算机网络技术各章之间的结构关系

第 1 章介绍了计算机网络的基本概念、分类、组成、性能和发展趋势，这是全书的基本内容。

第 2 章介绍了数据通信的基本概念、数据传输介质、信道复用技术和数据交换技术、数据编码技术、差错控制技术等，为初学者学习数据通信技术奠定基础。

第 3 章介绍了计算机网络的体系结构，对 OSI 参考模型与 TCP/IP 参考模型进行了比较和分析，使学习者对计算机网络体系结构有初步了解。

第 4 章介绍了局域网、以太网、局域网互联技术、虚拟局域网、高速局域网、无线局域网，以及局域网结构化综合布线技术等，为学习者构建主流网络提供了保障。

第 5 章介绍了网络互联的基本概念、类型、互联网络协议 TCP/IP、虚拟互联网络的概念及与之配合使用的 ARP、RARP、ICMP 等协议的作用，重点介绍了 IP 地址与硬件地址的关系、IP 层转发分组的流程、子网与子网掩码等关键技术，以及 NAT、IPv6 和运输层的 TCP、UDP 的基本概念。通过对本章的学习，学习者可以切实地了解因特网是怎样工作的。

第 6 章介绍了 Internet 的发展历程、接入方式，以及常用的 Internet 应用，为学习者提供了系统的网络应用技术知识和应用指导。

第 7 章介绍了网络中面临的安全问题，以及常用的防火墙、入侵检测、VPN 等安全技术，并给出了安全应用实例，让学习者对网络安全既有理性认识也有感性体验，培养“三分技术，七分管理”的安全意识。

通过对各模块知识结构和层次关系的梳理，把握计算机网络知识，从全貌认识计算机网络。计算机网络探索全貌图如图 2 所示。

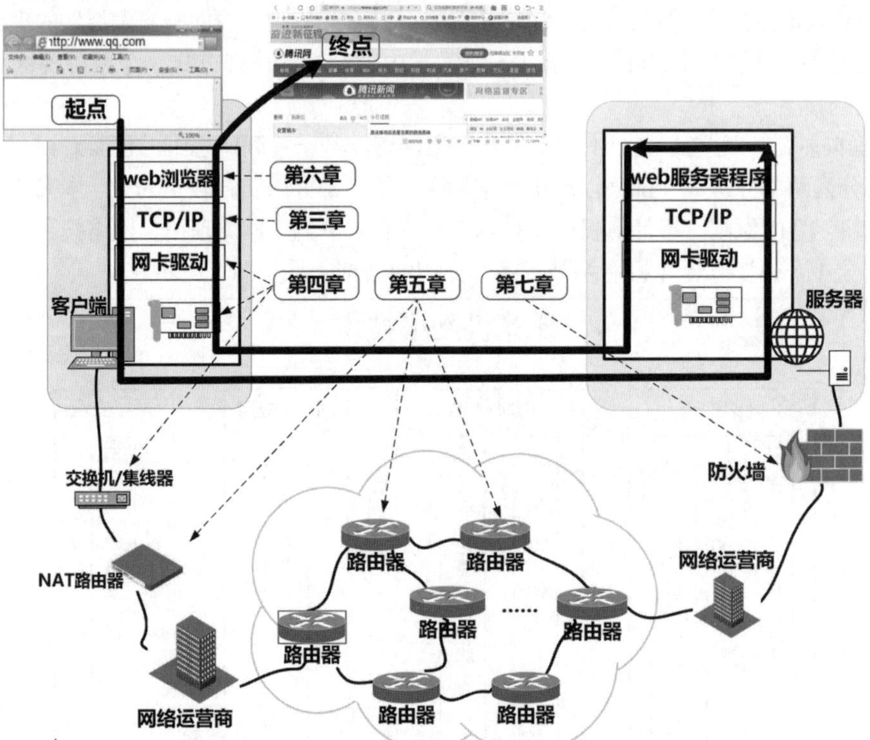

图 2　计算机网络探索全貌图

(2) 注重实践，面向实际应用，构建了立体化的实践教学体系、沉浸式实践教学模式，培养运用互联网技术解决实际问题的能力。

本书的实验部分按照“三贴近”(贴近学生、贴近实际、贴近生活)的原则，依据计算机网络的知识脉络，以及实践项目知识点之间的关联性，由浅入深地设计了覆盖系统运维、组建、分析、设计 4 个能力层的 7 个实验项目，如表 1 所示。本书通过对虚拟仿真技术的使用，突破了实验空间和时间的限制，实现了实验课堂的延伸，构建了“虚拟仿真+实物实验+实际应用”、课内课外的混合式实践教学体系，形成了生活环境即实验环境、实验项目即实际应用的沉浸式实践教学模式，体验“学以致用”的快乐。

表 1 计算机网络实践环节技能知识点

实践教学内容	能力目标
常用网络设备	系统运维
网络测试与管理命令	
组建 Windows 环境下的局域网	系统组建
静态路由	
网络数据包的监听和分析	系统分析
应用服务器的搭建	系统设计
编写简单的客户/服务器程序	

(3) 面向未来，培养学生良好的学习方法与获取知识的能力，促进学生全面发展。

本书以建构主义学习理论为指导，以互联网为基础，结合信息化技术，设计、开发了配套的网络资源，包括教学课件、教学视频、教学案例、线上虚拟仿真实践项目指导、线上虚拟仿真实践平台、各章配套习题等，这不仅为教师开展线上线下混合式教学提供了支持，促进了个性化教育的实现，提高了学习效果，还培养了学生自主式、合作式、探究式的学习能力，实现了知识学习、能力发展、价值观培养为一体的教育目标，促进学生全面发展，促进教育现代化进程。

本书相关线上资源均可通过学银在线 https://www.xueyinonline.com/detail/222935591 访问。

本书第 1 章、第 2 章、第 4 章、第 5 章及实践教学内容由溪利亚编写，第 3 章和第 6 章由苏莹编写，第 7 章由蔡芳编写，全书由溪利亚和刘智珺统稿。

本书实践部分的视频录制得到了鲁子轩同学的帮助，在此表示衷心的感谢。

限于编者的学术水平，书中不妥之处在所难免，敬请读者批评指正。

服务邮箱：476371891@qq.com

本书教学课件和习题答案可通过扫描下方二维码下载，教学视频可通过扫描书中二维码观看。

教学课件+习题答案

编者

2022 年 10 月

目 录

第一部分

理论篇

꧁ 第 1 章 ꧂

计算机网络概述

计算机网络是计算机技术与通信技术相互渗透和结合的产物，以互联网为代表的计算机网络对当今人类社会的生活、科技、教育、文化与经济发展都有着深刻的影响。计算机网络已成为信息社会的命脉和发展知识经济的重要基础，是人们日常生活和工作中不可缺少的工具，人类已进入以网络为核心的信息时代。本章从网络的产生和发展开始，全面介绍计算机网络的功能、组成、性能、应用和未来的发展趋势等相关知识。

本章主要讨论以下问题。

- 计算机网络是如何产生和发展的？
- 什么是计算机网络？
- 计算机网络可以为我们做什么？
- 计算机网络是如何构成的？
- 计算机网络可以分为哪几种类型？
- 如何衡量计算机网络的性能？
- 计算机网络未来的发展趋势如何？

1.1 计算机网络基本概念

1.1.1 计算机网络的产生和发展

计算机网络的发展

计算机网络的发展始于 20 世纪 50 年代，是为了满足人们对数据通信和资源共享的需求而产生的。计算机网络是计算机技术和通信技术相结合的产物，计算机技术和通信技术的飞速发展，给计算机网络的产生提供了可能。通信技术为计算机之间交换信息和数据提供了手段，计算机技术渗透到通信技术，提高了通信技术的各种性能，包括智能和速度。纵观计算机网络发展的历程，从形成到成熟，经历了 4 个阶段。

1. 第一阶段：以主机为中心的计算机网络(20 世纪 50 年代)

1946 年，世界上第一台电子数字计算机 ENIAC 问世，此时，计算机技术与通信技术并没有直接的联系。20 世纪 50 年代初，由于美国军方的需要，美国半自动地面防空系统(semi-automatic ground environment，SAGE)将远程雷达信号、机场与防空部队的信息，通过无线、有线线路和卫星信道传送到位于美国本土的一台 IBM 计算机中进行处理，有线和无线通信线路总长度超过了 241 万千米。这项研究是计算机技术与通信技术相结合的尝试，由此出现了第一代计算机网络，如图 1-1 所示。人们把这种以单台计算机为中心的联机系统，称为以主机为中心的联机系统，它是一种典型的计算机通信网络。例如，20 世纪 60 年代初，美国航空公司与 IBM 公司合作开发了航空订票系统 SABRE-1，由一台主机和 2000 多个终端组成。

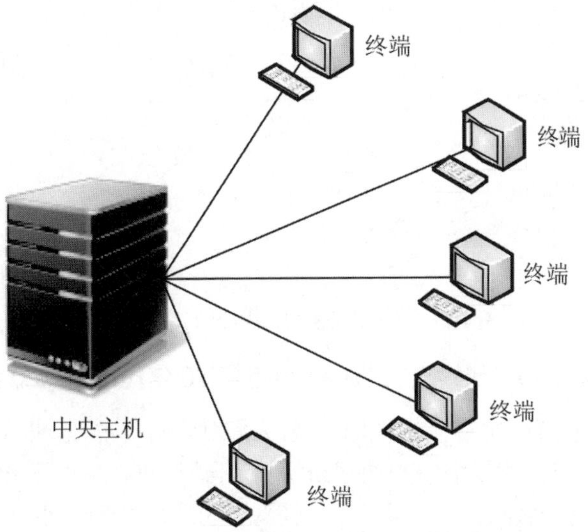

图 1-1　以主机为中心的计算机网络

这种网络结构简单，以主机为中心，集中控制，终端主要依赖于电话网络与中央主机分时进行数据通信。远程终端系统中，如果中央主机的负荷较重，会导致系统响应时间过长；单机系统的可靠性一般也较低，一旦中央主机发生故障，将导致整个网络系统瘫痪。

2. 第二阶段：计算机—计算机网络(20 世纪 60 年代中期—20 世纪 70 年代中期)

随着计算机应用技术和通信技术的进步，军事、科研、企业与政府部门希望将分布在不同地点的计算机通过通信线路互联，使网络用户可以使用本地计算机上的软件、硬件和数据资源，也可以使用联网的其他计算机的软件、硬件与数据资源。同时，为了克服第一代计算机网络的不足，提高网络的可靠性和可用性，设计出了将多台计算机相互连接的第二代计算机网络，如图 1-2 所示。该阶段的计算机网络采用了分组交换技术实现了计算机与计算机的互联，人们把这种网络称为以分组交换网为中心的计算机网络。

第二代计算机网络的典型代表是美国国防部高级研究计划局(advanced research project agency，ARPA)的 ARPANET(通常称为 ARPA 网)。1969 年，ARPA 提出了将多所大学、公司和研究所的计算机互联的课题。1969 年，ARPANET 只有 4 个节点，以电话线作为主干网络，到 1973 年，ARPANET 发展到 40 个节点，进入工作阶段。此后，ARPANET 规模不断扩大，1983 年已经达到 100 个节点，通过无线、有线与卫星通信线路，使网络覆盖了从美国本土到夏威夷甚至欧洲的广阔地域。

ARPANET 是计算机网络发展的重要里程碑。ARPANET 的研究提出了资源子网、通信子网两级网络结构的概念；研究了报文分组交换的数据交换方法；采用了层次化的网络体系结构模型与协议体系，促进了 TCP/IP 协议的发展，为 Internet 的形成奠定了基础。

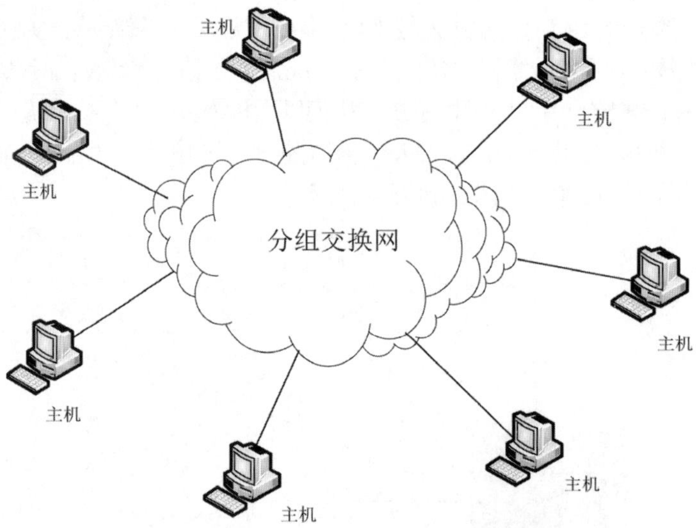

图 1-2　以分组交换网为中心的计算机网络

3. 第三阶段：网络体系结构标准化阶段(20 世纪 70 年代中期—20 世纪 80 年代末期)

经过 20 世纪 60 年代到 70 年代前期的发展，人们对组网技术、方法和理论的研究日趋成熟，为了促进网络产品的开发，各大计算机公司纷纷制定自己的网络技术标准。IBM 公司为了使自己公司制造的计算机易于联网并有标准可循，使网络的系统软件、网络硬件具有通用性，1974 年在世界上首先提出了完整的计算机网络体系结构化的概念，宣布了 SNA 标准。IBM 公司将以 SNA 作为标准建立起来的网络称为 SNA 网，用户可以非常容易地将 IBM 各系列和型号的计算机互联构建网络。为了增强计算机产品在世界市场的竞争力，其他公司也都公布了自己的网络体系结构标准，例如，DEC 公司公布了 DNA(数字网络系统结构)、Univac 公司公布了 DCA(数据通信体系结构)等。这样就形成了各计算机制造厂商网络体系结构的标准化。

各公司有自己的网络体系结构，可使生产的各种设备容易互联成网，有助于该公司垄断自己的产品。但是，随着社会的发展，不同网络体系结构的用户迫切要求互相交换信息。

为了使不同体系结构的计算机网络都能互联，国际标准化组织(ISO)于 1977 年成立专门机构研究该问题。1978 年，ISO 提出了“异种机联网标准”的框架结构，这就是著名的开放系统互连参考模型(open system interconnection reference model，OSI/RM)。只要遵循 OSI 标准，一个系统就可以和位于世界上任何地方的、也遵循这一标准的其他任何系统进行通信。OSI 在国际上得到了认可，几乎所有网络产品厂商都表示支持，OSI 极大地推动了计算机网络的发展，成为不同计算机网络体系结构依照的标准。

20 世纪 80 年代，微型计算机的发展和普及，推动了企业内部的微型计算机与智能设备的互联需求，从而带动了局域网技术的高速发展。局域网厂商从一开始就按照标准化、互相兼容的方式竞争。1980 年，IEEE 802 委员会制定了局域网标准，极大地促进了局域网的发展和成熟。

4. 第四阶段：Internet 的广泛应用(20 世纪 90 年代后)

1993 年，美国宣布实施“国家信息基础设施(national information infrastructure，NII)行动计划”。人们通常将其称为“信息高速公路”计划，即在全美建成一个由通信网、计算机、信息资源、用户信息设备与人构成的互联互通、无所不在的信息网络。

1994 年，美国又提出了建立“全球信息基础设施(global information infrastructure，GII)计划”的倡议，建议将各国的 NII 互联起来组成世界范围的信息基础结构。GII 的形成使互联网的发展进入了一个新的阶段。

在 20 世纪 90 年代以后，以互联网为代表的计算机网络得到了飞速的发展，推动了科学、文化、经济和社会的发展。Internet 中的信息资源涉及商业、医疗卫生、科研教育、休闲娱乐、金融、政府管理等。用户可以使用 Internet 上提供的 WWW 服务、电子邮件(E-mail)服务与文件传输(FTP)服务等，也可以通过 Internet 与朋友聊天，发表自己的见解或寻求帮助。

Internet 的广泛应用和高速网络技术的发展，使得移动网络、网络多媒体计算、网络并行计算、存储区域网、云计算和物联网等逐渐成为新的网络研究热点。

1.1.2　计算机网络的概念

计算机网络的定义

1. 计算机网络的定义

计算机网络在发展的不同阶段或从不同的角度来看，有着不同的含义。目前，关于计算机网络的定义可以分为三类：广义的观点、资源共享的观点和用户透明性的观点。

1) 广义的观点

广义的观点指出计算机网络是“在某种协议控制下，由一台或多台计算机、若干台终端设备、数据传输设备，以及便于终端和计算机之间或若干台计算机之间数据流动的通信设备所组成的系统的集合”。计算机网络中的协议就是通信双方为了实现通信所建立的标准、规则或约定。协议由语义、语法和时序三部分组成。语义规定通信双方彼此“讲什么”，即确定协议元素的类型，如规定通信双方要发出什么控制信号、执行的动作和返回的应答；语法规定通信双方彼此“如何讲”，即确定协议元素的格式，如数据和控制信息的格式；时序(同步)规定事件执行的顺序，即确定通信过程中通信状态的变化。

2) 资源共享的观点

资源共享的观点能够准确地描述现阶段计算机网络的基本特征，将计算机网络定义为“以相互共享资源(硬件、软件和数据等)的方式而连接起来的，并且各自具有独立功能的计算机系统的集合”。按照资源共享的观点定义的计算机网络主要有以下 3 个特征。

(1) 计算机网络建立的目的是实现计算机资源的共享。计算机资源包括计算机硬件、软件和数据。网络用户不仅可以使用本地资源，而且可以通过互联网络访问远程计算机资源，还可以调用网络中的几台不同的计算机共同完成某项工作。

(2) 互联的计算机是分布在不同地理位置、具有独立处理能力的自主计算机。在计算机网络中计算机之间没有主从关系，所有计算机都是平等独立的，既可以联网工作，也可以独立工作。

(3) 互联计算机之间的通信必须遵循共同的网络协议。计算机网络由多个互联的节点组成，节点之间要做到有条不紊地交换数据，每个节点就必须遵守事先约定好的通信规则，即协议。这就像人与人之间的交流，没有共同语言，交流就会有障碍。

3) 用户透明性的观点

用户透明性的观点定义了计算机网络中“存在着一个能为用户自动统一管理资源的网络操作系统，由它调用完成用户任务所需要的资源，而整个网络像一个大的计算机系统一样对用户透明”。严格地说，用户透明性观点的定义描述是一种分布式计算机系统(distributed computer system)，简称为分布式系统。它基于计算机网络，也区别于计算机网络。计算机网络与分布式系统的共同点主要表现在一般的分布式系统建立在计算机网络之上，因此两者在物理结构上基本相同。两者的区别主要表现在分布式操作系统与网络操作系统的设计思想不同，因此它们的结构、工作方式与功能也不同。计算机网络为分布式系统的研究提供了技术基础，而分布式系统是计算机网络发展的高级阶段。

尽管计算机网络与应用已经取得了很大的进步，新的技术不断涌现，但是从资源共享的观点定义计算机网络仍然能准确地描述现阶段计算机网络的基本特征。

2. 网络的网络

在对计算机网络有了初步了解后，我们来进一步看一看计算机网络、互联网(或互连网)及因特网之间的关系。

网络是由若干节点(node)和连接这些节点的链路(link)组成的。网络中的节点可以是计算机、集线器、路由器、交换机等网络设备，如图 1-3(a)所示，三台计算机通过三条链路连接到一个集线器上，构成了一个简单的网络。通常，可以用一朵云表示一个网络。网络和网络可以通过路由器互联起来，这样就构成了一个覆盖范围更大的网络，即互联网，如图 1-3(b)所示。因此，互联网是“网络的网络”(network of networks)。而因特网是世界上最大的互联网(用户数以亿计，互联的网络数以百万计)。因特网通常也用一朵云来表示，如图 1-3(c)所示，表示许多主机连接在因特网上。

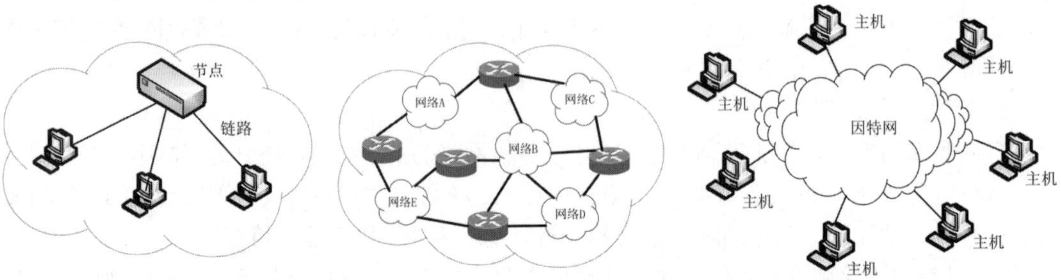

(a) 网络(计算机的集合)　　(b) 互联网(网络的网络)　　(c) 因特网(最大的互联网)

图 1-3　网络、互联网、因特网的概念

因此，可以这样理解：网络是许多计算机互联的集合，互联网是许多网络互联的集合，世界上最大的互联网就是因特网。互联网和因特网都是计算机网络。

1.1.3　计算机网络的功能

计算机网络向用户提供的主要功能有两个：资源共享和数据通信。

资源共享是计算机网络最具吸引力的功能，用户可以共享网络中各种硬件和软件资源，使网络中各地区的资源互通有无、分工协作，从而提高系统资源的利用率。利用计算机网络可以共享主机设备，如中型机、小型机、工作站等，以完成特殊的处理任务；可以共享一些较高级或较昂贵的外部设备，如激光打印机、绘图仪、数字化仪、扫描仪等，以节约投资；更重要的是，利用计算机网络共享软件、数据等信息资源，可以最大限度地降低成本，提高效率。

数据通信是计算机网络的基本功能之一，是资源共享的基础，用以实现计算机与终端或计算机与计算机之间的各种信息传送。利用这一功能，用户之间的距离变得更近了，地理位置分散的生产单位或业务部门可通过计算机网络连接起来进行集中的控制和管理，如通过计算机网络实现铁路运输的实时管理与控制，提高铁路运输能力。

在日常社会活动中可以利用计算机网络加强相互间的通信，如通过网络上的文件服务器交换信息和报文、发送电子邮件、相互协同工作等。计算机网络改变了利用电话、信件和传真机通信的传统手段，也解除了利用软盘和磁带传递信息的不便，一方面提高了计算机系统的整体性能，另一方面大大方便了人们的工作和生活。

1.2 计算机网络的分类

计算机网络的分类

计算机网络有很多类别，一般可以从覆盖范围、使用者的角度进行划分。

1.2.1 不同覆盖范围的网络

1) 局域网(local area network，LAN)

局域网是指在十几千米的地理范围内将计算机、外设和通信设备互联在一起的网络系统。常见于一幢大楼、一个工厂或一个企业内。它规模小，硬件设备相对简单。因为距离比较近，所以传输速率一般比较高，误码率较低。局域网组建方便，采用的技术较为简单，是目前计算机网络发展中最活跃的分支。

2) 广域网(wide area network，WAN)

广域网是与局域网相对而言的，它涉及的范围较大，通常可以达到几十千米、几百千米，甚至更远。例如，CHINANET、ARPANET 等就属于广域网的范畴。广域网可以遍布于一个城市、国家，乃至全球。因为传输距离较远，所以传输速率比较低，误码率较高于局域网。在广域网中为了保证网络的可靠性，一般采用比较复杂的控制机制。

3) 城域网(metropolitan area network，MAN)

城域网的覆盖范围介于局域网和广域网之间，一般是一个城市，也可以为一个单位或几个单位所拥有，但也可以是一种公用设施，用来将多个局域网进行互联。目前，很多城域网采用的是以太网技术，因此，有时也常并入局域网的范围进行讨论。

4) 接入网(access network，AN)

接入网又称为本地接入网或居民接入网，一般由 ISP 提供，是用户能够与互联网连接的“桥梁”，如图 1-4 所示。目前，常用的接入网技术有 xDSL 技术、混合光纤同轴电缆(HFC)网和 FTTx 技术。

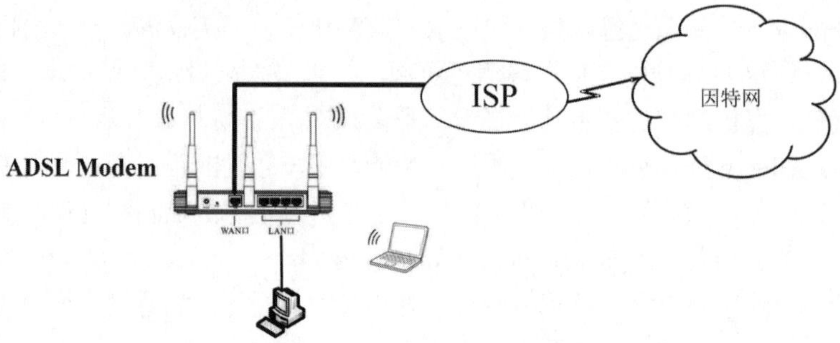

图 1-4　通过 ISP 接入 Internet

1.2.2　不同使用者的网络

1) 公用网

公用网，是指国有或私有出资建造的大型网络。只要按照规定缴纳一定的费用，所有人都可以使用，所以也称为公众网。

2) 专用网

专用网是某个部门为满足本单位的特殊业务工作的需要而建造的网络。这种网络不向本单位以外的人提供服务。例如，军队、铁路、金融等系统均有专用网。

1.3　计算机网络的组成

计算机网络的组成

从计算机网络的功能来看，计算机网络可以分为两部分：负责数据处理的主机和终端；负责数据通信的路由器与通信线路，如图 1-5 所示。通常称这两部分为资源子网和通信子网，资源子网由主机、终端、终端控制器、联网外设、各种网络软件与信息资源组成，负责全网的数据处理业务，向用户提供各种网络资源与网络服务；通信子网由路由器、通信线路与其他的通信设备组成，负责完成网络数据传输、转发等通信处理任务。

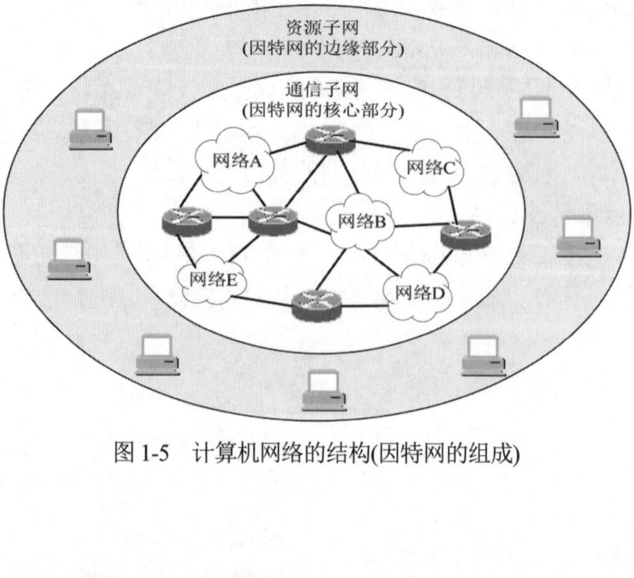

图 1-5　计算机网络的结构(因特网的组成)

因特网已成为世界上最大的计算机网络，虽然结构复杂，并且在地理上覆盖了全球，但是从工作方式上看，可以划分为边缘和核心两部分。边缘部分由所有连接在因特网上的主机组成，这部分是用户直接使用的，用来进行通信(传送数据、音频或视频)和资源共享。核心部分由大量网络和连接这些网络的路由器组成，这部分是为边缘部分提供服务的(提供连通性和交换)。

1. 因特网的边缘部分

在结构和功能上，因特网的边缘部分类似于计算机网络的资源子网，由因特网上的所有主机组成。这些主机又称为端系统(end system)，即因特网的末端。端系统可以是个人的一台普通计算机，也可以是一个单位(如学校、政府、企业或是因特网服务提供商)所拥有的一台非常昂贵的大型计算机。边缘部分的主机之间利用核心部分提供的服务互相通信并交换或共享信息。

边缘部分工作方式

两个端系统之间的通信实际上就是端系统中进程之间的通信，而进程是指运行着的程序。例如，“主机 A 和主机 B 进行通信”，实际上是指“运行在主机 A 上的某个程序和运行在主机 B 上的另一个程序进行通信”，简称为“计算机之间的通信”。

在人们打电话的时候，电话机的振铃声使被叫用户知道现在有电话呼叫。那么计算机之间进行通信时，一方是如何通知、唤醒另一方通信交流的呢？在因特网边缘的计算机中运行的进程之间的通信方式通常可划分为两大类：客户/服务器(client/server，C/S)方式和对等连接(peer-to-peer，P2P)方式。

1) 客户/服务器方式

这种方式是因特网上最常用，也是最传统的方式。人们在网上访问网站、发送电子邮件时，使用的就是这种方式。客户(client)和服务器(server)是通信中所涉及的两个应用进程。客户/服务器方式所描述的是进程之间服务和被服务的关系。在图 1-6 中，主机 A 运行客户程序，而主机 B 运行服务器程序，这时主机 A 就是客户，主机 B 就是服务器。客户 A 向服务器 B 发出请求服务，服务器 B 向客户 A 提供服务，它们之间是服务的请求方和服务方的关系。

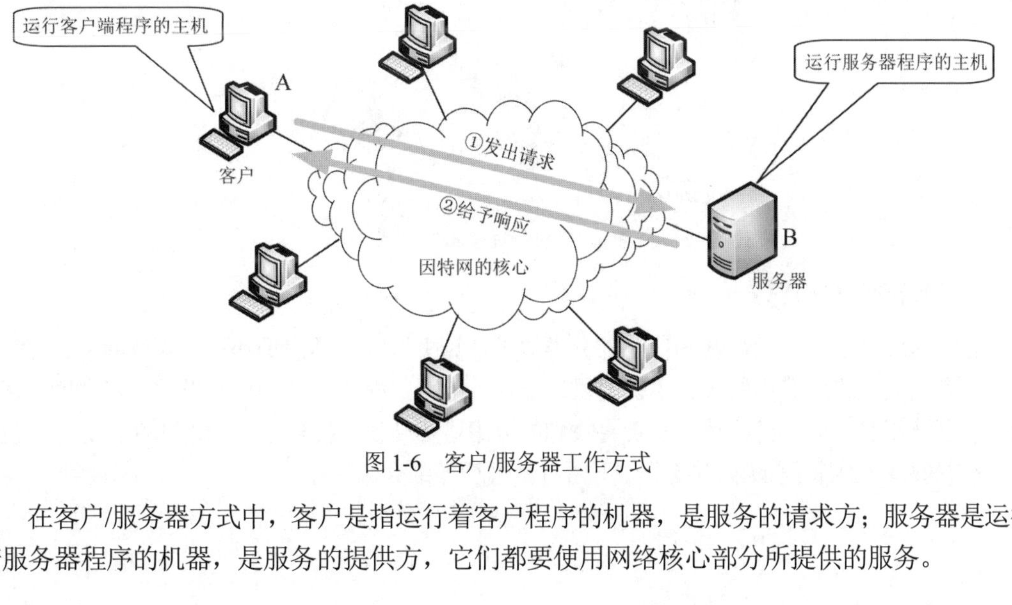

图 1-6 客户/服务器工作方式

在客户/服务器方式中，客户是指运行着客户程序的机器，是服务的请求方；服务器是运行着服务器程序的机器，是服务的提供方，它们都要使用网络核心部分所提供的服务。

在实际应用中，客户程序和服务器程序通常具有以下主要特点。

(1) 客户程序被用户调用并在用户计算机上运行，在打算通信时主动向远程服务器发起通信。因此，客户程序必须知道服务程序的地址。另外，客户程序的运行不需要特殊的硬件和很复杂的操作系统支持。

(2) 服务器程序在共享计算机上运行，是专门用来提供某种服务的程序，可同时处理多个远程或本地客户的请求。当系统启动时自动调用并一直不断地运行着，被动地等待并接受来自多个客户的通信请求，一般需要强大的硬件和高级的操作系统支持，但不需要事先知道客户的地址。

2) 对等连接方式

对等连接方式是指两台计算机在通信时并不区分哪台是服务请求方哪台是服务提供方。只要两台主机都运行了 P2P 软件，它们就可以进行平等的对等连接通信，通过直接交换信息来共享计算机资源和服务。双方都可以下载对方已经存储在硬盘中的共享文档。人们在网上利用迅雷、电驴等上传和下载文件时，使用的就是这种方式。

实际上，对等连接方式从本质上看仍然是使用客户/服务器方式，只是对等连接中的每台主机既是客户又是服务器。在图 1-7 中，主机 A、B 和 C 都运行了 P2P 软件，因此这几台主机都可以进行对等通信。当 A 请求 B 的服务时，A 是客户，B 是服务器；当 C 请求 A 的服务时，A 又成了服务的提供方，担任了服务器的角色。

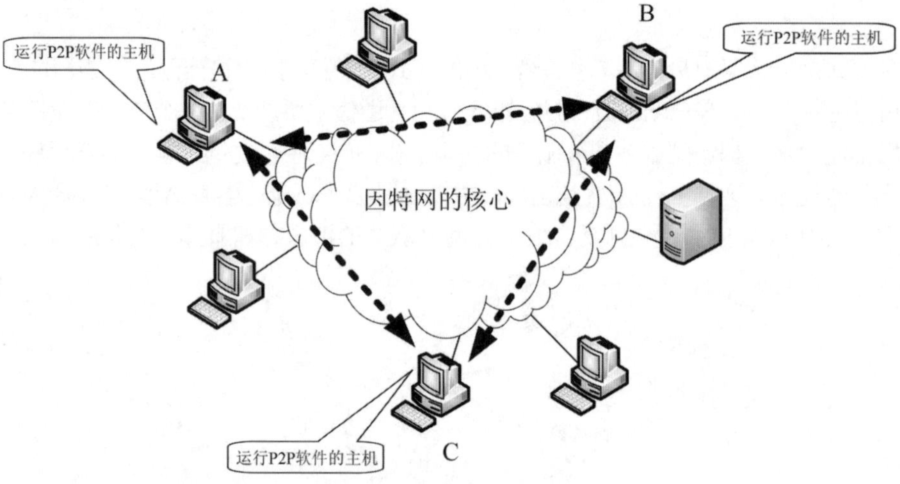

图 1-7　对等连接工作方式

2. 因特网的核心部分

在结构和功能上，因特网的核心部分类似于计算机网络的通信子网，是因特网中最复杂的部分，负责向网络边缘中的大量主机提供连通性。因特网核心部分的核心设备是路由器。路由器是实现分组交换的关键构件，负责将收到的分组进行转发，提供全网的连通性。这样来说，分组交换技术是因特网的核心技术，下面对其进行详细介绍。

1) 分组交换的概念

分组交换最初是由巴兰(Baran)于 1964 年在美国兰德(Rand)公司的“论分布式通信”的研究报告中提出来的，后在美国的分组交换网 ARPANET 中被正式采用。

分组交换的概念

分组交换技术中“交换”的概念源于电路交换技术。在电话出现后不久，人们便认识到，在所有用户之间架设直达的线路对通信线路的资源是极大的浪费，必须依靠电话交换机实现用户之间的互联，如图 1-8 所示。一百多年来，电话交换机经过多次更新，从人工交换机、步进制交换机、纵横制交换机，直至现代的存储程序控制交换机(简称程控交换机)，其本质始终未变，采用的都是电路交换(circuit switching)技术。

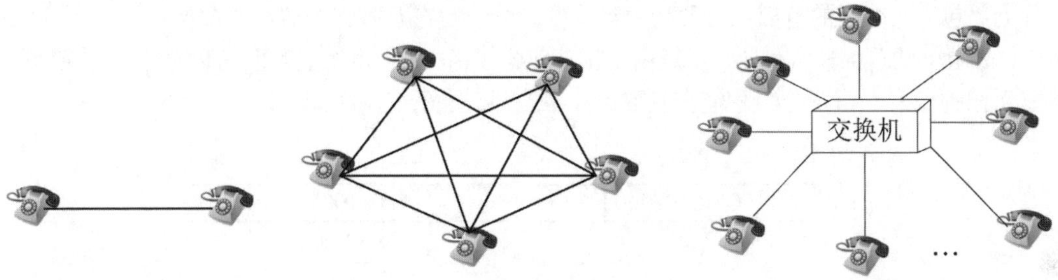

(a) 两部电话机直接相连　　(b) 五部电话机两两直接相连　　(c) 用交换机连接许多部电话

图 1-8　电话机的不同连接方式

电路交换技术的基本原理是在通话之前，通过用户的呼叫(即拨号)，由通信网络各中间节点预先给用户分配传输信道(数据交换通路)，如图 1-9 所示，用户 X_1 若呼叫 Y_2 成功，则从 X_1(主叫端)到 Y_2(被叫端)就建立了一条物理通路(交换资源仅为 X_1 到 Y_2 预留，其他用户不可用)，此后双方才能互相通话。通话完毕挂机后，通信系统自动释放这条物理通路(此时，该通路所占用的交换资源被释放，其他用户可再利用)。电路交换的整个过程必须经过“建立连接(占用通信资源)→通话(一直占用通信资源)→释放连接(归还通信资源)” 3 个步骤。经过这 3 个步骤进行的通信，称为电路交换提供了面向连接的服务。电路交换技术的特点：在数据交换前需建立起一条从发端到收端的物理通路；在数据交换的全部时间内用户始终占用端到端的固定传输信道；交换双方可实时进行数据交换且不会存在任何延迟。

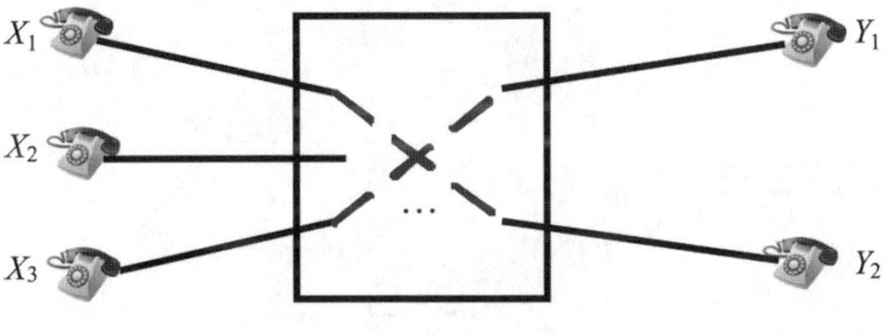

图 1-9　电话交换的基本原理

然而，具有这种交换特点的电路交换技术，在传输计算机之间的数据时，其线路的传输效率却很低。这是因为计算机之间的数据交换往往具有突发性和间歇性特征，对电路交换而言，用户支付的费用则是按用户占用线路的时间来收费的；另外，采用电路交换技术传递计算机数据，灵活性不够，在电路交换中，只要通信双方建立的通路中任何一点出现故障，就必须重新拨号建立新的连接，这对十分紧急和重要的通信是很不利的。因此，电路交换技术不适用于计算机间的数据交换。在实际的网络通信中，一般不直接采用电路交换技术，而是采用分组交换技术以传输计算机之间的数据。

2) 分组交换的工作原理

分组交换技术的实质就是存储转发技术。假设将欲发送的整块数据称为一个报文(message)，那么基于分组交换的原则，在发送报文之前，应先将较长的报文划分成一个个更小的等长或变长的数据段，如图 1-10 所示。每个数据段为 1 024bit 或 512bit，在每个数据段前面加上一些由必要的控制信息(如该数据段从哪里来到哪里去等)组成的首部(header)后，就构成了一个分组(packet)。分组又称为“包”，分组的首部也可称为“包头”。分组是在互联网中传送的数据单元，分组中的首部非常重要，正是由于首部包含了诸如目的地址(哪里去)和源地址(从哪里来)等重要控制信息，每个分组才能在互联网中独立地选择传输路径。

分组交换的原理

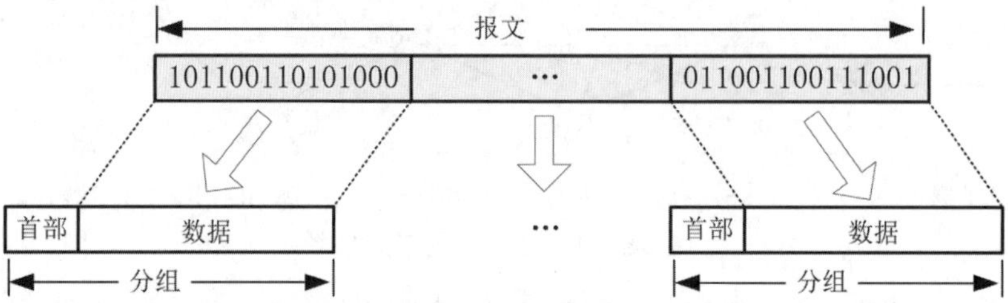

图 1-10　分组的概念

分组交换就是采用存储转发的原则，以分组为单位，在分组交换网中从一个(中间)节点传送到另一个(中间)节点。网络的核心部分主要是由一些路由器互联许多网络组成的，当我们讨论路由器转发分组的过程时，往往用一条链路表示核心部分的网络，如图 1-11 所示。

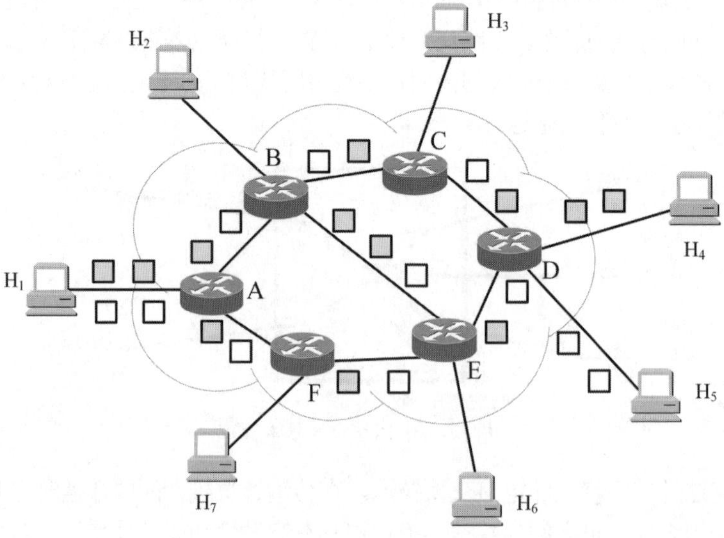

图 1-11　分组交换示意图

1.4 计算机网络的性能

影响计算机网络性能的因素有很多，如传输的距离、使用的线路、传输技术、带宽和时延等，其中最主要的两个指标是带宽和时延。

1.4.1 计算机网络的性能指标

1. 带宽

一个特定的信号往往是由许多不同的频率成分组成的。因此，一个信号的带宽(bandwidth)是指该信号的各种不同频率成分所占据的频率范围，单位是赫兹(Hz)。例如，在传统的通信线路上传送的电话信号的标准带宽是 3.1 kHz(语音信号的频率范围是 300～3400Hz)。

带宽

当通信线路用来传送数字信号时，数据率就应当成为数字信道最重要的指标，数据率(或比特率)是指数字信道传送数字信号的速率，单位是比特每秒，记作 b/s。在计算机网络中，带宽表示网络的通信线路所能传送数据的能力。于是人们愿意将“带宽”作为数字信道所能传送的“最高数据率”的同义语。网络或链路的带宽单位就是“比特每秒”。常用的带宽单位有千比特每秒 Kb/s(10^3 b/s)、兆比特每秒 Mb/s(10^6 b/s)、吉比特每秒 Gb/s(10^9 b/s)、太比特每秒 Tb/s(10^{12} b/s)。例如，我们平时所说的 10M 带宽，即指某数字信道的最高数据率为 10Mb/s。

另外，需要注意的是，在通信领域和计算机领域，计量单位“千”“兆”“吉”等的英文缩写意义不同。在计算机领域，K=2^{10}、M=2^{20}、G=2^{30}、T=2^{40}。例如，Kb/s 表示每秒传送千比特，一般表示线路速率；KB/s 表示千字节每秒，一般表示下载速率。

2. 时延

时延(delay)是指数据(一个报文或分组)从网络(或链路)的一端传送到另一端所需要的时间，一般由发送时延、传播时延、处理时延三部分组成。

时延

1) 发送时延

发送时延(transmission delay)，又称为传输时延，是主机或路由器发送数据时使数据块从节点进入传送媒体，也就是从数据块的第一个比特开始发送算起，到最后一个比特发送完毕所需要的时间。发送时延的计算公式为

$$\text{发送时延}=\frac{\text{数据块长度(b)}}{\text{信道带宽(b/s)}}$$

信道带宽就是数据在信道上的发送速率，也常称为数据在信道上的传输速率。

由此可见，对于一定的网络，发送时延并非固定不变，而是与发送的数据块的大小成正比，与发送速率成反比。

2) 传播时延

传播时延是电磁波在信道中传播一定的距离需要花费的时间。

传播时延的计算公式为

$$传播时延=\frac{信道长度(m)}{电磁波在信道上的传播速度(m/s)}$$

电磁波在不同的传输介质中传播速度不同：在自由空间的传播速度约等于光速，即 3.0×10^5km/s；在铜线电缆中的传播速度约为 2.3×10^5 km/s；在光纤中的传播速度约为 2.0×10^5 km/s。例如，1 000 km 长的光纤线路产生的传播时延大约为 5ms。

从以上讨论可以看出，信号传输速率和电磁波在信道上的传播速度是两个完全不同的概念，因此，不能将发送时延和传播时延混淆。发送时延发生在机器内部的发送器(如网卡)中，而传播时延则发生在机器外部的传输信道媒体上。下面用一个简单的例子来说明。假定有 10 辆车的车队从公路收费站入口出发到相距 100km 的目的地。若每一辆车过收费站要花费 6s，车速是 100km/h。现在可以计算整个车队从收费站到目的地总共花费的时间：10 辆车经过收费站的时间为 60s(相当于网络中的发送时延)，行车时间需要 60 min(相当于网络中的传播时延)，因此总共花费的时间是 61min。

3) 处理时延

处理时延是数据在交换节点为存储转发而进行一些必要的处理所花费的时间。在节点缓存队列中分组排队所经历的时延是处理时延中的重要组成部分。

因此，数据经历的总时延就是以上 3 种时延之和，计算公式为

$$总时延=发送时延+传播时延+处理时延$$

图 1-12 描述了 3 种时延所产生的地方。

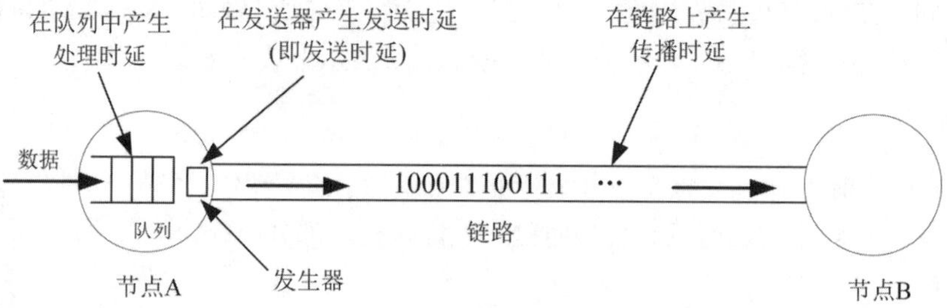

图 1-12　从节点 A 向节点 B 发送数据时 3 种时延产生的地方

一般来说，小时延的网络要优于大时延的网络。在某些情况下，一个低速率、小时延的网络很可能要优于一个高速率、大时延的网络。

另外，在总时延中，发送时延与传播时延是我们主要考虑的，但究竟哪个时延占主导地位，必须具体分析。对于报文长度较大的情况，发送时延是主要矛盾；对于报文长度较小的情况，传播时延是主要矛盾。

3. 吞吐量

吞吐量是指单位时间内通过某个网络(或接口)的数据量。吞吐量的大小说明了单位时间内网络的通信量，其值受网络带宽的限制。例如，具有 8 个站的交换式以太网，其带宽为 10Mb/s，则该网络的吞吐量为 80Mb/s。有时，吞吐量也可以用每秒传送的字节数或帧数来表示。

吞吐量

1.4.2　计算机网络的非性能指标

除了性能指标外，还有一些非性能指标也对计算机网络的性能有很大的影响，下面对其进行详细介绍。

1. 费用

网络价格(包括设计和实现的费用)是构建网络必须考虑的问题之一，因为网络的性能与其价格密切相关。一般来说，网络的速率越高，其价格也越高。在实际工程中，总是选择性价比高的。

2. 质量

网络的质量取决于网络中所有构件的质量，以及这些构件是怎样组成网络的。网络的质量影响很多方面，如网络的可靠性、网络管理的简易性，以及网络的性能。但网络的性能与网络的质量并不是一回事。例如，有些性能不错的网络，运行一段时间后就出现了故障，无法再继续工作，说明其质量不好。高质量的网络往往价格也较高。

3. 标准化

网络硬件和软件的设计既可以按照通用的国际标准，也可以遵循特定的专用网络标准。最好采用国际标准设计，这样可以得到更好的互操作性，更易于升级换代和维修，也更容易得到技术上的支持。

4. 可靠性

可靠性与网络质量、性能都有密切的关系。速率高的网络可靠性不一定会很差，但是速率高的网络要可靠地运行，往往会更困难，同时所需的费用也会更高。

5. 可扩展性和可升级性

在构建网络时就应当考虑网络今后可能需要扩大规模、提高性能、升级软件版本。网络的性能越高，其扩展费用往往也越高，难度也会相应增加。

6. 易于管理和维护

网络如果失去良好的管理和维护，就很难达到和保持所设计的性能。

1.5　计算机网络的发展趋势

随着我国经济的高速发展，社会对互联网应用的需求日趋增长，互联网的广泛应用对我国信息产业发展产生了重大影响。

我国互联网发展状况数据由中国互联网络信息中心(CNNIC)组织调查、统计和发布。从 1998 年起，每年的 1 月和 7 月定期发布《中国互联网络发展状况统计报告》，主要内容包括网民规模、结构特征、接入方式、互联网基础资源和网络应用等方面的情况。

计算机网络技术不断发展深刻地改变着人们的生活，人们就像离不开水和电一样离不开计算机网络。在计算机网络基础上发展起来的新兴技术“云计算”“物联网”在学术界和产业界引起了极大的关注，并带来了新的网络应用体验，进一步改变着人们的生活方式和思维模式。互联网对于整体社会的影响已进入新的阶段。

1.5.1 云计算

1. 云计算的产生

互联网的形成，将全世界的企业和个人连接起来。这种基于互联网沟通和交互的形式在改变人们工作和生活方式的同时，也带来了网络业务需求激增、应用程序层出不穷、信息规模迅猛增长、处理任务复杂多变、存储设备日趋紧张等问题，企业或个人需要不断地升级各种软硬件设施以满足需要。然而，建立一套 IT 系统不仅需要购买硬件等基础设施，还需要购买软件的使用权，需要有专门的人员进行维护。对于企业来说，计算机等硬件和软件仅是完成工作、提供效率的工具，并非它们真正需要的；对于个人来说，想正常使用计算机需要安装许多软件，而大多数软件都是收费的，这对于经常使用该软件的用户来说，购买软件是非常不划算的。于是，人们设想能否通过租用软件(或硬件)的方式，获得需要的软件(或硬件)服务呢？用户只需要在使用时，付少量“租金”即可“租用”这些服务，这样便能节省许多购买它们的资金，就像人们使用电和水一样。人们每天都要用电，但不是每家都要自备发电机，电可以由电厂集中提供；人们每天都要用自来水，但不是每家都有水井，水可以由自来水厂集中提供。这种模式极大地节约了资源，方便了人们的生活。

云计算(cloud computing)正是在这样的时代背景下应运而生的，最终目标是将计算、服务和应用作为一种公共基础设施提供给公众，使人们能够像使用水、电、煤气和电话那样使用计算机资源。

云计算模式类似于电厂集中供电模式。在云计算模式下，用户的计算机会变得十分简单，不需要太大的内存，甚至不需要硬盘和各种应用软件，仅需通过浏览器给“云”发送指令和接收数据，便可以使用云服务提供商的计算资源、存储空间和各种应用软件来满足自己的需求。这种模式就像是把“显示器”和“主机”的连接线变成了网络，“显示器”放在本地使用者的面前，而“主机”变成云服务提供商的服务器集群，放在远端的某个地方，这个地方的计算机使用者可能也不知道。

在云计算环境下，用户的使用观念也会由“购买产品”向“购买服务”转变。因为他们直接面对的将不再是复杂的硬件和软件，而是最终的服务。用户不需要拥有看得见、摸得着的硬件设施，也不需要为机房支付设备供电、空调制冷、专人维护等费用，并且不需要等待供货周期、项目实施等冗长的时间，只需要把钱汇给云计算服务提供商，就会马上得到需要的服务。

2. 云计算的定义

云计算是网格计算(grid computing)、分布式计算(distributed computing)、并行计算(parallel computing)、效用计算(utility computing)、网络存储技术(network storage technologies)、虚拟化(virtualization)、负载均衡(load balance)技术的发展，或者说是这些计算机技术的商业实现，是一种新兴的商业计算模型。

中国网格计算、云计算专家刘鹏给出了定义：云计算将计算任务分布在由大量计算机构成的资源池上，使各种应用系统能够根据需要获取计算力、存储空间和各种软件服务。

云计算中的“云”指的是可以自我维护和管理的由大量计算机构成的资源的集合，也可以理解为提供资源的网络，包括软件资源、存储资源、计算资源等。“云”中的资源在使用者看来是可以无限扩展的，并且可以随时获取、按需使用、随时扩展、按使用付费。通俗地讲，云计算中的“云”就是存在于互联网上的服务器集群上的资源，它包括硬件资源(服务器、存储器、CPU 等)和软件资源(如应用软件、集成开发环境等)，本地计算机只需要通过互联网发送一个需求信息，远端就会有成千上万的计算机为其提供需要的资源并将结果返回本地计算机，这样，本地计算机几乎不需要做什么，所有的处理都由云计算提供商所提供的计算机群来完成。

3. 云计算的服务类型

按照服务类型分，云计算的主要服务形式有 3 种：软件即服务(software as a service，SaaS)、平台即服务(platform as a service，PaaS)、基础设施即服务(infrastructure as a service，IaaS)。

1) 软件即服务(SaaS)

SaaS 将某些特定的应用软件功能封装成服务。SaaS 服务提供商将应用软件统一部署在自己的服务器上，用户根据需求通过互联网向厂商订购应用软件服务，服务提供商根据客户所定软件的数量、时间的长短等因素收费，并且通过浏览器向客户提供软件。这种服务模式的优势是，由服务提供商维护和管理软件、提供软件运行的硬件设施，用户只需拥有能够接入互联网的终端，即可随时随地使用软件。这种模式下，客户不再像传统模式下那样花费大量资金用于硬件、软件、维护人员，只需要支出一定的租赁服务费用，通过互联网就可以享受相应的硬件、软件和维护服务，这是网络应用最具效益的营运模式。对于小型企业来说，SaaS 是采用先进技术的最好途径。

2) 平台即服务(PaaS)

PaaS 把开发环境作为一种服务来提供。这是一种分布式平台服务，厂商提供开发环境、服务器平台、硬件资源等服务给客户，用户在其平台基础上定制开发自己的应用程序并通过其服务器和互联网传递给其他客户。PaaS 能够给企业或个人提供研发的中间件平台，同时涵盖应用程序开发、数据库、应用服务器、试验、托管及应用服务等。

3) 基础设施即服务(IaaS)

IaaS 把硬件设备等基础资源封装成服务提供给用户使用。IaaS 将基础资源内存、I/O 设备、存储和计算能力整合成一个虚拟的资源池，为整个业界提供所需要的存储资源和虚拟化服务器等。这是一种托管型硬件方式，用户付费使用厂商的硬件设施。IaaS 的优点是用户只需采购较低成本的硬件，就能按需租用相应计算能力和存储能力的服务，大大降低了用户的硬件开销。

目前，典型的云计算平台有 Google 的云计算平台、IBM 的“蓝云”计算平台，以及 Amazon 的弹性计算云。云计算作为一种全新的互联网应用模式，成为解决高速数据处理、海量信息存储、资源动态扩展、数据安全与实时共享等问题的有效途径，向人们展示了其强大且独具特色的发展优势。但是云计算技术发展也面临着一些问题，如数据隐私问题、安全问题、软件许可证问题、网络传输问题等。

1.5.2　物联网

物联网(internet of things，IoT)的概念最早由美国麻省理工学院的 Ashton 教授于 1999 年提出。随着“智慧地球”“感知中国”等概念的出现，物联网这一概念才逐步进入公众视野。各国政府对物联网产业的关注和支持力度已经提升到国家战略层面，现在业界一致认为物联网将成为继计算机和互联网之后信息技术的第三次浪潮。无论在国际上还是在国内，物联网引起了技术、产业、资本等方面的高度重视，是经济发展的新的增长点。

根据国际电信联盟(ITU)的定义，物联网是指通过二维码识读设备、射频识别(RFID)装置、红外感应器、全球定位系统和激光扫描器等信息传感设备，按约定的协议，把任何物品与互联网相连接，进行信息交换和通信，以实现智能化识别、定位、跟踪、监控和管理的一种网络。物联网的核心和基础仍然是互联网，是在互联网基础上延伸和扩展的网络，实现了人与人、人与物、物与物之间的交流。

物联网主要包括 3 个层次：第一个层次是传感器网络，包括 RFID、条形码、传感器等设备，主要用于信息的识别和采集；第二个层次是信息传输网络，主要用于远距离无缝传输来自传感网所采集的大量数据信息；第三个层次是信息应用网络，主要通过数据处理及解决方案满足人们所需的信息服务。

物联网把感应器嵌入、装备到各种物体中，将其与现有的互联网整合起来，实现人类社会与物理系统的整合，在该整合网络中，存在能力超级强大的中心计算机群，它能够对整合网络内的人员、机器、设备和基础设施实施实时的管理和控制，在此基础上，人类可以通过更加精细和动态的方式管理生产和生活，达到智能状态，提高资源利用率和生产力水平，改善人与自然间的关系。

物联网和其他的服务一样都具有一定的服务形式和特点。物联网主要有 3 种服务模式：智能标签、环境监控与智能追踪、智能控制。

1) 智能标签

每一个事物都有一个自己的标签，人们可以通过设备的近距离无线通信(near field communication，NFC)等功能对事物进行智能识别或感知。例如，具有 NFC 功能的手机可以识别公交卡内的数据信息，而且通过 NFC 功能也可以将公交卡的数据信息写入手机中，乘客乘车时只需要用手机进行刷卡就可完成支付。现在很多移动支付功能都是利用物联网中的智能标签来识别用户的不同身份，并且可以使用户进行支付与消费等动作。

2) 环境监控与智能追踪

利用多种类型的传感器可以对周边环境与事物进行监控，同时可以做出分析和判断。例如，在气象领域，通过广泛分布的探测器，对周围的气象数据进行收集并通过网络将数据传递到数据中心进行汇总计算，最终可以得出一张完整的地区气象数据图。

3) 智能控制

智能控制基于云计算平台与智能网络。它通过对传感器所收集的数据进行分析做出判断，改变对象的行为动作。例如，无人驾驶汽车通过车上的传感器收集周围车辆和行人的运动轨迹，再通过计算机处理信息后判断汽车应该如何行驶(车辆直行、转向或是遵守当地的交通法规行驶)。

物联网将现实世界数字化和网络化，其用途广泛，发展前景广阔，涉及智能交通、环境保护、政府工作、公共安全、平安家居、工业监控等众多领域，极大地改变了人们的生活方式。例如，在医疗辅助系统中，让患者身穿带有 RFID 装置和传感器的衣物，可以将患者的心跳速率等与健康有关的信息上传网络，医生获得这些信息后，可以通过各种先进医疗设备进行远程即时诊断，并安排护士帮助患者治疗。又如，在提醒系统中，利用物联网可以极大地改善人们的生活质量和方式。在雨伞上加上一个小型装置，就可以知道是否下雨，如果下雨或即将下雨，则在用户出门时，自动提醒带伞出门。智能家居是物联网的典型应用，你可以在千里之外随时了解家中的状况；当你即将到家时，家里的热水器、空调、车库就已经开始准备迎接你了；当你进入超市，手机就会收到冰箱中还有哪些食物的提醒，并依照你的生活习惯提供需要购买的食物清单。

物联网与云计算是天生的一对。云计算的基本形态就是将数据计算从本地转移到服务器端，本地只是进行数据的传输与执行，而大量复制的计算过程则是放到服务器端利用服务器的计算功能来完成。这与物联网的整体理念是完全相符的，也就是说，当物联网真正兴起的时候，与云计算相关的服务和技术必然已经成熟，也许会发展得更好。

习题

一、选择题

1. 在计算机网络发展过程中，对计算机网络的形成与发展影响最大的是(　　)。

A. DATAPAC　　B. OCTOPUS　　C. ARPANET　　D. Newhall

2. (　　)用于将有限范围(如一个实验室、一栋大楼、一所学校)中的各种计算机、终端与外部设备互联起来。

A. 广域网　　B. 接入网　　C. 城域网　　D. 局域网

3. 将计算机网络划分成局域网、广域网和城域网的依据是(　　)。

A. 网络使用者　　B. 网络技术

C. 网络的覆盖范围　　D. 网络软件

4. 目前，传统局域网的带宽可以达到 10 M，表示(　　)。

A. 数据传输速率可达 10 MB/s　　B. 数据传输速率可达 10 Mb/s

C. 数据传输速率至少为 10 Mb/s　　D. 数据传播速率可达 10 Mb/s

5. 下列关于 C/S 方式的描述中不正确的是(　　)。

A. 客户是服务的请求方，服务器是服务的提供方

B. 客户和服务器实质是指计算机进程

C. 不区分哪一个是服务请求方哪一个是服务提供方

D. 客户程序必须知道服务器程序的地址，服务器程序不需要知道客户程序的地址

6. (　　)的作用范围通常为几十千米到几千千米，因此也称为远程网。

A. 广域网　　B. 城域网　　C. 局域网　　D. 接入网

7. (　　)表示在单位时间内从网络中的某一点到另一点所能通过的“最高数据率”。

A. 时延　　B. 带宽　　C. RTT　　D. 传播时延

8. 下列关于 P2P 工作模式的描述中正确的是(　　)。

A. 常用的电子邮件服务就是基于该模式工作的

B. 互联网核心部分的主要工作方式

C. 客户/服务器方式，指两台主机在通信时一定有一方是服务请求方，一方是服务提供方

D. 对等连接方式，指两台主机在通信时并不区分哪台是服务请求方哪台是服务提供方

9. IEEE 802.3u 的标准速率为 100 Mb/s，那么发送 1bit 数据需要用(　　)。

A. 10^{-8} s　　B. 10^{-6} s　　C. 10^{-7} s　　D. 10^{-5} s

10. 下列关于互联网边缘部分的描述中不正确的是(　　)。

A. 端系统中运行的程序之间的通信方式通常可以划分为两大类：客户/服务器方式和对等连接方式

B. 在 C/S 方式中，客户是服务的请求方，服务器是服务的提供方

C. 在 P2P 方式中，区分哪一个是服务请求方哪一个是服务提供方

D. B/S 方式是 C/S 方式的一种特例

二、填空题

1. 从逻辑上看，计算机网络可以分成________子网、________子网两部分。

2. 从覆盖范围上看，计算机网络常可以分为________、________、________和接入网。

3. 关于计算机网络的性能指标，_________是指数据从网络的一端传送到另一端所需的时间。

4. 互联网的核心部分采用____________技术传输数据。

5. 计算机网络的主要功能是____________和____________。

6. 在互联网边缘部分的端系统中运行的程序之间的通信方式可以分为________和_______两大类。

三、问答题

1. 计算机网络的发展可以分为哪几个阶段？每个阶段有什么特点？

2. 从资源共享的观点出发，计算机网络有哪些特征？

3. 互联网由哪两大部分组成？它们的工作方式各有什么特点？

4. 在某网络中，传输 1bit 二进制信号的时间为 0.01 ms，那么该通信信道的带宽是多少？

5. 简述计算机网络未来的发展趋势。

第2章 数据通信技术

计算机网络是计算机技术和数据通信技术相结合的产物，数据通信是计算机网络的基础。数据通信技术是以信息处理技术和计算机技术为基础的通信方式，是计算机之间交换信息和数据的手段，是人们获取、传递和交换信息的重要方式之一。本章主要介绍数据通信的基本概念、常用的传输介质、多路复用技术、数据交换技术、数据通信方式、数据编码技术和差错控制技术等。

本章主要讨论以下问题。

- 什么是信息、数据和信号？
- 数据通信系统模型及数据通信的技术指标有哪些？
- 数据传输方式有哪些？各自的特点是什么？
- 数据传输介质有哪些？各自的特点是什么？
- 信道的复用技术有哪些？各自的特点是什么？
- 数据的交换技术有哪些？各自的特点是什么？
- 数据编码技术有哪些？各自的特点是什么？
- CRC 编码的工作原理是什么？

2.1 数据通信基本概念

2.1.1 信息、数据、信号和信道

信息、数据、信号和信道

在计算机网络中，通信的目的是交换信息。如何交换信息是数据通信技术的关键问题。若要明确该问题，则要先弄清楚信息、数据和信号的关系。

1. 信息

信息，也称为消息，是对客观事物属性和特性的描述，可以是对事物的形态、大小、结构、性能等全部或部分特性的描述，也可以是对事物与外部联系的描述。简单地说，信息就是人们在日常生活中获得的知识、新闻等，一般用文字、字母、图像、语音、视频等表示。为了传送这些信息，首先要将字母、数字、语音、图形或图像用二进制代码的数据来表示。这样，传递信息就变成传递数据了。

2. 数据

数据是数字化的信息，是信息的表现形式或载体。狭义的“数据”通常是指具有一定数字特性的信息，如统计数据、气象数据、测量数据及计算机中区别于程序的计算数据等。但在计算机网络系统中，数据通常被广义地定义为在网络中存储、处理和传输的二进制数字编码。在数据通信过程中，信息需要二进制编码后进行传输，常用的数据编码标准包括 CCITT 的国际 5 单位编码、广义二进制编码的十进制交换码(EBCDIC 码)、美国标准信息交换码(ASCII 码)。

数据分为数字数据和模拟数据。数字数据的值是离散的，如电话号码、邮政编码等；模拟数据的值是连续变换的，如身高、体重、温度、气压等。

3. 信号

在计算机网络中，为了传递信息，需要将信息转换为计算机网络能够处理的二进制数据。在通信系统中，传输二进制数据，就需要借助信号。信号是传输数据的工具，是数据的载体，是数据在传输过程中的电气或电磁表现，能使数据以适当的形式在介质上传输，常用的有光信号、声信号和电信号。在通信系统中，通过发送光信号、声信号和电信号传递数据，在接收方，通过对光、声、电信号的接收来获取数据，并解读对方要表达的信息。

数据有模拟数据和数字数据之分，承载数据的信号也有模拟信号和数字信号。模拟信号指的是在时间轴上连续不间断、数值幅度连续变化的信号，如传统的音频信号、视频信号等。模拟信号的波形如图 2-1(a)所示。

数字信号指的是在时间轴上离散、数值幅度不连续变化的信号，可以用两种不同的电平表示二进制 0 或 1，如高电平表示 1，低电平表示 0，常见的数字信号有计算机数据、数字电话、数字电视等。数字信号的波形如图 2-1(b)所示。在使用时域的波形表示数字信号时，一般把代表不同离散数值的基本波形称为码元，在对一位二进制数字编码时，有两种不同的码元波形，一种代表 0 状态，一种代表 1 状态。码元是数字信号的波形表示，所以发送方发送码元传递信息，接收方通过识别码元接收信息。

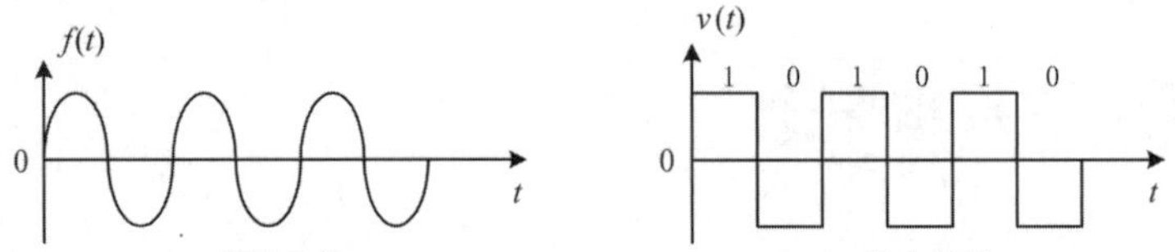

(a) 模拟信号　　(b) 数字信号

图 2-1　模拟信号和数字信号的波形

在数据通信中，由计算机或终端等数字设备直接发出的二进制数字信号形式称为方波，即“1”或“0”，分别用高(或低)电平或低(或高)电平表示，人们把方波固有的频带称为基带，把方波电信号称为基带信号。在通信中直接传输基带信号就称为基带传输。

频带传输就是先将基带信号转换(调制)成便于在模拟信道中传输的、具有较高频率范围的模拟信号(称为频带信号)，再将这种频带信号在模拟信道中传输。计算机网络的远距离通信通常采用的是频带传输。基带信号与频带信号的转换是由调制解调技术完成的。

4. 信道

信号通过传输介质(线路)从发送端传输到接收端。在通信系统中，信号传输的通路称为信道。它一般由传输介质(线路)和相应的传输设备组成。

信息的传递具有方向性，因此，一条通信线路一般应包含一条发送信道和一条接收信道，也可以包含多个信道。例如，在 ADSL 通信中，一条电话线被设计包含了 3 个信道：计算机网络通信的上行信道、计算机网络通信的下行信道和传输电话信号的信道。

2.1.2 数据通信系统

1. 数据通信系统模型

数据通信模型

数据通信的目的是实现用户之间信息的交换。数据通信系统是指以计算机为中心，用通信线路连接分布在各地的数据终端设备完成数据传输的系统。根据网络中两台计算机的通信过程，给出的数据通信系统的一般模型，如图 2-2 所示。

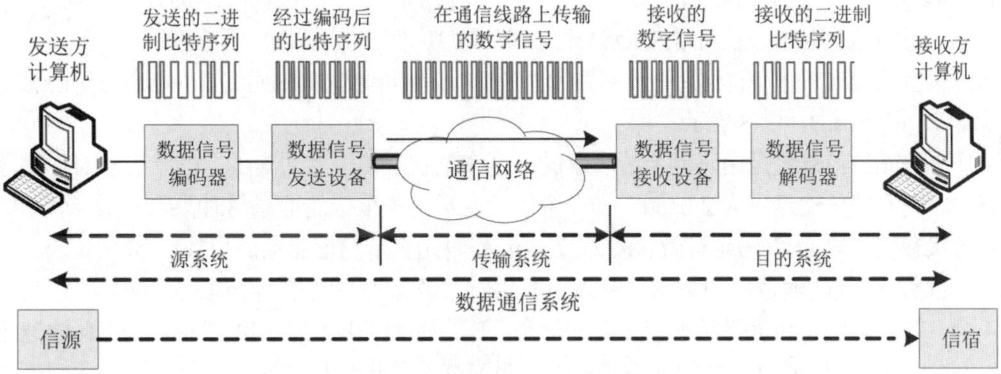

图 2-2　数据通信系统的一般模型

从图 2-2 中可以看出，数据通信系统一般由 3 部分组成：源系统(或发送方、发送端)、传输系统(或传输网络)和目的系统(或接收端、接收方)。在一次通信中，产生和发送信息的一方叫作信源，接收信息的一方叫作信宿，传输信息的通道叫作信道。

源系统一般包括信源和发送器。信源是指产生数据的计算机，发送器是指和信源相连的编码器或其他具有信号发送功能的设备，它的主要功能是将计算机产生的数字数据转换为适合在通信网络中传输的数字信号。

目的系统一般包括信宿和接收器。信宿是接收数据的计算机，接收器是指和信宿相连的能够接收数字信号，并能解码的设备，它的主要功能是将通信网络上传输来的数字信号转换为信宿计算机能够识别和接收的数字数据。

传输系统是源系统和目的系统之间的通信网络，包括传输信道和噪声源两部分。传输信道一般表示向某一方向传输的介质。噪声源包括影响通信系统的所有噪声，如信道噪声、发送和接收设备产生的噪声等。传输系统可以是简单的传输线路，也可以是复杂的网络系统，一般由传输介质和相应的传输设备组成。在后文中将会从传输介质、传输方式和数据交换技术 3 方面详细介绍传输系统。

2. 数据传输速率和信号传输速率

数据通信的主要技术指标包括数据传输速率、信号传输速率、误码率等参数。

数据传输速率也称为比特速率，是指单位时间内通过信道传输的二进制位数(比特数)，单位是位/秒，记为 bit/s、b/s 或 bps。在计算机网络中，把数字信道的最高数据传输速率定义为信道带宽。例如，某个局域网的带宽是 10M，即表示这个网络中的某个信道每秒最高可以传输 10Mb 的信息量。

数据传输速率和信号传输速率

只有将传递的信息转换成数据，将数据转换成信号，才能发送出去。也就是说，发送方通过发送信号来发送信息，接收方通过接收信号来识别信息。信号成了数据的载体，数据传输有速率，那么信号传输的速率怎么表示呢？

误码率

在介绍信号传输速率之前，先引入一个概念——码元。正如前文介绍，码元是信号的一种表示形式，是数字信道中传送数字信号的一个波形符号。它是携带信息的数字单位，常用时间间隔相同的符号来表示一位二进制数字。例如，用脉冲信号来表示码元。因此，信号传输速率也称为码元速率或波特速率，是指单位时间内通过信道传输的码元个数，单位是波特，记为 baud，以 B 表示。

一个码元的信息量是由码元所能表示的数据有效状态值个数决定的。在带宽为 1Hz 的通信线路中，码元的传输速率为 2 baud。当一个码元表示一个单位的信息量时，码元所能表示的数据有效状态值个数为 2(码元有效状态为 2^n，n 为码元表示的信息量的个数)，数据传输速率为 2b/s。此时，码元传输速率和数据传输速率在数值上是相等的。若一个码元有 00、01、10、11 共 4 个有效状态值，则该码元携带 2bit 的信息，在带宽为 1Hz 的通信线路中，数据传输速率为 4b/s。类似地，可以通过提高码元携带的信息量来提高数据传输速率，但是由于码元携带的信息量越多，需要表示的数据状态也就越多，这在工程实现上有一定的困难。一般一个码元建议携带 8 个单位的信息量为宜。

在传输数据过程中，受各种因素的影响，总会出现一些差错，可用误码率作为衡量差错的指标。误码率指信号传输过程中的错误率。在二进制数据传输过程中，误码率=接收的错误的二进制比特数÷传输的总的二进制比特数。在计算机网络中，一般要求误码率低于 10^{-6}，如果达不到这个性能指标，则需要采取适当的差错控制方法进行检错和纠错。这里要注意的是，误码率是传输系统正常工作状态下传输可靠性的参数之一。

3. 奈奎斯特准则和香农公式

任何通信信道都不是理想的。也就是说，信道带宽总是有限的。因此，在传输信号时会产生各种失真，并带来多种干扰。码元传输的速率越高，或信号传输的距离越远，在信道输出端的波形失真就越严重。

1924 年，奈奎斯特(Nyquist)推导出在理想低通信道下的最高传输速率，也就是著名的奈氏第一准则。他给出了在假定的理想条件下，为了避免码间串扰，码元的传输速率的上限值。准则为

奈奎斯特准则

$$
\begin{aligned}
C &= 2W \qquad \text{(baud)} \\
&= 2W\log_2 L \quad \text{(b/s)}
\end{aligned}
\tag{2-1}
$$

其中，W 为信道的带宽(以 Hz 为单位)；L 为码元信号表示的数据有效状态值。若 L=2，则码元速率在数值上和比特速率相等。

但是，自然条件下噪声是不可避免的，噪声存在于所有电子设备和通信信道中。噪声是随机产生的，噪声的影响也是相对的。1948 年，具有“信息论之父”之称的香农(Shannon)用信息论的理论推导出了在有限带宽、有随机热噪声的信道的极限、无差错的信息最高传输速率。根据香农定理，信道的极限信息传输速率 C 可进为

$$C = W\log_2{}^{(1+S/N)} \quad \text{(b/s)} \tag{2-2}$$

其中，W 为信道的带宽(以 Hz 为单位)；S 为信道内所传信号的平均功率；N 为信道内部的随机热噪声功率；S/N 为信噪比，本身没有单位，但通常换算成 $10\log_{10}{}^{S/N}$ 来表示，单位是分贝(dB)。

【例 2-1】 计算带宽为 3 kHz，信噪比为 20 dB 的信道的最大数据传输速率。

解　由于 $20=10\log_{10}{}^{(S/N)}$，则 $S/N=10^2=100$

$$C_{\max} 3000\times\log_2{}^{(1+S/N)} = 3000\times\log_2{}^{(1+100)} \approx 19\,932\text{b/s}$$

香农公式表明，信道的带宽或信道中的信噪比越大，信息的极限传输速率就越高。只要信息传输速率低于信道的极限信息传输速率，就一定可以找到某种办法来实现无差错的传输，但实际信道上能够达到的信息传输速率要比香农的极限传输速率低很多。

奈奎斯特准则和香农公式的作用范围，如图 2-3 所示。

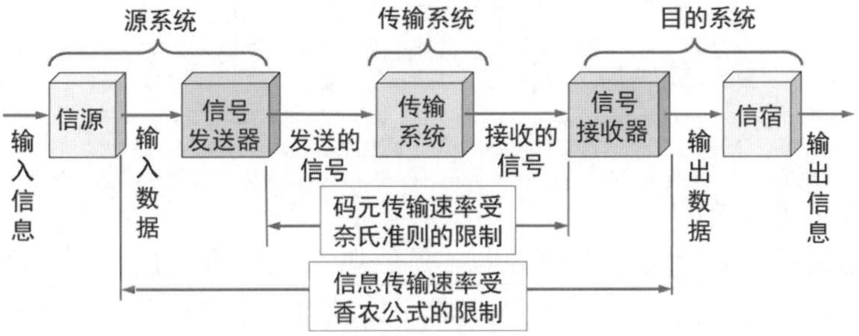

图 2-3　奈奎斯特准则和香农公式的作用范围

4. 传输方式

传输系统有各种不同的传输方式，例如，串行传输和并行传输，同步通信和异步通信，以及单工、半双工和全双工通信。

数据通信方式

1) 串行传输和并行传输

(1) 串行传输。在串行传输方式中，把要传输的数据编成数据流，将其在一条串行信道上进行传输，一次只传输一个二进制位，接收方再将这一串二进制比特流转换为数据，从而实现串行通信。在串行通信中，发送方和接收方保持同步，才能正确传输并接收数据。在串行通信中，由于一比特一比特地传输，数据传输的速度较并行传输慢，但是只占用一条信道，通信成本较低，而且信号串扰较小，可用于长距离传输。串行通信方式如图 2-4 所示。

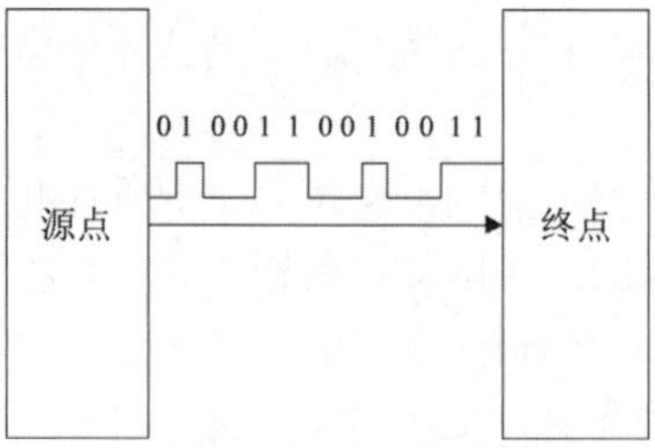

图 2-4　串行通信方式

(1) 并行传输。在并行传输方式中，把要传输的数据以组为单位分为多组(一般以字节为单位)，每组信息的多位数据在多个并行信道上同时传输，如果有需要还可以附加一位校验位。接收设备可同时接收这些数据，不需要做任何变换就可直接使用。与串行通信相比，并行通信的特点如下。

- 一位(比特)时间内可传输多个比特(一般以一个字节为单位进行并行传输)，传输速度快。
- 每位数据传输要求一个单独的信道支持，通信成本高。
- 由于信道之间的电容感应，远距离传输时，可靠性较低。因此，一般适用于近距离传输。

并行通信方式如图 2-5 所示。

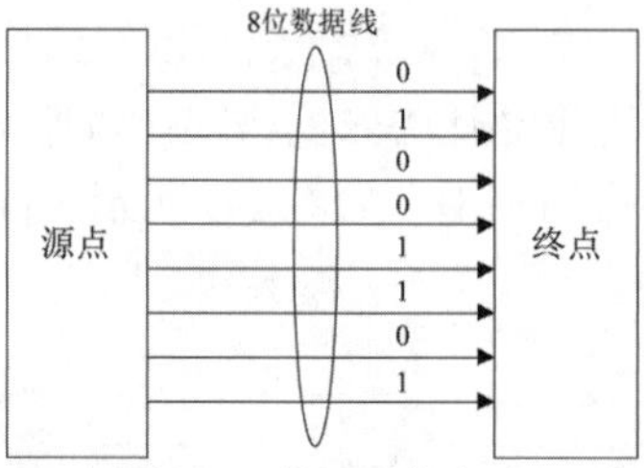

图 2-5　并行通信方式

2) 同步通信和异步通信

在网络通信过程中，通信双方要交换数据，需要进行高度的协同工作。为了正确地解释信号，接收方必须确切地知道信号应当何时接收和处理，因此定时是至关重要的。在计算机网络中，定时的因素称为位同步。通信双方必须在通信协议中定义通信的同步方式，并且按照规定的同步方式进行数据传输。按通信的同步方式来分，数据传输可以分为同步通信和异步通信。

(1) 同步通信。同步通信是指数据块与数据块之间的时间间隔是固定的，必须严格地规定它们之间的时间关系。

(2) 异步通信。异步通信是指字符和字符(一个字符结束到下一个字符开始)之间的时间间隔是可变的，并不需要严格地限制它们的时间关系。异步通信以字符为传输单位，在发送每个字符时，在字符前附加一位起始位标记字符传输的开始，在字符后附加一位停止位标记字符传输的结束，从而实现收发双方数据传输的同步。

在数据传输的同步技术中，一般串行通信广泛采用的同步方式有同步通信和异步通信两种，并行通信一般都是同步通信。

3) 单工、半双工和全双工通信

通信线路可由一个或多个信道组成，根据信道在某一时间信息传输的方向，可以分为单工、半双工和全双工 3 种通信方式。

(1) 单工通信。单工通信是指传送的信息始终是一个方向的通信，对于单工通信，发送端把信息发往接收端，根据信息流向即可决定一端是发送端，而另一端就是接收端，如图 2-6 所示。单工通信的信道一般是二线制。也就是说，单工通信存在两个信道，即传输数据用的主信道和监测信号用的监测信道。例如，广播和电视的通信就是单工通信，信息只能从广播电台和电视台发射并传输到各家庭，而不能从用户传输到电台或电视台。

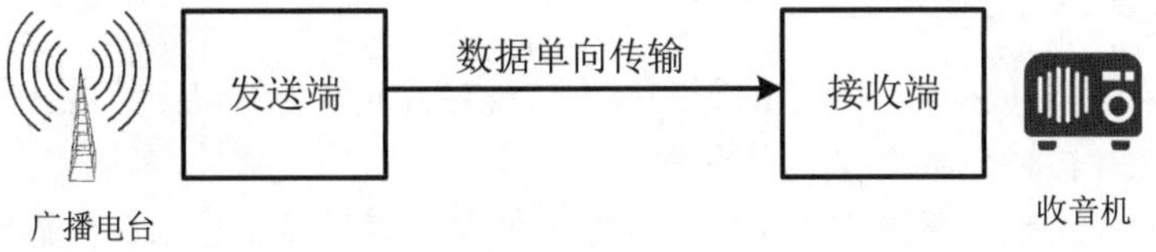

图 2-6　单工通信

(2) 半双工通信。半双工通信是指信息流可以在两个方向传输，但同一时刻只限于一个方向传输，如图 2-7 所示。对于半双工通信，通信的双方都具备发送和接收装置，即每一端既可以是发送端也可以是接收端，信息流是轮流使用发送和接收装置的。监测信号可用两种方式传输，一种是在应答时转换传输信道；另一种是把主信道和监测信道分开设立，另设一个容量较小的窄带传输信道供传输监测信号使用。例如，对讲机的通信就是半双工通信。

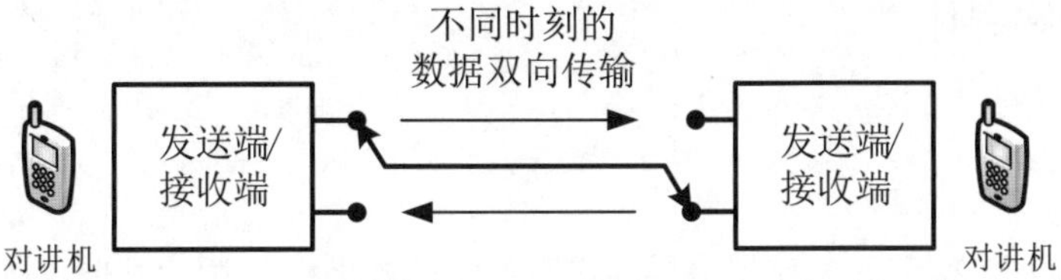

图 2-7　半双工通信

(3) 全双工通信。全双工通信是指信息可以同时进行双向传输，即通信的一方在发送信息的同时也能接收信息，如图 2-8 所示。全双工通信一般采用多条线路或频分法来实现，也可采用时分复用或回波抵消等技术。若采用四线制，则有两个数据信道进行数据传输，有两个监测信道进行监测信号传输，这样，通信线路两端的发送和接收装置就能够同时发送和接收信息；若采用频分信道，传输信道可分成高频群信道和低频群信道，则此时使用的是二线制。这种全双工通信方式适合计算机与计算机之间的通信。

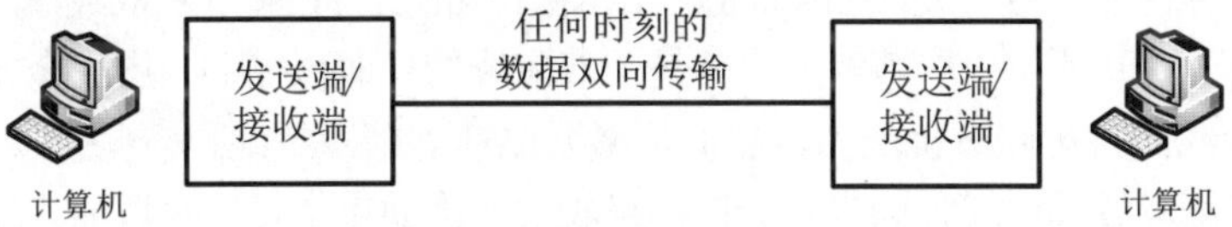

图 2-8　全双工通信

2.2　数据传输介质

传输介质也称为传输媒体或传输媒介。在通信过程中，传输介质是数据传输系统中发送方和接收方之间的物理通路，也是传送信息的载体。传输介质可分为导向传输媒体(也叫作有线介质)和非导向传输媒体(也叫作无线介质)两大类。在导向传输媒体中，电磁波沿着固体媒体(铜线或光纤)传播；非导向传输媒体是指自由空间，在非导向传输媒体中电磁波的传输通常称为无线传输。常见的导向传输媒体有双绞线、同轴电缆和光纤，非导向传输媒体有无线电波、微波、红外线等。

2.2.1 传输介质的主要特性

传输介质的特性对数据通信质量的影响很大，传输介质主要有以下特性。

传输介质概述

- 物理特性：传输介质物理结构的描述。
- 传输特性：传输介质允许传送数字或模拟信号，以及调制技术、传输容量、传输的频率范围。
- 连通特性：允许点到点连接或多点连接。
- 地理范围：传输介质的最大传输距离。
- 抗干扰性：传输介质防止噪声与电磁干扰对传输数据影响的能力。
- 相对价格：器件、安装与维护费用。

接下来我们从这些特性出发，来认识几种常用的传输介质。

2.2.2 导向传输媒体

1. 双绞线

双绞线

1) 物理特性

双绞线是由两根 22～26 号绝缘铜导线按照一定的规格相互缠绕(一般以顺时针缠绕)而成的，如图 2-9 所示，“双绞线”的名字也由此而来。在实际使用时，多对双绞线被包在一个绝缘电缆套管里，典型的双绞线有 4 对。

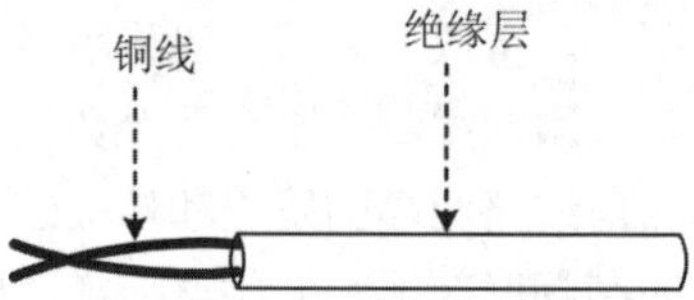

图 2-9 双绞线结构

双绞线可以分为非屏蔽双绞线(unshielded twisted pair，UTP)和屏蔽双绞线(shielded twisted pair，STP)，如图 2-10 所示。屏蔽双绞线就是在双绞线的外面再加上一层用金属编织成的屏蔽层，以提高双绞线的抗电磁干扰能力，它的价格要比非屏蔽双绞线贵一些，安装时也比 UTP 电缆困难。非屏蔽双绞线电缆外面只有一层绝缘胶皮，因而重量轻、易弯曲、易安装、组网灵活，非常适用于结构化布线。因此，在无特殊要求的计算机网络布线中，常使用非屏蔽双绞线电缆。

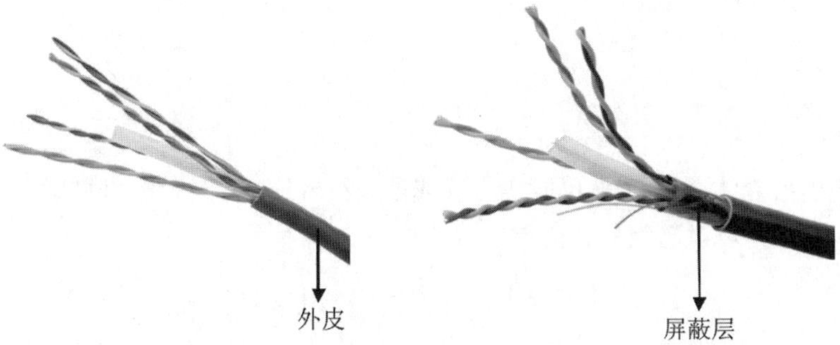

(a) 非屏蔽双绞线　　　　(b) 屏蔽双绞线

图 2-10　双绞线的分类

2) 传输特性

双绞线过去主要用来传输模拟信号，但现在同样适用于数字信号的传输。

双绞线按电气性能划分，可以划分为 3 类、4 类、5 类、超 5 类、6 类、7 类双绞线等类型，数字越大，代表着级别越高、技术越先进、绞合密度越大、带宽也越宽，当然价格也越贵。目前，3 类、4 类线在市场上几乎没有了，在一般局域网中常见的是 5 类、超 5 类或 6 类非屏蔽双绞线。各类型双绞线的带宽和应用描述如表 2-1 所示。

表 2-1　各类型双绞线的带宽和应用描述

双绞线类型	带宽(传输频率)/MHz	典型应用
3 类双绞线	16	低速网络；模拟电话。目前已从市场上消失
4 类双绞线	20	短距离的 10BASE-T 以太网和令牌网。目前很少见到
5 类双绞线	100	主要用于 10BASE-T 和 100BASE-T 以太网
超 5 类双绞线(5E)	100	100BASE-T 快速以太网；某些 1000BASE-T 吉比特以太网
6 类双绞线	250	1000BASE-T 吉比特以太网；ATM 网络
7 类双绞线	600	用于 10 吉比特以太网

3) 连通特性

双绞线既可用于点到点连接，也可用于多点连接。

4) 地理范围

双绞线作为物美价廉的网络连接线，在 10Mb/s 或 100Mb/s 局域网中使用时，连接设备之间的最大距离一般不超过 100m。

5) 抗干扰性

双绞线采用一对互相绝缘的金属导线互相绞合的方式来抵御一部分外界电磁波干扰，更主要的是降低自身信号的对外干扰，每根导线在传输中辐射的电波会被另一根线上发出的电波抵消。

6) 相对价格

与其他传输介质相比，双绞线在传输距离、信道宽度和数据传输速率等方面均受到一定限制，因此其价格较为低廉。

2. 同轴电缆

同轴电缆

1) 物理特性

同轴电缆由内导体铜质芯线(单股实心线或多股绞合线)、绝缘层、网状编织的外导体屏蔽层，以及塑料保护外层组成，如图 2-11 所示。

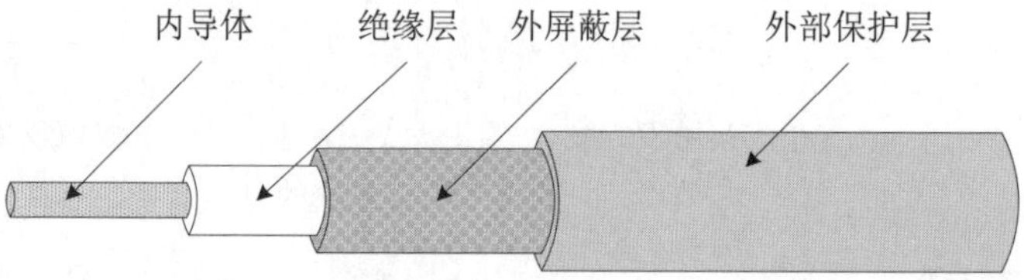

图 2-11　同轴电缆示意图

2) 传输特性

同轴电缆根据传输频带的不同，可分为基带同轴电缆和宽带同轴电缆两种类型。阻抗值为 50Ω的基带同轴电缆仅用于数字信号(基带)的传输。阻抗值为 75Ω的宽带同轴电缆中传输的一般是经频分复用后的频带模拟信号，它是有线电视系统中使用的传输电缆。宽带同轴电缆具有较高的传输带宽，可使用的频带高达 300～450MHz，支持较高速率的数据传输。

3) 连通特性

同轴电缆既支持点到点连接，也支持多点连接。基带同轴电缆可支持百台设备的连接，而宽带同轴电缆可支持千台设备的互联。

4) 地理范围

同轴电缆的传输速率在 1km 范围内可达 10Mb/s。一般基带同轴电缆的最大传输距离限制在几千米之内，而宽带同轴电缆的最大传输距离可以达到几十千米。

5) 抗干扰性

由于外导体屏蔽层的作用，同轴电缆具有很好的抗干扰特性，被广泛用于传输较高速率的数据。

6) 相对价格

同轴电缆的价格介于双绞线与光纤之间，安装和维护相对光纤较方便。

在局域网发展的初期曾广泛地使用同轴电缆作为传输媒体，但随着技术的进步，在局域网领域基本上都采用双绞线作为传输媒体。在网络中，同轴电缆适合传输速率为 10Mb/s 的数字信号，但具有比双绞线更高的带宽。同轴电缆的带宽与电缆长度有关，1km 的电缆可以达到 1～2Mb/s 的数据传输速率。当然还可以使用更长的电缆，但是传输率要降低或要使用中间放大器。目前，同轴电缆大部分被光纤取代，但仍广泛应用于有线电视网络和某些局域网。

同轴电缆也可以按直径的不同，分为粗同轴电缆和细同轴电缆两种，如图 2-12 所示。粗同轴电缆适用于比较大型的局部网络，传输距离长，可靠性高，安装时不需要切断电缆，因此可以根据需要灵活调整计算机的入网位置，但粗同轴电缆网络必须安装收发器电缆，安装难度大，所以总体造价高。相反，细同轴电缆安装则比较简单，造价低，但安装过程要切断电缆，两头需装上基本网络连接头(BNC)，然后接在 T 型连接器两端，所以当接头多时容易产生不良隐患，这是早期以太网所发生的常见故障之一。无论是粗同轴电缆还是细同轴电缆均为总线拓扑结构，即一根电缆上接多部机器，这种拓扑适用于机器密集的环境，但是当某一触点发生故障时，故障会串联影响整根电缆上的所有机器，故障的诊断和修复都很麻烦。同轴电缆的优点是可以在相对长的无中继器的线路上支持高带宽通信，其缺点是体积大，不能承受缠结、压力和严重的弯曲，这些都会损坏电缆结构，阻止信号的传输，并且成本高，因此以太网中的同轴电缆已经基本被非屏蔽双绞线所取代。

(a) 10BASE-2细同轴电缆　　(b) 10BASE-5粗同轴电缆

图 2-12　两种同轴电缆

3. 光纤

光纤

1) 物理特性

光纤是光导纤维的简称。裸纤一般分为 3 层：中心为高折射率玻璃芯(芯径一般为 50μm 或 62.5μm)，中间为低折射率硅玻璃封套(直径一般为 125 μm)，最外层是加强用的塑料外壳，如图 2-13 所示。塑料外壳可以吸收光线、防止串音、保护玻璃封套。在实际使用中，通常把多条光纤扎成束，再加上外壳，构成光电线缆(简称为光缆)，如图 2-14 所示。

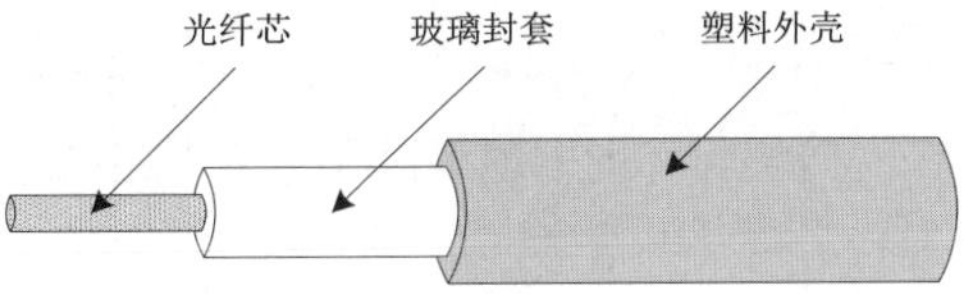

图 2-13　裸纤结构图

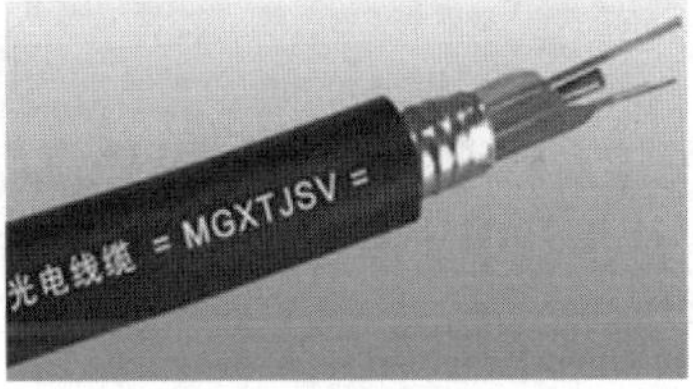

图 2-14　光缆

2) 传输特性

光纤通过内部的全反射来传输一束经过编码的光信号。纤芯的折射率高于玻璃封套的折射率，从而可以保证光线在纤芯与玻璃封套的接触面上进行光的全反射，并沿光纤向前传播，如图 2-15 所示。

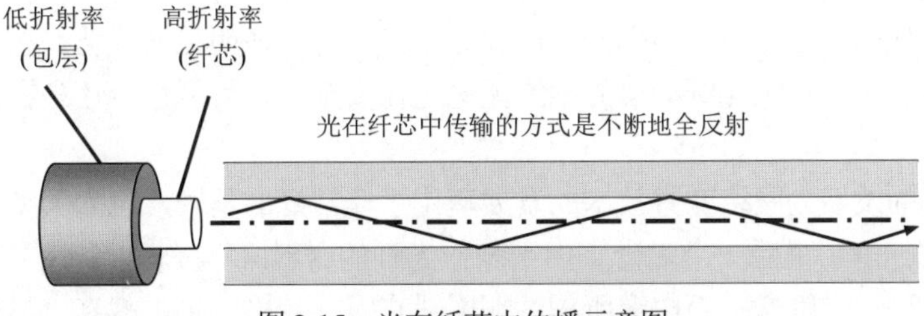

图 2-15　光在纤芯中传播示意图

根据纤芯中光束的多少可以将光纤分为单模光纤和多模光纤。

对于多模光纤，纤芯直径较粗，光在光纤中可能有许多种沿不同途径同时传播的模式；传输距离短，数据传输速率较低，价格便宜；用发光二极管作为光源。

对于单模光纤，纤芯直径减小到光波波长，光在光纤中的传播没有反射，而沿直线传播；传输距离非常远，数据传输速率很高，价格昂贵；用激光作为光源。

多模光纤和单模光纤的传输原理如图 2-16 所示。

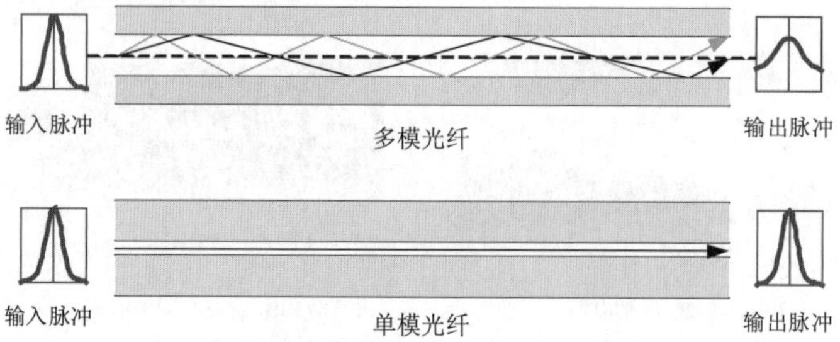

图 2-16　多模光纤和单模光纤传输原理

光纤系统主要由 3 部分组成：光发送器、光纤介质和光接收器。发送端的光发送器利用电信号对光源进行光强控制，从而将电信号转换为光信号；光信号经过光纤介质传输到接收端；光接收器通过光电二极管把光信号再还原为电信号，如图 2-17 所示。

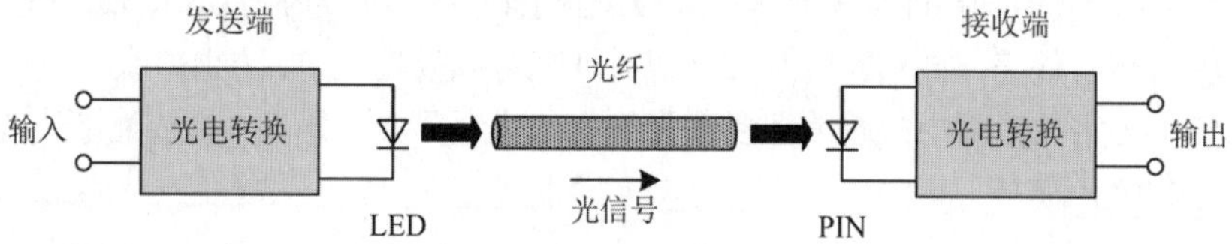

图 2-17　光电转换示意图

3) 连通特性

光纤最普遍的连接方式是点到点连接，但在一些实验环境中也可以采用多点连接方式。

4) 地理范围

光纤信号的衰减极小，在不使用中继器的情况下，可以在 6～8 km 内实现高速率的数据传输。

5) 抗干扰性

因为光纤的基本成分是石英，只传光，不导电，不受电磁场的作用，所以，光纤传输的光信号不受电磁场的影响，对电磁干扰、工业干扰有很强的抵御能力。正因为如此，在光纤中传输的信号不易被窃听，因而利于保密。

6) 相对价格

光纤是新一代的传输介质，与铜质介质相比，光纤有一些明显的优势。因为光纤不会向外界辐射电子信号，所以使用光纤介质的网络无论是在安全性、可靠性，还是在网络性能方面都有很大的提高。

光通信技术的发展为网络宽带技术的发展奠定了非常好的基础，也为大型有线电视系统采用光纤传输方式扫清了最后一个障碍。由于制作光纤的材料(石英)来源十分丰富，随着技术的进步，成本还会进一步降低；而电缆所需的铜原料有限，价格会越来越高。显然，今后光纤传输将占绝对优势，成为建立有线电视网的最主要传输手段。

2.2.3　非导向传输媒体

前面提到的 3 种介质都属于有线传输介质，但有线传输并不是在任何时候都能实现的。例如，通信线路要通过一些高山、岛屿或一些临时办公场所，这些地方布线联网很难施工。即使是在城市中，开挖马路敷设线缆也不是一件容易的事。

非导向传输媒体

非导向传输媒体是指自由空间，利用无线电波在自由空间的传播可以较快地实现多种通信。在非导向传输媒体中电磁波的传输常称为无线传输。无线传输介质是指利用各种波长的电磁波充当传输媒体的传输介质。

无线电波有地波传播(即直线传播，沿地面向四周传播)和天波传播(即反射传播，靠大气层中的电离层传播)两种传播方式，如图 2-18 所示。

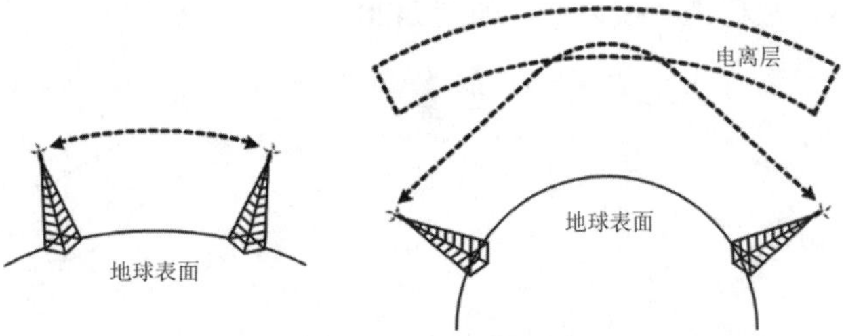

(a) 地波传播　　(b) 天波传播

图 2-18　无线电波传播方式

无线传输所使用的频段很广，人们现在已经利用了好几个波段进行通信。紫外线和更高的波段目前还不能用于通信。电信领域使用的电磁波频谱如图 2-19 所示。例如，LF 波段的波长为 1～10km(对应 30～300Hz)。LF、MF 和 HF 的译名分别为低频、中频和高频。更高频段中的 V、U、S 和 E 分别代表 very、ultra、super 和 extremely，相应频段的译名分别为甚高频、特高频、超高频和极高频，最高频段中的 T 代表 tremendously，目前尚无标准译名。在低频 LF 的下面其实还有几个更低的频段，如甚低频 VLF、特低频 ULF、超低频 SLF 和极低频 ELF 等，因不用于一般通信，所以没有在图中体现。利用无线信道进行信息传输是在运动中通信的唯一手段，所以近几年无线电通信发展得特别快，多采用微波、红外线和激光等。

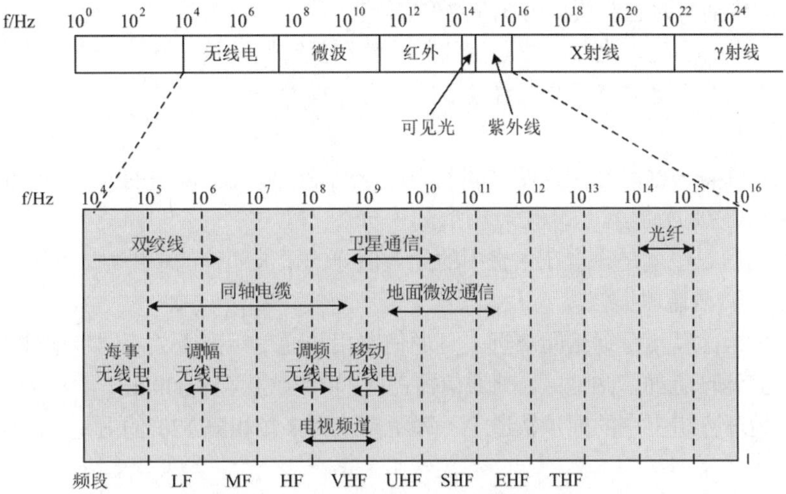

图 2-19　电信领域使用的电磁波频谱

1. 微波通信

微波通信在数据通信中占有重要地位。微波的频率为30MHz～300GHz(波长为10m～1mm)。微波在空间中沿直线传播。微波会穿透电离层进入宇宙空间，因此它不像短波那样可以经电离层反射传播到地面上很远的地方。传统的微波通信方式主要有两种：地面微波接力通信和卫星通信。

1) 地面微波接力通信

微波在空间中沿直线传播，而地球表面是一个曲面，因此其传播受到限制，传输距离一般只有50km左右。但若采用100m高的天线塔，则传输距离可增大到100km。为实现远距离通信必须在一条无线通信信道的两个终端之间建立若干个中继站。中继站把前一站送来的信号经过放大后再发送到下一站，故称为“接力”，如图2-20所示。

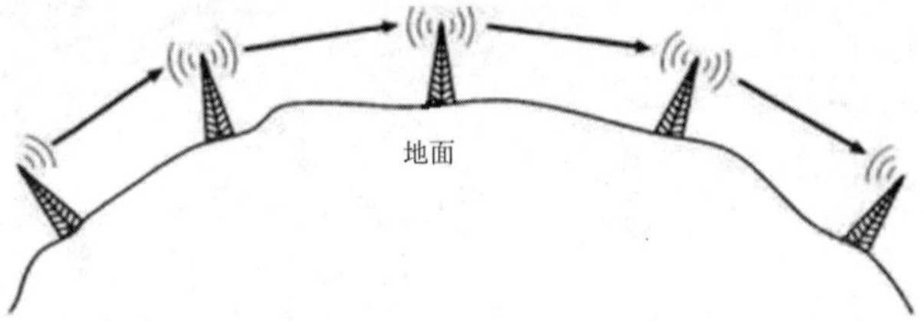

图2-20　地面微波接力通信

微波接力通信可以传输电话、电报、图像、数据等信息，其主要特点如下。

(1) 微波波段频率很高，其频段范围也很宽，因此其通信信道的容量很大。

(2) 因为工业干扰和天线干扰的主要频谱成分比微波频率低得多，对微波通信的危害比对短波和米波通信小得多，因而微波传输质量较高。

(3) 与相同容量和长度的电缆载波通信比较，微波接力通信建设投资少，见效快，易于跨越山区、江河。

微波接力通信也存在如下缺点。

(1) 相邻站之间必须直视(常称为视距LOS)，不能有障碍物。有时一个天线发射出的信号也会分成几条略有差别的路径到达接收天线，因而造成失真。

(2) 微波的传播有时也会受到恶劣气候的影响。

(3) 与电缆通信系统相比，微波通信的隐蔽性和保密性较差。

(4) 使用和维护大量中继站要耗费较多的人力和物力。

2) 卫星通信

常用的卫星通信方法是在地球站之间利用位于约36 000km高空的人造同步地球卫星作为中继器的一种微波接力通信，如图2-21所示。

对地静止通信卫星就是设置在太空中的无人值守的微波通信的中继站。可见卫星通信的主要优缺点与地面微波通信类似。

卫星通信的最大特点是通信距离远，且通信费用与通信距离无关。同步地球卫星发射出的电磁波能辐射到地球上的广阔地区，其通信覆盖区的跨度约达18 000km，面积约占地球的三分之一。只要在地球赤道上空的同步轨道上，等距离放置3颗相隔120°的卫星，就能基本上实现全球通信。

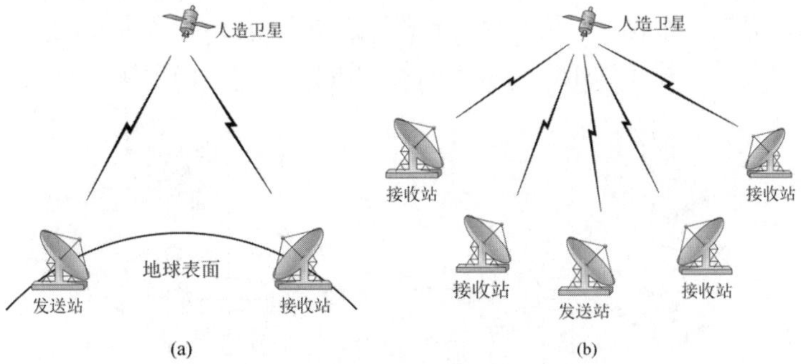

图 2-21　卫星通信的工作原理示意图

卫星通信与微波接力通信相似，频带宽，通信容量大，信号所受的干扰也较小，通信比较稳定。为了避免产生干扰，卫星之间相隔如果不小于 2°，那么整个赤道上空只能放置 180 颗同步卫星。好在人们提出可以在卫星上使用不同频段进行通信。因此，总的通信容量还是很大的。

2. 红外线

目前广泛使用的家电遥控器几乎都采用红外线传输技术。红外线通信是利用 950nm 近红外波段的红外线作为传递信息的媒体。发送端将基带二进制信号调制为一系列的脉冲串信号，通过红外发射管发射红外信号。接收端将接收到的光脉冲转换成电信号，再经过放大、滤波等处理后传送给解调电路进行解调，还原为二进制数字信号后输出。常用的方法有通过脉冲宽度来实现信号调制的脉宽调制和通过脉冲串之间的时间间隔来实现信号调制的脉时调制两种。

红外线通信有两个最突出的优点：保密性强，不易被人发现和截获；抗干扰性强，几乎不会受到电器、人为干扰。此外，红外线通信设备体积小，重量轻，结构简单，价格低廉，但必须在直视距离内通信，且传播受天气影响。在不能架设线缆，使用无线电又怕暴露自己的情况下，使用红外线通信是比较好的选择。由于红外线的穿透能力较差，易受障碍物的阻隔，一般作为近距离传输介质。

3. 激光

激光束也可以用于在空气中传输数据，激光的工作频率为 10^{14}～10^{15} Hz，与微波相似，至少需要两个激光站，每个站点拥有发送信息和接收信息的能力。激光设备通常安装在固定位置，一般安装在高山的铁塔上，并与天线相互对应。激光束能够在很长的距离上得以聚焦，因此激光的传输距离很远，能传输几十千米，且方向性很强，不易受电磁波干扰。外界气候条件对激光通信的影响较大，例如，空气污染、雨雾天气，以及能见度较差的情况可能会导致通信中断。激光技术与红外线技术类似，因为它也需要无障碍直线传播，任何阻挡激光束的人或物都会阻碍正常的传输。激光束不能穿透建筑物和山脉，但可以穿透云层。

2.3 信道复用技术

信道复用技术的定义和分类

信道复用是指使用复用技术在一条物理线路上同时传输多路用户信号，提高线路的利用率，降低网络成本，从而达到节省信道资源的目的，如图 2-22 所示。典型的信道复用技术包括频分多路复用(FDMA)、时分多路复用(TDMA)、波分多路复用(WDM)等。

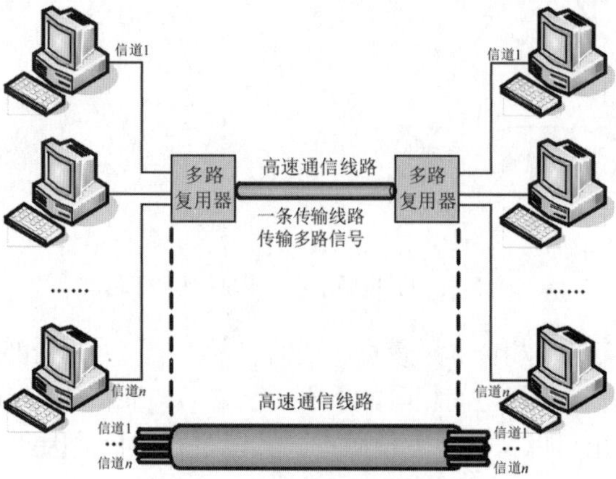

图 2-22　信道多路复用

2.3.1　频分多路复用

频分多路复用(frequency division multiplexing, FDM)是一种将多路基带信号调制到不同频率载波上再进行叠加形成一个复合信号的技术。在物理信道的可用带宽超过单个原始信号所需带宽的情况下，可将该物理信道的总带宽分割成若干个与传输单个信号带宽相同(或略宽)的子信道，每个子信道传输一路信号，这就是频分多路复用。在使用频分多路复用技术时，若每个用户占用的带宽不变，当复用的用户数量增加时，复用后的总带宽就会跟着变。传统的电话通信中，一个标准话路的带宽是 4kHz(语音信号的范围是 300～3400Hz，为了防止干扰，两边加上保护频带)，若有 3 个用户进行频分复用，那么复用后的总带宽是 12kHz，如图 2-23 所示。若有 5 个用户进行频分复用，那么复用后的总带宽就是 20 kHz。

频分多路复用技术

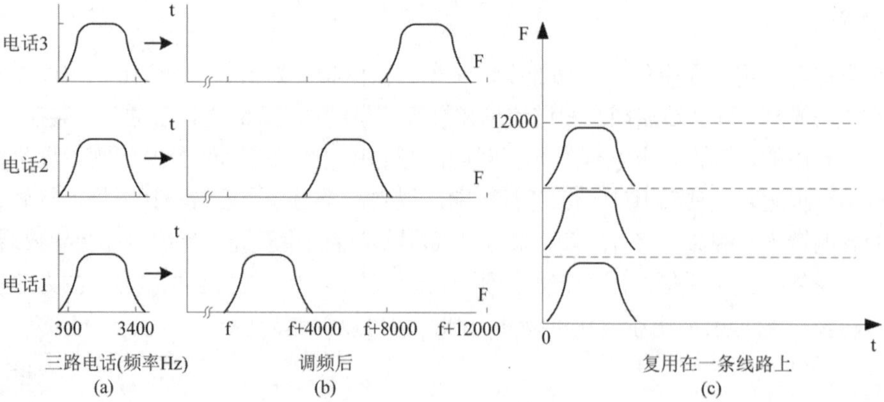

图 2-23　频分多路复用

频分多路复用技术的特点如图 2-24 所示，用户在分配到一定的频带后，在通信过程中始终都占用该频带，因此，频分复用的所有用户在同样的时间占用不同的频带资源。

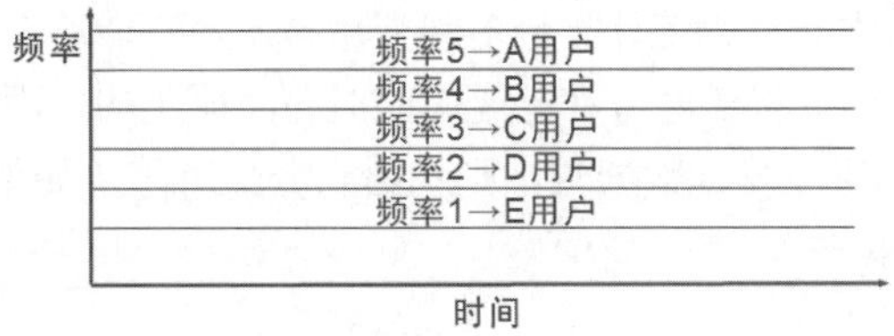

图 2-24　频分多路复用技术的特点

2.3.2　时分多路复用

时分多路复用(time division multiplexing，TDM)是将一条传输线路的可用传输时间划分成若干个时间片，每个用户轮流分得一个时间片，在分得的时间片内使用线路传输数据。时分多路复用将时间划分为一段一段等长的时分复用帧(TDM 帧)，每个时分复用用户周期性地在一个 TDM 帧中占用固定的时隙，如图 2-25 所示。从图中可以看出，时分多路复用的所有用户在不同的时间占用相同的频带资源。

时分多路复用技术

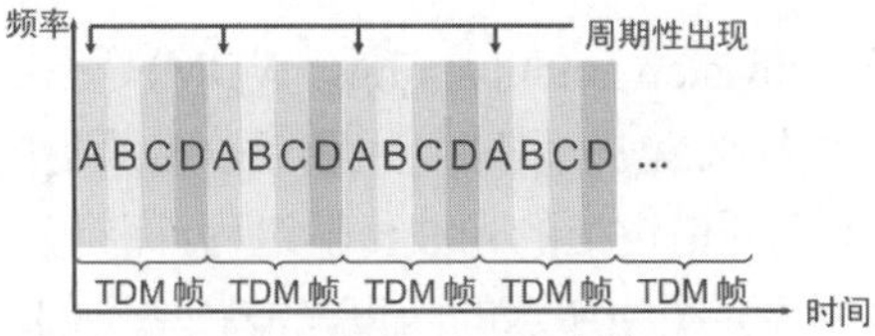

图 2-25　时分多路复用

在应用中，当 N 个用户设备接到一条公共的通道上时，多路复用器就按一定的次序周期性地将一个用户设备与通道接通，执行操作，与此同时，其他设备与通道的联系均被切断，待指定的使用时间间隔一到，则通过时分多路转换开关把通道连接到下一个要连接的设备上。如图 2-26 所示，4 个终端分别占用一个时隙发送 A、B、C、D，则 ABCD 组成一个 TDM 帧。时分多路复用中，若每个用户固定占用时隙进行通信，则称为同步时分多路复用技术。

同步时分和异步时分技术

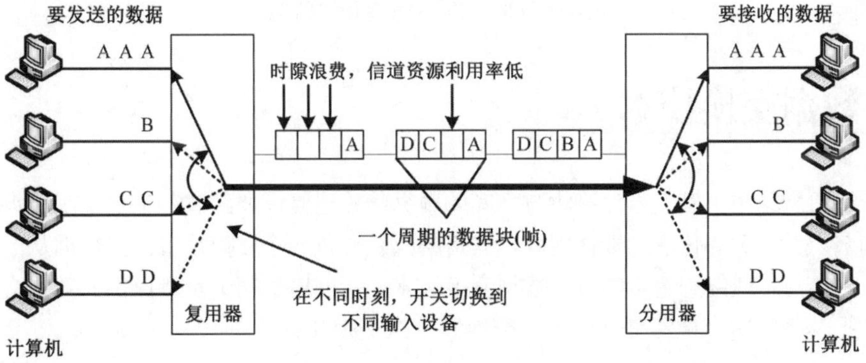

图 2-26　同步时分多路复用

当使用同步时分多路复用技术传输计算机数据时，计算机数据具有突发性和间歇性的特点，一个用户可能在分配到的时隙中恰好没有数据传输，而这个时隙其他用户也不能用，这样就会使信道的利用率降低。针对这个问题，按照动态分配时隙的思想，提出了异步时分多路复用技术。

异步时分多路复用技术又称为统计时分多路复用技术，它能动态地按需分配时隙，以避免每个时隙段中出现空闲时隙。异步时分在分配时隙时是不固定的，而是只给想发送数据的发送端分配其时隙段，当用户暂停发送数据时，则不给它分配时隙，如图 2-27 所示。

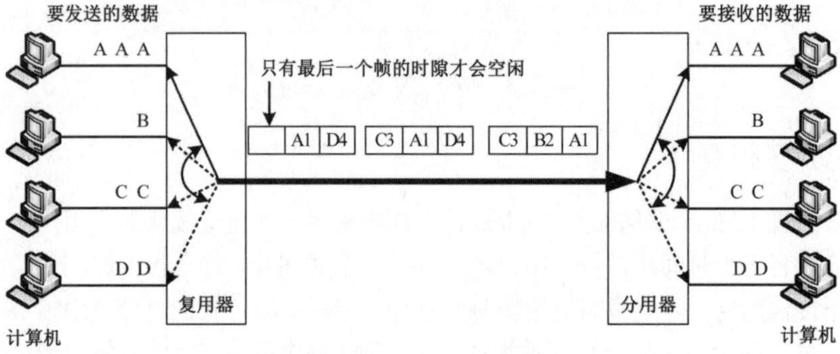

图 2-27　异步时分多路复用

2.3.3　波分多路复用

波分多路复用(wavelength division multiplexing，WDM)是指在一根光纤上使用不同的波长同时传送多路光波信号的一种技术。波分多路复用和频分多路复用基本上都基于相同原理，所不同的是波分多路复用应用于光纤信道上的光波传输过程，而频分多路复用应用于电模拟传输。波分多路复用原理如图 2-28 所示，图中所示的两束光波频率不同，它们通过光栅后使用一条共享光纤传输，到达目的地节点后经过光栅重新分成两束光波。

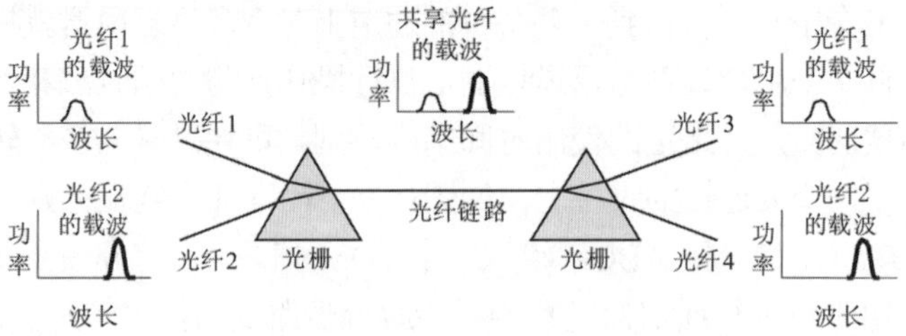

图 2-28　波分多路复用原理

2.4 数据交换技术

在计算机网络中，发送方与接收方之间的数据传输通常需要经过若干个中间节点的转接，这些中间节点并不关心传输的数据内容，其目的只是提供一个交换设备，把数据从一个节点转发到另一个节点，最终到达接收方。数据交换技术是指网络中间节点所提供的数据交换功能。常用的数据交换技术有电路交换、报文交换和分组交换 3 种。

2.4.1　电路交换

电路交换

电路交换(circuit switching)也叫作线路交换，最初用在公用电话系统中。电路交换就是由交换机负责在两个通信站点(如两个电话机)之间建立一条专用的物理线路分配给双方传输数据使用。从电话用户到所连接的市话交换机的连接线路是用户线。用户线是用户专用的线路，而交换机之间拥有大量话路的中继线则是许多用户共享的，一对电话用户只占用其中一个话路信道。图 2-29 为电路交换示意图，图中的电话用户 A 要和 B 进行通信，首先必须建立一条由 A 到 B 的物理连接，也就是 A 和 B 接通了，然后在这条物理连接上通话，即交换数据。一旦双方挂断电话，即表示数据交换完毕，A 和 B 用户之间建立的物理连接也将释放。

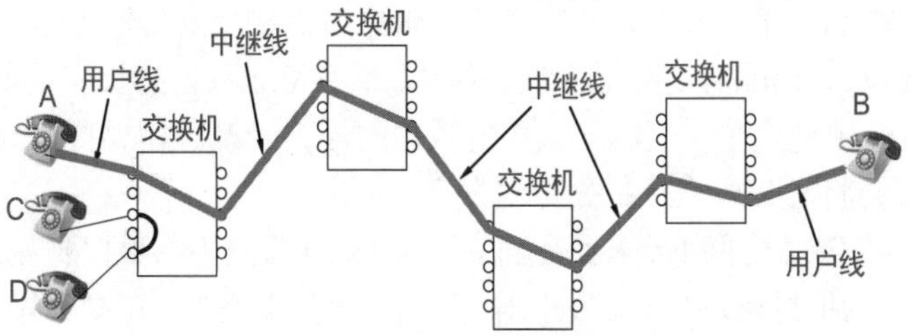

图 2-29　电路交换示意图

电路交换方式中，一次数据传输过程可以分为以下 3 个阶段。

1. 电路建立阶段

在通信双方开始传输数据之前，必须建立一条端到端的物理线路。首先，由发送数据的一方发出连接请求，沿途经过的中间节点负责建立电路连接，并向下一个节点转发连接请求，直到连接请求到达接收方，接收方如果同意建立连接，则沿原路返回一个应答，请求通信的发送方接收到应答后就建立了一个连接。

建立连接的过程实际上就是电路资源的分配过程，就是在收发双方之间分配了一定的带宽资源，所以这个连接也称为物理连接。

2. 数据传输阶段

成功建立了电路连接后，双方就可以开始传输数据了。该线路是被双方独占的，数据可以在已经建立好的物理线路上进行双向传输。数据传输过程中不需要进行路径选择，数据在每个中间节点上没有停留，直接向前传递，因此，电路交换的传输延迟最短，一般没有阻塞问题，除非有意外的线路或节点故障使电路中断。

需要注意的是，一旦建立好电路连接后，即使双方没有数据传输，该线路也被双方占用，不能再被其他站点使用。这是因为电路交换系统属于资源预分配系统，一旦分配好了资源，不管有没有数据在传输，都不能再被其他站点使用。这也是电路交换的一个缺点，会造成带宽资源的浪费。

3. 电路释放阶段

数据传输结束后，应该尽快释放连接，释放占用的带宽资源。通信的任何一方都可以发出释放连接的请求信号，释放信号沿途经过各个中间节点，一直到达通信的另一方。释放电路连接后，带宽资源就可以分配给其他需要的站点。

电路交换的优点：专用信道，数据传输迅速、可靠、不会丢失、有序。电路交换的缺点：当建立了连接但双方暂时没有数据传输时，会造成带宽资源浪费。因此，电路交换适用于数据传输量大、可靠性要求较高的情况。

2.4.2 报文交换

报文交换和分组交换

报文交换(message switching)与电路交换原理完全不同，其属于存储转发的交换方式。

简单地说，存储转发方式就是网络中的节点先把接收到的数据储存起来，再根据节点中的信息选择路径转发。在应用中，根据节点接收到传输数据单元的大小，分为报文交换和分组(packet switching)交换。报文交换中，不管发送数据的长度是多少，都把它当作一个逻辑单元发送；分组交换中，限制一次传输数据的最大长度，如果传输数据超过规定的最大长度，发送节点就会将它分成多个报文分组发送。

报文交换中，收发双方之间不需要预先建立连接。如果发送方有数据要发送，则只需要把数据封装为一个报文，然后把封装好的报文发送出去即可。报文由报头和正文部分组成，报头中包含目的端地址、源地址和其他附加信息；正文是要传输的数据。假设要把报文从 H_1 站送到 H_2 站，H_1 站将 H_2 站的地址附加到要发送的报文上，然后把它发送到 N_1 节点，节点 N_1 收到报文后将它存储在缓冲区里，然后选择一条路径(如发往节点 N_4)，并将它插入 $N_1 \rightarrow N_4$ 这条输出线路的队列中，等到这条线路空闲时就将它发往节点 N_4，以此类推，直至到达接收端 H_2，其过程如图 2-30 所示。报文交换主要用于电报系统及早期的广域网中。

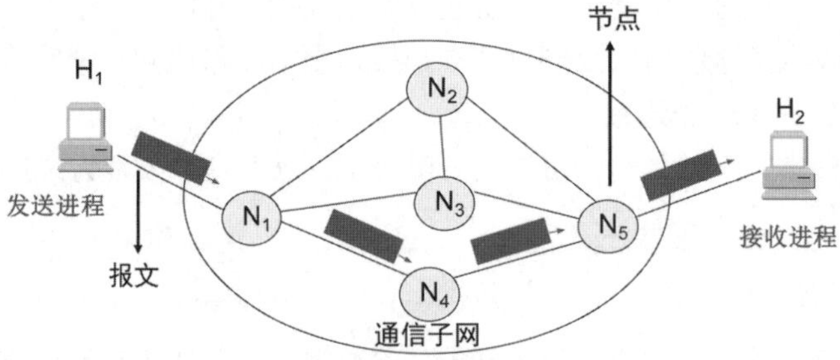

图 2-30　报文交换

报文交换的优点：采用存储转发的传输方式，不独占线路，多个用户的数据可以通过存储和排队共享一条电路；没有建立连接和释放连接过程，线路利用率高；接收方和发送方不需要同步工作，如果接收方正忙，中间节点可以将报文暂时存储起来，等接收方空闲时再进行转发；可以提供传输速率和数据格式的转换，使得不同传输速率和数据格式的端点之间能够相互通信。

报文交换的缺点：由于要先存储后转发，增加了数据传输的时延，如果报文很长，可能还需要放入磁盘暂存，从而导致更大的时延。另外，报文长短不确定，数据传输时延波动范围大，因此报文交换不适合实时通信或交互式通信。

2.4.3 分组交换

存储转发方式中，如果把要传输的整个数据划分成若干个分组进行传输，则为分组交换，也称为包交换，是现代计算机网络的技术基础。分组交换技术的出现克服了报文交换中传输延迟大的问题。分组具有统一的格式、长度较短并且长度限定在一定范围内，便于在中间节点设备(如路由器)上存储并处理，分组在中间交换设备的主存储器中停留很短的时间，一旦确定了新的路由，就很快转发到下一个节点或用户终端，因此能够满足大多数通信用户对数据传输实时性的要求。

1. 分组交换过程

分组交换技术在报文交换的基础上进行了一些改进。在发送端，把要发送的数据划分为长度固定的数据段，在每一个数据段前面加上头部信息组成一个完整的“分组”，每个分组独立寻找路径并进行传输，利用存储转发的方式，将各个分组传输到目的地。分组头部包含目的地址、源地址和其他附加信息。当一次数据传输的所有分组都到达接收方时，接收方再将所有分组重组为原来的数据。图 2-31 为分组交换示意图。

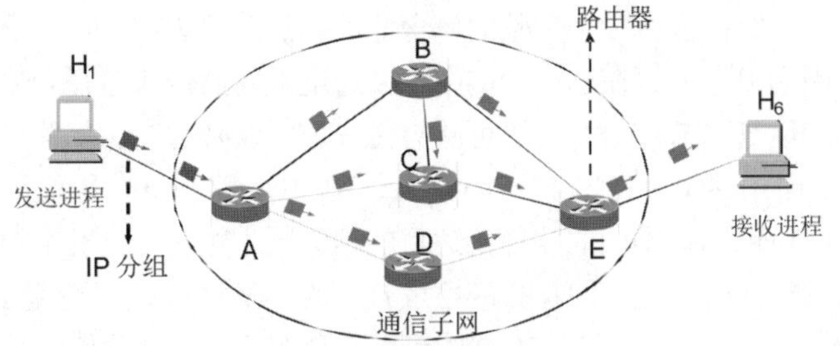

图 2-31　分组交换示意图

图 2-31 中节点 A、B…E 及连接这些节点的链路 AB、AC 等构成了一个通信子网。当主机 H_1 向主机 H_6 发送数据时，首先要将数据划分为一个个等长的分组，然后将这些分组一个接一个地发往与 H_1 相连的 A 节点的缓冲区，分组按路径算法确定的下一个目的节点被发送出去，当分组被传送至和主机 H_6 相连的 E 节点后，最后被 H_6 接收。主机 H_1 向主机 H_6 发送的数据必须经过通信子网中的节点 A 和节点 E，数据经节点 A 进入通信子网，数据经节点 E 退出通信子网，而数据在通信子网中的传输路径是不确定的，其路径是由系统本身所具有的路径选择算法决定的。

分组交换技术的特点如下。

(1) 在传送数据之前不必先占用一条端到端的通信资源。

(2) 分组在哪段链路上传送就占用哪段链路的通信资源。

(3) 分组到达一个路由器后，先暂时存储下来，查找转发表，然后从另一条合适的链路转发出去。

(4) 分组在传输时一段段地断续占用通信资源，省去了建立和释放连接的开销，因而数据的传输效率更高。

分组交换技术的缺点如下。

(1) 各分组在中间节点存储转发时需要排队，会造成一定的时延。

(2) 分组必须携带源地址、目的地址等头部信息，增加了开销。

(3) 分组交换网的管理和控制比较复杂等。

为了保证通信子网传输的可靠性，分组交换过程通过协议等采取了一些专门的措施，以保障分组交换具有高效、灵活、迅速、可靠的性能。

根据以上所述可知，采用存储转发的分组交换，实质上是采用了在数据通信的过程中断续(或动态)分配传输带宽的策略。这非常适合传送突发式的计算机数据，通信线路的利用率大大提高了。

在整个分组交换过程中，分组在传送之前不必建立一条连接，这种不先建立连接而随时可发送数据的连接方式，称为无连接(connectionless)方式。

2. 分组交换的两种工作方式

分组交换技术在实际应用中的工作方式可分为数据报(data gram)方式和虚电路(virtual circuit)方式两种。

数据报技术

1) 数据报方式

在数据报方式中，分组传送之间不需要预先在源主机与目的主机之间建立“线路连接”。源主机发送的每一个分组都携带一个完整的包含地址等信息的头部，每个分组都可以独立地选择一条传输路径。因为每个分组在通信子网中可以通过不同的传输路径到达目的主机，各个分组不能保证按顺序到达目的节点，有些还可能会丢失，所以必须在头部信息中加入分组的序号信息。数据报方式的工作原理如图 2-32 所示，A、B…E 为路由器，组成了通信子网，描述了同一报文的不同分组可以选择不同的路径到达目的地。图中主机 H_1 发出的报文分为两个分组 P1 和 P2。分组 P1 到达目的地主机 H_6 的路径为 H_1→A→B→E→H_6，分组 P2 到达目的地主机 H_6 的路径为 H_1→A→C→E→H_6。主机 H_6 接收到两个分组后，再将两者组装成报文提交上层协议处理。

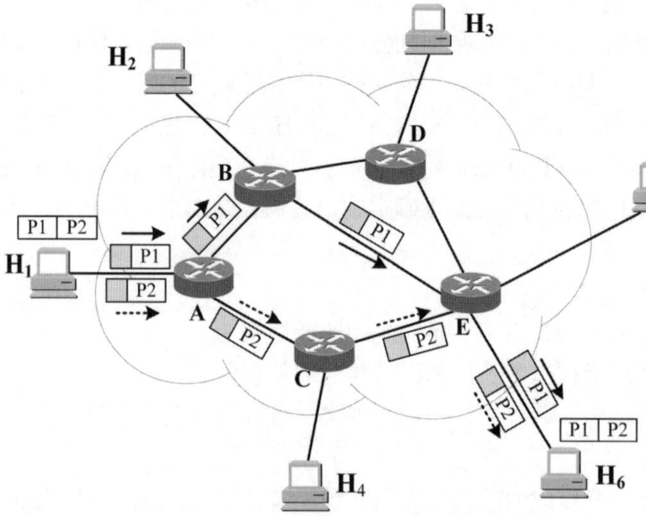

图 2-32　数据报方式的工作原理示意图

图 2-33 体现了不同报文的分组可以共享链路到达目的地。图中主机 H_1 要向主机 H_6 发送数据，主机 H_2 要向主机 H_5 发送数据。H_1 将发往 H_6 的数据分成若干组，为了描述方便，我们取其中一个分组 P1 为例。分组 P1 到达目的地主机 H_6 的路径为 H_1→A→B→E→H_6。同时，H_2 将发往 H_5 的数据分成若干组，为了描述方便，我们也取其中一个分组 D1 为例。分组 D1 到达目的地主机 H_5 的路径为 H_2→B→E→H_5。我们发现属于不同报文的分组共用了同一链路 BE。这说明在整个过程中，在路由器 AB、AC、BC、BD、BE、CE 和 DE 之间的链路，并不被某个用户持续占有，而是可以共享链路。

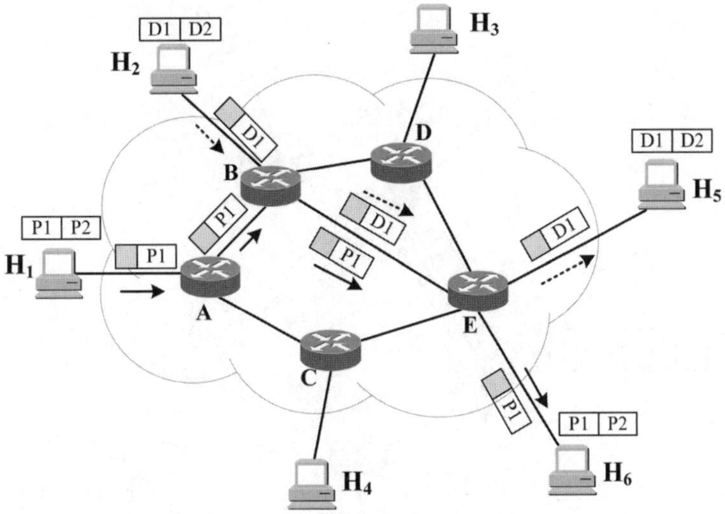

图 2-33　数据报方式传输不同报文分组

从以上分析中可以看出，数据报工作方式具有以下特点。

(1) 同一报文的不同分组可以由不同的传输路径通过通信子网。

(2) 同一报文的不同分组到达目的节点时可能出现乱序、重复与丢失现象。

(3) 每一分组在传输过程中都必须带有目的地址、源地址和分组序号。

(4) 分组传输延迟较大，实时性较差，适用于突发性数据通信，不适用于长报文、会话式的数据通信。

虚电路方式

2) 虚电路方式

在研究数据报方式优缺点的基础上，人们进一步提出了虚电路方式。虚电路方式试图将数据报方式与电路交换方式结合起来，发挥两种方法的优点，达到最佳的数据交换效果。虚电路方式在分组发送之前，需要在发送方和接收方之间建立一条逻辑连接的虚电路。虚电路方式的工作原理如图 2-34 所示。虚电路方式的整个通信过程分为以下 3 个阶段。

(1) 虚电路建立阶段。

(2) 数据传输阶段。

(3) 虚电路释放阶段。

在虚电路建立阶段，节点 A 启动路由选择算法，选择下一个节点(如节点 B)，向节点 B 发送“呼叫请求分组”；同样，节点 B 也要启动路由选择算法选择下一个节点。以此类推，“呼叫请求分组”经过 A→B→E，到达目的节点 E。目的节点 E 向源节点 A 发送“呼叫接收分组”，至此虚电路建立。在数据传输阶段，虚电路方式利用已建立的虚电路，逐站以存储转发的方式顺序传送分组。在传输结束后，进入虚电路释放阶段，将按照 E→B→A 的顺序依次释放虚电路。

由上述分析可以看出，虚电路方式具有以下特点。

(1) 在每次分组发送之前，必须在发送方与接收方之间建立一条逻辑连接。这是因为不需要真正建立一条物理链路，连接发送方与接收方的物理链路已经存在。

(2) 一次通信的所有分组都通过这条虚电路顺序传送，因此报文分组不必带目的地址、源地址等辅助信息。分组到达目的节点时不会出现丢失、重复与乱序的现象。

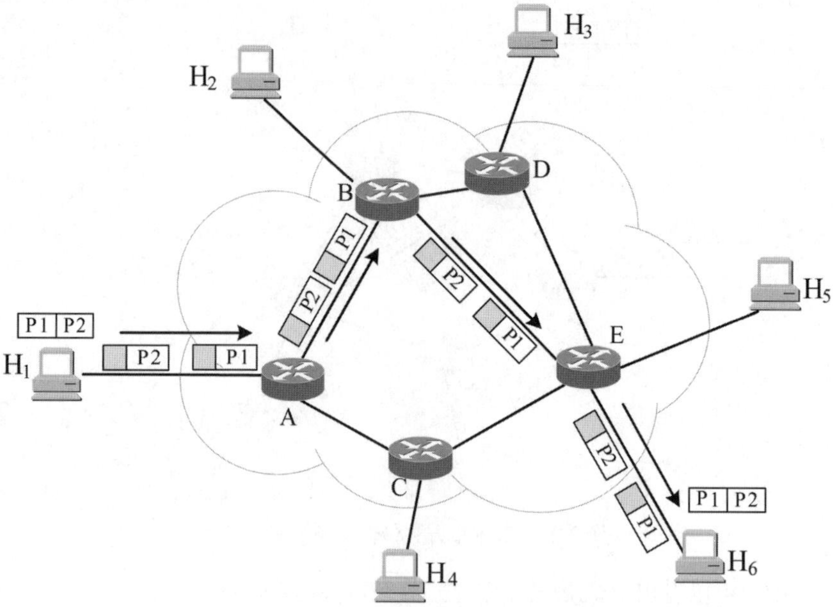

图 2-34 虚电路方式的工作原理示意图

(3) 分组通过虚电路上的每个节点时，节点只需做差错检测，而不必做路径选择。

(4) 通信子网中的每个节点都可以和任何节点建立多条虚电路连接。

3) 虚电路方式与线路交换方式的区别

虚电路方式与线路交换方式的区别在于：虚电路是在传输分组时建立起的逻辑连接，不是电路交换中的独占物理链路，因此称为“虚电路”。每个节点到其他节点间可能有无数条虚电路存在，一个节点可以同时与多个节点之间存在虚电路。虚电路方式具有分组交换与线路交换两种方式的优点，因此在计算机网络中得到了广泛应用。X.25 分组交换网和 ATM 均支持虚电路交换方式。表 2-2 归纳了虚电路服务与数据报服务的主要区别。

表 2-2 虚电路服务与数据报服务的主要区别

比对的方面	虚电路服务	数据报服务
通信之前是否需要建立连接	需要	不需要
分组首部携带的地址信息	仅在连接建立阶段使用，每个分组使用短的虚电路号	每个分组都有终点的完整地址
分组的转发	属于同一条虚电路的分组均按照同一路径进行转发	每个分组独立选择路径进行转发
当节点出故障时	所有通过故障的节点的虚电路均不能工作	出故障的节点可能会丢失分组，一些路由可能会发生变化
分组的顺序	能够保证分组按发送顺序到达目的地	不一定按发送顺序到达目的地
可靠性保证	可靠信息由通信子网来保证	可靠信息由用户主机来保证
端到端的差错处理和流量控制	可以由通信子网负责，也可以由用户主机负责	由用户主机负责

2.4.4 交换技术比较

三种交换技术的比较

图 2-35 体现了电路交换、报文交换和分组交换原理。图中 A 和 D 分别是源点和终点，B 和 C 是在 A 和 D 之间的中间节点。

- 电路交换：整个报文从源点直达到终点，数据传送之前需建立一条物理链路，在线路被释放之前，该链路将一直被一对用户完全占有。
- 报文交换：整个报文从源点传送到相邻节点，全部存储后查找转发表，依次转发到下一个节点，直达终点。
- 分组交换：此方式与报文交换类似，但报文被分组传送，并规定了分组的最大长度，到达目的地后需重新将分组组装成报文。

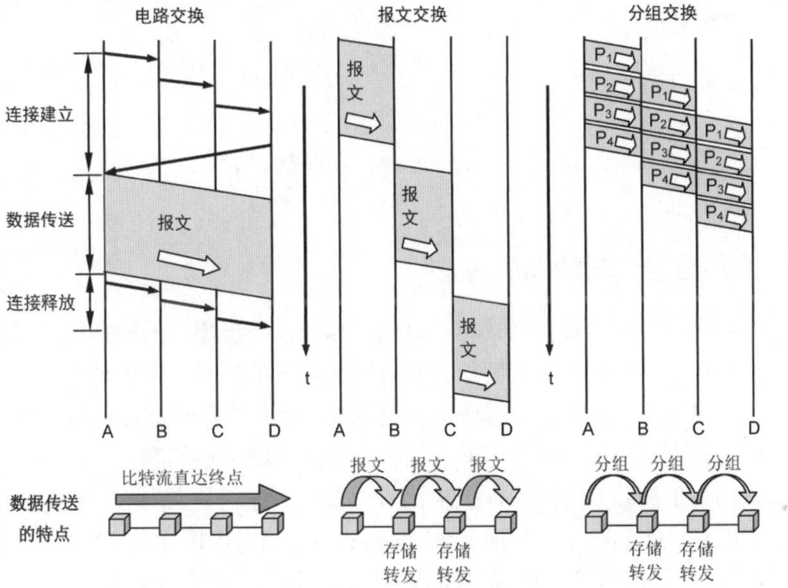

图 2-35 电路交换、报文交换和分组交换原理

从以上分析可以看出，若要连续传送大量的数据，且其传送时间远大于连接建立时间，则电路交换的传输速率较快。报文交换和分组交换不需要预先分配传输带宽，在传送突发数据时可提高整个网络的信道利用率。一个分组的长度往往远小于整个报文的长度，因此分组交换比报文交换的时延小。将发送的报文划分成小的分组，不仅可以减少转发时延，还可以避免过长的报文长时间占用链路。

2.5 数据编码技术

数据编码技术概述

2.5.1 数字信号模拟化时的编码方法

计算机实现数字通信常常要借助模拟信道进行传输，我们将这种数字信号转换为模拟信号的过程称为调制。调制的方法主要有调幅、调频、调相 3 种，如图 2-36 所示。

数字信号转换为模拟信号

调幅(AM)，即载波的振幅随基带数字信号而变化。例如，0 对应无载波输出，而 1 对应有载波输出。调频(FM)，即载波的频率随基带数字信号而变化。例如，0 对应频率 f_1，而 1 对应频率 f_2，且 $f_1=2f_2$。调相(PM)，即载波的初始相位随基带数字信号而变化。例如，0 对应相位 0，而 1 对应相位 180。调相一般分为绝对调相和相对调相两种。

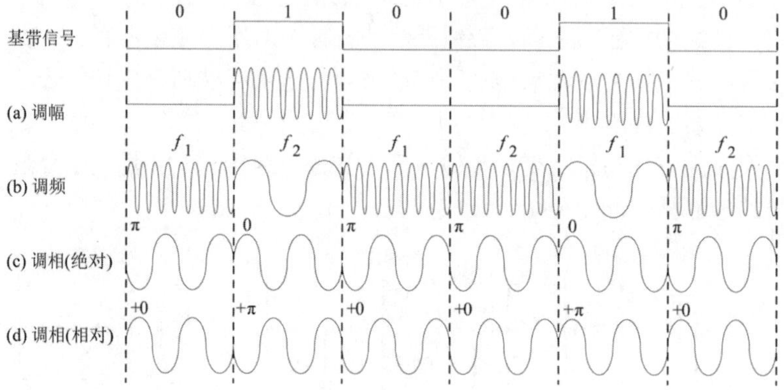

图 2-36　基带数字信号的调制方法

2.5.2　模拟信号数字化时的编码方法

模拟信号的数字化过程主要包括采样、量化和编码 3 个步骤。采样是指用每隔一定时间的信号样值序列来代替原来在时间上连续的信号，也就是在时间上将模拟信号离散化，如图 2-37 所示。量化和编码是用有限个幅度值近似原来连续变化的幅度值，把模拟信号的连续幅度变为有限数量的有一定间隔的离散值。编码则是按照一定规律，把量化后的值用二进制数字表示，然后转换成二进制或多进制的数字信号流。这样得到的数字信号可以通过光纤、无线电波、微波等数字线路传输。模拟信号的量化和编码过程如图 2-38 所示。上述数字化的过程也被称为脉冲编码调制(PCM)。

PCM 的工作原理

PCM 在数字语言系统的应用

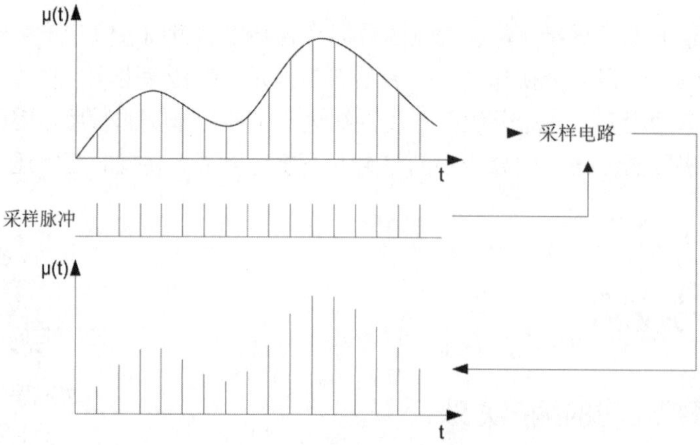

图 2-37　模拟信号的采样过程

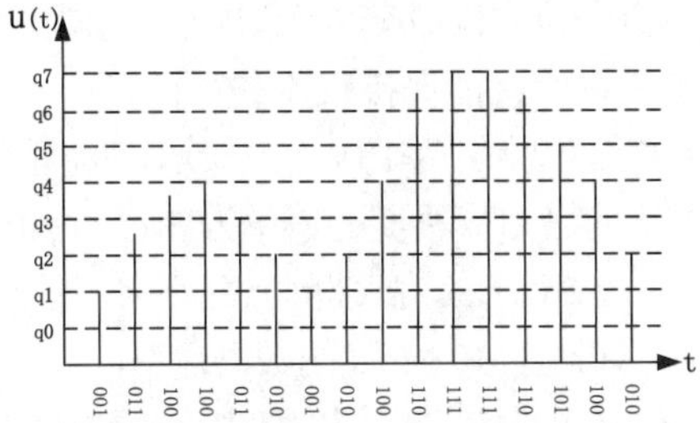

图 2-38　模拟信号的量化和编码过程

模拟电话信号转换为数字信号的过程大致如下。首先必须对电话信号进行采样。根据采样定理，只要采样频率不低于电话信号最高频率的 2 倍，就可以从采样脉冲信号中无失真地恢复原来的电话信号。标准的电话信号的最高频率为 3.4 kHz，为方便起见，采样频率就定为 8 kHz，相当于采样周期 T=125μs。连续的电话信号经采样后成为每秒 8 000 个离散脉冲信号，其振幅对应采样时刻电话信号的数值。经模数变换后，每个脉冲信号编码为 8 位二进制码元，即 64 Kb/s。请注意，该速率是最早定制的话音编码的标准速率。随着话音编码技术的不断发展，人们发现可以用更低的数据率来传送质量基本相同的话音信号，但现在 64Kb/s 标准电话交换机的使用已经遍及全世界，很难再改用较低速率的编码了。

为了有效地利用传输线路，通常将多个话路的 PCM 信号用时分多路复用的方法装成帧，然后再送往线路上一帧接一帧地传输。请注意，时分多路复用是所有用户在不同的时间，即分配给自己的专用时隙内占用大家共享的公共信道。但从频率域来看，大家所占用的频率范围都是一样的。

2.5.3　数字数据编码

基带传输在基本不改变数字数据信号频带(即波形)的情况下直接传输数字信号，可以达到很高的数据传输速率与系统效率。在基带传输中，数字数据信号的编码方式主要有以下几种。

1. 不归零编码(non-return to zero，NRZ)

用两种不同的电平分别表示二进制信息“0”和“1”，低电平表示“0”，高电平表示“1”。其缺点是难以分辨一位的结束和另一位的开始，发送方和接收方必须有时钟同步，若信号中“0”或“1”连续出现，信号直流分量将累加，容易产生传播错误。因此，一般的数据传输系统都不采用这种编码方式。

NRZ

2. 曼彻斯特编码(manchester coding)

每一位中间都有一个跳变，从低跳到高表示“1”，从高跳到低表示“0”。因此，这种编码也是一种相位码。由于电平跳变都发生在每一个码元的中间，接收端可以方便地利用它作为位同步时钟，因此这种编码也称为自同步码。

曼彻斯特编码

3. 差分曼彻斯特编码(differential manchester coding)

差分曼彻斯特编码是曼彻斯特编码的改进形式，相同点是每一位中间都有一个跳变，区别在于：每个码元的中间跳变只作为同步时钟信号，而数据“0”和“1”的取值用信号位的起始处有无跳变来表示，若有跳变则为“0”，若无

差分曼彻斯特编码

跳变则为“1”。这种编码的特点是位中间跳变表示时钟，位前跳变表示数据。因为每一位均用不同电平的两个半位来表示，所以始终能保持直流的平衡。

因为两种曼彻斯特编码的每个比特用两个码元来表示，因而信号速率为数据速率的两倍，编码有效率较低，主要用于中速网络，如早期的速率为 10 Mb/s 的以太网(Ethernet)和最高速率为 16 Mb/s 的令牌环网(token-ring network)。高速网络并不采用曼彻斯特编码技术，其原因是它的信号速率为数据速率的两倍，即对于 10 Mb/s 的数据速率，编码后的信号速率为 20 Mb/s，编码的有效率为 50%。对于 100 Mb/s 的高速网络来说，则需要高达 200Mb/s 的信号速率，这无论对传输介质带宽的要求，还是对传输可靠性的控制都过高，将会增加信号传输技术的复杂性和实现成本，难以推广应用。因此，中速网络采用曼彻斯特编码方案，尽管它增加了传输所需的带宽，但实现起来比较简单。

两种曼彻斯特编码均利用位中间的电平跳变产生收发双方的同步信号，即每跳变一次表示有一个比特数据，因此曼彻斯特编码信号无须借助外部时钟同步信号。其优点是时钟、数据分离，便于提取。

例如，二进制数据(01001011)的编码方法，如图 2-39 所示。

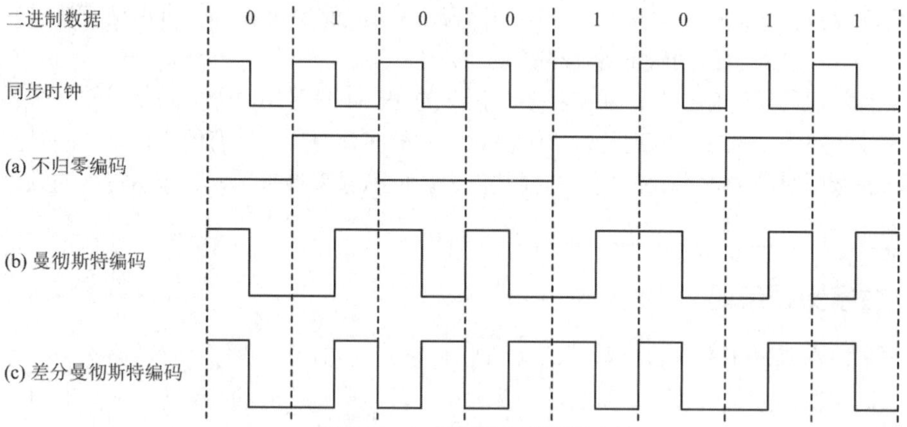

图 2-39　二进制数据的编码方法

2.6 差错控制技术

差错控制技术概述

差错就是通信接收端收到的数据与发送端实际发出的数据不一致的现象。比特在传输过程中受到噪声干扰，可能会产生差错，1 可能变成 0，0 可能变成 1，这称为比特差错，如图 2-40 所示。比特差错是传输差错中的一种，本小节主要讨论比特差错。实际的通信链路并非理想，不可能使误码率下降到零，比特在传输过程中会出现差错。因此，为了保证数据传输的可靠性，必须采用差错检测措施，让接收方可以检测出有差错的数据。在计算机网络中，常采用循环冗余校验(cyclic redundancy check，CRC)技术进行差错检测。循环冗余码又称为 CRC 码，简称为循环码。循环冗余码检错能力强，且容易实现，是目前广泛使用的检错码编码方法之一。

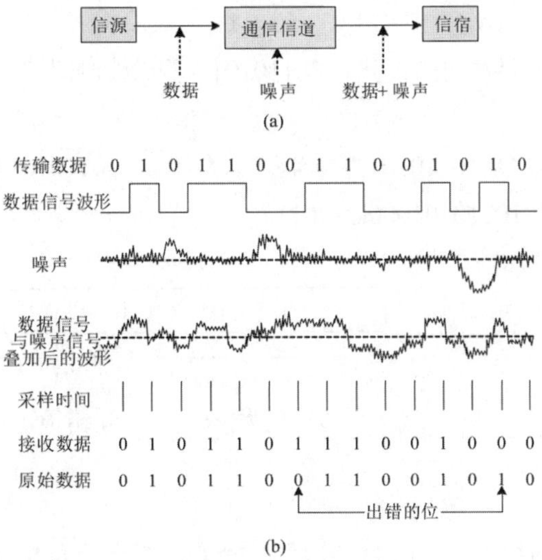

图 2-40　比特差错

1. CRC 方法的检错原理

CRC 工作原理

(1) 假设要传输的二进制数据比特流长度为 d 位，引入 r 位附加比特，作为差错检测码，差错检测码也称为帧检验序列(frame check sequence，FCS)。

(2) 将 d 位要被传输的数据比特与 r 位差错检测码组合在一起传输给接收方。

(3) 接收方根据所收到的 d+r 位二进制比特判断所收数据是否正确。

CRC 编码由传输的数据和差错检测码两部分组成，如图 2-41 所示。

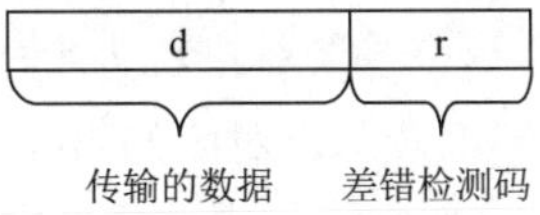

图 2-41　CRC 编码的组成

通过以上分析可以发现，要使用 CRC 方法进行差错检测，关键点在于对差错检测码的确定。

2. 发送方计算差错检测码

在计算差错检测码中，需要用到模 2 运算法则。在模 2 算术中，遵循加法不进位，减法不借位的原则，实际上等价于按位异或(XOR)运算；对于乘除运算，乘以 2^n 表示右移 n 位，除以 2^n 表示左移 n 位。

采用 CRC 校验时，发送方和接收方事先约定一个生成多项式 G，并且 G 的最高项和最低项的系数必须为 1。现在，假设要传输 d 位数据，在传输数据前需要在发送端计算出 CRC 差错检测码，其方法如下。

若用 D 代表 d 位要传输的数据，R 代表 r 位差错检测码，N 代表 r 位差错检测码的位数，则有 $W=D2^N$，r 位差错检测码的取值等于 W 除以 G 所得的余数，即

$$R=(D2^N)/G\text{的余数} \tag{2-3}$$

其中，运算过程遵从模 2 运算法则；G 的位数=N+1。

【例 2-2】假设发送方要发送的数据为 10110101，差错检测码取 4 位，给定的 G=10011，计算其差错检测码。

解：根据题意，已知 D=10110101，N=4，则 W=D2^N=101101010000

由　　W/G=101101010000/10011

得余数　R=1110

实际被传输数据为

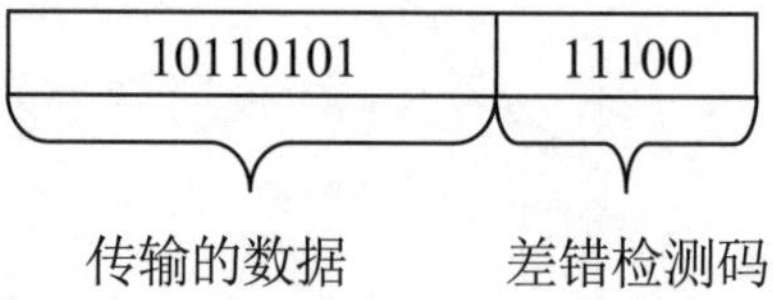

3. 接收方检测差错

假设接收方收到的数据为 U，用 U 除以同一个 G，若余数为 0，则传输正确；反之，传输中出现错误，接收方通知发送方重发。

【例 2-3】若接收方收到的数据为 U=101101011110，G=10011，检测数据在传输中的差错情况。

解：根据题意，U/G 的余数=101101011110/10011=0，所以 10110101 在传输过程中没有出比特差错。

现在，若接收方收到的数据为 U=101001011110，请问结果如何呢？

4. 关于 G 的说明

通过前面的讨论可以看出，G 的取值直接关系 CRC 方法检错的能力。事实上，G 的取值由一套国际标准约束，这套国际标准称为生成多项式。在上面的例子中，可以用多项式 CRC−4=X^4+X+1 表示，对应 G=10011(最高为对应 X^4，最低为对应 X^0)。G 有多种标准，目前被广泛使用的主要有以下 4 种。

CRC 分析

- CRC−12=$X^{12}+X^{11}+X^3+X^2+1$
- CRC−16=$X^{16}+X^{15}+X^2+1$(IBM 公司)
- CRC−16=$X^{16}+X^{12}+X^5+1$(CCITT)
- CRC−32=$X^{32}+X^{26}+X^{23}+X^{22}+X^{16}+X^{11}+X^{10}+X^8+X^7+X^5+X^4+X^2+X+1$(以太网)

CRC 有很好的检错能力，虽然计算比较复杂，但是非常易于用硬件实现，因此被广泛应用于现代计算机网络的检错中，检错用硬件完成，处理很快，数据传输的延误非常小。

一般来说，CRC 的检错能力与生成多项式的构成密切相关，生成多项的幂次越高，检错能力越强，但是 CRC 校验不可能做到 100%检错，并且 CRC 校验是通过牺牲一定的网络带宽来换取传输错误的检测。

最后需要强调的是，使用 CRC 差错检测技术，只能检测出帧在传输中出现的差错，并不能纠正错误。

要纠正传输差错可以使用冗余信息更多的纠错码(error-correcting code)进行向前纠错(forward error correction，FEC)。这种纠错码能检测出差错的具体位置，从而纠正错误。由于纠错码要发送更多的冗余信息，开销非常大，在计算机网络中较少使用。在计算机网络中常采用差错重传的方式来纠正传输中的差错。

下面我们再看一个例子。

【例 2-4】 假设生成多项式为 $G=X^4+X^3+1$，接收方接收到的校验码字为 1100111001，请问收到的信息有错吗？为什么？

解： 已知 G 为 11001，用收到的校验码字 1100111001 与 G 做模 2 除法，如图 2-42 所示，得余数 R=0，因此收到的信息没有错误。

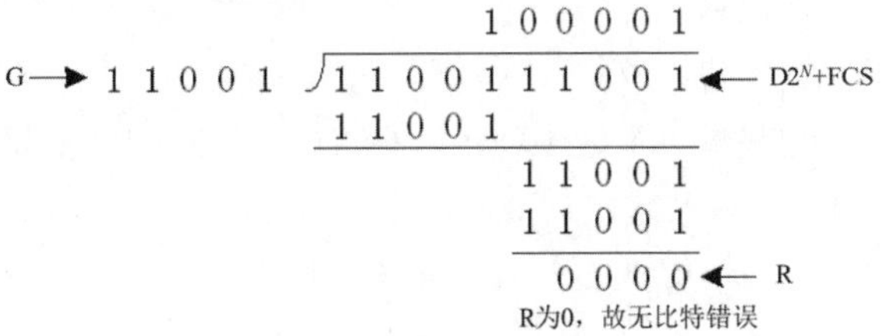

图 2-42　CRC 码校验

习题

一、选择题

1. 电路交换最适用的场合为(　　)。

   A. 实时和交互式通信　　B. 传输信息量较小

   C. 存储转发方式　　D. 传输突发式数据

2. 报文的内容不按顺序到达目的节点的是(　　)方式。

   A. 电路交换　　B. 报文交换　　C. 虚电路交换　　D. 数据报交换

3. 电话交换系统采用的是(　　)交换技术。

   A. 报文交换　　B. 分组交换　　C. 电路交换　　D. 信号交换

4. 在常用的传输介质中，带宽最宽、传输衰减最小、抗干扰能力最强的是(　　)。

   A. 双绞线　　B. 同轴电缆　　C. 光纤　　D. 微波

5. PCM 是最典型的对模拟数据进行数字信号编码的方法，其编码过程为(　　)。

   A. 采样→编码→量化　　B. 量化→采样→编码

   C. 编码→采样→量化　　D. 采样→量化→编码

6. (　　)不需要建立连接。

   A. 数据报　　B. 虚电路　　C. 电路交换　　D. 所有交换方式

7. 如果比特率为 10 Mb/s，那么发送 1 000 位需要的时间为(　　)。

   A. 1μs　　B. 10μs　　C. 100μs　　D. 1 000μs

8. 下列传输介质的传输损耗从低到高排列顺序为(　　)。

   A. 双绞线、细同轴电缆、粗同轴电缆、光纤

   B. 光纤、双绞线、粗同轴电缆、细同轴电缆

   C. 光纤、粗同轴电缆、细同轴电缆、双绞线

   D. 光纤、细同轴电缆、粗同轴电缆、双绞线

9. (　　)方式需在两站之间建立一条专用物理通路。

A. 报文交换　　B. 电路交换

C. 数据报分组交换　　D. 虚电路分组交换

10. 关于曼彻斯特编码，下面叙述中错误的是(　　)。

A. 曼彻斯特编码是一种双相码

B. 采用曼彻斯特编码，波特率是数据速率的 2 倍

C. 曼彻斯特编码可以自同步

D. 曼彻斯特编码效率高

11. 采用 CRC 进行差错校验，生成多项式为 $G(X)=X^4+X+1$，信息码字为 10110，则计算出的 CRC 校验码是(　　)。

A. 0000　　B. 0100　　C. 0010　　D. 1111

二、填空题

1. 奈奎斯特准则与香农公式从定量的角度描述了____________与速率的关系。

2. 按照光信号在光纤中的传播方式，可将光纤分为单模光纤和______________。

3. 误码率是衡量数据传输系统正常工作状态下传输________________的参数。

三、问答题

1. 请举一个例子说明信息、数据与信号之间的关系。

2. 通过比较说明双绞线、同轴电缆与光缆 3 种常用传输介质的特点。

3. 控制字符 SYN 的 ASCII 码编码为 0010110，请画出 SYN 的不归零编码、曼彻斯特编码与差分曼彻斯特编码的信号波形。

4. 多路复用技术主要有几种类型？它们各有什么特点？

5. 某个数据通信系统采用 CRC 检验方式，并且生成多项式 G(x)的二进制比特序列为 11001，目的节点接收到的二进制比特序列为 110111001(含 CRC 检验码)，请判断传输过程中是否出现了差错？为什么？

6. 试从多个方面比较虚电路和数据报这两种服务的优缺点。

第3章

计算机网络体系结构

计算机网络实现了将多台位于不同地点的计算机设备通过各种通信信道和设备互联起来，使其能协同工作，以便计算机用户的应用进程交换信息和共享资源。为了实现这些功能，不同系统的实体在通信时都必须遵守相互均能接受的规则，这是一个复杂的工程设计问题。为了解决这个复杂的工程设计问题，在计算机网络的体系结构中采取的一个非常有效的设计方法和手段，就是采用分层结构将该复杂的工程设计问题分解成若干个容易处理的子问题，而后“分而治之”逐个加以解决。本章将首先介绍网络体系结构的一些相关概念，然后分别以 OSI 参考模型和 TCP/IP 参考模型为例，具体介绍其层次的划分和各层功能的定义。

本章主要讨论以下问题。

- 计算机网络采用层次结构有什么好处？
- 网络协议和网络服务概念是什么？
- OSI 参考模型分为多少层？各层的功能分别是什么？
- TCP/IP 参考模型分为多少层？各层的功能分别是什么？
- OSI 参考模型与 TCP/IP 参考模型的区别有哪些？

3.1 网络体系结构概述

计算机网络系统是由各种各样的计算机和终端设备通过通信线路连接起来的复杂系统。在该系统中，由于计算机类型、通信线路类型、连接方式、同步方式、通信方式等不同，给网络各节点间的通信带来了诸多不便。不同厂家、不同型号的计算机通信方式各有差异，通信软件需根据不同情况进行开发。特别是异型网络的互联，不仅涉及基本的数据传输，还涉及网络的应用和有关服务，需要做到无论设备内部结构如何，相互都能发送可以理解的信息，这种真正以协同方式进行通信的任务是十分复杂的。要解决这个问题，势必涉及通信体系结构设计和各厂家共同遵守约定标准的问题，即计算机网络体系结构和协议的问题。

3.1.1 网络体系结构的形成

网络体系结构

计算机网络是一个非常复杂的系统，需要解决的问题很多而且性质各不相同。因此，ARPANET 在设计时，就提出了“分层”的思想，即将庞大而复杂的问题分为若干较小的易于处理的局部问题。1974年，美国 IBM 公司按照分层的方法制定了第一个系统网络体系结构 SNA(system network architecture)，之后其他公司也相继提出自己的网络体系结构，如 DEC 公司的 DNA(digital network architecture)、美国国防部的 TCP/IP 等。网络发展初期，各公司都有自己的网络体系结构，这使得各公司自己生产的设备容易互联成网，有助于该公司垄断自己的产品。但是，随着社会的发展，不同网络体系结构的用户迫切要求能互相交换信息。为了使不同体系结构的计算机网络都能互联，国际标准化组织(ISO)于 1977 年成立专门机构研究这个问题。1978 年 ISO 提出了“异种机联网标准”的框架结构，这就是著名的开放系统互连参考模型(OSI)。OSI 在国际上得到了认可，成为其他各种计算机网络体系结构依照的标准，大大地推动了计算机网络的发展。

网络体系结构定义计算机设备和其他设备如何连接在一起以形成一个允许用户共享信息和资源的通信系统，既存在专用网络体系结构，如 IBM 公司的系统网络体系结构(SNA)和 DEC 公司的数字网络体系结构(DNA)，也存在开放体系结构，如国际标准化组织(ISO)定义的开放系统互连参考模型(OSI)。如果该标准是开放的，它就向厂商们提供与其他厂商产品具有协作能力的软件和硬件的途径。

然而，OSI 参考模型还保持在模型阶段，它并不是一个已经被完全接受的国际标准。ISO 制定的OSI参考模型过于庞大、复杂，招致了许多批评。与此对照，由技术人员自己开发的TCP/IP 协议栈得到了更为广泛的应用。因此，OSI 参考模型已经成为所有其他网络体系结构和协议进行比较的一个模型。OSI 参考模型的作用就是协调不同厂商之间的通信标准。虽然一些厂商还在继续追求他们自己的标准，但是像 DEC 和 IBM 等公司已经将 OSI 和 TCP/IP 这样的 Internet 标准一起集成到他们的联网策略中。

为了对体系结构与协议有一个初步了解，我们先分析一下实际生活中的邮政系统，如图 3-1 所示，人们平时写信时都有约定，如统一信件的格式等。一般采用双方都懂的语言文字和文体，开头是对方称谓，最后是落款等。这样，对方收到信后才能看懂信中的内容，知道是谁写的，什么时候写的等。信写好之后，必须将信件用信封封装并交由邮局寄发。寄信人和邮局之间也要有约定，如规定信封写法，在中国寄信必须先写收信人的地址和姓名，再写寄信人的地址和姓名，然后贴邮票以付邮资。邮局收到信后，首先进行信件的分拣，然后打包信件交付有关运输部门进行运输，例如，将航空信交付民航，将平信交付铁路或公路运输部门等。这时，邮局和运输部门也有约定，如规定到站地点、时间、包裹形式等。信件送到目的地后进行相反的过程，最终将信件送到收信人手中。

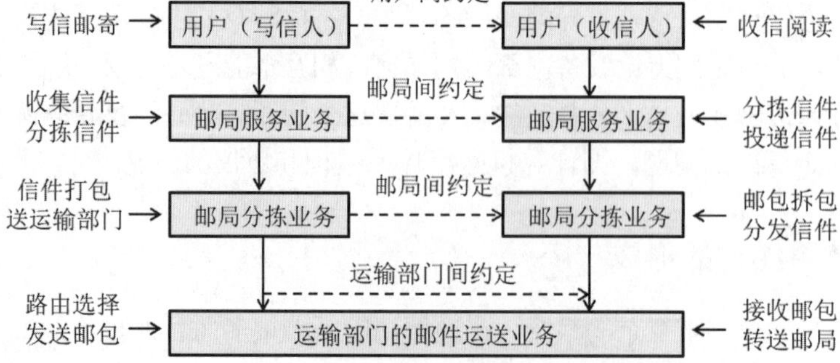

图 3-1　邮政系统邮件传递工作过程

依据上述工作流程，邮政系统可分为 4 层，在信件的发送与接收过程中，发信时发信人只需知道如何写信、书写信封的标准(中、英文或其他文字格式)、贴邮票、投递信件至邮筒(或邮局)等过程，而无须知道收件邮局及邮政系统的工作人员是如何进行信件收集、分拣、打包、路由和运输等过程的。同理，收信时收件人只需知道到什么地方收取自己的邮件，而同样无须了解接收邮局及邮政系统工作人员的接收邮包、邮局的转送、分发邮件、信件分拣和投递等过程。

计算机网络通信系统与邮政通信系统的工作过程十分类似，它们都是一个复杂的分层系统。面对日益复杂化的计算机网络系统，只有采用结构化的方法来描述网络系统的组织、结构与功能，才能够更好地研究、设计和实现网络系统。开放系统互连参考模型就是在这种背景下产生、发展并逐步完善起来的。

协议接口层次

计算机网络体系结构是从体系结构的角度研究和设计计算机网络体系的，其核心是网络系统的逻辑结构和功能分配定义，即描述实现不同计算机系统之间互联和通信的方法及结构，是各层协议的集合。通常采用结构化设计方法，将计算机网络系统划分成若干功能模块，形成层次分明的网络体系结构。网络的体系结构是用层次结构设计方法提出的计算机网络的层次结构及其协议的集合，它是计算机网络及其部件所应完成的各种功能的精确定义。

3.1.2　网络协议及相关概念

网络协议定义与组成

为了能够使不同地理分布且功能相对独立的计算机之间组成网络，实现资源共享，计算机网络系统需要涉及和解决许多复杂的问题，包括信号传输、寻址、数据交换、差错控制，以及提供用户接口等。计算机网络体系结构是为了简化这些问题的研究、设计、实现而抽象出来的一种结构模型。

对于复杂的网络系统通常采用层次化结构模型。在层次化模型中，往往将系统所要实现的复杂功能划分为若干个相对简单的细小功能，每一种功能以相对独立的方式去实现，从而达到了分而治之、逐个击破的目的。

网络中的计算机进行通信时，它们之间必须使用一种双方都能理解的语言，这种语言被称为“协议”。因此，协议就是网络的语言，只有遵循这种语言规范的计算机才能在网络上与其他计算机通信。正因为有了协议，网络上具有不同规模、结构、操作系统、处理能力的设备才能够连接起来，互相通信，实现资源共享。从这个意义上讲，协议就是网络的本质，这是初学者需要理解和掌握的基本概念。协议定义了网络上的各种计算机和设备之间相互通信和进行数据管理、数据交换的整套规则。通过这些规则(也称为约定)，网络上的计算机才有了彼此通信的“共同语言”。

因而网络体系结构涉及以下几个相关的重要概念。

1) 协议(protocol)

协议是一种通信的约定。网络协议是为计算机网络中进行数据交换而建立的规则、标准或约定的集合。在计算机网络中，为使各计算机之间或计算机与终端之间能正确地传递信息，必须在有关信息传输顺序、信息格式和信息内容等方面给出一组约定或规则，也就是制定网络协议。网络协议由以下 3 个要素组成。

(1) 语义。语义是指对构成协议的协议元素含义的解释。它规定了需要发出何种控制信息、完成何种动作及得到的响应等。不同类型的协议元素规定了通信双方所要表达的不同内容。例如，在数据链路控制协议中，规定协议元素 SOH 的语义表示所要传输报文的报头开始，协议元素 ETX 的语义表示正文结束。

(2) 语法。语法是指用于规定将若干个协议元素组合在一起表达一个更完整的内容时所应遵循的格式，即用户数据与控制信息的结构与格式。例如，在传输一份数据报文时，可用适当的协议元素和数据，按照下面的格式来表达，其中 SOH、ETX 如上面所述，HEAD 表示报头，STX 表示正文开始，TEXT 是正文，CRC 是校验码。

SOH	HEAD	STX	TEXT	ETX	CRC

(3) 时序。时序是对事件发生顺序的详细说明。

人们形象地把这 3 个要素描述为：语义表示要做什么，语法表示要怎么做，时序表示做的顺序。由此可见，网络协议实质上是实体间通信时所使用的一种语言。在层次结构中，每一层都可能有若干个协议，当同层的两个实体间相互通信时，必须满足这些协议。

2) 层次(layer)

层次是人们对复杂问题的一种基本处理方法。当人们遇到一个复杂的问题时，通常习惯将其分解为若干个小问题，再一一进行处理。例如，在全国的邮政通信系统中，第一，将全国的邮政系统划分为各个不同地区的邮政系统，这些系统都有相同的层次，每层都规定了各自的功能；第二，不同系统之间的同等层次具有相同的功能；第三，高层使用低层提供的服务时，并不需要知道该层的具体实现方法。全国邮政通信系统与计算机网络的通信系统使用的层次化体系结构有很多相似之处，其实质是对复杂问题采取“分而治之”的模块化的处理方法。层次化处理方法可以大大降低问题的处理难度，因而是网络中研究各种分层模型的主要原因之一。因此，“层次”又是网络体系结构中的重点和基本概念，需要很好地理解和掌握。

3) 接口(interface)

接口就是同一节点内，相邻层之间交换信息的连接点。例如，在邮政系统中，邮筒(或邮局)与发信人之间、邮局信件打包部门和转运部门之间、转运部门与运输部门之间，都有双方所规定好的接口。由此可知，同一节点内的各相邻层之间都应有明确的接口，高层通过接口向低层提出服务请求，低层通过接口向高层提供服务。只要接口条件和低层功能不变，低层功能的具体实现方法与技术的变化不会影响整个系统的工作。

4) 网络体系结构(network architecture)

网络体系结构是计算机之间相互通信的层次、各层中的协议和层次之间接口的集合。网络协议对计算机网络是不可缺少的，功能完备的计算机网络需要制定一套完整复杂的协议集。对于结构复杂的网络协议来说，最好的组织方式是层次结构模型。一个功能完备的计算机网络系统，需要使用一整套复杂的协议集。对于复杂系统来说，由于采用了层次性结构，每层都会包含一个或多个协议。为此，将网络层次性结构模型与各层次协议的集合定义为计算机网络的体系结构。换种说法，计算机网络的体系结构就是该计算机网络及其构件所应完成的功能的精确定义。总之，体系结构是抽象的，而实现则是具体的，是真正在运行的计算机硬件和软件。

3.1.3　层次结构

人类的思维能力不是无限的，如果同时面临的因素太多，就不可能做出精确的思维判断。处理复杂问题的一个有效方法，就是用抽象和层次的方式去构造和分析。同样，对于计算机网络这类复杂的大系统，亦可如此。为了减少网络设计的复杂性，绝大多数网络采用分层设计方法。分层设计方法，就是按照信息的流动过程将网络的整体功能分解为多个功能层，不同机器上的同等功能层之间采用相同的协议，同一机器上的相邻功能层之间通过接口进行信息传递。同一系统体系结构中的各层次间关系如下。

网络层次关系

- 上层使用下层的服务；
- 下层向上层提供服务；
- 层与层之间相对独立；
- 通过接口相互通信。

网络中同等功能层之间的通信规则就是该层使用的协议，如有关第 n 层的通信规则的集合，就是第 n 层的协议。同一计算机不同功能层之间的通信规则称为接口，在第 n 层和第$(n+1)$层之间的接口称为 $n/(n+1)$层接口。总的来说，协议是不同机器同等功能层之间的通信约定，而接口是同一机器相邻功能层之间的通信约定。不同的网络，分层数量、各层的名称和功能，以及协议都各不相同。然而，在所有的网络中，每一层都向它的上一层提供一定的服务。如图 3-2 所示，可将一个计算机网络抽象为若干层。其中，第 n 层由分布在不同系统中的处于第 n 层的子系统构成。

相邻两层之间的关系汇总

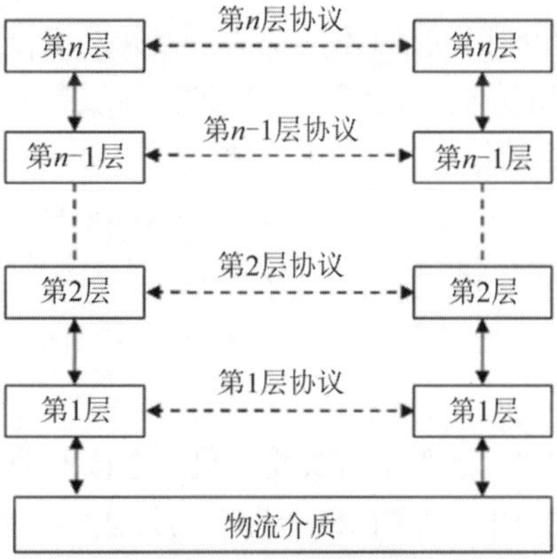

图 3-2　网络层次结构

协议层次化不同于程序设计中模块化的概念。在程序设计中，各模块可以相互独立、任意拼装或并行，而层次则一定有上下之分，它是依数据流的流动而产生的。组成不同计算机同等功能层的实体称为对等进程。对等进程不一定必须是相同的程序，但其功能必须完全一致，且采用相同的协议。

接口

分层设计方法将整个网络通信功能划分为垂直的层次集合后，在通信过程中，下层将向上层隐藏下层的实现细节，但层次的划分应首先确定层次的集合及每层应完成的任务。划分时应按逻辑组合功能，并划分为足够的层次，以使每层小到易于处理，但层次也不能太多，以免产生难以负担的处理开销。

计算机网络体系结构是网络中分层模型及各层功能的精确定义。对网络体系结构的描述必须包括足够的信息，使实现者可以为每一功能层进行硬件设计或程序编写，并使之符合相关协议。需要注意的是，网络协议实现的细节不属于网络体系结构的内容，因为它们隐含在机器内部，对外部说来是不可见的。

计算机网络采用层次结构具有以下优点。

(1) 层与层相互独立。某一层并不需要知道它的下层是如何实现的，而只需要知道下层能够提供什么样的服务就可以了。

(2) 灵活性好。因为所有的功能按层次划分，所以每层完成的功能相对较少，而且每层无须知道其他层次的功能，改变某一层的实现方式也不会影响其他层的工作。因此分层结构下，每层都可以根据技术的发展不断改进，而用户却浑然不知。

(3) 易于实现和维护。这种分层结构使得一个庞大系统的实现变得很容易，因为整个系统已经被分解为若干易于处理的小问题了。

3.2 OSI 参考模型

计算机网络体系结构的形成

20 世纪 60 年代以来，计算机网络得到了飞速发展。各大厂商为了在计算机网络领域占据主导地位，纷纷推出了各自的网络架构体系和标准，如 IBM 公司的 SNA、Novell 公司的 IPX/SPX 协议、Apple 公司的 AppleTalk 协议、DEC 公司的 DNA 和 DECnet，以及广泛流行的 TCP/IP 协议。同时，各大厂商针对自己的协议生产出了不同的硬件和软件。各厂商的共同努力促进了网络技术的快速发展和网络设备种类的迅速增长。但多种协议的并存，也使网络变得越来越复杂，而且厂商之间的网络设备大部分不能兼容，很难进行通信。

为了解决网络之间的兼容性问题，帮助各厂商生产出可兼容的网络设备，国际标准化组织(ISO)最终提出了开放系统互连参考模型(open system interconnection reference model，OSI/RM)。OSI 参考模型很快成为计算机网络通信的基础模型。

3.2.1 OSI 参考模型结构

OSI 参考模型

开放系统互连参考模型中“开放”的含义是，只要遵循 OSI 标准，一个系统就可以和位于世界上任何地方的、也遵循同一标准的其他任何系统进行通信。制定 OSI 标准所采用的方法是将整个庞大而复杂的问题划分为若干个容易处理的小问题，这就是分层的体系结构方法。在 OSI 中，采用了三级抽象，即体系结构、服务定义和协议规定说明。

OSI 参考模型定义了开放系统的层次结构、层次之间的相互关系及各层所包含的可能服务。它作为一个框架来协调和组织各层协议的制定，是对网络内部结构最精炼的概括与描述。

OSI 的服务定义详细说明了各层所提供的服务。某一层的服务就是该层及其下各层的一种能力，它通过接口提供给更高一层。各层所提供的服务与这些服务是怎么实现的无关。同时，各种服务定义还定义了层与层之间的接口和各层所使用的原语，但是不涉及接口是怎么实现的。

OSI 标准中的各种协议精确定义了应当发送什么样的控制信息、应当用什么样的过程来解释这个控制信息。协议的规程说明具有最严格的约束。

根据分而治之的原则，ISO 将整个通信功能划分为 7 个层次，分别是物理层、数据链路层、网络层、传输层、会话层、表示层和应用层，其划分原则如下。

- 网络中各节点都有相同的层次。
- 不同节点的同等层具有相同的功能。
- 同一节点内相邻层之间通过接口通信。
- 每一层使用下层提供的服务，并向其上层提供服务。
- 不同节点的同等层按照协议实现对等层之间的通信。

OSI 参考模型并没有提供一个可以实现的方法。OSI 参考模型只是描述了一些概念，用来协调进程间通信标准的制定。在 OSI 范围内，只要各层的协议可以被实现，那么各种产品只要和 OSI 协议相一致就可以互联。这也就是说，OSI 参考模型并不是一个标准，而只是一个在制定标准时所使用的概念性的框架。

OSI 参考模型具有以下优点。

- 简化了相关的网络操作。
- 提供设备间的兼容性和标准接口。
- 促进了标准化工作。
- 结构上可以分隔。
- 易于实现和维护。

3.2.2　OSI 参考模型各层的功能

OSI 参考模型将计算机网络分为 7 个层次，自下而上分别是物理层、数据链路层、网络层、传输层、会话层、表示层和应用层，如图 3-3 所示。

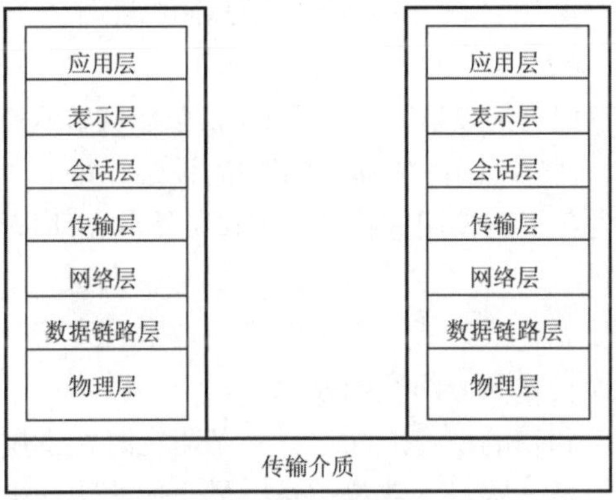

图 3-3　OSI 参考模型结构

1) 物理层(physical layer)

物理层的主要功能是利用传输介质为数据链路层提供物理连接，实现比特流的透明传输，尽可能消除具体传输介质和物理设备的差异。具体表现为规定物理信号、接口、信号形式、速率，实现比特流的透明传输。“透明传送比特流”表示经实际电路传送后的比特流没有发生变化，对传送的比特流来说，该电路好像是看不见的。

物理层的作用是实现相邻计算机节点之间比特流的透明传送，使其上面的数据链路层不必考虑网络的具体传输介质是什么。

2) 数据链路层(data link layer)

数据链路层的主要功能是通过各种控制协议，将有差错的物理信道变为无差错的、能可靠传输数据帧的数据链路。

在计算机网络中由于各种干扰的存在，物理链路是不可靠的。因此，数据链路层在物理层提供的比特流的基础上，通过差错控制、流量控制方法，使有差错的物理链路变为无差错的数据链路，即提供可靠的通过物理介质传输数据的方法。

数据链路层是为网络层提供服务的，解决两个相邻节点之间的通信问题，传送的协议数据单元称为数据帧。数据帧中包含物理地址(又称为MAC地址)、控制码、数据及校验码等信息。该层的主要作用是通过校验、确认和反馈重发等手段，将不可靠的物理链路转换成对网络层来说无差错的数据链路。

此外，数据链路层还要协调收发双方的数据传输速率，即进行流量控制，以防止接收方因来不及处理发送方来的高速数据而导致缓冲器溢出及线路阻塞。

3) 网络层(network layer)

网络层是为传输层提供服务的，传送的协议数据单元称为数据包或分组。该层的主要作用是解决如何使数据包通过各节点传送的问题，即通过路由选择算法，为报文或分组通过通信子网选择最适当的路径。该层控制数据链路层与传输层之间的信息转发，建立、维持和终止网络的连接。具体地说，数据链路层的数据在这一层被转换为数据包，然后通过路径选择、分段组合、顺序、进/出路由等控制，将信息从一个网络设备传送到另一个网络设备。另外，为避免通信子网中出现过多的数据包而造成网络阻塞，需要对流入的数据包数量进行控制(拥塞控制)。当数据包要跨越多个通信子网才能到达目的地时，还要解决网际互联的问题。

一般地，数据链路层解决同一网络内节点之间的通信，而网络层主要解决不同子网间的通信。例如，在广域网之间通信时，必然会遇到路由(即两节点间可能有多条路径)选择问题。

在实现网络层功能时，需要解决的主要问题如下。

- 寻址：数据链路层中使用的物理地址(如MAC地址)仅解决网络内部的寻址问题。在不同子网之间通信时，为了识别和找到网络中的设备，每个子网中的设备都会被分配一个唯一的地址。因为各子网使用的物理技术可能不同，所以该地址应是逻辑地址(如IP地址)。
- 交换：规定不同的信息交换方式。常见的交换技术有线路交换技术和存储转发技术，后者又包括报文交换技术和分组交换技术。
- 路由算法：当源节点和目的节点之间存在多条路径时，本层可以根据路由算法，通过网络为数据分组选择最佳路径，并将信息以最合适的路径由发送端传送到接收端。
- 连接服务：与数据链路层流量控制不同的是，前者控制的是网络相邻节点间的流量，后者控制的是从源节点到目的节点间的流量，其目的在于防止阻塞，并进行差错检测。

4) 传输层(transport layer)

传输层的作用是将数据传给正确的应用程序，提供可靠的端到端的数据传输，包括处理差错控制和流量控制等问题。该层向高层屏蔽了下层数据通信的细节，使高层用户看到的只是在两个传输实体间的一条主机到主机的、可由用户控制和设定的、可靠的数据通路。传输层传送的协议数据单元称为报文。

OSI 下面 3 层的主要任务是数据通信，上面 3 层的任务是数据处理，而传输层是 OSI 参考模型的第 4 层，因此该层是通信子网和资源子网的接口和桥梁，起到承上启下的作用。

5) 会话层(session layer)

会话层的主要功能是管理和协调不同主机上各种进程之间的通信(对话)，即负责建立、管理和终止应用程序之间的会话。会话层得名的原因是它很类似于两个实体间的会话概念。例如，一个交互的用户会话以登录到计算机开始，以注销结束。会话层的任务就是组织和协调两个会话进程之间的通信，并对数据交换进行管理。

用户可以按照半双工、单工和全双工的方式建立会话。当建立会话时，用户必须提供他们想要连接的远程地址，而这些地址与物理地址或网络层的逻辑地址不同，它们是为用户专门设计的，更便于用户记忆。

6) 表示层(presentation layer)

表示层处理流经节点的数据编码的表示方式问题，以保证一个系统应用层发出的信息可被另一系统的应用层读出。如果必要，该层可提供一种标准表示形式，用于将计算机内部的多种数据表示格式转换成网络通信中采用的标准表示形式。数据压缩和加密也是表示层可提供的转换功能之一。

7) 应用层(application layer)

应用层是 OSI 参考模型的最高层，它是计算机用户，以及各种应用程序和网络之间的接口，其功能是直接向用户提供服务，完成用户希望在网络上完成的各种工作，如文件传输、收发电子邮件等。它在其他 6 层工作的基础上，负责完成网络中应用程序与网络操作系统之间的联系，建立与结束使用者之间的联系，并完成网络用户提出的各种网络服务及应用所需的监督、管理和服务等各种协议。此外，该层还负责协调各个应用程序之间的工作。

在 7 层模型中，每一层都提供一个特殊的网络功能。从网络功能的角度来看：下面 4 层(物理层、数据链路层、网络层和传输层)主要提供数据传输和交换功能，即以节点到节点之间的通信为主；第 4 层作为上下两部分的桥梁，是整个网络体系结构中最关键的部分；而上面 3 层(会话层、表示层和应用层)则以提供用户与应用程序之间的信息和数据处理功能为主。简而言之，下面 4 层主要完成通信子网的功能，上面 3 层主要完成资源子网的功能。

OSI 是一个理想的模型，一般网络系统只涉及其中的几层，很少有系统能够具有 7 层，并完全遵循它的规定。

3.2.3 OSI 环境中数据的传输

OSI 背景下的数据流动

OSI 环境包括主机中从应用层到物理层的 7 层与通信子网，连接节点的物理传输介质不包括在 OSI 环境中。

在 OSI 环境中数据传输涉及以下几个重要概念。

1) 对等层

对等层指在通信过程中，发送方和接收方中处于相同层次的两个层。协议只发生在对等层之间。

2) 协议数据单元

协议数据单元(protocol data unit，PDU)是指对等层次之间传递的数据单位。

3) 对等层通信

为了使数据分组从源传送到目的地，源端 OSI 参考模型的每一层都必须与目的端的对等层进行通信，这种通信方式称为对等层通信。在这一过程中，每一层的协议在对等层之间交换信息，该信息成为协议数据单元(PDU)。位于源计算机的每个通信层，使用针对该层的 PDU 同目的计算机的对等层进行通信。OSI 通信时对等层使用相同协议进行水平方向的虚通信，但数据的实际传递是垂直实现的，如图 3-4 所示。

对等层的虚通信

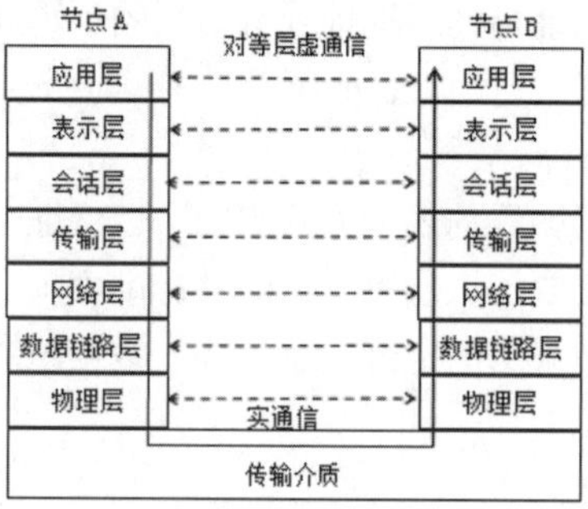

图 3-4　对等层通信

OSI 参考模型中每个层次接收到上层传递过来的数据后都要将本层次的控制信息加入数据单元的头部，一些层次还要将校验和等信息附加到数据单元的尾部，这个过程叫作封装。

在 OSI 参考模型中，当一台主机需要传送用户的数据(data)时，数据首先通过应用层的接口进入应用层。在应用层，用户的数据被加上应用层的报头(application header，AH)，形成应用层协议数据单元(PDU)，然后被递交到下一层——表示层。表示层并不“关心”上一层——应用层的数据格式，而是把整个应用层递交的数据包看成是一个整体进行封装，即加上表示层的报头(presentation header，PH)，然后递交到下一层——会话层。

同样，会话层、传输层、网络层、数据链路层也都要分别给上一层递交下来的数据加上自己的报头。它们是会话层报头(session header，SH)、传输层报头(transport header，TH)、网络层报头(network header，NH)和数据链路层报头(data link header，DH)。其中，数据链路层还要给网络层递交的数据加上数据链路层报尾(data link termination，DT)，从而形成最终的一帧数据。封装好的数据最终通过物理层以透明比特流序列传输到目的主机的物理层。

封装是给数据加包头的过程，那么解封装就是收到包裹后给数据拆包头的过程，并且层与层之间相互不能交流，只能同层的拆掉同层的包头。当数据到达接收端时，每一层读取相应的控制信息，根据控制信息中的内容向上一层传递数据单元，在向上一层传递之前去掉本层的控制头部信息和尾部信息(若有)，此过程叫作解封。

当一帧数据通过物理层传送到目标主机的物理层时，该主机的物理层把它递交到上一层——数据链路层。数据链路层负责去掉数据帧的帧头部 DH 和尾部 DT，同时还进行数据校验。如果数据没有出错，则递交到上一层——网络层。

同样，网络层、传输层、会话层、表示层、应用层也要做类似的工作。这个过程逐层执行直至将对端应用层产生的数据发送给本端的相应的应用进程。最终，原始数据被递交到目标主机的具体应用程序中。

OSI 中数据的封装和解封过程如图 3-5 所示。

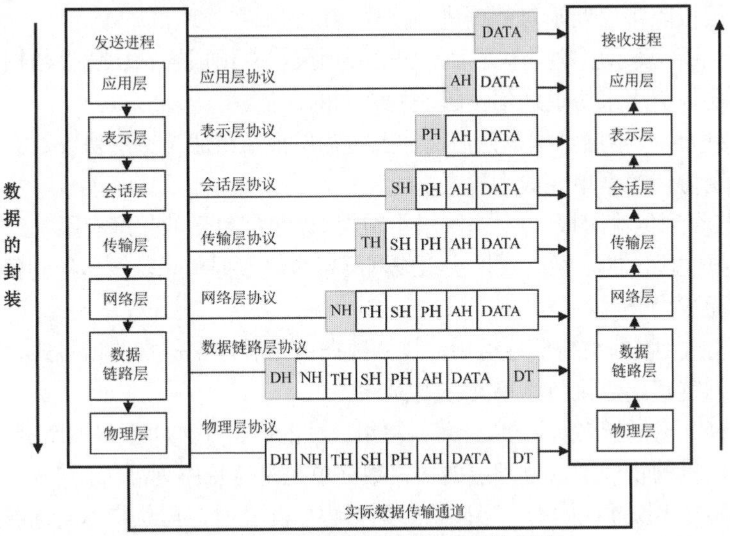

图 3-5　OSI 中数据的封装和解封过程

在 OSI 网络体系结构中，除了物理层之外，网络中数据的实际传输方向是垂直的。数据由用户发送进程发送给应用层，向下经表示层、会话层等到达物理层，再经传输媒体传到接收端，由接收端物理层接收，向上经数据链路层等到达应用层，再由用户获取。数据在由发送进程交给应用层时，由应用层加上该层有关控制和识别信息，再向下传送，这一过程一直重复到物理层。在接收端信息向上传递时，各层的有关控制和识别信息被逐层剥去，最后数据被送到接收进程。OSI 环境中数据的传输过程如图 3-6 所示。

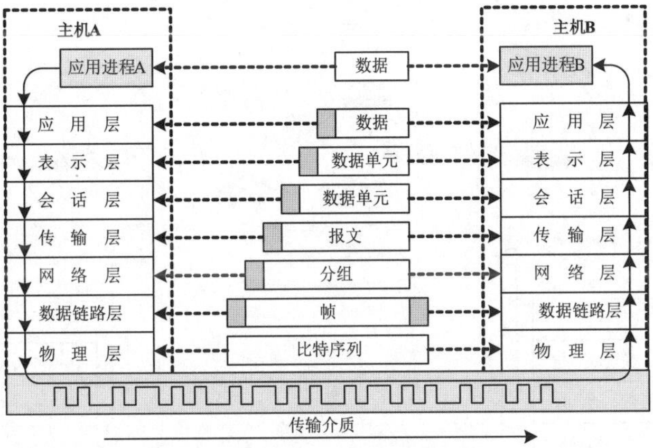

图 3-6　OSI 环境中数据的传输过程

每层封装后的数据单元的名称不同，应用层、表示层、会话层的协议数据单元统称为数据或数据单元(data)，传输层的协议数据单元称为报文(segment)，网络层的协议数据单元称为数据包(packet)，数据链路层的协议数据单元称为数据帧(frame)，物理层的协议数据单元叫作比特序列(bits)。

(1) 当进程 A 的数据传送到应用层时，应用层为数据加上应用层报头，组成应用层的协议数据单元，再传送到表示层。

(2) 表示层接收到应用层数据单元后，加上表示层报头组成表示层协议数据单元，再传送到会话层。表示层按照协议要求对数据进行格式转换和加密处理。

(3) 会话层接收到表示层数据单元后，加上会话层报头组成会话层协议数据单元，再传送到传输层。会话层报头用来协调通信主机进程之间的通信。

(4) 传输层接收到会话层数据单元后，加上传输层报头组成传输层协议数据单元，再传送到网络层。传输层协议数据单元成为报文。

(5) 网络层接收到传输层报文后，由于网络层协议数据单元的长度有限制，需要将长报文分成多个较短的报文段，加上网络层报头组成网络层协议数据单元，再传送到数据链路层，网络层协议数据单元成为分组。

(6) 数据链路层接收到网络层分组后，按照数据链路层协议规定的帧格式封装成帧，再传送到物理层，数据链路层协议数据单元称为帧。

(7) 物理层接收到数据链路层的帧之后，将组成帧的比特序列(也称为比特流)，通过传输介质传送给下一台主机的物理层。物理层的协议数据单元是比特序列。

OSI 环境中数据接收过程如下：当比特序列到达主机 B 时，再从物理层逐层上传，每层处理自己的协议数据单元报头，按协议规定的语意、语法和时序解释，执行报头信息，然后将用户数据上交高层，最终将进程 A 的数据准确传送给主机 B 的进程 B。

OSI 环境下互联网中数据的流动如图 3-7 所示。主机 A 和主机 B 如果联入计算机网络，就必须增加相应的软件和硬件，实现从应用层到物理层的功能。一般来说，物理层、数据链路层和网络层大部分可以由硬件方式实现，而传输层、会话层、表示层、应用层等高层基本上通过软件方式实现。互联网通信子网中的重要设备——路由器，主要负责判断网络地址和选择路由路径，所以它是工作在网络层的设备。

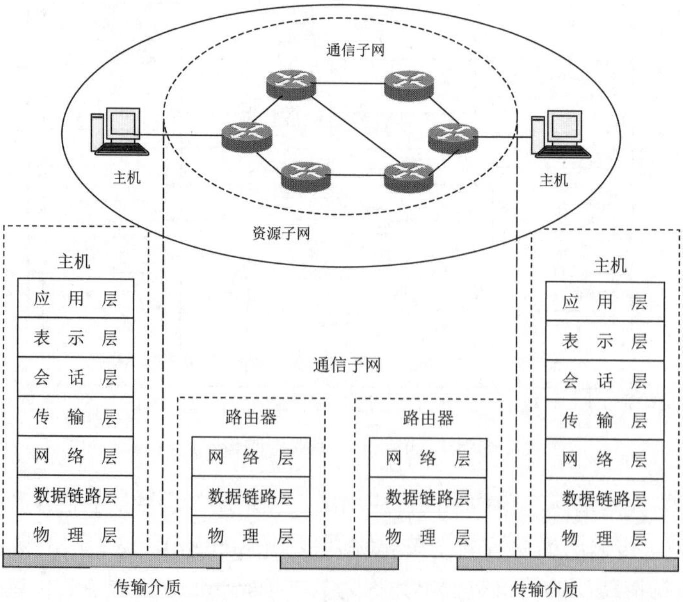

图 3-7 OSI 环境下互联网中数据的流动

3.3 TCP/IP 参考模型

TCP/IP 及五层结构

OSI 参考模型试图达到一种理想境界，即全世界的计算机网络都遵循这个统一的标准，所有的计算机都能方便互联、交换数据。20 世纪 90 年代初期，虽然整套的 OSI 标准都已制定出来，但因为 OSI 标准制定周期太长、协议实现过分复杂及 OSI 的层次划分不太合理，且当时的 Internet 已抢先在全世界覆盖了相当大的范围，所以得到广泛应用的网络体系结构并不是国际标准的 OSI，而是非国际标准的 TCP/IP，因此 TCP/IP 就被认为是事实上的国际标准。

3.3.1 TCP/IP 概述

ISO 制定的 OSI 参考模型过于庞大、复杂，招致了许多批评。与此对照，由技术人员自己开发的 TCP/IP 协议栈获得了更为广泛的应用。TCP/IP 参考模型是较早出现的计算机网络之一的 ARPANET 和其后继的因特网使用的参考模型。ARPANET 是由美国国防部(United States Department of Defense，DOD)赞助的研究网络。最初，它只连接了美国境内的四所大学。随后的几年中，它通过租用的电话线连接了数百所大学和政府部门。最终 ARPANET 发展成为全球规模最大的互联网——因特网，而最初的 ARPANET 于 1990 年永久性地关闭了。Internet 正是通过 TCP/IP 协议和网络互联设备将分布在世界各地的各种规模的网络、计算机互联在一起。这个体系结构在它的两个主要协议出现以后，被称为 TCP/IP 参考模型。

TCP/IP(transmission control protocol/internet protocol，传输控制协议/网际协议)参考模型是一个协议栈，其中包括很多协议，应用最多的是 TCP 和 IP，因此，简称为 TCP/IP 协议集。

TCP/IP 协议能够迅速发展并成为事实上的国际标准，不仅因为它是美国军方指定使用的协议，更重要的是它更好地适应了世界范围内数据通信的需要。TCP/IP 协议的主要特点如下。

- 开放的协议标准，不依赖于任何特定的计算机硬件或操作系统。
- 不依赖于特定的网络传输硬件，能够集成各种各样的网络，可以运行在局域网和广域网，更适用于互联网。
- 统一的网络地址分配方案，使得整个 TCP/IP 设备在网络中都具有唯一的地址。
- 标准化的高层协议，可以提供多种可靠的用户服务。

3.3.2 TCP/IP 参考模型及各层功能(TCP/IP 协议集)

TCP/IP 是一组用于实现网络互联的通信协议集合。Internet 网络体系结构以 TCP/IP 为核心。基于 TCP/IP 的参考模型将协议分成 4 个层次，分别是主机—网络层、网际层、传输层、应用层。TCP/IP 与 OSI 的分层结构对应关系如图 3-8 所示。

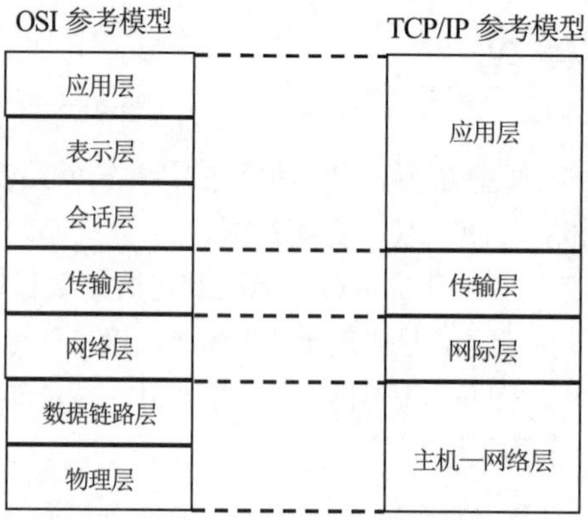

图 3-8　TCP/IP 与 OSI 的分层结构对应关系

1. 主机—网络层(host-to-network layer)

主机—网络层又称为网络接口层，是 TCP/IP 的最底层，它主要负责通过网络发送和接收 IP 数据报。该层可以直接兼容常用的局域网和广域网协议，因此，它支持的协议有 IEEE 802.3(以太网)、token ring 802.5(令牌环)、CCITT X.25(公用分组交换网)、frame relay(帧中继)、P2P(点对点)等。

2. 网际层(internet layer)

网际层又称为互联层。该层与 OSI 参考模型的网络层相对应，由于该层中最重要的协议是 IP 协议，因此，也被称为 IP 层。网际层主要负责在相邻节点之间进行数据分组的逻辑(IP)地址寻址与路由。网际层中包含的主要协议及其具体功能如下。

(1) 网际协议(internet protocol，IP)：用于为 IP 数据包进行寻址和路由，它使用 IP 地址确定收发端，并将数据包从一个网络转发到另一个网络。

(2) 互联网控制报文协议(internet control message protocol，ICMP)：用于处理路由并协助 IP 层实现报文传送的控制机制，为 IP 协议提供差错报告。

(3) 地址解析协议(address resolution protocol，ARP)：用于完成主机的 IP 地址向物理地址的转换，这种转换又称为映射。

(4) 逆地址解析协议(reverse address resolution protocol，RARP)：用于完成主机物理地址到 IP 地址的转换或映射功能。

3. 传输层(transport layer)

传输层又称为运输层。它在 IP 层服务的基础之上，提供端到端的可靠或不可靠的通信服务。端到端的通信服务通常是指网络节点间应用程序之间的连接服务。传输层包含两个主要协议，它们都是建立在 IP 协议基础上的，其功能如下。

(1) 传输控制协议(transmission control protocol，TCP)：是一种面向连接的、高可靠性的、提供流量与拥塞控制的传输层协议。

(2) 用户数据报协议(user datagram protocol，UDP)：是一种面向无连接的、不可靠的、不提供流量控制的传输层协议。

4. 应用层(application layer)

TCP/IP 参考模型的应用层与 OSI 参考模型的上面 3 层相对应。应用层向用户提供调用和访问网络中各种应用程序的接口，并向用户提供各种标准的应用程序及相应的协议，用户也可以根据需要自行编制应用程序。应用层的协议很多，常用的有以下几类。

1) 依赖于 TCP 协议的应用层协议

(1) Telnet：远程终端协议，也称为终端仿真协议。它使用默认端口 23，用于实现 Internet 或互联网络中的远程登录功能。

(2) 超文本传送协议(hypertext transfer protocol，HTTP)：使用默认端口 80，用于 WWW 服务，实现用户与 WWW 服务器之间的超文本数据传输功能。

(3) 简单邮件传送协议(simple mail transfer protocol，SMTP)：使用默认端口 25。该协议定义了电子邮件的格式及传输邮件的标准。

(4) 邮局协议(post office protocol，POP)：该协议的第 3 个版片称为 POPv3。POPv3 主要负责接收邮件，当用户计算机与邮件服务器连通时，它负责将电子邮件服务器邮箱中的邮件直接传递到用户的本地计算机上。

(5) 文件传送协议(file transfer protocol，FTP)：使用默认端口 20/21。用于实现 Internet 中交互式文件传输的功能。

2) 依赖于无连接的 UDP 协议的应用层协议

(1) 简单网络管理协议(SNMP)：使用默认端口 161，用于管理与监控网络设备。

(2) 普通文件传送协议(TFTP)：使用默认端口 69，提供单纯的文件传送服务功能。

(3) 远程过程调用(RPC)：使用默认端口 111，实现远程过程的调用功能。

3) 既依赖于 TCP 也依赖于 UDP 协议的应用层协议

(1) 域名系统(domain name system，DNS)：使用默认端口 53，用于实现网络设备名字到 IP 地址映射的网络服务功能。

(2) 通用管理信息协议(CMIP)。

TCP/IP 是通过一系列协议来提供各层的功能服务，以实现网间的数据传送，通常被称为 TCP/IP 协议栈，如图 3-9 所示。

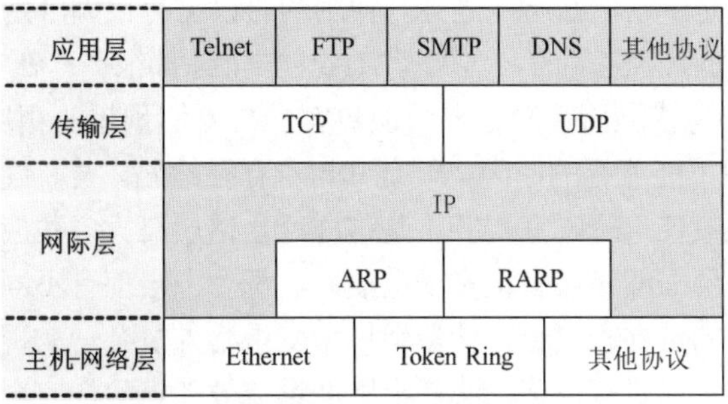

图 3-9　TCP/IP 协议栈

3.3.3　TCP/IP 环境中数据的传输

同 OSI 参考模型数据封装过程一样，TCP/IP 协议在报文转发过程中，封装和解封也发生在各层之间。发送方对封装的操作是逐层进行的。

(1) 各应用程序将要发送的数据封装好通过应用层发送给传输层。

(2) 传输层把数据分为大小一定的数据段，加上本层的报文头，选择 TCP 协议或 UDP 协议发送给网际层。在传输层报文头中，包含接收它所携带的数据的上层协议或应用程序的端口号，例如，Telnet 的端口号是 23。传输层协议利用端口号来调用和区别应用层各种应用程序。

(3) 网际层对来自传输层的数据段进行一定的处理，例如，利用协议号区分传输层协议、寻找下一跳地址、解析数据链路层物理地址等，加上本层的 IP 报文头后，转换为数据包，再发送给主机—网络层(以太网、帧中继、PPP、HDLC 等)。

(4) 主机—网络层依据不同的协议加上本层的帧头，再以比特流的形式将报文发送出去。

在接收方，这种解封的操作也是逐层进行的。从主机—网络层到应用层，逐层去掉各层的报文头部，将数据传递给应用程序执行。

TCP/IP 环境下的数据通信如图 3-10 所示。路由器在转发分组时最高只用到网际层而没有使用传输层和应用层。

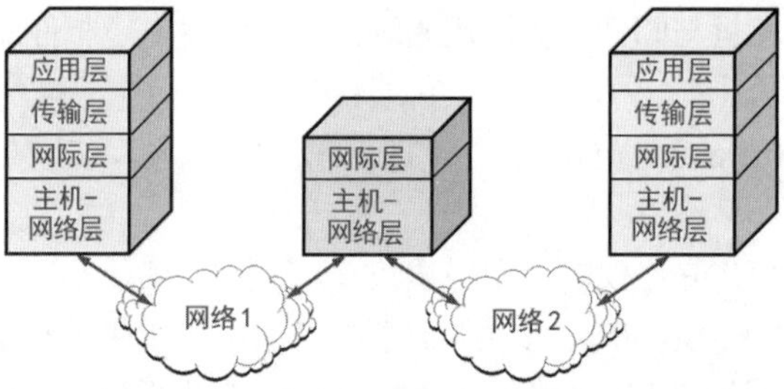

图 3-10　TCP/IP 环境下的数据通信

3.4　具有五层结构的参考模型

3.4.1　OSI 与 TCP/IP 参考模型的比较

OSI 参考模型与 TCP/IP 参考模型的共同点是，它们都采用了层次结构的概念，在传输层中定义了相似的功能。但是，它们在层次划分与使用的协议上有很大区别。无论是 OSI 参考模型还是 TCP/IP 参考模型都不是完美的，对两者的评论与批评都很多。在 20 世纪 80 年代，几乎所有专家都认为 OSI 参考模型将风靡世界，但事实却与人们预想的相反。

造成 OSI 参考模型不能流行的原因之一是其自身存在缺陷。大多数人认为 OSI 参考模型的层次数量与内容可能是最佳选择，其实并不是这样。会话层在大多数应用中很少使用，表示层几乎是空的，数据链路层与网络层有很多子层插入，每个子层都有不同的功能。OSI 参考模型将“服务”与“协议”的定义相结合，使参考模型变得格外复杂，实现起来很困难。同时，寻址、流量与差错控制在每层重复出现，必然会降低系统效率。数据安全性、加密与网络管理等方面的问题也在 OSI 参考模型设计初期被忽略。

有人批评 OSI 参考模型的设计更多是被通信的思想所支配，选择了很多不适合计算机与软件的工作方式。很多“原语”在软件的高级语言中容易实现，但是严格按照层次模型编程的软件效率很低。尽管 OSI 参考模型存在一些问题，但至今仍然有不少组织对它感兴趣，尤其是欧洲的通信管理部门。

TCP/IP 参考模型也有自身的缺陷，主要表现在以下几个方面。

(1) TCP/IP 参考模型在服务、接口与协议的区别上不是很清楚。一个好的软件工程应将功能与实现方法区分开。TCP/IP 参考模型恰恰没有做到这点，这就导致 TCP/IP 参考模型对新技术的指导作用不够。另外，TCP/IP 参考模型不适合于其他非 TCP/IP 协议族。

(2) TCP/IP 参考模型的主机—网络层并不是实际的一层，它定义了网络层与数据链路层的接口。物理层与数据链路层的划分是必要且合理的，一个好的参考模型应该将它们区分开，而 TCP/IP 参考模型却没有做到这点。

但是，TCP/IP 协议在 20 世纪 70 年代诞生以来，已经经历了 40 多年的实践检验，并成功赢得了大量用户和投资。TCP/IP 协议的成功促进了 Internet 的发展，Internet 的发展又进一步扩大了 TCP/IP 协议的影响。TCP/IP 首先在学术界吸引了一大批用户，同时也越来越受到计算机产业的青睐。Microsoft、Intel、IBM 等大公司纷纷宣布支持 TCP/IP 协议，局域网操作系统 Windows NT、NetWare、UNIX 等争相将 TCP/IP 纳入自己的体系结构，Oracle 数据库也支持 TCP/IP 协议。

相比之下，OSI 参考模型显得有些势单力薄。人们普遍希望网络标准化，但 OSI 迟迟没有成熟的产品推出，妨碍了第三方厂家开发相应的硬件和软件，从而影响了 OSI 参考模型的市场占有率与今后的发展。

这两个模型要做的工作是一样的，所以在本质上方法相同。例如，都采用了分层结构，在有的层定义了相同或相近的功能。但由于各自互相独立地提出，在层次的划分和使用上又有很大的区别，主要表现在以下几个方面。

(1) OSI 采用的是 7 层模型，而 TCP/IP 采用的是 4 层结构。

(2) OSI 参考模型是在协议开发前设计的，抽象能力高，适合描述各种网络，具有通用性；TCP/IP 是先有协议集然后建立模型的，不适用于非 TCP/IP 网络。

(3) OSI 参考模型的概念划分清晰，但过于复杂；而 TCP/IP 参考模型在服务、接口和协议的区别上不清晰，功能描述和实现细节混在一起。

(4) TCP/IP 参考模型的主机—网络层实际上并没有真正的定义，只是一些概念性的描述；而 OSI 参考模型不仅分了两层，而且每一层的功能都很详尽，甚至在数据链路层又分出一个介质访问子层，专门解决局域网的共享介质问题。

(5) OSI 参考模型与 TCP/IP 参考模型的传输层功能基本相似，都是负责为用户提供真正的端对端的通信服务，也对高层屏蔽了底层网络的实现细节。所不同的是 TCP/IP 参考模型的传输层是建立在网际层基础之上的，而网际层只提供无连接的网络服务，所以面向连接的功能完全在 TCP 协议中实现，当然 TCP/IP 的传输层还提供无连接的服务，如 UDP；相反 OSI 参考模型的传输层是建立在网络层基础之上的，网络层既提供面向连接的服务，又提供无连接的服务，但传输层只提供面向连接的服务。

(6) TCP/IP 参考模型的主机—网络层并不是真正的一层；OSI 参考模型的缺点是层次过多，划分意义不大且增加了复杂性。

OSI 参考模型虽然被看好，但由于没把握好时机，技术不成熟，实现困难；相反，TCP/IP 参考模型虽然有许多不尽如人意的地方，但还是比较成功的。

3.4.2 具有五层结构的参考模型

通过对比，可以看出 OSI 与 TCP/IP 体系都有成功和不足的地方。OSI 的 7 层协议体系结构相对复杂，又不实用，但其概念清晰，体系结构理论也比较完整。TCP/IP 协议应用性强，目前得到了广泛的使用，但它的参考模型的研究却比较薄弱。TCP/IP 虽然是一个 4 层的体系结构，但实际上只有应用层、传输层和网际层 3 层，最下面的主机—网络层并没有什么具体内容。因此在学习计算机网络的原理时往往采用 Andrew S.Tanenbaum 建议的一种具有 5 层结构的参考模型，如图 3-11 所示。这是一种折中的方案，吸收了 OSI 和 TCP/IP 的优点，这样既简洁又能将概念阐述清晰。

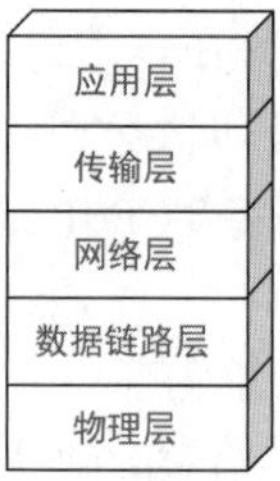

图 3-11　5 层结构的参考模型

下面简单介绍一下各层的主要功能。

1. 物理层

物理层是 5 层体系结构中的底层。它的任务是利用传输介质为通信的网络节点之间建立、管理和释放物理连接，透明地传送比特流。“透明地传送比特流”表示上层协议只看到“0”“1”比特流，而不用关心物理信号的传输，因而也就“看不见”物理层是如何实现比特流传输的。物理层利用的一些物理媒体(如双绞线、同轴电缆、光缆等)并不在物理层协议之内，而是在物理层协议的下面。因此也有人把这些物理媒体认为是网络体系结构的第 0 层。

2. 数据链路层

数据链路层在 5 层体系结构中位于物理层和网络层之间，相对于高层，数据链路层所用的服务和协议都比较成熟。在发送数据时，数据链路层的任务是将网络层交下来的 IP 数据报组装成帧(framing)，在两个相邻节点间的链路上传送以帧(frame)为单位的数据。每一帧都是由数据和一些必要的控制信息(如同步信息、地址信息、差错控制及流量控制信息等)组成的。

3. 网络层

网络层在 5 层体系结构中位于数据链路层和传输层之间，它的作用是为分组交换网上的不同主机提供通信，而传输层的作用是为运行在不同主机中的进程提供逻辑通信，注意它们之间的区别。在发送数据时，网络层会把传输层产生的报文段或用户数据包封装成分组进行传送。网络层还有一个任务就是选择路由，使源主机传输层传下来的分组交付到目的主机。

4. 传输层

传输层在 5 层体系结构中位于网络层和应用层之间，其作用是为运行在不同主机中的进程提供逻辑通信。

5. 应用层

应用层是 5 层体系结构中的最高层。它可以根据用户所产生的服务请求确定进程之间通信的性质是否满足用户的需要。应用层直接为用户的应用进程提供服务。

习题

一、选择题

1. 同一系统体系结构中，第 n 层与它的上层(第 n+1 层)的关系是(　　)。
   A. 第 n 层为第 n+1 层提供服务
   B. 第 n+1 层把从第 n 层接收到的信息添加一个报头
   C. 第 n 层使用第 n+1 层提供的服务
   D. 第 n 层与第 n+1 层相互没有影响
2. 协议数据单元是指(　　)。
   A. 第 n 层向第 n+1 层传递的数据单位
   B. 第 n+1 层向第 n 层传递的数据单位
   C. 数据链路层传递的数据单位
   D. 对等层次之间传递的数据单位
3. OSI 参考模型分为(　　)层。
   A. 4　　B. 5　　C. 6　　D. 7
4. (　　)按照从低到高的顺序描述了 OSI 参考模型的各层。
   A. 物理、数据链路、网络、传输、系统、表示、应用
   B. 物理、数据链路、网络、传输、表示、会话、应用
   C. 物理、数据链路、网络、传输、会话、表示、应用
   D. 表示、数据链路、网络、传输、系统、物理、应用
5. 利用传输介质为数据链路层提供物理连接，实现比特流的透明传输，应属于 OSI 的(　　)处理。
   A. 物理层　　B. 数据链路层　　C. 传输层　　D. 网络层
6. 关于 OSI 参考模型，下列说法中不正确的是(　　)。
   A. OSI 的整个通信功能划分为 7 个层次
   B. 接口是指同一节点内相邻层之间交换信息的连接点
   C. 传输层协议的执行只需使用网络层提供的服务，与数据链路层向网络层提供的服务具体实现方法没有关系
   D. ISO 划分网络层次的基本原则：不同的节点都有相同的层次；不同的节点的相同层次可以有不同的功能
7. 在 OSI 参考模型中，网络层的主要功能是(　　)。
   A. 提供可靠的端—端服务，透明地传送报文
   B. 路由选择、拥塞控制与网络互联

C. 在通信实体之间传送以帧为单位的数据

D. 数据格式转换、数据加密与解密、数据压缩与恢复

8. TCP/IP 体系共有 4 个层次，它们是网际层、传输层、应用层和(　　)。

A. 网络接口层　　B. 数据链路层　　C. 物理层　　D. 表示层

9. Andrew S.Tanenbaum 建议的一种具有 5 层结构的参考模型，吸收了 OSI 和 TCP/IP 的优点，包含了(　　)5 个层次。

A. 物理层、网络层、传输层、系统层、应用层

B. 网络接口层、数据链路、网际层、传输层、应用层

C. 物理层、数据链路层、网络层、传输层、应用层

D. 物理层、网络层、传输层、会话层、应用层

二、填空题

1. 网络的协议主要由____________、____________和____________三大要素构成。

2. 在 OSI 参考模型中数据链路层处理的数据称为________________。

3. OSI 参考模型中_____________功能是采用差错控制与流量控制方法，使有差错的物理线路变成无差错的数据链路。

4. TCP/IP 参考模型分为____________、____________、____________、____________4 层。

5. TCP/IP 协议栈中，传输层的协议有____________和____________。

6. OSI 参考模型中的可靠的端到端数据传输、选择网络、定义数据帧、用户服务(如 E-mail、文件传输)、通过物理媒体传输比特流功能，分别对应 7 层中的____________、____________、____________、____________、____________。

三、问答题

1. OSI 参考模型与 TCP/IP 参考模型的区别是什么？

2. OSI 参考模型中各层的主要功能是什么？

3. 请描述一下通信的两台主机通过 OSI 参考模型进行数据传输的过程。

4. TCP/IP 协议栈中每层都包含哪些主要协议？

ꕥ 第4章 ꕥ

局域网

局域网是计算机网络的重要组成部分，发展非常迅速，在信息管理与服务领域得到了广泛的应用。本章在介绍了局域网的特点和关键技术后，从最常用的局域网——以太网入手，系统地讨论了共享媒体局域网、交换式局域网、虚拟局域网、高速局域网、无线局域网的工作原理及常用局域网的组网技术。

本章主要讨论以下问题。

- 局域网应解决的关键技术是什么？
- 局域网常见结构有何特点？
- IEEE 802 是什么？基本内容有哪些？
- 如何解决传统以太网的共享传输线路的问题？
- 交换式局域网如何能有效地提高局域网用户的传输速率？
- 为什么需要虚拟局域网技术？
- 无线局域网技术有哪些？
- 为什么要使用结构化布线系统？其内容有哪些？

4.1 局域网概述

4.1.1 局域网的特点

局域网的特点

局域网是指将小范围内有限的通信设备互联在一起的通信网，连接局域网的数据通信设备，从广义上看，包括集线器、交换机、计算机、终端与各种外部设备；从狭义上看，包括集线器、交换机等网络设备。随着光纤技术的引入和高速局域网技术的发展，局域网技术特征与性能参数发生了很大的变化。从局域网应用的角度看，它的主要特点主要表现在以下几个方面。

(1) 局域网覆盖有限的地理范围，它能满足公司、机关、工厂、校园等有限范围内的计算机、终端及各类信息处理设备联网的需求。

(2) 局域网提供高传输速率(10Mb/s～1Gb/s)、低误码率的高质量数据传输环境。

(3) 局域网一般属于一个单位，易于建立、维护与扩展。

4.1.2 局域网的关键技术

局域网的
关键技术

决定局域网特性的主要技术要素有 3 个：连接各种设备的拓扑结构、传输媒体及媒体访问控制方法。

1. 拓扑结构

计算机网络的拓扑结构是借鉴拓扑学中研究与大小、形状无关的点和线关系的方法，把网络中的计算机和通信设备抽象为一个点，把传输介质抽象为一条线，由点和线组成几何图形。网络的拓扑结构可以反映计算机网络中各个实体的结构关系，是建设计算机网络的第一步，是实现各种网络协议的基础，它对网络的性能、系统的可靠性与通信费用都有重大影响。

局域网通常按网络拓扑进行分类。从目前的发展来看，LAN 的常见拓扑结构有总线型、环型、星型等，如图 4-1 所示。

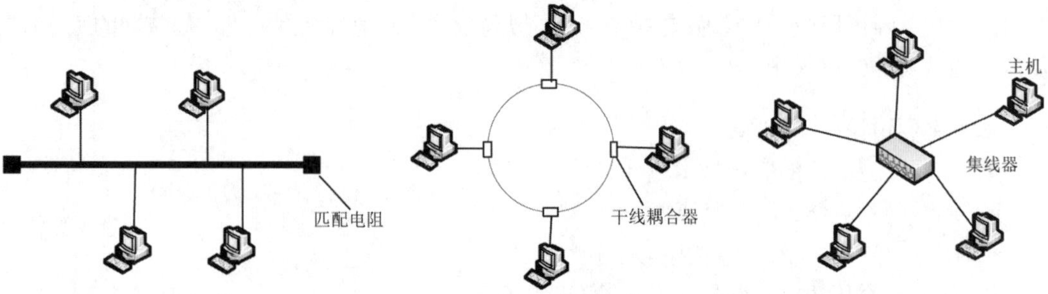

(a) 总线型　　(b) 环型　　(c) 星型

图 4-1　常见拓扑结构

1) 总线型拓扑结构

图 4-1(a)是总线型结构局域网，用一根传输媒体作为总线，其他各站直接连接在总线上。总线型局域网中各站采用广播方式进行通信，曾是局域网中采用最多的一种拓扑形式，其优点是可靠性高、扩充方便，其典型的代表就是以太网。

2) 环型拓扑结构

图 4-1(b)是环型结构局域网，曾被广泛使用，具有结构对称性好、传输速率较高等特点，最典型的就是令牌环网(token-ring network)和光纤分布式数据接口(fiber distributed data interface，FDDI)。

3) 星型拓扑结构

图 4-1(c)是星型结构局域网。星型结构中分布式星型结构在局域网中应用较多，特别是集线器和交换机在局域网中的大量使用，使得星型以太网和多级星型结构的以太网得到了非常广泛的应用。

2. 传输媒体

局域网可使用多种传输媒体。双绞线最便宜，原来只用于低速(1～2Mb/s)基带局域网，现在 10Mb/s 甚至 10Gb/s 的局域网也可使用双绞线。50Ω 细同轴电缆可支持 10Mb/s；50Ω 粗同轴电缆可支持 50Mb/s。光纤具有很好的抗电磁干扰特性和很宽的频带，过去主要用在环形网中，其数据率可达 100Mb/s 甚至到几十太比特每秒。现在点到点线路使用光纤已变得普遍。无线电由于具有支持灵活构建局域网的特性，目前越来越受到人们重视。

3. 媒体访问控制方法

媒体访问控制方法是指控制多个节点利用公共传输媒体发送和接收数据的方法，即指网络中的多个节点如何共享通信媒体，这是所有“共享媒体”类型局域网都必须解决的问题。

媒体访问控制方法原理

媒体访问控制方法需要解决以下 3 个问题。

- 应该由哪个节点发送数据？
- 在发送时会不会出现冲突？
- 在出现冲突时如何解决？

目前，局域网采用的媒体访问控制方法有，采用 CSMA/CD(带有冲突检测的载波侦听多路访问)媒体访问控制方法的总线型局域网；采用 token bus(令牌总线)媒体访问控制访问的令牌总线型局域网；采用 token ring(令牌环)媒体访问控制方法的环型局域网。

4.1.3　局域网的体系结构

IEEE 802

1980 年，IEEE 成立局域网标准委员会(简称为 IEEE 802 委员会)，专门从事局域网标准化工作，并制定了 IEEE 802 标准。IEEE 802 标准的研究重点是解决在局部范围内的计算机联网问题，因此研究者只需面对 OSI 参考模型中的数据链路层与物理层，网络层及以上各层不属于局域网协议研究的范围。这就是最终的 IEEE 802 标准只制定对应 OSI 参考模型的数据链路层与物理层协议的原因。

IEEE 802 委员会刚成立时，局域网领域已经有三类典型技术：以太网、令牌总线网与令牌环网。同时，市场上还有很多种不同厂商的局域网产品，它们的数据链路层与物理层协议都各不相同。面对这样一个复杂的局面，要想为多种局域网技术和产品制定一个公用的模型，IEEE 802 标准设计者提出将数据链路层划分为两个子层：逻辑链路控制(logical link control，LLC)子层与介质访问控制(media access control，MAC)子层。

IEEE 802 与 OSI 参考模型的对应关系如图 4-2 所示。不同局域网在 MAC 子层和物理层可采用不同协议，但是在 LLC 子层必须采用相同协议。这与网络层 IP 协议的设计思路相似。不管局域网的介质访问控制方法与帧结构，以及采用的物理传输介质有什么不同，LLC 子层统一将它们封装到固定格式的 LLC 帧中。LLC 子层与低层具体采用的传输介质、介质访问控制方法无关，网络层可以不考虑局域网采用哪种传输介质、介质访问控制方法和拓扑结构类型。这种方法在解决异构的局域网互联问题上是有效的。

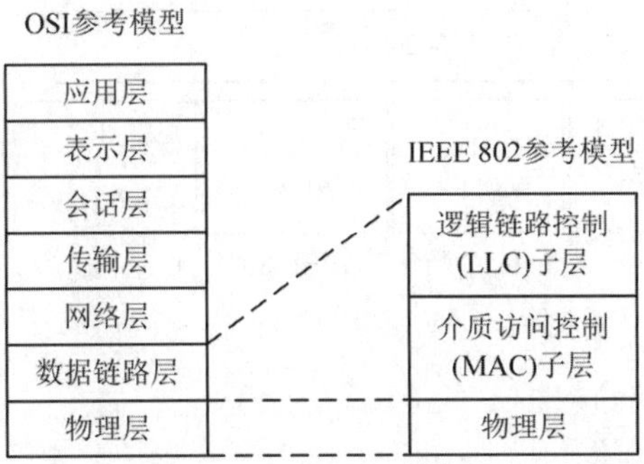

图 4-2　IEEE 802 与 OSI 参考模型的对应关系

经过多年激烈的市场竞争，局域网从开始的“混战”局面转变为以太网、令牌总线网与令牌环网“三足鼎立”的竞争局面。到了 20 世纪 90 年代后，激烈竞争的局域网市场逐渐明朗，最终以太网突破重围，出现了“一枝独秀”的局面。从目前局域网的实际应用情况来看，几乎所有办公自动化中大量应用的局域网(如企业网、办公网、校园网)都是以太网，以太网在局域网市场中已经占据了垄断地位，并且几乎成了局域网的代名词。而在因特网中经常使用的局域网只剩下了 DIX Ethernet V2 的以太网，因此局域网中是否使用 LLC 子层已不重要，很多硬件和软件厂商已不使用 LLC 协议，而是直接将数据封装在以太网的 MAC 帧结构中。网络层的 IP 协议直接将分组封装到以太帧中，整个协议的处理过程也变得更加简洁。目前，很多教科书与文献已不再讨论 LLC 协议，软件编写也不需要考虑 LLC 协议的实现问题。

4.1.4 IEEE 802 标准系列

IEEE 802 委员会为制定局域网标准而成立了一系列组织，如制定某类协议的工作组(WG)或技术行动组(TAG)，它们研究和制定的标准统称为 IEEE 802 标准。随着局域网技术的发展，很多 IEEE 802 工作组已经停止工作。目前，最活跃的工作组是 IEEE 802.3、IEEE 802.10、IEEE 802.11 等。IEEE 802 委员会公布了很多标准，这些标准可以分为以下三类。

- IEEE 802.1 标准。定义局域网体系结构。
- IEEE 802.2 标准。定义逻辑链路控制(LLC)子层的功能与服务。
- IEEE 802.3～IEEE 802.16 标准。定义不同介质访问控制技术的相关标准。

第三类标准曾经多达 14 个。随着局域网技术的快速发展，目前应用较多且正在发展的主要有 4 个(其中 3 个是无线局域网标准)，其他标准目前已很少使用。在早期常用的标准中，IEEE 802.4 标准定义令牌总线网的介质访问控制子层与物理层标准；IEEE 802.5 标准定义令牌环网的介质访问控制子层与物理层标准。图 4-3 给出了简化的 IEEE 802 协议结构。

主要的 IEEE 802 标准如下。

- IEEE 802.3 标准：定义 Ethernet 的 CSMA/CD 总线介质访问控制子层与物理层标准。
- IEEE 802.4 标准：定义令牌总线网的介质访问控制子层与物理层标准。
- IEEE 802.5 标准：定义令牌环网的介质访问控制子层与物理层标准。
- IEEE 802.11 标准：定义无线局域网访问控制子层与物理层标准。
- IEEE 802.15 标准：定义近距离个人无线网络访问控制子层与物理层标准。
- IEEE 802.16 标准：定义宽带无线网络访问控制子层与物理层标准。

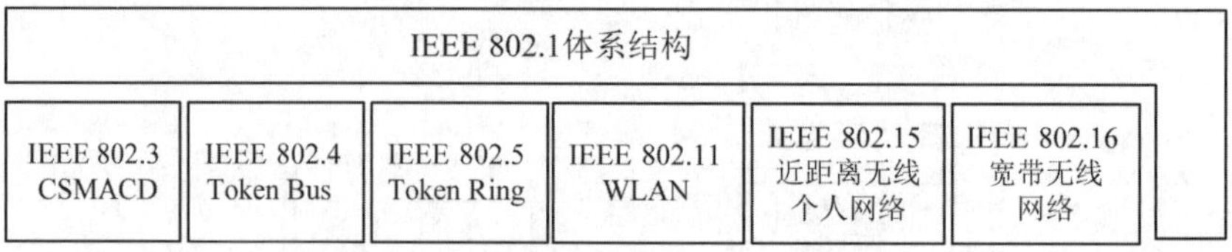

图 4-3 简化的 IEEE 802 协议结构

4.2 以太网概述

4.2.1　以太网的工作原理

以太网的工作原理

在局域网的研究中，以太网技术并不是最早的，但是它是最成功的。以太网的数据传输速率(以下简称为数据率)已经发展到每秒百兆比特、吉比特甚至十吉比特，因此通常就用“传统以太网”来表示最早流行的 10Mb/s 速率的以太网。下面就从传统以太网开始，介绍其工作原理。

1. 以太网的两个标准

以太网的两个标准

美国施乐(Xerox)公司的 Palo Alto 研究中心(简称为 PARC)于 1975 年成功研制以太网。那时，以太网是一种基带总线局域网，当时的数据率为 2.94Mb/s。因为以太网用无源电缆作为总线来传送数据帧，所以就以曾经在历史上表示传播电磁波的物质以太(Ether)来命名。1976 年 7 月，Metcalfe 和 Boggs 发表了他们的以太网里程碑论文。1980 年 9 月，DEC 公司、Intel 公司和 Xerox 公司联合提出了 10Mb/s 以太网规约的第一个版本 DIX V1(DIX 是这 3 个公司名称的缩写)。1982 年又修改为第二版规约(实际上也是最后的版本)，即 DIX Ethernet V2，成为世界上第一个局域网产品的规约。

在此基础上，IEEE 802 委员会的 802.3 工作组于 1983 年制定了第一个 IEEE 的以太网标准 IEEE 802.3，数据率为 10Mb/s。802.3 局域网对以太网标准中的帧格式做了很小的改动，但允许基于这两种标准的硬件可以在同一个局域网上相互操作。DIX Ethernet V2 标准与 IEEE 的 802.3 标准的差别很小，因此很多人也常把 802.3 局域网简称为“以太网”。虽然，严格地说，“以太网”应当是指符合 DIX Ethernet V2 标准的局域网，但是本书并没有严格区分它们。

2. 以太网网卡

网卡

一台计算机是通过网络接口卡(network interface card，NIC)连接到局域网的。网络接口卡又称为网卡，是将计算机或其他设备连接到局域网的硬件设备。对于联网计算机来说，网卡被插入主机的 I/O 通道，并作为主机的一个外部设备来工作。从这一点看，网卡与其他的 I/O 设备卡(如显卡、声卡)没有本质上的区别。

网卡是针对具体的局域网类型设计的，目前使用最广泛的网卡是 Ethernet 网卡。网卡与局域网之间的通信是通过电缆(或双绞线)以串行传输方式进行的，而网卡与计算机之间的通信是通过计算机主板上的 I/O 总线以并行传输方式进行的。例如，网卡的主机接口端插入计算机的 I/O 总线通道，主机与网卡通过控制总线来传输控制命令与响应，通过数据总线来发送与接收数据。因此，网卡的一个重要功能就是进行数据串行传输和并行传输的转换。网络上的数据率与计算机总线上的数据率并不相同，因此必须在网卡中安装可对数据进行缓存的存储芯片。Ethernet 网卡的结构如图 4-4 所示。Ethernet 网卡由收发电路、存储器(包括 RAM 和 ROM)与介质访问控制电路三部分组成。

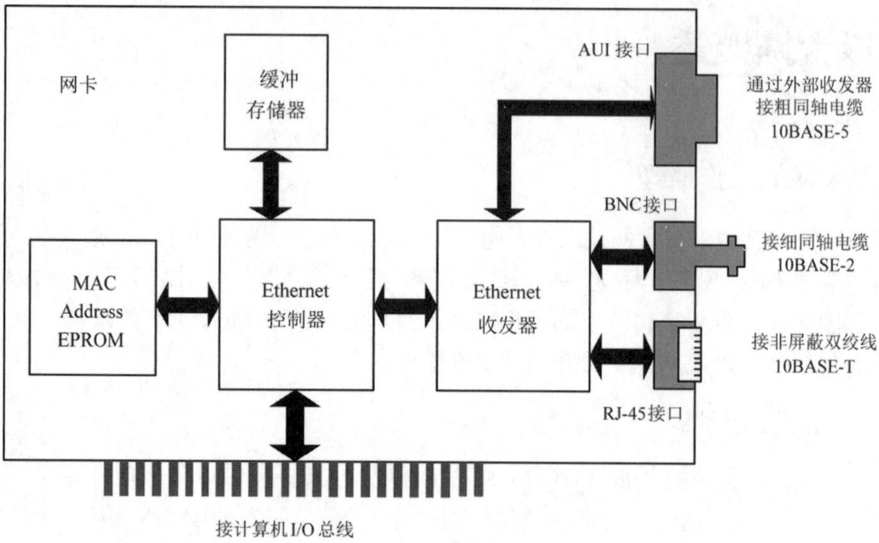

图 4-4 Ethernet 网卡的结构

对于主机来说，网卡是它的一个外设。网卡插入主板后，还必须把管理该网卡的设备驱动程序安装在计算机的操作系统中。这个驱动程序以后就会“告诉”网卡，应当从存储器的什么位置把多长的数据块发送到以太网，或者应在存储器的什么位置把以太网传送过来的数据块存储下来。另外，网卡还要能够实现以太网协议。

现在大多数较新的计算机主板上都已经嵌入了网卡，不需要使用单独的网卡了，因此，现在都将网卡叫作网络适配器。

3. CSMA/CD 介质访问控制方法

CSMA/CD协议

传统以太网具有总线型的网络特点。总线的特点是，当一台计算机发送数据时，总线上的所有计算机都能检测到这个数据。这种通信方式就是广播通信。我们知道，总线上只要有一台计算机在发送数据，总线的传输资源就会被占用。因此，在同一时间只能允许一台计算机发送信息，否则各计算机之间就会互相干扰，结果大家都无法正常发送数据。以太网中一个重要的问题就是如何协调总线上的各台计算机。

以太网采用的协调方法是使用一种特殊的协议——载波监听多点接入/碰撞检测(carrier sense multiple access with collision detection，CSMA/CD)。

CS(carrier sense)，“载波监听”就是“发送前先监听”，即每一个站在发送数据之前先要检测一下总线上是否有其他站在发送数据，如果有，则暂时不要发送数据，要等待信道变为空闲时再发送。实际上，“载波监听”就是用电子技术检测总线上有没有其他计算机发送的数据信号。

MA(multiple access)，“多点接入”说明这是总线型网络，许多计算机以多点接入的方式连接在一根总线上。协议的实质是“载波监听”和“碰撞检测”。

CD(collision detection)，“碰撞检测”就是“边发送边监听”，即适配器边发送数据边检测信道上信号电压的变化情况，以便判断自己在发送数据时其他站是否也在发送数据。当几个站同时在总线上发送数据时，总线上的信号电压变化幅度将会增大(互相叠加)。当适配器检测到信号电压的变化幅度超过了一定的门限值时，就认为总线上至少有两个站同时在发送数据，表明产生了碰撞。所谓“碰撞”就是发生了冲突。因此“碰撞检测”也称为“冲突检测”。这时，总线上传输信号产生了严重的失真，无法从中恢复有用的信息。因此，每一个正在发送数据的站，一旦发现总线上出现了碰撞，适配器就要立即停止发送，避免继续浪费网络资源，然后等待一段时间后再次发送。

4. 硬件地址

硬件地址

传统的以太网采用广播的方式进行通信，但并不需要总在局域网上进行一对多的广播通信。为了在总线上实现一对一的通信，可以使每台计算机的网卡拥有一个与其他网卡不同的地址，将其存储在网卡的 ROM 中。在发送数据帧时，在帧的首部写明接收站的地址。现在的电子技术可以很容易地实现：当数据帧中的目的地址与网卡 ROM 中存放的硬件地址一致时，该网卡才能接收这个数据帧。网卡会将不是发送给自己的数据帧丢弃。这样，就能在具有广播特性的总线上实现一对一的通信。

存储在网卡 ROM 中的地址就是我们常说的局域网中的硬件地址(又称为物理地址或 MAC 地址)，它用来标识接入局域网中的设备(如计算机等)。IEEE 802 标准为局域网规定了一种 48 位的全球地址(一般都简称为“地址”)，“地址”是指局域网上每台计算机中固化在网络适配器的 ROM 中的地址。所以，如果连接在局域网上的一台计算机的适配器坏了，我们更换了一个新的适配器，那么这台计算机的局域网的“地址”也就改变了，尽管这台计算机的地理位置没有改变，所接入的局域网也没有任何改变。同样地，如果我们把位于武汉的某局域网上的一台笔记本电脑携带到北京，并连接在北京的某局域网上，虽然这台电脑的地理位置改变了，但只要电脑中的适配器不变，那么该电脑在北京的局域网中的“地址”仍然和它在武汉的局域网中的“地址”一样。

由此可见，局域网上的某台主机的“地址”根本不能告诉我们这台主机位于什么地方。因此，严格地讲，局域网的“地址”应当是每一个站的“名字”或标识符。计算机的名字通常都是比较适合人记忆的不太长的字符串，但这种 48 位二进制的“地址”不像一般计算机的名字。现在人们还是习惯把这种 48 位的“名字”称为“地址”。本书也采用这种习惯性的说法，尽管这种说法不太严格。

请注意，如果连接在局域网上的主机或路由器安装了多个网络适配器，那么这样的主机或路由器就有多个“地址”。更准确地说，这种 48 位“地址”应当是某个接口的标识符。

在制定局域网的地址标准时，首先应该确定用多少位表示一个网络的地址字段。为了减少不必要的开销，地址字段的长度应当尽可能地短一些。起初人们觉得用 2 个字节(共 16 位)表示地址就够了，因为这一共可表示 6 万多个地址。但是，由于局域网的迅速发展，且处在不同地点的局域网之间又经常需要交换信息，这就希望在各地的局域网中的站具有互不相同的物理地址。为了使用方便，在买到适配器并把机器连到局域网后马上就能工作，而不需要等待网络管理员给他先分配一个地址，IEEE 802 标准规定 MAC 地址字段可采用 6 个字节(48 位)或 2 个字节(16 位)。6 个字节地址字段对局部范围内使用的局域网的确是太长了，但是 6 个字节的地址字段可使全世界所有的局域网适配器都具有不相同的地址，因此现在的局域网适配器实际上使用的都是 6 个字节的 MAC 地址。

现在 IEEE 的注册机构(registration authority，RA)是局域网全球地址的法定管理机构，它负责分配地址字段的 6 个字节中的前 3 个字节(即高位 24 位)。世界上凡是要生产局域网适配器的厂家都必须向 IEEE 购买由这 3 个字节构成的号(即地址块)，这个号的正式名称是组织唯一标识符(organization unique identifier，OUI)，通常也叫作公司标示符(company-id)。例如，3Com 公司生产的适配器的 MAC 地址的前 3 个字节是 02-60-8C。地址字段中的后 3 个字节(即低位 24 位)则由厂家自行指派，称为扩展标识符(extended identifier)，只要保证生产出的适配器没有重复的地址即可。可见用一个地址块可以生成 2^{24} 个不同的地址。用这种方式得到的 48 位地址称为 MAC-48，它的通用名称是 EUI-48，这里 EUI 表示扩展的唯一标识符(extended unique identifier)。EUI-48 的使用范围并不局限于局域网的硬件地址，还可以用于软件接口。但应注意，24 位的 OUI 不能够单独用来标识一个公司，因为一个公司可能有几个 OUI，也可能几个小公司合起来购买一个 OUI。在生产适配器时，这种 6 个字节的 MAC 地址已被固化在适配器的 ROM 中。因此，MAC 地址也叫作硬件地址(hardware address)或物理地址。可见“MAC 地址”实际上就是适配器地址或适配器标识符 EUI-48。

当某个适配器被插入(或嵌入)某台计算机后，适配器上的标识符 EUI-48 就成为这台计算机的 MAC 地址了。

5. 以太网帧的基本结构

以太网的帧结构

帧(frame)是以太网中数据传输的基本单位，通常又称为以太网 MAC 帧。发送节点在发送数据的前后各添加特殊的字符构成帧，这些特殊的字符就是帧头与帧尾。常用的以太网 MAC 帧有两个标准，一个是 IEEE 802.3 标准，一个是 Ethernet V2.0 规范。这里只介绍使用得最多的 Ethernet V2.0 的 MAC 帧。帧的基本长度单位是字节(byte)，简写为 B。

Ethernet V2.0 的 MAC 帧结构比较简单，严格地说，由 5 个字段组成，如图 4-5 所示。

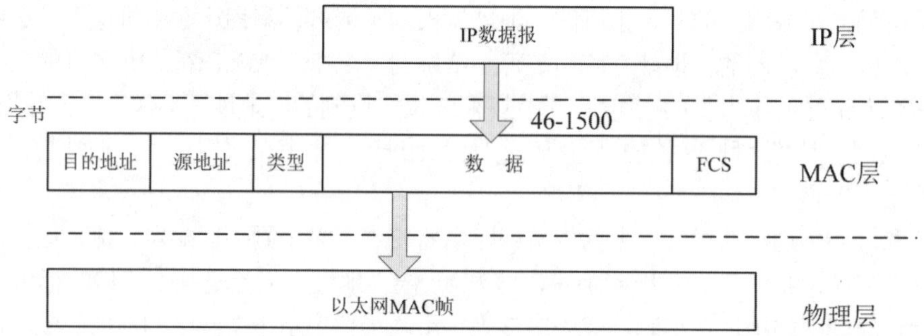

图 4-5　Ethernet V2.0 的 MAC 帧结构

1) 目的地址与源地址

前两个字段是目的地址与源地址，分别表示帧的接收节点与发送节点的硬件地址。在以太网中使用的是网络设备接口的 MAC 地址，占 6 字节。MAC 地址在出厂时就固化在了网卡的 EPROM 中，并且可以保证该地址在全球范围内是唯一的，实现数据从一个网络设备传送到另一个网络设备。

2) 类型字段

第三个字段是 2 字节的类型字段，用来表示上一层使用的协议，以便把收到的 MAC 帧的数据上交给上一层的这个协议。例如，当类型字段的值是 0x0800 时，就表示上一层使用的是 IP 数据报。0x0806 表示 ARP 协议；0x8035 表示 RARP 协议。

3) 数据字段

第四个字段是数据字段，用来保存发送给目的节点的实际数据。由于帧数据字段的最小长度为 46B，如果一个帧的数据长度少于 46B，则应将数据字段填充至 46B，填充字符可以是任意字符，在实际应用中经常用 0 来填充。但是，填充部分不会计入长度字段的值中。另外，帧数据字段的最大长度为 1 500B。

4) 帧校验字段

第五个字段是 4 字节的帧检验序列 FCS，用来判断帧在传输中是否出错。帧的校验范围包括目的地址、源地址、长度、数据等字段。前同步码与帧开始定界符不需要进行帧校验。Ethernet 帧校验采用 32 位的 CRC 校验，即 CRC-32 校验算法。当传输媒体的误码率为 1×10^{-8} 时，MAC 子层可使未检测到的差错小于 1×10^{-14}。

6. 网卡的工作模式

当路由器通过适配器连接到局域网时，适配器上的硬件地址就用来标志路由器的某个接口。如果路由器同时连接了两个网络，那么它就需要两个适配器和两个硬件地址。

我们知道适配器有过滤功能，适配器从网络上每收到一个 MAC 帧就先用硬件检查 MAC 帧中的目的地址。如果是发往本站的帧则收下，然后再进行其他处理，否则就将此帧丢弃，不再进行其他处理。这样做就不会浪费主机的处理机和内存资源。这里“发往本站的帧”包括以下 3 种帧。

(1) 单播(unicast)帧(一对一)，即收到的帧的 MAC 地址与本站的硬件地址相同。

(2) 广播(broadcast)帧(一对全体)，即发送给局域网上所有站点的帧(全 1 地址)。

(3) 多播(multicast)帧(一对多)，即发送给本局域网上一部分站点的帧。

所有的适配器都至少应当能够识别前两种帧，即能够识别单播和广播地址。有的适配器可用编程方法识别多播地址。当操作系统启动时，它就把适配器初始化，使适配器能够识别某些多播地址。显然，只有目的地址才能使用广播地址和多播地址。

以太网适配器还可设置为一种特殊的工作方式——混杂方式(promiscuous mode)。工作在混杂方式的适配器只要“听到”有帧在以太网上传输就悄悄地接收下来，并不管这些帧是发往哪个站的。请注意，这样做实际上是“窃听”其他站点的通信，但并不中断其他站点的通信。网络上的黑客(hacker 或 cracker)常利用这种方法非法获取网上用户的口令。因此，以太网上的用户不愿意网络上有混杂方式工作的适配器。

但混杂方式有时却非常有用。例如，网络维护和管理人员需要用这种方式来监视和分析以太网上的流量，以便找出提高网络性能的具体措施。有一种很有用的网络工具叫作嗅探器(sniffer)，它就使用了设置为混杂方式的网络适配器，这种嗅探器可以帮助学习网络的人更好地理解各种网络协议的工作原理。因此，混杂方式就像一把双刃剑，是利是弊要看怎样使用它。

4.2.2　争用期

争用期的概念

既然每个站在发送数据之前已经监听到信道是“空闲”的，那么为什么数据还会在总线上发生碰撞呢？这是因为电磁波在总线上总是以有限的速率传播，当某个站监听到总线是空闲时，总线并非一定是空闲的。传播时延对载波监听的影响如图 4-6 所示。假设图 4-6 中的局域网两端的站 A 和 B 相距 1km，用同轴电缆上相连。电磁波在 1km 电缆的传播时延约为 5μs 。因此，A 向 B 发出的数据，在约 5μs 后才能传送到 B。换言之，B 若在 A 发送的数据到达 B 之前发送自己的帧(因为这时 B 的载波监听检测不到 A 所发送的信息)，则必然要在某个时间和 A 发送的帧发生碰撞。碰撞的结果是两个帧都变得无用。在局域网分析中，常把总线上的单程端到端传播时延记为 τ。发送数据的站希望尽早知道是否发生碰撞，那么 A 发送数据后，最迟要经过多长时间才能知道自己发送的数据和其他站发送的数据有没有发生碰撞？从图 4-6 中不难看出，这个时间最多是两倍的总线端到端的传播时延 2τ，或者是总线的端到端往返传播时延。局域网上任意两个站之间的传播时延有长有短，因此局域网必须按最坏的情况设计，即取总线两端的两个站之间的传播时延(这两个站之间的距离最大)为端到端传播时延。

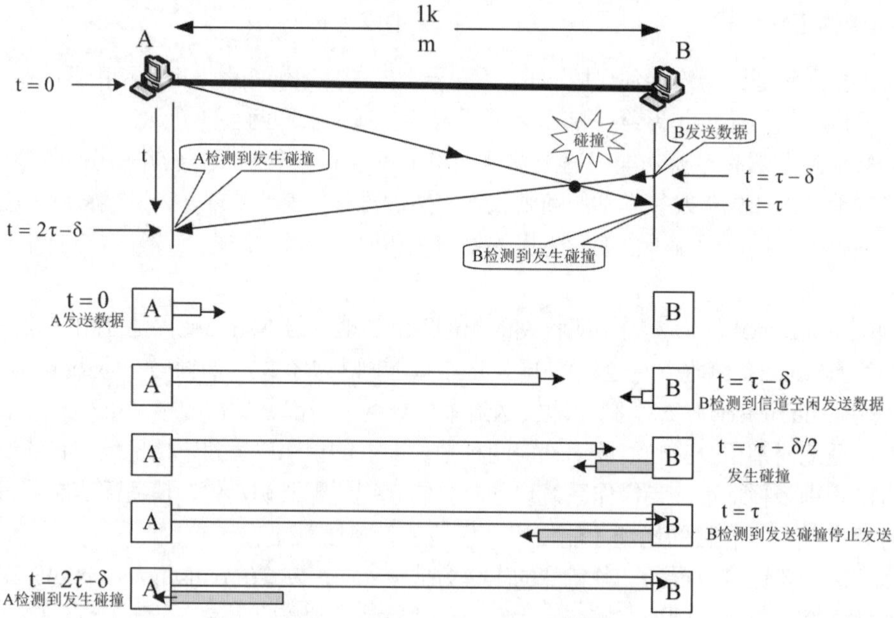

图 4-6　传播时延对载波监听的影响

显然，在使用 CSMA/CD 协议时，一个站不可能同时进行发送和接收。因此使用 CSMA/CD 协议的以太网不可能进行全双工通信，只能进行双向交替通信(半双工通信)。

下面是图 4-6 中的一些重要的时刻。

在 t=0 时，A 发送数据。B 检测到信道是空闲的。

在 t=τ−δ 时(这里 $\tau > \delta > 0$)，A 发送的数据还没有到达 B，因此 B 检测到信道是空闲的，于是 B 发送数据。

经过时间 δ/2 后，即在 t=τ − δ/2 时，A 发送的数据和 B 发送的数据发生了碰撞。但这时 A 和 B 都不知道发生了碰撞。

在 t=τ 时，B 检测到发生了碰撞，于是停止发送数据。

在 t=2τ−δ 时，A 也检测到发生了碰撞，因而也停止发送数据。

A 和 B 发送数据均失败，它们都要推迟一段时间再重新发送。

由此可见，每个站在自己发送数据之后的一小段时间内，存在着遭遇碰撞的可能性。这一小段时间是不确定的，它取决于另一个发送数据的站到本站的距离。因此，以太网不能保证某段时间之内一定能够把自己的数据帧成功地发送出去(因为存在产生碰撞的可能性)。以太网的这一特点称为发送的不确定性。如果想要降低在以太网上发生碰撞的概率，必须使整个以太网的平均通信量小于以太网的最高数据率。

从图 4-5 中可看出，最先发送数据帧的 A 站，在发送数据帧后至多经过时间 2τ 就可知道所发送的数据帧是否遭遇了碰撞。这就是 $\delta\to 0$ 的情况。因此以太网的端到端往返时间 2τ 称为争用期(contention period)。它是一个很重要的参数。争用期又称为碰撞窗口(collision window)。一个站在发送完数据后，只有通过争用期的“考验”，即在争用期这段时间没有检测到碰撞，才能肯定这次发送不会发生碰撞。

争用期可以用以太网上任一节点均能检测出冲突发生所需的时间，或以太网端到端的最大往返时延表示。为了方便描述和理解，常用信息量来衡量争用期，即在争用期内连续发送的比特数。争用期的计算方法如下。

争用期=2×{信道长度(km)×信号传播时延(s/km)}×数据传播速率(bit/s)

例如，已知电磁波在电缆中的传播速率约为 2.3×10^5 km/s，对于一个数据传输速率为 10Mb/s，同轴电缆长度为 1km 的局域网，可计算出同轴电缆信道中的争用期：$2\times(1\text{km}\times5\,\mu\text{s}/1\text{km})\times10^7\text{bit/s}=100\text{bit}$。

争用期的
计算方法

传统以太网争用期的基本时间长度为 51.2 μs，这个时间不仅包括了以太网的端到端时延，还包括了其他因素，如可能存在的转发器所增加的时延，以及下面要讲到的强化碰撞的干扰信号的持续时间等。

对于 10Mb/s 以太网，在争用期内任一发送站点可发送 512 bit(64 字节)。若前 64 字节没有冲突，后续发送的数据就不会发生冲突。如果发生了冲突，就一定在前 64 字节之内。因此，以太网规定最短有效帧长为 64 字节。凡长度小于 64 字节的帧都是由于冲突而异常终止的无效帧。

以太网还采取了一种叫作强化碰撞的措施，即当发送数据的站一旦发现发生了碰撞立即停止发送数据，同时继续发送 32 bit 或 48 bit 的人为干扰信号(jamming signal)，以便让所有用户都知道现在已经发生了碰撞。对于 10Mb/s 以太网，发送 32 bit 或 48 bit 只需要 3.3μs 或 4.8μs。

CSMA/CD 协议的工作原理可以简要地概括为四点：先听后发，边听边发，冲突停止，随机延时后重发。

4.2.3 传统以太网的连接方法

传统以太网的
连接方法

传统以太网可以使用铜缆(粗缆或细缆)、铜线(双绞线)或光缆作为传输媒体。对应这 4 种传输介质的以太网物理层标准有 10BASE-5(粗缆)、10BASE-2(细缆)、10BASE-T(双绞线)和 10BASE-F(光缆)。这里“BASE”表示电缆上的信号是基带信号，采用曼彻斯特编码。BASE 前面的数字“10”表示数据率为 10Mb/s，后面的数字 5 或 2 表示每一段电缆的最大长度为 500m 或 200m(实际上是 185m)。“T”代表双绞线，“F”代表光纤。目前使用得最广泛的是双绞线传输媒体。不同传输媒体连接到以太网的方法如 4-7 所示。

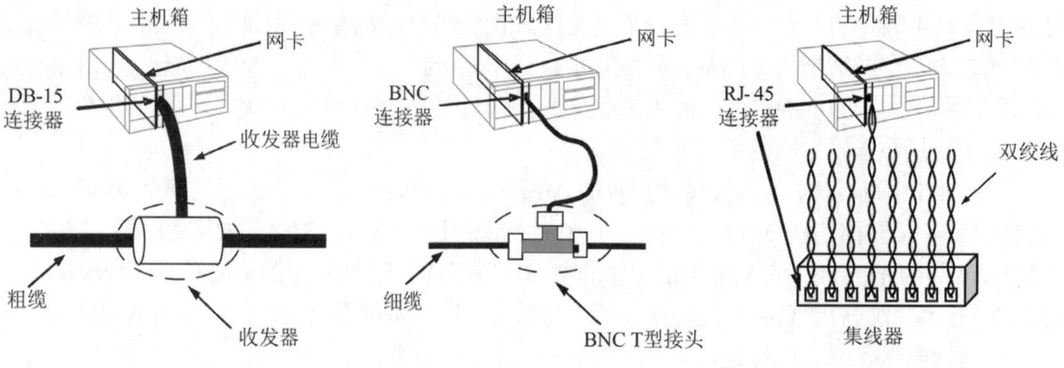

(a) 粗缆以太网10BASE-5　　(b) 细缆以太网10BASE-2　　(c) 双绞线以太网10BASE-T

图 4-7　不同传输媒体连接到以太网的方法

图 4-7(a)是 10BASE-5 以太网的连接方法。这种以太网称为粗缆以太网，电缆直径为 10mm，特性阻抗为 50 Ω。粗缆以太网是最初使用的以太网，其网卡通过 DB-15 型连接器(15 针)与收发器电缆(transceiver cable)相连，收发器电缆的正式名称是 AUI (attachment unit interface，连接单元接口)电缆。收发器电缆的另一端连接收发器(tansceiver)。收发器电缆的长度不能超过 50 m。粗缆以太网的网卡包括处理通信所用到的数字电路，如地址确认和差错检测。网卡使用总线与主机交换数据，并使用中断机制来通知 CPU 其操作已经结束。这种网卡不包括模拟硬件，也不处理模拟信号。

图 4-7(b)是 10BASE-2 以太网的连接方法。这种以太网称为细缆以太网，电缆直径为 5mm，特性阻抗为 50Ω，是为了克服 10BASE-5 的粗缆以太网的布线贵且安装不便的主要缺点提出的。细缆直接用标准 BNC T 型接头连接网卡上的 BNC 连接器的插口。需要注意的是，细缆在安装 BNC 接头时必须先切断。因此，要顺利使用就必须保证细缆接头接触良好，然而在实际使用过程中当细缆总线上的某个电缆接头处发生短路或开路时，整个网络就无法工作，且确定故障点相当麻烦，尤其当总线上的站点数很多时，使得网络的可靠性很差。另外，考虑到细缆不便于维护和管理，且价格较高，于是提出了双绞线以太网。

图 4-7(c)是 10BASE-T 双绞线以太网的连接方法。这种性价比很高的 10BASE-T 双绞线以太网的出现，是局域网发展史上的一个非常重要的里程碑，它为以太网在局域网中的统治地位奠定了牢固的基础。这种以太网采用星型结构，通过集线器(Hub)互联。集线器是在星型结构的中心增加的一种可靠性非常高的设备。每个站需要用两对双绞线(做在一根电缆内，常称为网线)分别进行发送和接收。双绞线的两端使用 RJ-45 插头。集线器使用了大规模集成电路芯片，大大提高了集线器的可靠性。实践证明，这比使用具有大量机械接头的无源电缆要可靠得多。双绞线以太网价格便宜、使用方便，所以粗缆和细缆以太网现在都已成为历史，早已从市场上消失了。但 10BASE-T 以太网的通信距离稍短，每个站到集线器的距离不超过 100m。

使双绞线能够传送高速数据的主要措施是把双绞线的绞合度做得非常精确。这样不仅可使特性阻抗均匀以减少失真，而且大大减少了电磁波辐射和无线电频率的干扰。目前，常用的网线是按照 T568A 和 T568B 标准制作的 5 类或超 5 类双绞线。有时，在多对双绞线的电缆中，还要使用更加复杂的绞合方法。

IEEE 802.3 标准还可使用光纤作为传输媒体，相应的标准是 10BASE-F 系列。它主要用作集线器之间的远程连接。

4.3 局域网互联技术

许多情况下，我们希望把局域网的覆盖范围进行扩展。任何一个局域网都会受到两方面的限制，即工作站个数和网络覆盖距离。当工作站较多时，会导致网络的总体性能下降，如 IEEE 802.3 标准的局域网就是如此。如果一个单位已拥有许多个局域网，则需要将这些局域网互联起来，以实现局域网之间的通信。本节将讨论局域网的扩展方法。

局域网互联技术概述

4.3.1　共享式介质局域网互联

总线型局域网是典型的共享介质的局域网。对于共享式局域网的扩展，一般在物理层实现，共享介质局域网的物理层互联结构如图 4-8 所示。在物理层扩展局域网的经典方法是借助转发器和以太网的集线器。

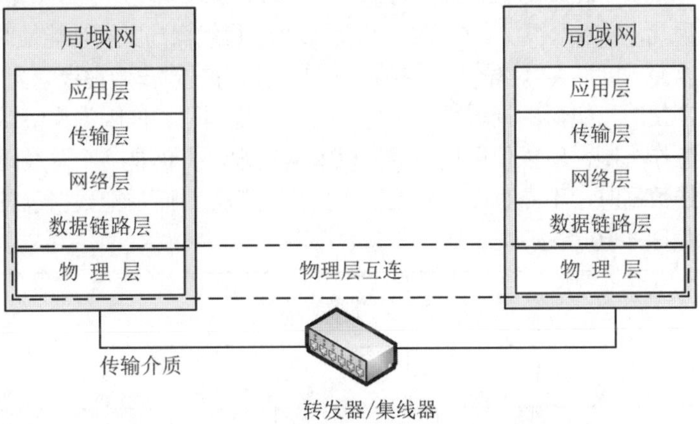

图 4-8　共享介质局域网的物理层互联结构

1. 转发器

转发器(repeater，RP)也叫作中继器，转发器工作于 OSI 参考模型的物理层，是最简单的网络互联设备。由于存在损耗，在线路上传输的信号功率会逐渐衰减，衰减到一定程度时将造成信号失真，因此会导致接收错误。转发器就是为解决这一问题而设计的，负责在两个节点的物理层上按位传递信息，完成信号的复制、调整和放大功能，以此来延长网络的长度。基于转发器实现局域网扩展的一般模式如图 4-9 所示。

转发器和集线器

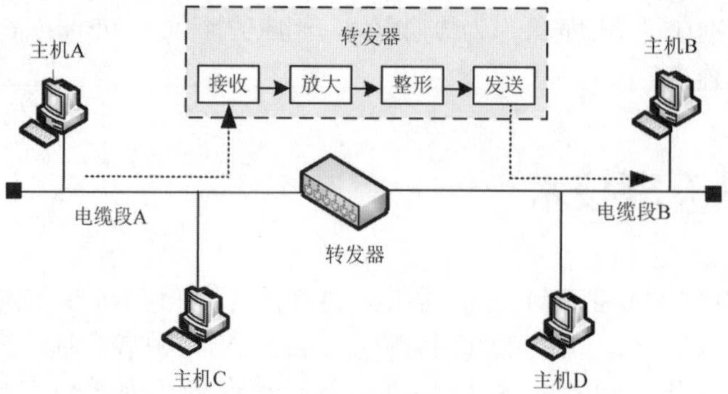

图 4-9　基于转发器实现局域网扩展的一般模式

2. 集线器

1) 互联工作原理

集线器的英文称为 hub，hub 是“中心”的意思。集线器工作于 OSI 参考模型的物理层，是对网络进行集中管理的最小单元，它的工作原理本质上与转发器几乎完全相同。集线器一般有 4、8、16 等数量的接口，每个接口通过 RJ-45 插头(与电话机使用的接头 RJ-11 相似)用两对双绞线与一个工作站上的网卡相连(这种插座最多可连接四对双绞线，实际上只用两对，即发送和接收各使用一对)。因此，集线器很像一个多接口的转发器。集线器的主要功能是对接收到的信号进行再生、整形、放大，以扩大网络的传输距离，同时把所有节点集中在以它为中心的节点上。

从表面上看，使用集线器的局域网在物理上是一个星型网，但因为集线器使用电子器件来模拟实际电缆的工作机制，所以使用集线器的以太网在逻辑上仍是一个总线网。也就是说，当它要向某节点发送数据时，不是直接把数据发送到目的节点，而是把数据包发送到与集线器相连的所有节点，如图 4-10 所示。

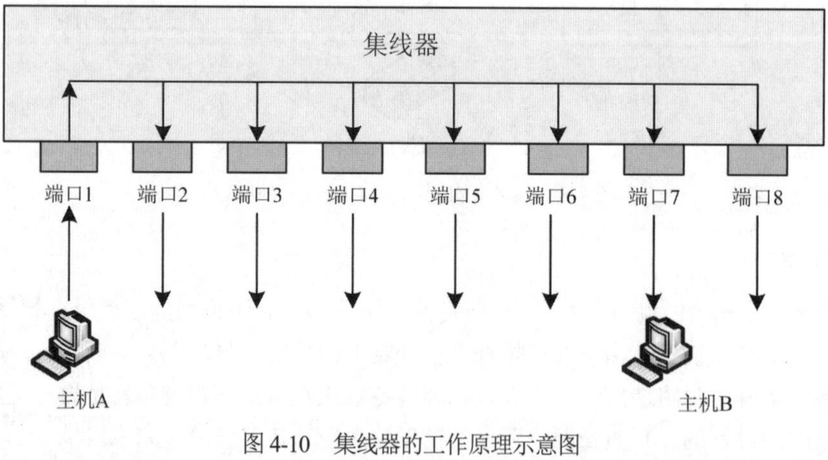

图 4-10　集线器的工作原理示意图

集线器的局域网各工作站仍然共享逻辑上的总线，各站必须竞争对传输媒体的控制，并且在同一时刻至多只允许一个站发送数据，使用的还是 CSMA/CD 协议(具体来说，是各站中的网卡执行 CSMA/CD 协议)，因此一般又将这类以太网称为星型总线网。基于集线器实现局域网扩展的一般模式，如图 4-11 所示。

多级结构的集线器

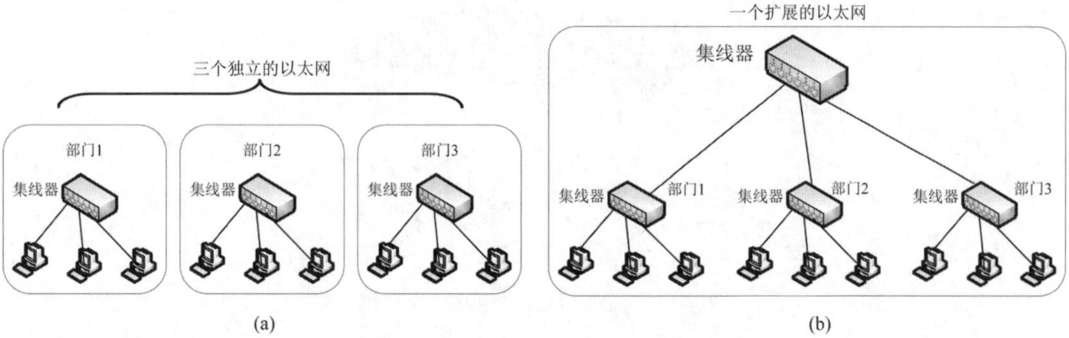

图 4-11　基于集线器实现局域网扩展的一般模式

在图 4-11 中，如果使用多个集线器，就可以连接成覆盖更大范围的多级星型结构的局域网。例如，一个单位的 3 个部门各有一个 10BASE-T 局域网，如图 4-11(a)所示，可通过一个主干集线器把各系的局域网连接起来，成为一个更大的局域网，如图 4-11(b)所示。

这样做有两个好处。第一，使该单位不同部门以太网上的计算机都能够进行跨部门通信。第二，扩大了以太网覆盖的地理范围。例如，在一个部门的 10BASE-T 以太网中，主机和集线器的最大距离是 100m，因而两台主机之间的最大距离是 200m。但通过集线器相连接后，不同部门主机之间的距离就得到了扩展，因为集线器之间的距离可以是 100m(使用双绞线)，甚至更远(如使用光纤)。

但这种多级结构的集线器以太网也带来了以下缺点。

(1) 如图 4-11(a)所示，在 3 个部门的局域网互联起来之前，每个部门的 10BASE-T 局域网是一个独立的碰撞域(collision domain，又称为冲突域)，即在任一时刻，在每一个碰撞域中只能有一个站在发送数据。每一个部门的局域网的最大吞吐量是 10Mb/s，因此 3 个部门的最大吞吐量共有 30Mb/s。当 3 个部门的局域网通过集线器互联起来后，3 个碰撞域变成一个碰撞域(范围扩大到 3 个部门)，如图 4-11(b)所示，而这时的最大吞吐量仍然是一个部门的吞吐量 10Mb/s。这就是说，某个部门的两个站在通信时所传送的数据会通过所有的集线器进行转发，使得其他部门的内部在这时都不能通信(一发送数据就会碰撞)。

(2) 如果不同的部门使用不同的局域网技术(如数据率不同)，那么就不能用集线器将它们互联起来。在图 4-11 中，若一个部门使用 10Mb/s 的适配器，而另外两个部门使用 10Mb/s 或 100Mb/s 的适配器，那么用集线器连接起来后，大家都只能工作在 10Mb/s 的速率。集线器基本上是个多接口(即多端口)的转发器，它并不能把帧进行缓存。

2) 互联结构

常用的集线器一般有独立型集线器和堆叠式集线器，大多数都是以双绞线为连接介质的，其端口类型为 RJ-45。独立型集线器是带有许多端口的单个盒子式的产品。节点通过非屏蔽双绞线与独立型集线器连接，构成物理上的星型拓扑，如图 4-12 所示。独立集线器结构适用于工作组规模的局域网，典型的集线器一般支持 8～24 个 RJ-45 端口与一个 BNC、AUI 或光纤端口。如果需要联网的节点数超过一个独立集线器的端口数，这时通常可以采用多集线器的级联式结构或堆叠式结构。

级联和堆叠

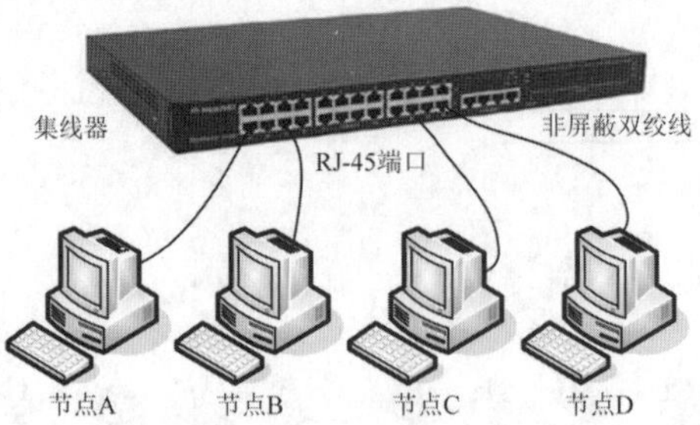

图 4-12　独立集线器的组网结构示意图

(1) 级联式结构。独立集线器上除了有连接工作站的 RJ-45 端口，往往还有一个上连端口——uplink，如图 4-13 所示，用于将集线器连接到网络主干(backbone)上，以实现级联，扩大局域网的覆盖范围。在实际组网应用中，常将普通端口与上连端口相结合进行级联。一般情况下，近距离使用普通端口实现集线器的级联，远距离使用上连端口实现集线器的级联。图 4-14 是多集线器级联的组网结构示意图。

图 4-13　uplink 示意图

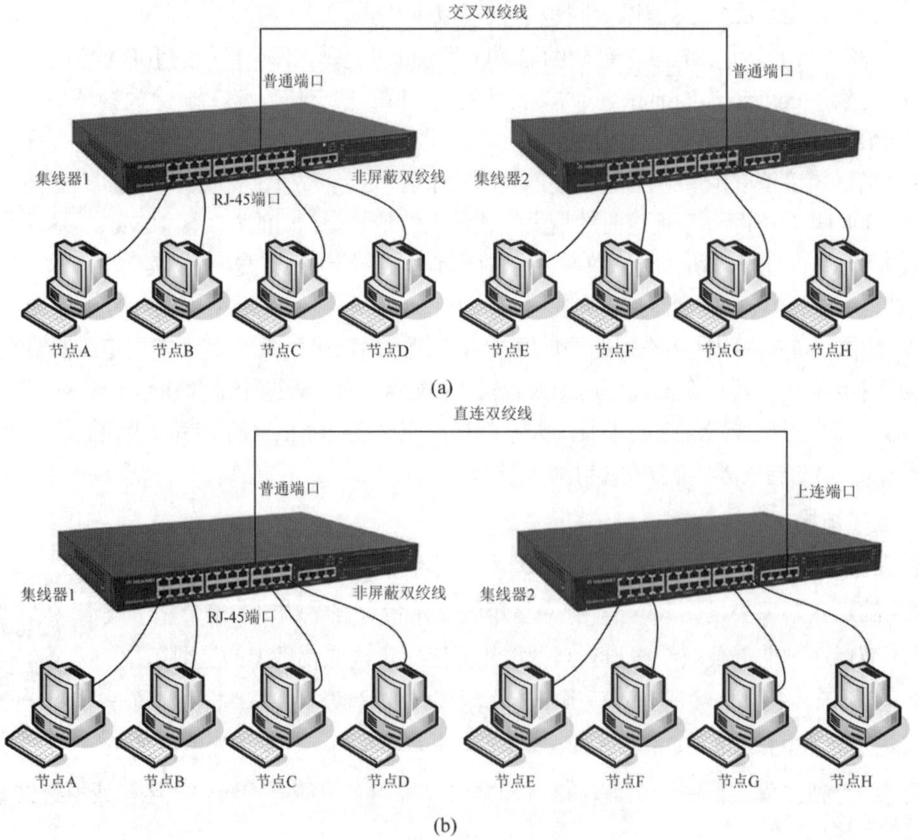

图 4-14　多集线器级联的组网结构示意图

(2) 堆叠式结构。堆叠式集线器可以将多个集线器“堆叠”使用，当它们连接在一起时，其作用就像一个模块化集线器一样，可以当作一个单元设备来进行管理。一般情况下，当有多个集线器堆叠时，其中存在一个可管理集线器，利用可管理集线器可对堆叠式集线器中的其他“独立型集线器”进行管理。堆叠式集线器可以非常方便地实现对网络的扩充，是新建网络时最为理想的选择。图 4-15 是堆叠式集线器的组网结构示意图。

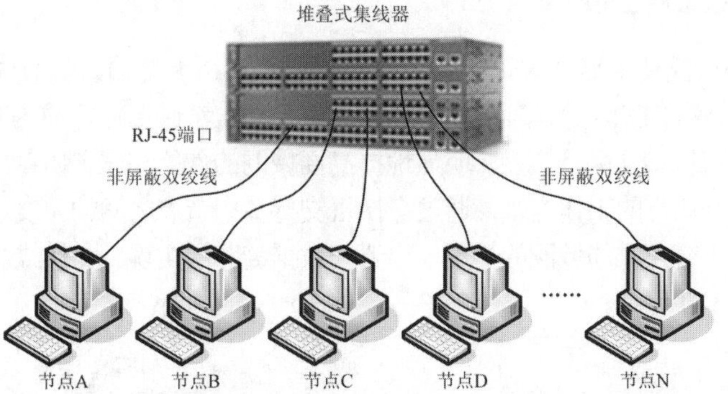

图 4-15　堆叠式集线器的组网结构示意图

集线器有带宽之分，按照集线器所支持的带宽不同，通常可分为 10Mb/s、100Mb/s、10/100Mb/s 3 种。按照集线器是否可进行网络管理来分，有不可通过网络进行管理的“非网管型集线器”和可通过网络进行管理的“网管型集线器”两种。非网管型集线器，也称为傻瓜集线器，是指既无须进行配置，也不能进行网络管理和监测的集线器。该类集线器属于低端产品，通常只被用于小型网络，这类产品比较常见，只要将集线器插上电，连上网线就可以正常工作。这类集线器虽然安装和使用都比较方便，但功能较弱，不能满足特定的网络需求。网管型集线器，也称为智能集线器，即通过 SNMP 对集线器进行简单管理的集线器，这种管理大多是通过增加网管模块来实现的。实现网管的最大用途是用于网络分段，从而缩小广播域，减少冲突，提高数据传输效率。另外，通过网络管理可以在远程监测集线器的工作状态，并根据需要对网络传输进行必要的控制。需要指出的是，尽管都是 SNMP 提供的支持，但不同厂商的模块是不能混用的，甚至同一厂商的不同产品的模块也不可混用。

网管型集线器在外观上都有一个共同的特点，即在集线器前面板或后面板都提供一个 Console 端口。不同品牌或型号的集线器，其 Console 端口的接口类型可能不同，有的为 DB-9 串行口，如图 4-16(a)所示；有的为 RJ-45 端口，如图 4-16(b)所示。但端口都标注有“Console”字样，我们只需要找到标有该字样的端口即是。

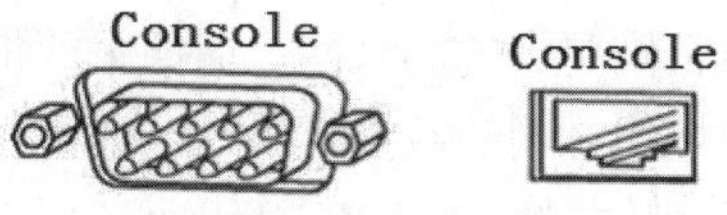

(a)　　(b)

图 4-16　Console 端口示意图

集线器属于纯硬件网络底层设备，基本上不具备类似于交换机的“智能记忆”能力和“学习”能力，也不具备交换机所具有的 MAC 地址表，所以它发送数据时都是没有针对性的，采用广播方式发送。尽管集线器技术在不断改进，但实质上就是加入了一些交换机(switch)技术，发展到了今天的具有堆叠技术的堆叠式集线器，有的集线器还具有智能交换机功能。可以说集线器产品已在技术上向交换机技术进行了过渡，具备了一定的智能性和数据交换能力。但随着交换机价格的不断下降，集线器仅有的价格优势已不再明显，集线器的市场越来越小，处于淘汰的边缘。

4.3.2 交换式局域网互联

多媒体技术被广泛使用后，大量多媒体数据需要在网络上传输，从而要求局域网有更高的数据率。总线局域网的工作站共享网络带宽，因而数据传输速率往往成为整个系统的瓶颈。

交换式局域网可以增加网络带宽，明显地提高局域网的性能和服务质量。交换式局域网从根本上改变了“共享介质”的工作方式，通过交换机支持多个节点之间的并发连接，实现多节点之间的数据并发。对于交换式局域网的扩展，一般在数据链路层实现。交换式局域网的数据链路层互联结构，如图 4-17 所示。

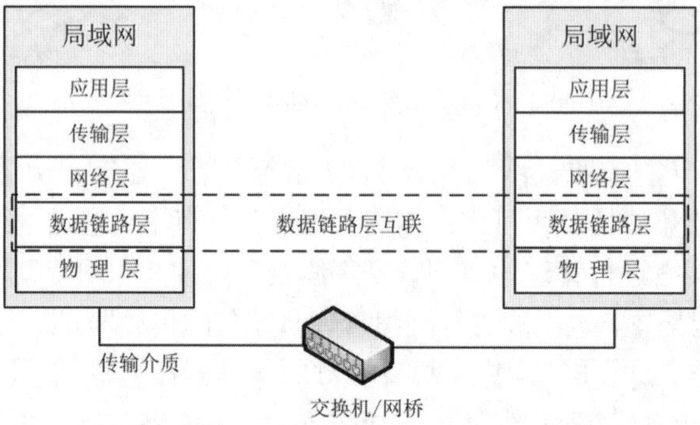

图 4-17　交换式局域网的数据链路层互联结构

1. 网桥

网桥的工作原理

在数据链路层扩展局域网的经典方法是借助网桥。网桥工作在数据链路层，将两个局域网连起来。网桥根据 MAC 地址(物理地址)来转发帧，具有过滤帧的功能。当网桥收到一个帧时，并不像集线器那样，向所有的端口转发此帧，而是先根据所收到帧的目的 MAC 地址查找网桥中的转发表，然后根据查找的信息确定如何转发。网桥的工作原理如图 4-18 所示。

图 4-18 给出了一个网桥的内部结构。最简单的网桥有两个端口，复杂些的网桥有更多的端口。网桥最常用的用法是用于两个局域网的互联，在图 4-18 中，两个局域网通过网桥的两个端口连接起来后，就成为一个覆盖范围更大的局域网，而原来的每个局域网就可以称为一个网段(segment)。网桥用于实现多个局域网之间的数据交换，在数据链路层完成数据帧的接收、转发和地址的过滤。网桥依靠转发表来转发帧，转发表也称为路由表或站表。在图 4-18 中，局域网 1 中的节点 A 向节点 C 发送数据，网桥可以接收到这个数据帧，由于节点 A 与节点 C 属于同一局域网，网桥进行地址过滤后认为不需要转发，这时网桥就会将该帧丢弃；如果节点 A 向局域网 2 中的节点 D 发送数据，网桥接收到该帧并进行地址过滤，由于节点 A 与节点 D 不属于同一局域网，网桥根据站表的记录确定该帧应通过相应的端口 2 转发该帧到达局域网 2，这时节点 D 将能接收到这个数据帧。从用户的角度来看，用户并不知道网桥的存在，局域网 1 与局

域网 2 就像是一个网络。

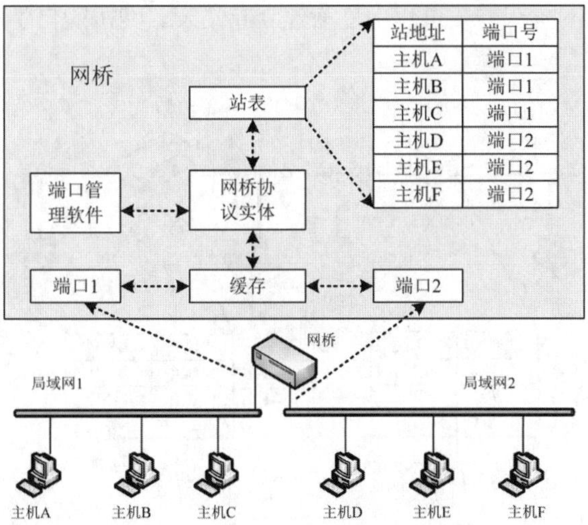

图 4-18　网桥的工作原理示意图

网桥是通过内部的端口管理软件和网桥协议实体来实现上述操作的。

为了更好地对网桥进行理解，在这里我们要强调一下网桥和集线器(或转发器)的区别。转发器只是将网络的覆盖距离简单地延长，而且距离有限，具体实现在物理层；网桥不仅具有将 LAN 的覆盖距离延长的作用，而且理论上可做到无限延长，具体实现在 MAC 层。转发器仅具有简单的信号整形和放大的功能；网桥则属于一种智能互联设备，它可以进行信号的存储转发、数据过滤、路由选择等。转发器仅是一种硬件设备；网桥既包括硬件又包括软件。转发器只能互联同类 LAN；网桥可支持不同类型的 LAN 互联。

网桥是在数据链路层实现网络互联的设备，使用网桥进行局域网扩展具有以下好处。

(1) 过滤通信量，增大吞吐量。网桥使局域网的同一个网段上各工作站之间的通信量仅限于本网段范围内，而不会经过网桥流到其他的网段去。这种过滤作用可减轻局域网的负荷，降低互联局域网上所有用户所经受的平均时延，有利于改善互联网络的性能与安全性。

(2) 既可以扩大局域网的覆盖范围，也增加了整个局域网上工作站的数目。

(3) 可互联不同物理层、不同 MAC 子层和不同速率的局域网。

(4) 提高了网络的性能和可靠性。当网络出现故障时，一般只影响个别网段。

网桥最重要的维护工作是构建与维护站表。站表记录着不同节点的物理地址与网桥转发端口的关系。如果没有站表，网桥就无法确定帧是否需要转发，以及如何进行转发。按照帧转发的策略来分，网桥可分为透明网桥和源路由网桥。

1) 透明网桥

透明网桥(transparent bridge)的标准是 IEEE 802.1d。透明网桥主要有以下几个特点，透明网桥由每个网桥自己来进行路由选择，局域网上的各节点不负责路由选择，网桥对于互联局域网的各节点是“透明”的；透明网桥用于 MAC 层协议相同的网段之间的互联，如连接两个以太网或两个令牌环网；透明网桥的最大优点是容易安装，它是一种即插即用设备。目前，使用最多的网桥是透明网桥。

透明网桥的工作原理

透明网桥的站表要记录 3 个信息：MAC 地址、端口与时间。透明网桥的站表在刚连接到局域网时是空的，它接收到帧时会记录该帧的源 MAC 地址与进入网桥的端口号，然后将该帧向所有其他端口转发。网桥在转发过程中逐渐建立起站表。网桥的自学习和转发过程如图 4-19 所示。

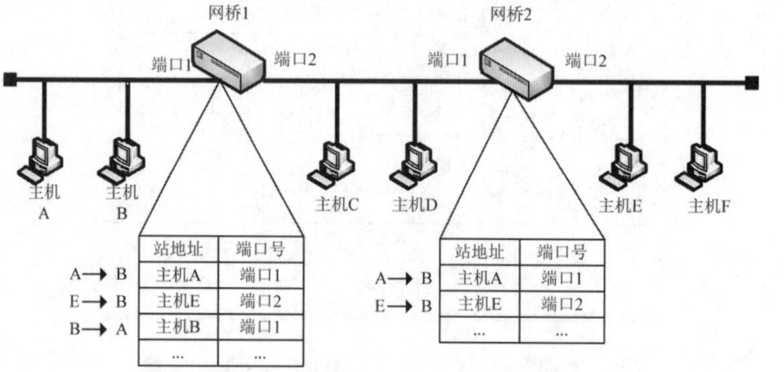

图 4-19　网桥的自学习和转发过程

网桥是按存储转发方式工作的，一定是先把整个帧收下来(集线器或转发器是逐比特转发)再进行处理，并不管其目的地址是什么。此外，网桥丢弃 CRC 检验有差错的帧，以及帧长过短和过长的无效帧，然后按照以下步骤进行处理。

(1) A 向 B 发送帧。连接在同一个局域网上的站点 B 和网桥 1 都能收到 A 发送的帧。网桥 1 先按源地址 A 查找转发表。网桥 1 的转发表中没有 A 的地址，于是把地址 A 和收到此帧的端口 1 写入转发表中。这就表示，以后若收到要发给 A 的帧，就应当从端口 1 转发出去。接着再按目的地址 B 查找转发表。转发表中没有 B 的地址，于是就通过除收到此帧的端口 1 以外的所有端口(现在就是端口 2)转发该帧。网桥 2 从其端口 1 收到这个转发过来的帧。

网桥 2 按同样方式处理收到的帧。网桥 2 的转发表中没有 A 的地址，因此在转发表中写入地址 A 和端口 1。网桥 2 的转发表中没有 B 的地址，因此网桥 2 通过除接收到此帧的端口 1 以外的所有端口(现在是端口 2)转发这个帧。

请注意，现在两个转发表中已经各有了一个项目了。这时有人可能会问，B 本来就可以直接收到 A 发送的帧，为什么还要让网桥 1 和 2 盲目地转发这个帧呢？因为，这两个网桥当时并不知道网络拓扑，所以要通过自学习过程(盲目转发)才能逐步弄清所连接的网络拓扑，建立起自己的转发表。

(2) E 向 B 发送帧。网桥 2 从其端口 2 收到这个帧。网桥 2 的转发表中没有 E，因此在转发表写入地址 E 和端口 2。网桥 2 的转发表中没有 B，因此要通过网桥 2 的端口 1 把帧转发出去。网桥 1 的端口 2 收到这个帧，在网桥 1 的转发表中没有 E，因此就把地址 E 和端口 1 写入转发表。在网桥 1 的转发表中也没有目的地址 B，因此就把这个帧转发到除接收到此帧的端口 2 以外的所有端口(这里是端口 1)。这样主机 B 就可以收到这个帧了。

(3) B 向 A 发送帧。网桥 1 从其端口 1 收到这个帧。网桥 1 的转发表中没有 B，因此在转发表写入地址 B 和端口 1。再查找目的地址 A。现在网桥 1 的转发表中可以查到 A，其转发端口是 1，和这个帧进入网桥 1 的端口一样，也就是说，这个帧从端口 1 进入网桥 1，又要从端口 1 转发出去。对于这种情况，为了避免出现重复帧，网桥 1 选择不转发这个帧，又因为 A 和 B 在同一个网段，所以 A 也能收到 B 发送的帧。于是网桥 1 把这个帧丢弃，不再继续转发了。这次网桥 1 的转发表增加了一个项目，网桥 2 的站表没有变化。

显然，如果网络上的每个站都发送过帧，那么每一个站的地址最终都会记录在两个网桥的站表上。

实际上，在网桥的转发表中写入的信息除了地址和端口，还有帧进入该网桥的时间(图 4-19 中的站表都省略了这一项)。为什么要登记进入网桥的时间呢？这是因为局域网的拓扑经常会发生变化，站点也可能会更换网卡(这样就改变了站点的地址)。另外，局域网上的工作站并非总是接通电源的。为了使路由表能反映整个网络的最新拓扑，就需要记录每个帧到达网桥的时间，以在站表中保留网络拓扑的最新状态信息。网桥的端口管理软件周期性地扫描站表，只要是在一定时间(如几分钟)以前登记的都要删除，这样就使站表能反映当前网络拓扑状态。

在很多实际的网络应用中，很难保证通过网桥互联的网络不出现环状结构。图 4-20 是网桥互联的环状结构示意图。环状结构可能使网桥反复转发同一个帧，从而增加了网络中不必要的负荷，进而降低了系统性能。为了防止出现这种现象，透明网桥使用了生成树(spanning tree)算法，通过网桥之间的一系列协商构造出生成树。根据生成树算法制定的协议称为生成树协议。生成树协议可以从网络拓扑中清除数据链路层的环路。

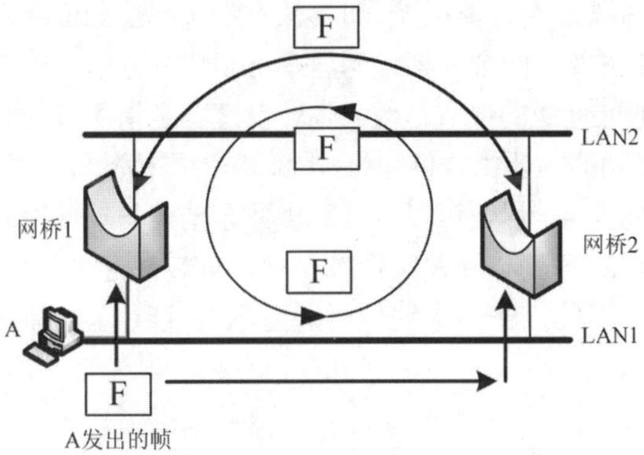

图 4-20 网桥互联的环状结构示意图

2) 源路由网桥

透明网桥的最大优点是容易安装，即插即用。但是网桥的工作负担较重。因此， IEEE 802.5 委员会还制定了另一个网桥标准，即源路由标准。源路由网桥(source routing bridge)由发送帧的源节点负责路由选择。源路由网桥假定每个节点在发送帧时，都已经知道到目的节点的路由，因此在发送帧时将详细的路由信息放在帧首部。问题的关键是，源节点如何知道应该选择的路由。为了发现适合的路由，源节点以广播方式向目的节点发送一个用于探测的发现帧。发现帧在通过网桥互联的局域网中沿所有可能的路由传输，并在传输过程中记录所经过的路由。当这些发现帧到达目的节点后，将会沿着各自的路由返回源节点。源节点从所有可能的路由中选择一个最佳路由，一般选择经过中间网桥的跳步数最少的路由。此后，所有从源节点向该目的节点发送的帧首部，都必须携带源节点确定的路由信息。发现帧的另一个作用是使源节点确定整个网络可以通过的帧的最大长度。

源路由网桥的工作原理

网桥存在以下不足之处。

(1) 帧转发速率低。由于网桥对接收到的帧要先存储并查找站表(路由表)，然后才转发，显然增加了时延。另外，具有不同 MAC 子层的网段桥接在一起时，网桥在转发一个帧之前，必须修改帧的某些字段的内容，以适合另一个 MAC 子层的要求，这也需要耗费时间。

(2) 广播风暴。从网络体系结构来看，网络系统的最底层是物理层，第二层是数据链路层，第三层是网络层。在讨论网桥的工作原理时，已经知道网桥工作在数据链路层。网桥根据数据帧的源地址与目的地址决定是否转发该帧。网桥要确定传输到目的节点的帧通过哪个端口转发，因此网桥中要保存一个“端口—节点地址表”。但是，网桥中的存储器空间有限。随着网络规模的扩大与用户节点数的增加，将不断出现“端口—站地址表”中没有的节点信息。当带有这种目的地址的数据帧出现时，网桥无法决定应该从哪个端口转发。这时，它唯一的办法就是在所有端口进行广播，只要这个节点在互联的局域网中，广播的数据帧总会到达目的节点。这种方法非常简单，但是却带来了很大的问题，那就是 1 个帧经过一轮又一轮地广播后，变成 2 个、4 个、8 个、16 个……这种盲目广播会使帧的数量按指数规律增长，造成网络中无用的通信量剧增，形成“广播风暴”，情况严重时会造成系统无法正常工作。

评价网桥性能的参数主要有两个：帧过滤速率与帧转发速率。帧过滤速率是指每秒能通过多个端口接收并完成帧地址过滤的最大帧数。帧转发速率是指每秒能通过多个端口实际转发的最大帧数。网桥的帧过滤功能主要由软件完成，因此作为网桥的计算机的 CPU 速度，对地址过滤和转发速率有着重要的影响。尽管可以从计算机体系结构与软件设计上提高网桥的性能，但是如果不从网桥工作原理的角度与硬件实现帧交换，帧转发速率低的现状只能是有所缓解，而得不到比较好的解决。因此，在多个局域网通过网桥互联的结构中，网桥会成为系统性能的瓶颈。

2. 交换机

交换机的工作原理

多媒体技术被广泛使用后，大量多媒体数据需要在网络上传输，从而要求局域网有更高的数据率。

总线局域网的工作站共享网络带宽，因而数据传输速率往往成为整个系统的瓶颈。于是，为了提高局域网的性能，交换式集线器(Switch Hub)问世了。交换式集线器又称为交换机或第二层交换机，是交换式局域网的核心设备。

以太网交换机的工作原理与网桥类似，工作在数据链路层，都是存储转发设备，也是根据所接收的帧的源 MAC 地址转发表，目的 MAC 地址查找转发表，进行转发操作。但是，交换机的转发延时要比网桥小得多，而且网桥的端口数很少，一般只有 2～4 个，而局域网交换机通常有十几个端口。

从技术上讲，局域网交换机实质上就是一个多接口的网桥，和工作在物理层的转发器和集线器有很大的差别。图 4-21 给出了 3 种局域网的主要区别。从图 4-21 中可以看出，交换机的所有端口平时都不连通。当工作站需要通信时，以太网交换机能同时连通许多对端口，使每一对相互通信的工作站都能像独占通信媒体那样，进行无冲突地数据传输，当两个站通信完成后就断开连接。

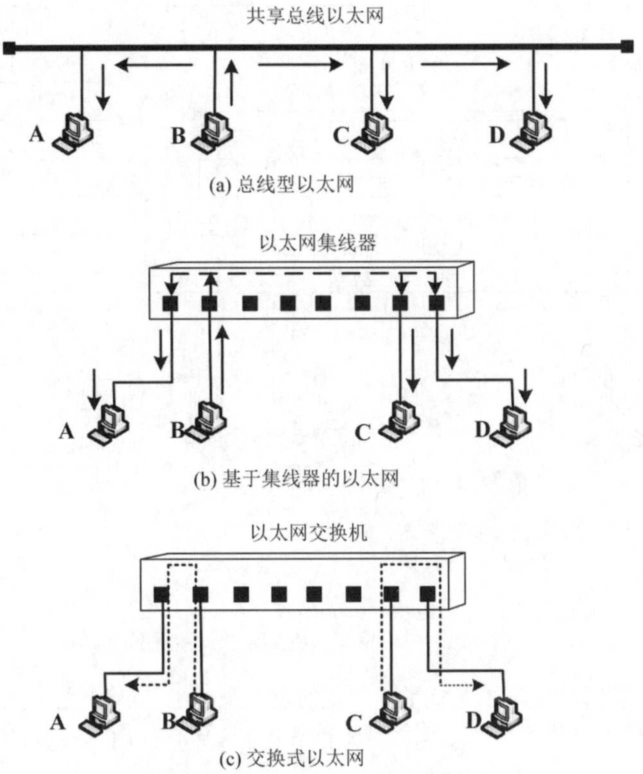

图 4-21　3 种局域网的主要区别

一般来说，以太网交换机由端口模块、交换控制模块、交换模块和存储模块组成。其中，端口模块完成帧信号的接收与发送功能；交换控制模块实现各个端口之间数据帧交换的控制功能；交换模块根据交换控制模块做出的转发决定，建立起交换机相关端口之间的临时帧传输路径；存储模块分别为各个端口设置独立的缓冲区。

局域网交换机和透明网桥一样，也是一种即插即用设备，其内部的帧路由表(站表)也是通过自学习算法自动地建立起来的，学习方法和网桥是一样的。局域网交换机的每个端口都直接与一台单个主机或另一个集线器相连(注意，普通网桥的端口往往连接局域网的一个网段)。图 4-22 是局域网交换机工作原理示意图。图中的交换机共有 6 个端口，其中端口 1、3、5、6 分别连接主机 A、集线器(连接主机 B 和主机 E)、主机 C 与主机 D。交换机的“端口号/MAC 地址映射表”可以根据端口号与主机 MAC 地址建立对应关系。如果节点 A 与节点 D 要同时发送数据，那么它们可以分别在数据帧的目的地址字段(DA)中填上该帧的目的地址。

例如，主机 A 要向主机 C 发送帧，则该帧的目的地址 DA=主机 C；主机 D 要向主机 B 发送，则该帧的目的地址 DA=主机 B。当主机 A、主机 D 同时通过交换机传送数据帧时，交换机根据“端口号/MAC 地址映射表”的对应关系找出对应帧目的地址的输出端口号，它就可以为主机 A 到主机 C 建立端口 1 到端口 5 的连接，同时为主机 D 到主机 B 建立端口 6 到端口 3 的连接。这种端口之间的连接可以根据需要同时建立，也就是说，可以在多个端口之间建立多个并发连接，实现多台主机之间数据的并发传输。所以说，交换机一般都工作在全双工通信方式下。每个端口可以单独与一台主机连接，也可以与一个以太网集线器连接。

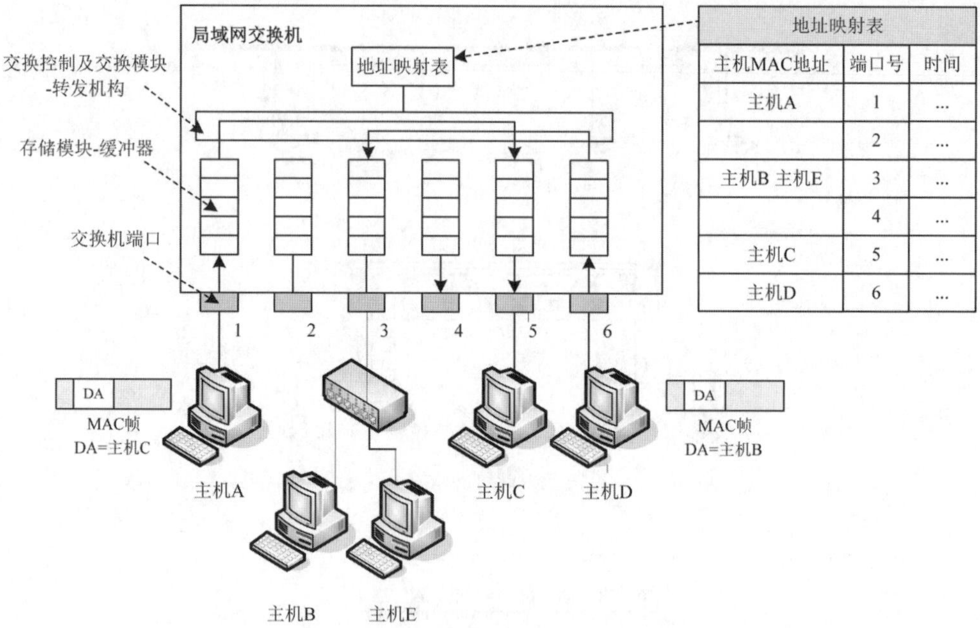

图 4-22　局域网交换机工作原理示意图

图 4-22 中，交换机的端口 3 连接了一个集线器，节点 B 与节点 E 连接在集线器上属于同一个网段，这时端口 3 就是一个共享端口。如果节点 B 要向节点 E 发送数据帧，根据“端口号/MAC 地址映射表”，交换机发现节点 B 与节点 E 同在一个端口，则交换机在接收到该数据帧时，它不转发而是丢弃该帧。这样，局域网交换机就可以隔离本地信息，从而避免网络不需要的数据流，这也是局域网交换机与集线器的最大不同之处。

对于普通 10Mb/s 的共享式以太网，若共有 N 个用户，则每个用户占有的平均带宽只有总带宽(10Mb/s)的 N 分之一。在使用局域网交换机时，虽然每个端口到主机的带宽还是 10Mb/s，但一个用户在通信时是独占而不是和其他网络用户共享传输媒体的带宽，因此拥有 N 对接口的交换机的总容量为 $N \times 10$Mb/s。这正是交换机的最大优点。

另外，从共享总线局域网或 10BASE-T 局域网转到交换式局域网时，所有接入设备的软件和硬件、适配器等都不需要做任何改动。也就是说，所有接入的设备继续使用 CSMA/CD 协议。此外，只要增加集线器的容量，整个系统的容量是很容易扩充的。

局域网交换机使用了专用的交换结构芯片，其交换速率较高。局域网交换机一般都具有多种速率的端口，例如，可以具有 10Mb/s、100Mb/s 和 1Gb/s 端口的各种组合，这就大大方便了各种不同情况的用户。

局域网交换机依据“端口/MAC 地址映射表”来实现帧的转发。交换机的帧转发方式可以分为以下 4 种。

(1) 直通交换方式。在直通交换(cut through)方式中，交换机只要接收并检测到目的地址，就立即将该帧转发出去，而不管该帧数据是否出错。帧出错检测任务由节点主机完成。这种交换方式的优点是交换延迟时间短，缺点是缺乏差错检测能力，不支持不同速率端口之间的帧转发。

(2) 存储转发方式。在存储转发(store and forward)方式中，交换机需要接收完整的帧并进行差错检测。如果接收帧正确，则根据目的地址确定输出端口号，然后再转发出去。这种交换方式的优点是具有帧差错检测能力，并能支持不同速率端口之间的帧转发，缺点是交换延迟时间将会增加。

(3) 改进的直通交换方式。改进的直通交换方式将以上两者结合起来，它在接收到帧的前 64 字节后，判断数据帧的帧头字段是否正确，如果正确则转发出去。对于短的 Ethernet 帧，其交换延迟时间与直通交换方式比较接近；对于长的 Ethernet 帧，由于它只对帧的地址字段与控制字段进行差错检测，交换延迟时间将会减少。

(4) 混合交换方式。前 3 种交换方式都有各自的优点，混合交换方式综合了各种交换方式的优点，厂商以此生产出了一种自适应交换机(adaptive switching，AS)。自适应交换机采取各种交换方式共存的原则，根据实际网络环境来决定交换方式。例如，当网络畅通时采用快捷交换方式，以获得最短的转发等待时间：当网络存在阻塞时，采用存储转发方式，减缓转发速度，缓解网络压力。自适应交换机的各个端口具备对速率的自适应能力，可以支持 10Mb/s、100Mb/s 与 lGb/s 速率之间的转换。

虽然许多以太网交换机对收到的帧采用存储转发方式进行转发，但也有一些交换机采用直通交换方式。现在有的厂商已生产出能支持多种交换方式的局域网交换机。局域网交换机的发展与建筑物结构化布线系统的普及应用密切相关。结构化布线系统中广泛地使用了局域网交换机。

综上所述，交换机主要有以下技术特点。

(1) 低交换传输延迟。交换机的主要特点是低交换传输延迟。从传输延迟时间的数量级来看，交换机的传输延迟为几十微秒，网桥的传输延迟为几百微秒，路由器的传输延迟为几千微秒。

(2) 支持不同的传输速率和工作模式。交换机的端口可以支持不同的传输速率，如 10Mb/s 的端口、100Mb/s 的端口、1Gb/s 的端口与 10Gb/s 的端口。同时，端口可以支持两种工作模式，即半双工与全双工模式。对于 10Mb/s 的端口，半双工端口带宽为 10Mb/s，全双工端口带宽为 20Mb/s；对于 100Mb/s 的端口，半双工端口带宽为 100Mb/s，全双工端口带宽为 200Mb/s。

交换机的分类标准多种多样，常见的有以下几种：根据网络覆盖范围划分，分为局域网交换机和广域网交换机；根据传输介质和传输速度划分，分为以太网交换机、快速以太网交换机、千兆以太网交换机、10 千兆以太网交换机、ATM 交换机、FDDI 交换机和令牌环交换机；根据交换机应用网络层次划分，分为企业级交换机、校园网交换机、部门级交换机、工作组交换机和桌机型交换机；根据交换机端口结构划分，分为固定端口交换机和模块化交换机；根据工作协议层划分，分为第二层交换机、第三层交换机和第四层交换机；根据是否支持网管功能划分，分为网管型交换机和非网管型交换机。

如果需要联网的节点数超过一个独立交换机的端口数，这时通常可以采用多交换机的级联结构或堆叠式结构，连接方法与集线器的级联和堆叠类似。

例如，在图 4-23 中，局域网交换机有 3 个 10Mb/s 接口分别和学院 3 个系的 10 BASE-T 局域网相连，还有 3 个 100Mb/s 的端口分别和 FTP 服务器、WWW 服务器，以及一个连接因特网的路由器相连。

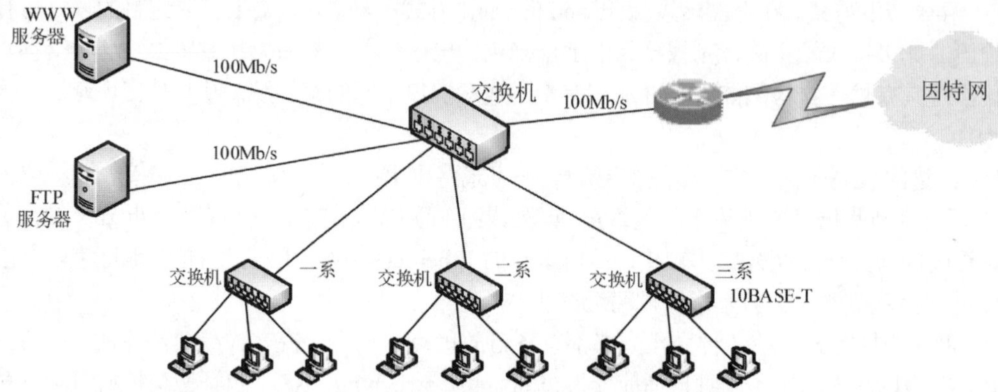

图 4-23　用局域网交换机扩展局域网

4.4 虚拟局域网

近年来，随着交换式局域网技术的飞速发展，交换式局域网逐渐取代了传统的共享介质局域网。交换式局域网是虚拟局域网的技术基础。

4.4.1 虚拟局域网的概念

虚拟局域网的概念和原理

通常将网络中具有相同工作性质的用户群称为一个工作组或工作域。在传统的局域网中，一般一个独立的 LAN，也称为一个物理网段，为一个工作组服务，每个网段可以是一个逻辑工作组(或子网)。多个逻辑工作组之间通过网桥或路由器互联来交换数据。如果一个逻辑工作组的节点要转移到另一个逻辑工作组，就需要将节点从一个网段撤出，并连接到另一个网段，甚至需要重新进行布线。因此，逻辑工作组的组成受节点在物理位置的限制。

虚拟局域网(virtual local area network，VLAN)则是具有某些共同需求，由一些局域网网段构成的与物理位置无关的逻辑工作组。虚拟局域网建立在局域网交换机上，它以软件方式实现逻辑工作组的划分与管理，逻辑工作组的节点组成不受物理位置的限制。同一逻辑工作组的成员不一定要连接在同一个物理网段上，它们可以连接在同一个局域网交换机上，也可以连接在不同的局域网交换机上，只要这些交换机是互联的就可以。当节点从一个逻辑工作组转移到另一个逻辑工作组时，进行简单地软件设定即可，并不需要改变它在网络中的物理位置。

需要强调的是，虚拟局域网并不是一种新型的局域网，而是局域网向用户提供的一种新的服务。虚拟局域网是用户与局域网资源的一种逻辑组合，而交换式局域网技术是实现虚拟局域网的基础。如果将网络中的节点按工作性质与需要划分成若干个逻辑工作组，则每个逻辑工作组就是一个虚拟网络。图 4-24 给出了 4 个交换机的网络拓扑。设有 10 个工作站分配在 3 个楼层中，构成了 3 个局域网，即 LAN_1：(A_1，A_2，B_1，C_1)，LAN_2：(A_3，B_2，C_2)，LAN_3：(A_4，B_3，C_3)。

这 10 个用户划分为 3 个工作组，即划分为 3 个虚拟局域网，即 $VLAN_1$：(A_1，A_2，A_3，A_4)，$VLAN_2$：(B_1，B_2，B_3)，$VLAN_3$：(C_1，C_2，C_3)。

从图 4-24 中可以看出，每一个 VLAN 的工作站可处在不同的局域网中，也可以不在同一层楼中。

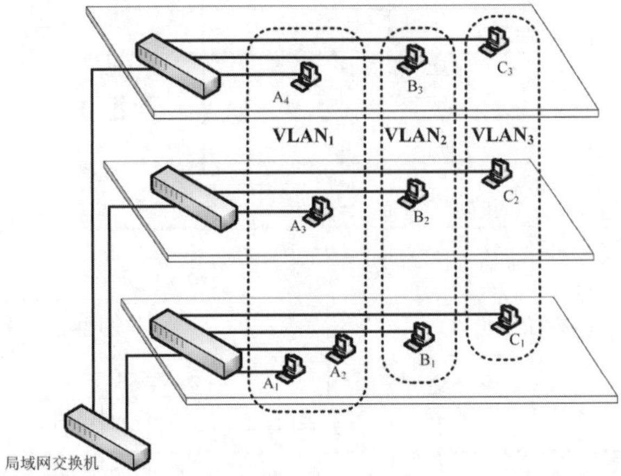

图 4-24　3 个虚拟局域网 $VLAN_1$、$VLAN_2$ 和 $VLAN_3$ 的构成

4.4.2　虚拟局域网的实现方式

虚拟局域网的实现方式

交换式局域网是虚拟局域网的技术基础。利用局域网交换机可以很方便地实现虚拟局域网。交换技术本身就涉及网络的多个层次，因此虚拟网络也可以在网络的不同层次实现。不同虚拟局域网组网方法的区别主要表现在虚拟局域网成员的定义方法上，通常有以下 4 种定义方法。

1) 基于交换机端口号的虚拟局域网

基于交换机端口号的虚拟局域网是最为常见的一种定义虚拟局域网的方法，根据交换机端口来定义虚拟局域网成员。虚拟局域网将交换机端口划分为不同的虚拟子网，各个虚拟子网相对独立。图 4-25 是基于交换机端口号定义虚拟局域网成员的示意图。其中，图 4-25(a)是单局域网交换机结构。交换机端口 1、2、7 和 8 组成了 $VLAN_1$，端口 3、4、5 和 6 组成了 $VLAN_2$。图 4-25(b)是跨局域网交换机结构。交换机 1 的端口 1、2 和交换机 2 的端口 4、5、6、7 组成了 $VLAN_1$，交换机 1 的端口 3、4、5、6、7 与交换机 2 的端口 2、3、8 组成了 $VLAN_2$，其中交换机 1 的端口 8 和交换机 2 的端口 1 作为 trunk 口将两个交换机互联。

用交换机端口划分虚拟局域网成员是最通用的方法，但是，用这种方法定义虚拟局域时，交换机端口只能属于一个虚拟局域网。例如，交换机 1 的端口 1 属于 $VLAN_1$ 后，就不能再属于 $VLAN_2$。另外，通过这种方法定义虚拟局域网还有一个缺点，当用户从一个端口移动到另一个端口时，网络管理者必须对虚拟局域网成员进行重新配置。

2) 基于 MAC 地址的虚拟局域网

用 MAC 地址来定义虚拟局域网成员是另一种方法。因为 MAC 地址是与硬件相关的地址，所以用节点的 MAC 地址定义的虚拟局域网，允许用户节点可以自由移动到网络其他物理网段。由于节点的 MAC 地址不变，该节点将自动保持原来的虚拟局域网成员的地位。从这个角度来看，这种虚拟局域网也可以看作是基于用户的虚拟局域网。

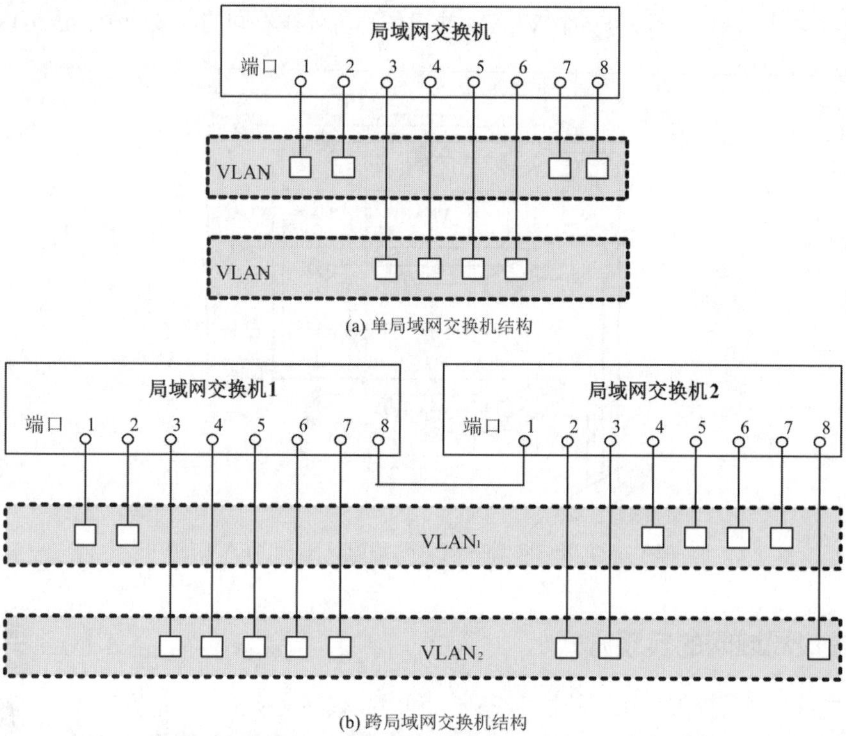

图 4-25 基于交换机端口号定义虚拟局域网成员示意图

用 MAC 地址定义的虚拟局域网要求所有用户在初始阶段必须配置到至少一个虚拟局域网中，初始配置需要通过人工完成，随后就可以自动跟踪用户。但在大规模网络中，初始化时将上千个用户配置到某个虚拟局域网中显然是很麻烦的。

3) 基于 IP 地址的虚拟局域网

还有一种定义虚拟局域网的方法是使用节点的网络层地址(如 IP 地址)来定义虚拟局域网。这种方法具有以下优点：首先，允许按照协议类型来组成虚拟局域网，这有利于组成基于服务或应用的虚拟局域网；其次，用户可以随意移动而无须重新配置网络地址，这对于 TCP/IP 用户是特别有利的。

与用 MAC 地址或用端口号定义虚拟局域网的方法相比，用网络层地址定义虚拟局域网的方法缺点是性能较差。检查网络层地址比检查 MAC 地址要花费更多时间，因此用网络层地址定义虚拟局域网的速度会比较慢。

4) 基于 IP 广播组的虚拟局域网

这种虚拟局域网的建立是动态的，它代表了一组 IP 地址。虚拟局域网中称为代理的设备对成员进行管理。当 IP 广播包要发送给多个目的节点时，就需要动态建立虚拟局域网代理，该代理和多个 IP 节点组成 IP 广播组虚拟局域网。网络用广播信息通知各 IP 节点，说明网络中存在 IP 广播组，响应信息的节点可以加入 IP 广播组，成为虚拟局域网成员并与其他成员通信。虚拟局域网中的所有节点属于同一虚拟局域网，但它们只是特定时间内特定 IP 广播组的成员。这种虚拟局域网的动态特性具有很高的灵活性，它可以根据服务灵活地进行组建，还可以跨越路由器与广域网互联。

4.4.3　虚拟局域网的应用特点

在图 4-24 中，利用局域网交换机可以很方便地将 10 个工作站划分为 3 个虚拟局域网：$VLAN_1$、$VLAN_2$ 和 $VLAN_3$。在虚拟局域网上的每一个站都可以听到同一个虚拟局域网上的其他成员所发出的广播。例如，工作站 B_1、B_2、B_3 同属于虚拟局域网 $VLAN_2$。当 B_1 向工作组内成员发送数据时，工作站 B_2 和 B_3 将会收到广播的信息，尽管它们没有和 B_1 连在同一个局域网交换机上。相反，当 B_1 向工作组内成员发送数据时，工作站 A_1、A_2 和 C_1 都不会收到 B_1 发出的广播信息，尽管它们都与 B_1 连接在同一个以太网交换机上。局域网交换机不向虚拟局域网以外的工作站传送 B_1 的广播信息。这样，虚拟局域网限制了接收广播信息的工作站数，使得网络不会因传播过多的广播信息(即 “广播风暴”)而引起性能恶化。

每一个 VLAN 的帧都有一个明确的标识符，指明发送这个帧的工作站是属于哪个 VLAN 的。1988 年，IEEE 批准了 802.3ac 标准，这个标准定义了以太网的帧格式的扩展，以便支持虚拟局域网。虚拟局域网协议允许在以太网的帧格式中插入一个 4 字节的标识符，称为 VLAN 标记(tag)，用来指明发送该帧的工作站属于哪一个虚拟局域网，如图 4-26 所示。如果还使用原来的以太网帧格式，那么就无法划分虚拟局域网。

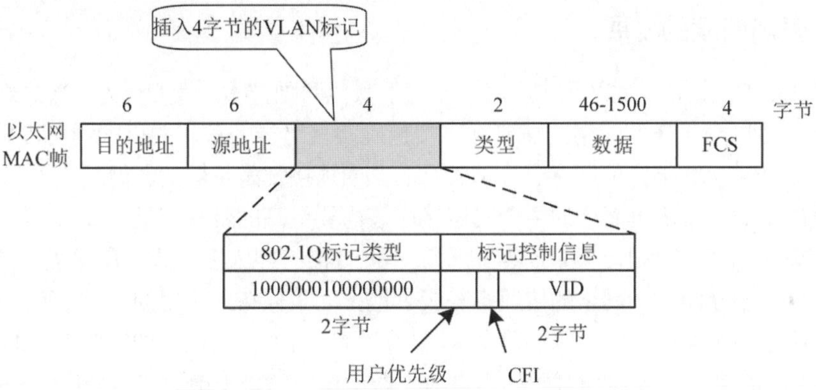

图 4-26　在以太网的帧格式中插入 VLAN 标记

VLAN 标记字段的长度是 4 字节，插入在以太网 MAC 帧的源地址字段和类型字段之间。VLAN 标记的前两个字节总是设置为 0x8100(即二进制的 1000000100000000)，称为 IEEE 802.1Q 标记类型。当数据链路层检测到 MAC 帧的源地址字段后面的两个字节的值是 0x8100 时，就知道现在插入了 4 字节的 VLAN 标记。于是接着检查后面两个字节的内容。在后面的两个字节中，前 3 位是用户优先级字段，接着的一位是规范格式指示符(canonical format indicator，CFI)，最后的 12 位是该虚拟局域网 VLAN 标识符 VID(VLAN ID)，它唯一地标志了这个以太网帧属于哪一个 VLAN。

由于用于 VLAN 的以太网帧的首部增加了 4 个字节，因此以太网的最大长度从原来的 1 518 字节(1 500 字节的数据加上 18 字节的首部)变为 1 522 字节。

虚拟局域网得到了广泛的应用，优点主要表现在以下 3 个方面。

(1) 方便网络用户管理。在局域网的实际应用中，由于企业与部门的变化而调整用户组是常有的事。如果调整用户组涉及节点位置的变化，并且需要重新布线，这是令网络管理人员最头痛的事情。虚拟局域网可以使用软件根据需要动态建立用户组，这样可以极大地方便网络管理，并且有效减少网络管理开销。

(2) 提供更好的安全性。网络中不同类型的用户对不同的数据与信息资源有不同的使用要求和权限。企业中的财务、人事、计划、采购等部门有不同的需求与权限，例如财务部门的数据不允许被其他部门的人员看到。虚拟局域网可以将不同部门的用户划分到不同的逻辑用户组，同组用户的数据就可以只在虚拟局域网内部传输。因此，设置虚拟局域网是一种简单、经济和安全的方法。

(3) 改善网络服务质量。传统局域网的广播风暴对网络性能与服务质量影响很大。基于交换机技术的虚拟局域网可以隔离不同的用户组，将同类用户的通信量控制在虚拟局域网内，这样减小了潜在的广播风暴的危害，更有利于改善网络服务质量。

虚拟局域网是用户和网络资源的逻辑组合，因此可根据需要将有关设备和资源进行重新组合，使用户从不同的服务器或数据库中存取所需的资源。

4.5 高速局域网

4.5.1 高速局域网的发展

20 世纪 80 年代初，以太网刚出现时，相对于其他联网技术，人们认为 10Mb/s 以太网所提供的带宽已经足以满足任何应用的需要。事实也确实是这样，最初的以太网所提供的 10Mb/s 带宽，直到 20 世纪 90 年代早期对于几乎所有的桌面连接都是足够的。但是，很多专家慢慢认识到由大量的桌面连接汇集而成的主干网连接应该需要更高的带宽。早在 1982 年，IEEE 802 委员会内部就提出了 100Mb/s 互联标准的建议，但并没有被大多数成员所接受。

整个 20 世纪 80 年代，网络的快速膨胀极大地推动了分布式应用的普及，而这种普及反过来又迅速吞噬了原来曾被认为足以满足任何应用的网络带宽，人们迫切需要更高的带宽来支持网络上各种新的应用。对高速局域网的需求最先做出反应的是美国国家标准局(ANSI)。它于 20 世纪 80 年代末率先推出了 100Mb/s 的光纤分布式数据接口(FDDI)标准。遗憾的是，FDDI 标准与以太网并不兼容。FDDI 作为一种高速骨干网技术曾在网络主干连接方面得到了广泛的应用，但昂贵的成本使其很难向桌面应用扩展。1994 年，HP 公司和 AT&T 公司开发的 100VG-AnyLAN 被 IEEE 802 委员会确定为 IEEE 802.12 标准。紧接着，IEEE 802 委员会又于 1995 年公布了 100Mb/s 以太网标准 IEEE 802.3u。在这 3 种高速局域网技术中，100Mb/s 以太网(又称为快速以太网)以它所具有的价格低廉和与传统以太网相兼容的优势迅速占领了整个局域网市场，甚至最后还占领了原来由 FDDI 所把持的高速主干网市场。

以太网从 10Mb/s 向 100Mb/s 发展的过程中，兼容性起到了决定性的作用。为了与传统以太网兼容，快速以太网允许设备既可以工作在 10Mb/s，也可以工作在 100Mb/s，并定义了一种自动协商的自适应机制使设备在启动时能够选择合适的运行速度。这种能力使整个发展过程呈现为一种渐变的，而不是突变的过程，从而极大地保护了用户的投资。人们已在以太网上投入了成百上千亿元的资金，没有一个人愿意把这巨大的投资在一个早上全部抛弃。发展的最终结果是快速以太网代替了传统以太网成为局域网市场的主流，并使得各种快速以太网设备(网卡、集线器、交换机、路由器等)得到了大规模的应用。

与 10Mb/s 向 100Mb/s 发展一样，快速以太网的普及也必然会带来网络流量和带宽需求的增加，尤其是在多个 100Mb/s 网络汇聚的主干网中。另外，桌面计算机和工作站性能的不断提高和网络视频等需要实时传输高质量彩色图像内容的新型应用也对带宽提出了更高的要求，这些因素最终促使了 20 世纪 90 年代末期 IEEE 802.3z 千兆位以太网(吉比特以太网)的诞生。千兆位以太网的传输速度可达 10Mb/s 以太网的 100 倍。但这一过程仍没有结束，2002 年，IEEE 又正式通过了万兆位以太网(10 吉比特以太网)标准 802.3ae，它使以太网的速度达到了 10Gb/s。高速局域网的发展历程如图 4-27 所示。

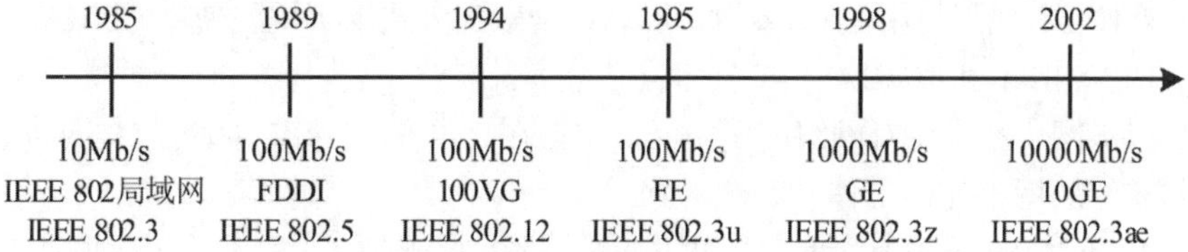

图 4-27　高速局域网的发展历程

4.5.2　快速以太网

100BASE-T 是在双绞线上传送 100Mb/s 基带信号的星型拓扑以太网，仍使用 IEEE 802.3 的 CSMA/CD 协议。它又称为快速以太网(fast Ethernet，FE)，用户只要更换一个适配器，再配上一个 100Mb/s 的集线器，就可很方便地由 10BASE-T 以太网直接升级到 100Mb/s，而不必改变网络的拓扑结构。所有在 10BASE-T 上的应用软件和网络软件都可保持不变。100BASE-T 的适配器有很强的自适应性，能够自动识别 10Mb/s 和 100Mb/s。

1995 年，IEEE 已把 100BASE-T 的快速以太网定为正式标准，其代号为 IEEE 802.3u，是对现行的 IEEE 802.3 标准的补充。快速以太网的标准得到了所有主流网络厂商的支持。

100BASE-T 可使用交换式集线器提供很好的服务质量，可在全双工方式下工作而无冲突发生。因此，CSMA/CD 协议对全双工方式工作的快速以太网是不起作用的(但在半双工方式下工作时一定要使用 CSMA/CD 协议)。这种快速局域网使用的 MAC 帧格式仍然是 IEEE 802.3 标准规定的帧格式，因此也就称为快速以太网。

然而 IEEE 802.3u 标准不支持同轴电缆，这意味着，用户若想将细缆以太网升级到快速以太网，就必须重新布线。因此，现在的 10Mb/s 或/100Mb/s 以太网都使用无屏蔽双绞线布线。

100BASE-T 标准可以支持多种类型的传输介质。目前，100BASE-T 主要有以下 3 种传输介质标准。

(1) 100BASE-TX。使用两对 UTP 5 类线或屏蔽双绞线(STP)，其中一对用于发送，另一对用于接收。

(2) 100BASE-FX。使用两根光纤，其中一根用于发送，另一根用于接收。在标准中把上述的 100BASE-TX 和 100BASE-FX 合在一起称为 100BASE-X。

(3) 100BASE-T4。使用四对 UTP 3 类线或 5 类线，这是为已使用 UTP 3 类线的大量用户而设计的。它使用三对线同时传送数据(每对线以 100/3Mb/s 的速率传送数据)，用一对线作为碰撞检测的接收信道。

4.5.3　吉比特以太网

尽管快速以太网具有可靠性高、容易扩展、成本低等优点，并且是高速局域网方案中的首选技术，但是在数据仓库、电视会议、三维图像等应用中，人们不得不寻求有更高带宽的局域网。吉比特以太网(gigabit Ethernet，GE)就是在这种背景下产生的。

1996 年夏季，吉比特以太网(又称为千兆以太网)的产品问世。IEEE 在 1997 年通过了吉比特以太网的标准 802.3z，该标准在 1998 年成为正式标准。

吉比特以太网的标准 IEEE 802.3z 有以下几个特点。

(1) 允许在 1Gb/s 下以全双工和半双工两种方式工作。

(2) 使用 IEEE 802.3 协议规定的帧格式。

(3) 在半双工方式下使用 CSMA/CD 协议(在全双工方式下不需要使用 CSMA/CD 协议)。

(4) 与 10BASE-T 和 100BASE-T 技术向后兼容。

吉比特以太网可用作现有网络的主干网，也可在高带宽(高速率)的应用场合中(如医疗图像或 CAD 的图形等)用来连接工作站和服务器。

吉比特以太网的物理层采用了两种成熟的技术：一种来自现有的以太网，另一种则是 ANSI 制定的光纤通道(Fiber Channel，FC)。采用成熟的技术就能大大缩短吉比特以太网标准的开发时间。

1000BASE 标准可以支持多种类型的传输介质。目前，1000BASE 主要有以下 4 种传输介质标准。

(1) 1000BASE-T 使用四对 5 类非屏蔽双绞线。双绞线最大长度为 100m，使用了 RJ-45 接口。数据传输采用了 PAM5x5 编码方法。

(2) 1000BASE-CX 对应 802.11z 标准，使用特殊的屏蔽双绞线。半双工模式的双绞线最大传输距离为 25m，全双工模式的双绞线最大长度为 50m，使用 9 芯 D 型连接器连接电缆，数据传输采用了 8B/10B 编码方法。1000BASE-CX 主要用于交换机之间的连接，尤其适用于主干交换机和主服务器之间的短距离连接。

(3) 1000 BASE-LX 对应 IEEE 802.3z 标准，使用光纤作为传输介质。在采用 1 310 nm 波长激光器与 62.5μm 或 50μm 多模光纤时，半双工工作模式的光纤最大长度为 316 m；全双工工作模式的光纤最大长度为 550m。在使用 10μm 单模光纤时，半双工模式的光纤最大长度为 316 m；全双工模式的光纤最大长度为 5 000 m。数据传输采用了 8B/10B 编码方法。

(4) 1000BASE-SX 对应 802.11z 标准，使用多模光纤。1000BASE-SX 所使用的光纤有 62.5 nm 多模光纤、50 nm 多模光纤。其中使用 62.5 nm 多模光纤的最大传输距离为 275 m，使用 50 nm 多模光纤的最大传输距离为 550 m。数据传输采用了 8B/10B 编码方式。

人们设想了一种用以太网组建企业网的方案：桌面系统采用传输速率为 10Mb/s 的以太网，部门级系统采用传输速率为 100Mb/s 的快速以太网，企业级系统采用传输速率为 1 000Mb/s 的千兆位以太网。普通以太网、快速以太网与千兆位以太网有很多相似点，很多企业已经大量使用以太网，因此从以太网升级到快速以太网或千兆位以太网时，不需要对网络技术人员重新进行培训。

新部署或升级为千兆位以太网可分为 5 种情况：交换机到交换机连接、交换机到服务器连接、以太网主干网、FDDI 主干网和高性能桌面系统。下面介绍千兆位以太网在交换机到交换机连接、交换机到服务器连接和主干网络连接这 3 种情况。

(1) 交换机到交换机的连接将快速以太网交换机之间的 100Mb/s 链路直接用 1 000Mb/s 链路代替，以提高网络的整体性能。

(2) 交换机到服务器的连接只要用千兆位以太网交换机替换快速以太网交换机，并在服务器上加装千兆位以太网卡，即可实现服务器与交换机之间的 1 000Mb/s 连接。

(3) 以太网的主干网，千兆位以太网交换机能同时支持多台 100Mb/s 或 1 000Mb/s 交换机、路由器、集线器和服务器等设备。同时，以千兆位以太网交换机为核心的主干网络能支撑更多的网段，每个网段有更多的节点及更高的带宽。

千兆位以太网的典型应用如图 4-28 所示。

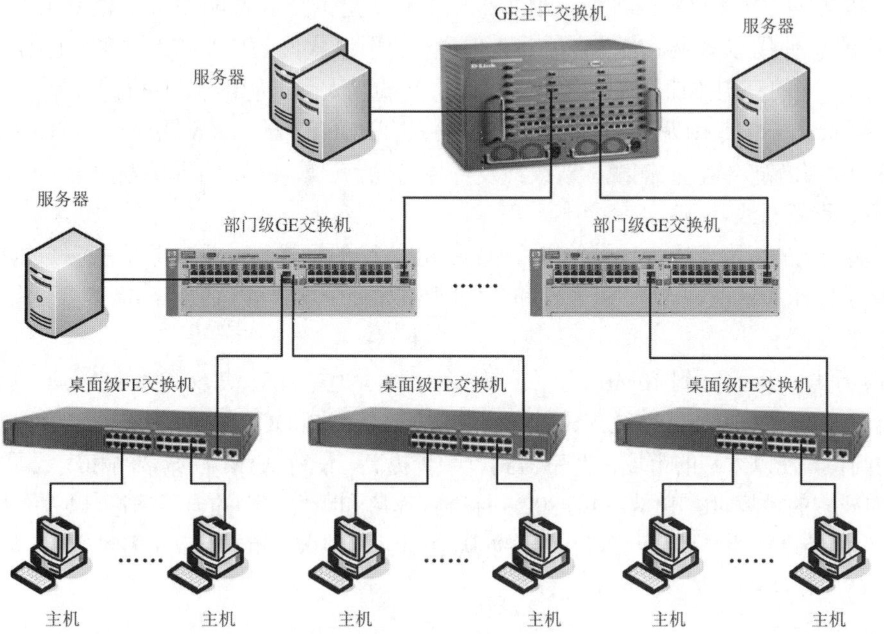

图 4-28　千兆位以太网的典型应用

4.5.4　10 吉比特以太网

在吉比特以太网标准 IEEE 802.3z 通过后不久，在 1999 年 3 月，IEEE 成立了高速研究组(high speed study group，HSSG)，其任务是致力于 10 吉比特以太网(10GE)的研究。2002 年 6 月，IEEE 802.3ae 委员会制定了 10GE 的正式标准。10GE 也就是万兆以太网。

10GE 并非将吉比特以太网的速率简单地提高 10 倍。这里有许多技术上的问题要解决。10GE 的主要特点：10GE 的帧格式与 10Mb/s、100Mb/s 和 1 Gb/s 以太网的帧格式完全相同；10GE 还保留 802.3 标准规定的以太网最小和最大帧长。这就使用户在将已有的以太网进行升级时，仍能以较低速率的以太网很方便地通信。

由于数据率很高，10GE 不再使用铜线而只使用光纤作为传输媒体。它使用长距离(超过 40 km)的光收发器与单模光纤接口，以便能够工作在广域网，它也可以使用较便宜的多模光纤，但传输距离为 65～300m。

10GE 只工作在全双工方式下，因此不存在争用问题，也不使用 CSMA/CD 协议，这就使得 10GE 的传输距离大大提高了(因为不再受必须进行碰撞检测的限制)。

吉比特以太网的物理层可以使用已有的光纤通道的技术，而 10GE 的物理层则是新开发的。10GE 有以下两种不同的物理层。

(1) 局域网物理层 LAN PHY。局域网物理层的数据率是 10Gb/s，因此 10GE 交换机可以支持正好 10 个吉比特以太网接口。

(2) 可选的广域网物理层 WAN PHY。广域网物理层具有另一种数据率，这是为了和“10 Gb/s” 的 SONET/SDH(即 OC-192/STM-64)相连接。

由于 10GE 的出现，以太网的工作范围已经从局域网(校园网、企业网)扩大到城域网和广域网，从而实现了端到端的以太网传输。这种工作方式的好处如下。

(1) 以太网是一种经过实践证明的成熟技术，无论是因特网服务提供者 ISP，还是端用户都很愿意使用以太网。当然，对 ISP 来说，使用以太网还需要在更大的范围进行试验。

(2) 以太网的互操作性也很好，不同厂商生产的以太网都能可靠地进行互操作。

(3) 在局域网中使用以太网时，其价格大约只有 SONET 的 1/5 和 ATM 的 1/10。以太网还能够适应多种传输媒体，如铜缆、双绞线及各种光缆。这就使具有不同传输媒体的用户在进行通信时不必重新布线。

(4) 端到端的以太网连接使帧的格式全都是以太网的格式，而不需要再进行帧的格式转换，这就简化了操作和管理。但是，以太网和其他网络(如帧中继或 ATM 网络)仍然需要有相应的接口才能进行互联。

回顾历史，我们看到 10Mb/s 以太网最终淘汰了速率比它快 60%的 16Mb/s 的令牌环，100Mb/s 快速以太网也使得曾经构成最快局域网/城域网的 FDDI 变成了历史。吉比特以太网和 10GE 的问世，使以太网的市场占有率得到进一步提高，使得 ATM 在城域网和广域网中的地位受到更加严峻的挑战。10GE 是 IEEE 802.3 标准在速率和距离方面的自然演进。以太网从 10Mb/s 到 10Gb/s 的演进证明了以太网是可扩展的(从 10Mb/s 到 10Gb/s)、灵活的(多种媒体、全/半双工、共享/交换)，并且易于安装、稳健性好。

4.5.5 FDDI

1. FDDI 的工作原理

光纤分布式数据接口(fiber distributed data interface，FDDI)是一种以光纤作为传输介质的高速主干网，它可以用来互联单台计算机与局域网。FDDI 作为主干网互联多个局域网的结构如图 4-29 所示。

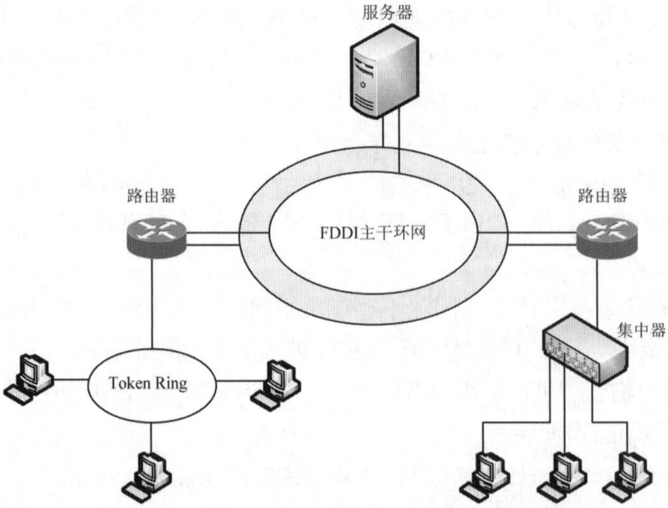

图 4-29 FDDI 作为主干网互联多个局域网的结构

FDDI 标准采用了 IEEE 802 的体系结构和逻辑链路控制 LLC 协议，研究了 FDDI 自身的介质访问控制 MAC 协议，提出了物理介质相关(physical medium dependent，PMD)子层与物理层协议(physical layer protocol，PHY)子层。在 1992 年，完成 FDDI 与 SONET 互联的接口标准研究。

FDDI 是专门为数据传输而设计的，为了传输语音、图像与视频业务，FDDI-Ⅱ标准将从支持分组交换的 FDDI 基本模式(basic mode)扩展到混合模式(hybrid mode)。混合模式可同时支持分组交换与电路交换。

2. FDDI 的技术特点

FDDI 主要有以下 6 个技术特点。

(1) 使用基于 IEEE 802.5 的单令牌的环网介质访问控制 MAC 协议。

(2) 使用 IEEE 802.2 协议，与符合 IEEE 802 标准的局域网兼容。

(3) 数据传输速率为 100Mb/s，联网的节点数≤1000，环路长度为 100 km。

(4) 可以使用双环结构，具有容错能力。

(5) 可以使用多模或单模光纤。

(6) 具有动态分配带宽的能力，能支持同步和异步数据传输。

3. FDDI 的应用环境

FDDI 的主要应用环境如下。

(1) 计算机机房网，也称为后端网络，用于计算机机房中大型计算机与高速外设之间的连接，以及对可靠性、传输速度与系统容错等方面要求较高的环境。

(2) 办公室或建筑物群的主干网，也称为前端网络，用于连接大量的小型机、工作站、个人计算机与各种外设。

(3) 校园网或企业网的主干网，用于连接分布在校园或企业中各个建筑物中的小型机、服务器、工作站、个人计算机与局域网。

(4) 多个校园网或企业的主干网，用于连接地理位置相距几千米的多个校园网、企业网，成为一个区域性的互联多个校园网和企业网的主干网。

4.6 无线局域网

4.6.1 无线局域网的概念

前面介绍的局域网，无论是以太网、令牌环网还是 FDDI，采用的通信介质主要是电缆或光缆，它们都属于有线局域网。虽然有线局域网已经可以解决大部分的计算机联网需求，但是在某种场合下，基于有线网络本身的特性，其缺点还是很明显的。部分缺点如下。

(1) 对于一些需要临时组网的场合不是很方便。例如，运动会、军事演习等场合下根本没有现成的网络设施可以利用；在企业内部开会需要用便携式计算机交流信息时，不一定能找到足够用的网络接口，即使接口足够，桌面上的连线太多也是一件很令人讨厌的事情。

(2) 布线或改线工程量大、费用高、耗时长，线路容易损坏。特别是网络互联要跨越公共场合时布线很麻烦。例如，公路两边建筑物中的局域网要进行互联，虽然相距可能仅有几十米，但要铺设一根跨街电缆却并不是一件很容易的事情，往往要征得城管、交通、电力、电信等很多部门的同意。这对正在迅速扩大的联网需求形成了严重的瓶颈阻塞。并且，检查电缆是否断线这种耗时的工作，很容易令人烦躁，也不容易在短时间内找出。

(3) 网络中的各站点不可移动。当要把便携式计算机从一处移动到另一处时，无法保持网络连接的持续性。再者，由于企业及应用环境不断地更新与发展，原有的企业网络必须配合重新布局，需要重新安装网络线路，虽然电缆本身并不贵，但是请技术人员来配线的成本很高，尤其是老旧的大楼，配线工程费用会更高。

解决以上问题最迅速和最有效的方法是采用无线网络通信方案。它使网络上的计算机有了可移动性，能快速、方便地实现有线方式不易实现的某些特定场合的联网需求。但要注意，无线局域网络绝不是用来取代有线局域网络的，而是用来弥补有线局域网络的不足，以达到网络延伸的目的。无线网络与有线网络是一种互补关系，它们之间不存在谁代替谁的问题。

无线局域网络(wireless local area network，WLAN)是利用射频(radio frequency，RF)技术，以无线信道作为传输介质的计算机网络。WLAN 利用电磁波在空气中发送和接收数据，而无须线缆介质，用户透过它，可达到"信息随身化"的理想境界。

目前 WLAN 已推出的标准有 IEEE 802.11 和它的几个修订版本(IEEE 802.11a、IEEE 802.11b 和 IEEE 802.11g)。

4.6.2 无线局域网的应用

随着无线局域网技术的发展，人们越来越深刻地认识到，无线局域网不仅能够满足移动和特殊应用领域网络的要求，还能覆盖有线网络难以涉及的范围。无线局域网的应用领域主要有以下 4 个方面。

(1) 作为传统局域网的扩充。传统的局域网用非屏蔽双绞线实现 10Mb/s 甚至更高速率的传输，使得结构化布线技术得到了广泛应用。很多建筑物在建设过程中已预先布好双绞线。但是，在某些特殊的环境中，无线局域网却能发挥传统局域网所没有的作用。例如，在股票交易等场所的活动节点、不能布线的历史古建筑中，以及临时性的大型报告会与展览会上，无线局域网能提供一种更有效的联网方式。在大多数情况下，传统的局域网用来连接服务器和一些固定的工作站，而移动的、不易于布线的节点可以通过无线局域网接入。

典型的无线局域网结构(AP 为无线接入点)如图 4-30 所示。

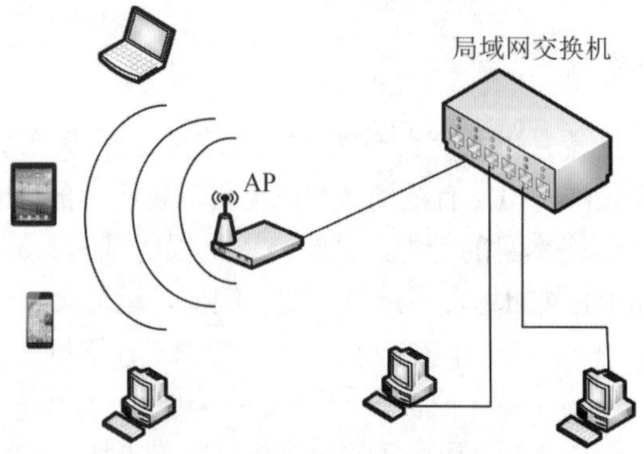

图 4-30 典型的无线局域网结构

(2) 建筑物之间的互联。无线局域网的另一个用途是连接邻近建筑物中的局域网。在这种情况下，两座建筑物使用一条点到点的无线链路，典型的连接设备是无线网桥或路由器，如图 4-31 所示。

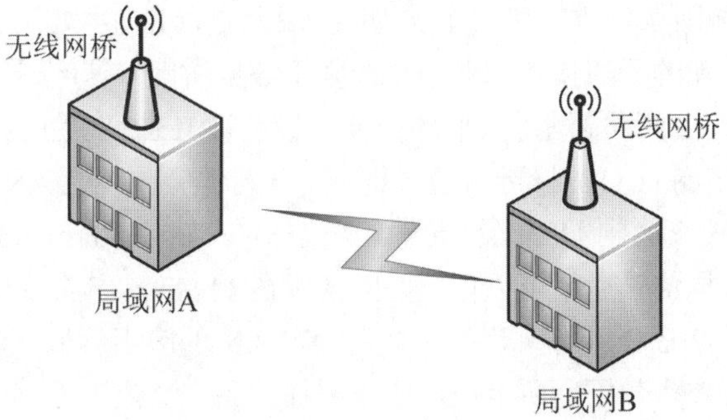

图 4-31　建筑物之间无线互联

(3) 漫游访问。带有天线的移动数据设备(如笔记本计算机、iPad 等)与无线局域网集线器之间可以实现漫游访问(nomadic access)。用户可以带着自己的笔记本计算机随意走动，在任何地点都能与无线局域网集线器相连。

(4) 特殊无线网络的结构。无线自组网采用不需要基站的“对等结构”移动通信模式。无线自组网中没有固定的路由器，这种网络中的所有用户都可以移动，并且支持动态配置和动态流量控制，每个系统都具备动态搜索、定位和恢复连接的能力。这些行为特征可以用“移动分布式多跳无线网络”或“移动的网络”来描述。例如，员工每人有一个带有天线的笔记本计算机，他们被召集在一间房间里开会，计算机可以连接到一个暂时的网络，会议完毕后网络将不再存在。

4.6.3　无线局域网标准

WLAN 是基于计算机网络与无线通信技术构建的，在计算机网络结构中，WLAN 标准主要是在其物理层和媒体访问控制层中，定义了所涉及的无线频率范围、空中接口通信协议等技术规范和技术标准。

1990 年，IEEE 802 标准化委员会成立 IEEE 802.11 WLAN 标准工作组。最早的无线局域网标准是 1997 年 IEEE 发布的 IEEE 802.11 标准。1999 年 9 月，IEEE 又公布了 IEEE 802.11 标准的补充标准 IEEE 802.11a 和 IEEE 802.11b。2003 年 6 月，IEEE 正式公布了 IEEE 802.11g 标准，它是使用最多的标准，工作在 2.4GHz 频段，可达 54Mb/s。在 802.11a/b/g 标准之后，2009 年 802.11n 标准得到了 IEEE 的正式批准。

IEEE 802.11 标准为无线局域网协议定义了物理层和 MAC 子层的技术规范，而且使用了 IEEE 802.2 标准中定义的 LLC 子层。在网络层及以上各层中，系统可以使用任何标准的协议组，如 TCP/IP 或 IPX/SPX。IEEE 802.11 标准的体系结构如图 4-32 所示。

<table>
<tr><td colspan="3">LLC</td></tr>
<tr><td colspan="3">MAC</td></tr>
<tr><td>跳频
PHY</td><td>直接序列
PHY</td><td>红外
PHY</td></tr>
</table>

图 4-32　IEEE 802.11 标准的体系结构

IEEE 802.11 标准的物理层定义了数据传输的信号特征和调制技术、两个 RF 传输方法和一个红外线传输方法，工作频段在 2.4000～2.4835GHz。RF 传输标准是跳频扩展频谱(frequency hopping spread spectrum，FHSS)和直接序列扩展频谱(direct sequence spread spectrum，DSSS)。IEEE 802.11 是无线局域网领域内的第一个被国际上认可的标准，主要用于解决办公室局域网和校园网中用户与用户终端的无线接入，业务主要限于数据访问，速率最高只能达到 2Mb/s。由于它在速率和传输距离上都不能满足人们的需要，最后被 IEEE 802.11b 标准取代了。

1999 年 9 月，IEEE 802.11b 标准被正式批准。该标准规定 WLAN 工作频段在 2.4000～2.4835GHz，数据传输速率达到 11Mb/s，传输距离控制在 50～150 m。该标准是对 IEEE 802.11 标准的一个补充，其数据传输速率可以根据实际情况在 11Mb/s、5.5Mb/s、2Mb/s、1Mb/s 速率间自动切换，它改变了 WLAN 设计状况，扩大了 WLAN 的应用领域。IEEE 802.11b 标准曾是主流的 WLAN 标准，被多数厂商所采用，所推出的产品广泛应用于办公室、家庭、宾馆、车站、机场等众多场合，但是随着 WLAN 标准的不断完善，IEEE 802.11a 和 IEEE 802.11g 标准更受业界关注。

1999 年，IEEE 802.11a 标准制定完成。该标准也是 IEEE 802.11 标准的一个补充，规定 WLAN 工作频段在 5.15～5.825GHz，数据传输速率达到 54Mb/s/72Mb/s(Turbo)，传输距离控制在 10～100m。IEEE 802.11a 标准是 IEEE 802.11b 的后续标准，其设计初衷是取代 802.11b 标准，然而，工作于 2.4GHz 频带是不需要执照的，该频段属于工业、教育、医疗等专用频段，是公开的，工作于 5.15～8.825GHz 频带需要执照。一些公司并没有对 802.11a 标准表示支持，而是更加看好最新混合标准——802.11g 标准。

IEEE 802.11g 标准拥有与 IEEE 802.11a 标准相同的高达 54Mb/s 的数据速率，其最大的特点就是对已经普及的 IEEE 802.11b 标准有良好的向下兼容性。也就是说，在一个无线局域网中，IEEE 802.11g 标准的产品与 IEEE 802.11b 标准的产品能够混用，这可以极大地保护用户在 IEEE 802.11b 产品上的投资，因此，虽然 802.11a 标准较适用于企业，但 WLAN 运营商为了兼顾现有 802.11b 设备投资，多选用 802.11g 标准。

为了实现高带宽、高质量的 WLAN 服务，使无线局域网达到以太网的性能水平，802.11 任务组 N(TGn)应运而生。2009 年，802.11n 标准得到了 IEEE 的正式批准，802.11n 标准是在 802.11g 和 802.11a 标准之上发展起来的一项技术，其数据传输速率大大提升，理论速率最高可达 600Mb/s，业界主流为 300Mb/s。802.11n 可工作在 2.4GHz 和 5.0GHz 两个频段。

2009 年 9 月，IEEE 802.11n 无线标准获得 IEEE 标准委员会正式批准后，电气电子工程师学会(IEEE)就已经全面转入了下一代 IEEE 802.11ac 的制定工作，目标是在 2012 年带来千兆级别的无线局域网传输速度。802.11ac 标准是 802.11n 标准的继承者，核心技术主要基于 802.11a 标准，继续工作在 5.0GHz 频段上，保证了向下兼容性，数据传输通道大大扩充，在当前 20MHz 的基础上增至 40MHz 或 80MHz，甚至可达到 160MHz。理论上，它能够提供至少 1Gb/s 带宽进行多站式无线局域网通信，或是至少 500Mb/s 的单一连接传输带宽，其数据传输速率是 802.11n 标准 300Mb/s 的 3 倍多。美国的博通(Broadcom)是全球第一个使用 802.11ac 技术的芯片厂商，已经使用其 5G 芯片的著名品牌有三星手机 GALAXY S4、HTC One 等。2014 年，802.11ac 占全球 1.76 亿接入点(AP)出货量的 18%。

纵观无线局域网的发展，是一个无线局域网技术交织的时代。自从 1997 年 IEEE 802.11 标准实施以来，先后有 802.11b、802.11a、802.11g、802.11e、802.11f、802.11h、802.11i、802.11j、802.11ac、802.11ad 等标准被制定或酝酿，但是 WLAN 依然面临带宽不足、漫游不方便、网管不强大、系统不安全等问题，无线局域网技术还有很大的发展空间。

不同标准无线局域网产品的特点如表 4-1 所示。

表 4-1　不同标准无线局域网产品的特点

特点	产品				
	IEEE 802 .11b	IEEE 802.11a	IEEE 802.11g	IEEE 802.11n	IEEE 802.11ac
最大传输速率/ Mb/s	11	54s	54	600	1 000
兼容性	—	—	IEEE 802 .11b	IEEE 802.11b IEEE 802.11g	兼容 802.11 全系列现有和即将发布的所有标准和规范
安全性	较好	好	好	好	好
频段/ GHz	2.4	5.0	2.4	2.4 5.0	5.0
抗信号衰减能力(穿越能力)	较强	强	强	强	强
价格	低	高	高	高	高

4.7 局域网结构化综合布线

从广义上讲，网络布线系统包括局域网和广域网两部分。但是广域网的布线系统一般是由公共设施服务部门提供的，所以与用户的网络系统设计关系不大，这里不作介绍。下面介绍的结构化综合布线系统专指局域网范围内的布线系统。

布线系统是指在一个楼或楼群中的通信传输网络。这个传输网络除了能连接所有的数字设备外，还能连接电话、语音广播、摄像监视、监视监控等模拟信号设备。布线系统也和计算机系统一样，随着科技的进步不断地发展，因此，它的定义也不断发生着变化。早期的计算机网络是一个单独的传输系统，但随着计算机网络的普及化和大众化，计算机网络逐步与传统的电信传输网络(如电话系统等)结合起来，在建筑物中构成统一的结构化综合布线系统。

结构化布线的概念与优点

结构化布线是指建筑群内的线路布置标准化、简单化、统一化。结构化综合布线则是将建筑群内的若干种线路系统(如电话系统、数据通信系统、报警系统、监控系统)结合起来，进行统一布置，并提供标准的信息插座、连接器和线路交叉连接设备等，以灵活地连接各种不同类型的终端设备。

4.7.1 结构化布线的优点

传统的利用同轴细缆或粗缆组建局域网有着如下诸多不足。

(1) 可靠性差。电缆的某处故障会导致全网瘫痪。

(2) 布线困难。因为是总线结构，需将电缆依次拉到每一个站点，并且与其他电气系统也不兼容。

(3) 无法使用全双工方式进行通信，传输速率低，不能用于高速网络。

(4) 粗缆价格较高。

在现代局域网中，无论采用哪种媒体访问技术，均可利用双绞线、光纤，采用星型结构实现。结构化布线利用双绞线及光纤很好地克服了同轴电缆布线的不足，具有可靠性好、传输速率高(指5类双绞线和光纤)、适用面广(可用于各种网络及电话线)、易于布线等优点。

结构化综合布线的优点还体现在以下几个方面。

(1) 一个单位需要各种功能的设备，除了计算机，还有电话机、传真机、安全保密设备、火灾报警器、供热及空调设备、生产设备、集中控制系统等。因此，也需要在布线系统中增加对这些设备的数据传输或监控，这就需要一个系统化的综合网络解决方案。

(2) 研究表明，高达70%的网络故障均是由低质的电缆布线系统引起的，安装一个标准的结构化布线，可有效地消除绝大部分网络故障。

(3) 电缆的生命周期在整个网络中是最长的，它仅次于建筑物的生命周期。而结构化布线的投资在整个网络系统中一般仅占5%，因此，一个标准的布线系统可满足未来的应用需求，并保证投资的有效性。

(4) 在当今的信息网络时代，网络的变化发展都是以应用和管理为中心的，网络必须适应其发展和变化。网络布线系统可以在设计、安装时就充分考虑应用和管理方面的需求变化及系统配置的变化。

(5) 结构化布线可服务于多方面的系统应用。它支持数据、语音、影像等信号的传输，支持多种类型的设备，支持各种复杂的系统构架。

4.7.2 结构化布线系统的组成

结构化布线系统的组成

一个完整的结构化布线系统一般可分为楼宇(建筑群)子系统、设备间子系统、管理间子系统、垂直干线子系统、水平子系统及工作区子系统六大部分，如图4-33和图4-34所示。

1. 楼宇(建筑群)子系统

楼宇(建筑群)子系统用于建筑群之间或建筑园区内主干之间的连接。通常由室外光缆、电缆、有效防止高压脉冲电压进入建筑物的电气保护装置和线缆连接装置构成。铺设形式可以是架空、埋地或管道。

2. 设备间子系统

设备间子系统是结构化布线系统的中心节点，楼宇内外所有的电缆均汇总于此。一般位于楼宇的中心位置。设备间子系统由主配线架、跳线和各种公共设备组成，它的主要功能是将各种公共设备(如计算机主机、电话交换机、网络交换设备等)与主配线架连接起来，该子系统还包括雷电保护装置。设备间子系统通过配线架、跳线块等布线设备使楼内系统的终端可任意扩充、分组或交叉连接。

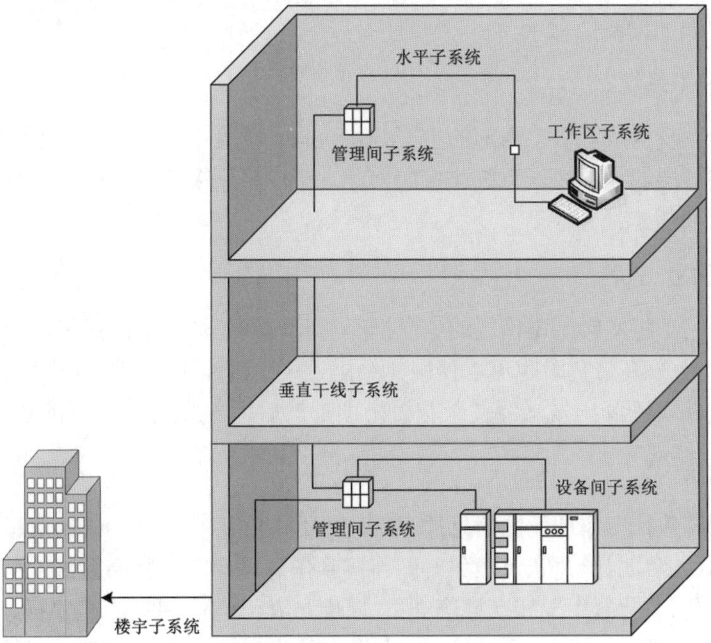

图 4-33　结构化布线系统示意图

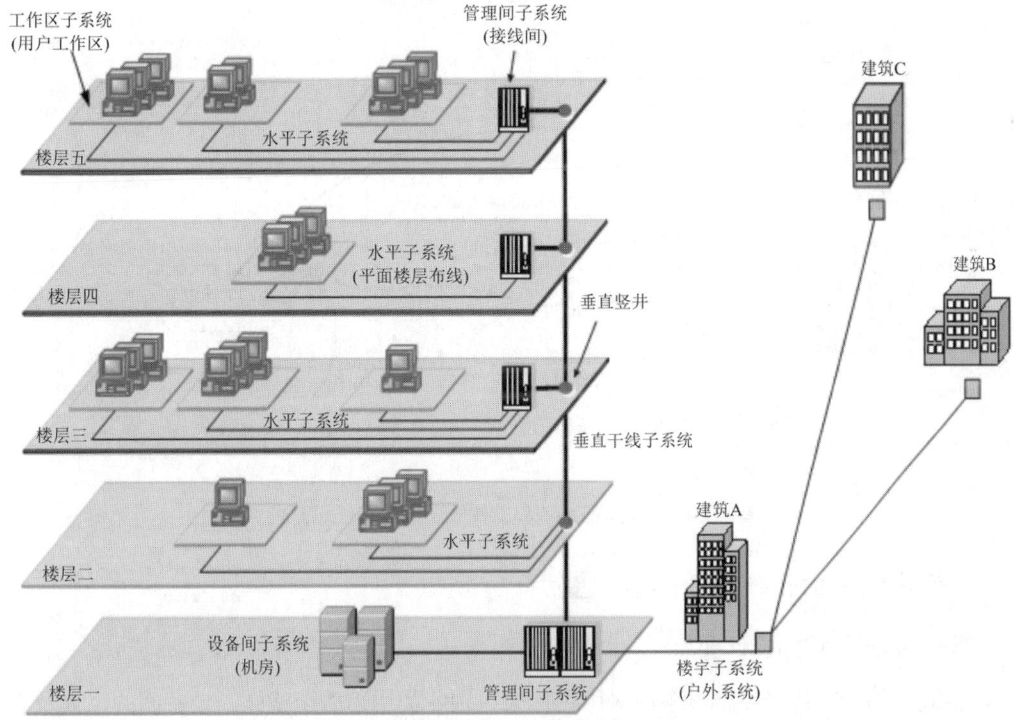

图 4-34　结构化布线示意图

3. 管理间子系统

管理间子系统用来将垂直干线子系统与本楼层的水平子系统连接起来。它由楼层配线架、跳线、集线器、交换机等设备组成，一般安装在19in(48.26cm)的标准机柜内，通过灵活地跳线，可适应楼层内终端的增减或移动。

4. 垂直干线子系统

垂直干线子系统构成了楼宇内部的主干(backbone)。垂直干线子系统的主要功能是将管理间子系统与位于各楼层的设备间子系统连接起来。它可以采用多模光纤或大对数双绞线电缆，沿楼宇的弱电垂直通道走线。

5. 水平子系统

水平子系统用于将本楼层工作区的信息插座与管理间子系统的配线架连接起来。水平子系统由5类双绞线组成(高带宽时也可以使用光纤)。每个信息插座均需一根网线，网线长度不得超过90m，走线从管理间出发，经过天花板吊顶，然后埋入线槽，最后到达信息插座。

6. 工作区子系统

工作区子系统包括工作现场的信息插座、适配器和长度不超过10m的信息跳线。信息跳线用于把各种终端设备(如计算机、电话机等)连接到信息插座上。信息跳线一般为连接着RJ-45插头的双绞线电缆。适配器用于转换插座类型，以便与RJ-11插头匹配。信息插座由面板和RJ-45模块(插座)组成。根据应用场景的不同，信息插座的类型可分为墙上型、地面型和桌面型。

管理间子系统和工作区子系统布线示意图如图4-35所示。

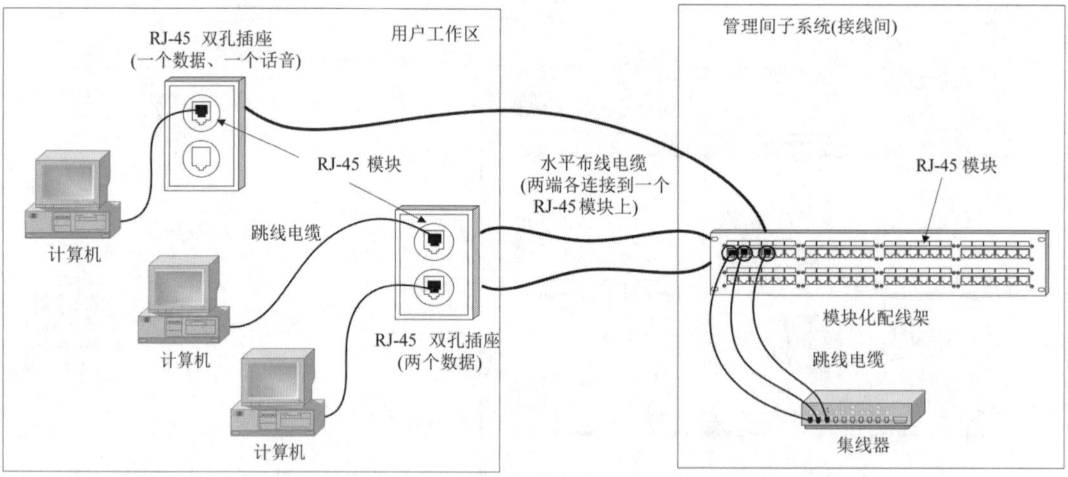

图4-35 管理间子系统和工作区子系统布线示意图

4.7.3 结构化综合布线系统的设计要点

1. 设备间子系统的设计要点

设备间内的所有进线终端设备应采用色标来区别各类用途的配线区。设备间的位置及大小应根据设备的数量、规模，以及设备之间的距离等因素综合确定。电话、数据、计算机主机设备及其各种监控配线设备最好集中设在一个房间内。程控电话交换机及计算机主机房离设备间的距离不宜太远。

2. 管理间子系统的设计要点

中小规模的管理间子系统可采用单点管理双交叉连接。单点管理位于设备间中的交换机附近，通过电缆直接连到用户房间或二级交叉连接设备。网络管理员可通过在标有色标的交叉连接场的跳线块之间接上跨接线或跳接线的方式实现线路的管理。交叉连接场通常包括很多按垂直或水平结构进行排列的跳线块。色标用于标识某个交叉连接场是用于连接干线电缆、配线电缆还是设备端接点。

在配线区应做好标记，如名称、位置、编号、起点、终点和功能等。通常由安装人员在标准尺寸的彩色硬卡纸上进行标注并插入交叉连接设备的面板上。规模较小时也可直接在电缆上进行标记。

交叉连接设备的连接方式可按以下原则选用。

(1) 楼层上的线路很少进行调整或重新组合时，可使用夹接线方式。

(2) 楼层上的线路经常需要调整或重新组合时，可使用插接线方式。

3. 垂直干线子系统的设计要点

每个工作区通常需要两对或三对双绞网线。垂直干线子系统所需要的电缆总对数是所有工作区所需要的电缆总对数之和。

现代建筑每层楼都设有弱电间，弱电间中有电缆竖井、电缆孔、电缆管道或电缆桥架等设施。干线电缆应沿着这些设施垂直铺设。

干线电缆可采用点对点端接或分支递减端接。点对点端接是指将每一层弱电间中每根独立的干线电缆延伸到设备间，楼宇有多少层就需要多少根干线电缆。分支递减端接是指一根足以支持若干个楼层配线间或若干个二级交接间的通信容量的大容量干线电缆，经过电缆接头保护箱分出若干根小电缆，再分别延伸到每个二级交接间或每个楼层配线间，最后端接到目的地的连接硬件上。

当设备间与计算机机房处于不同地点时，要考虑数据电缆和话音电缆的不同路由。在设计时应选取不同的干线电缆或干线电缆的不同部分来分别满足话音和数据传输的需要。

4. 水平子系统的设计要点

应根据用户终端设备的数量和位置决定每层需要安装的信息插座的数量和位置。每个信息插座可支持一台计算机终端和一部电话。设计时应考虑终端将来可能会移动、修改或重新布置。水平子系统一般采用 5 类双绞线，高速应用场合可选用光缆。水平双绞线电缆长度为 90m 以内。

5. 工作区子系统的设计要点

一般将需要设置用户终端设备的相对独立的区域划分为一个工作区，如办公室、写字间、工作间、监控室等。一个工作区的服务面积可按 5～10 m^2 估算，每个工作区至少应设置一个电话机或计算机终端设备，也可按用户要求设置。工作区的每一个信息插座均应支持电话机、数据终端、计算机、监视器等设备。

习题

一、选择题

1. 10BASE-T 上，网线的连接口采用(　　)。

A. RJ-11　　B. RJ-45　　C. BNC　　D. AUI

2. 10BASE-2 型 LAN 的运行速度和支持的电缆最大长度是(　　)。

A. 10Mb/s，100 m　　B. 10Mb/s，185 m

C. 10Mb/s，200 m　　D. 16Mb/s，185 m

3. IEEE 802.3 标准规定(　　)。

A. CSMA/CD 总线介质访问控制子层与物理层标准

B. token bus 介质访问控制子层与物理层标准

C. token ring 介质访问控制子层与物理层标准

D. 无线局域网技术

4. 以太网交换机的 10Mb/s 全双工端口的吞吐量为(　　)。

A. 10Mb/s　　B. 20Mb/s　　C. 5Mb/s　　D. 100Mb/s

5. (　　)由网桥自己进行路由选择，局域网上的各节点不负责路由选择，网桥对于互联局域网的各节点是“透明”的。

A. 源路由网桥　　B. 透明网桥　　C. 转换网桥　　D. 交换网桥

6. 如果要用非屏蔽双绞线组建以太网，需要购买带(　　)接口的以太网卡。

A. AUI　　B. RJ-45　　C. BNC　　D. F/O

7. 以太网交换机与以太网集线器相比，其优点是(　　)。

A. 能隔离广播域　　B. 能扩大网络覆盖范围

C. 能独占带宽通信，隔离冲突域　　D. 共享带宽通信

8. 关于局域网，下面的说法正确的是(　　)。

A. IEEE 802 委员会将局域网体系结构定义为：物理层和 MAC 层

B. 总线型的局域网采用 CSMA/CD 的方式解决媒体共享问题

C. 高速以太网和传统的以太网不能做到平滑过渡

D. 虚拟局域网是一种新型的网络

9. 在典型的结构化布线系统中，(　　)的主要功能是将管理间子系统与位于各楼层的设备间子系统连接起来。

A. 管理间子系统　　B. 设备间子系统

C. 楼宇(建筑群)子系统　　D. 垂直干线子系统

10. 在典型的结构化布线系统中，(　　)用来将垂直子系统与本楼层的水平子系统连接起来。

A. 管理间子系统　　B. 设备间子系统

C. 水平子系统　　D. 垂直干线子系统

11. 如果 Ethernet 交换机有 4 个 100Mb/s 全双工端口和 20 个 10Mb/s 半双工端口，那么这个交换机的总吞吐量最高可以达到(　　)。

A. 600Mb/s　　B. 1 000Mb/s　　C. 1 200Mb/s　　D. 1 600Mb/s

12. 10 个站都连接到一个 100Mb/s 以太网集线器上，每一个站得到的带宽是(　　)；10 个站都连接到一个 100Mb/s 以太网交换机上，每一个站得到的带宽是(　　)。

A. 平均 10Mb/s，平均 100Mb/s　　　B. 独占 100Mb/s，平均 100Mb/s

C. 平均 10Mb/s，独占 100Mb/s　　　D. 独占 100Mb/s，独占 100Mb/s

13. (　　)是一种以光纤作为传输介质的环形高速主干网，它可以用来互联单台计算机与局域网。

A. FDDI　　　B. 100BASE-T4

C. 100BASE-FX　　　D. 100BASE-TX

14. 下列关于虚拟局域网描述错误的是(　　)。

A. 虚拟局域网技术基础是局域网交换技术，是由一些局域网网段构成的与物理位置无关的逻辑组

B. 它限制了接收广播信息的工作站数，使得网络不会因传播过多的广播信息(即“广播风暴”)而引起性能恶化

C. 不能隔离广播域

D. 它是局域网提供给用户的一种服务，并不是一种新型的局域网

15. IEEE 802 标准为局域网规定了一种(　　)位二进制的全球地址，固化在网络适配器的 ROM 中，用来在 MAC 层标识接入局域网上的每一台计算机。

A. 24　　　B. 48　　　C. 32　　　D. 16

16. 下列关于以太网中硬件地址描述错误的是(　　)。

A. 每个以太网的网卡在出厂时都赋予的一个全世界范围内唯一的地址

B. 由 32 位的二进制组成

C. 由 48 位的二进制组成

D. 是一个物理地址

17. 下列关于局域网技术描述正确的是(　　)。

A. 由于局域网属于通信子网，所以 IEEE 802 标准定义了局域网体系结构为物理层、数据链路层和网络层

B. 交换式局域网是物理结构和逻辑结构不统一的星型拓扑

C. IEEE 802.3 描述了令牌环的介质访问控制子层和物理层标准

D. 决定局域网特性的主要技术要素为网络拓扑、传输介质和介质访问控制方法

18. 下列关于网桥描述错误的是(　　)。

A. 网桥可以分为透明网桥和源路由网桥

B. 网桥能够过滤通信量，增大吞吐量，所以网桥能够隔离广播域

C. 透明网桥在用于解决单点失效问题时，可能会引起兜圈子问题

D. 使用源路由网桥可以利用最佳路径，但是对于路径的选择对于发生数据的源站不透明

二、填空题

1. CSMA/CD 是一种________型的介质访问控制方法。

2. 局域网使用的 3 种典型拓扑结构是__________、__________、__________。

3. 100BASE-T 标准规定用户节点到以太网交换机的最大距离是__________m。

4. 网桥可以分为__________和__________两类。

5. 以太网网集线器互联的网络，从物理上看是_______________________，从逻辑上看是_____________________。

6. IEEE 802.11 标准可工作在 2.4GHz 和 5.0GHz 两个频段，其理论速率最高可达____。

7. 100BASE-T 的快速以太网是在双绞线上传送____________基带信号的星型拓扑以太网，仍使用 IEEE 802.3 的___________协议。

三、问答题

1. 构建局域网的 3 个关键技术是什么？
2. 常见的局域网基本拓扑结构有哪些？各有何特点？
3. 局域网的媒体访问控制方法有哪几种？
4. 简述 CSMA/CD 的工作原理。
5. 以太网网卡的硬件地址有何特点和作用？
6. 简述局域网交换机的工作原理。
7. 什么是 VLAN？通过什么技术实现 VLAN？最常用的划分 VLAN 的方法是什么？
8. 假定 2km 长的 CSMA/CD 网络的数据传输速率为 10Mb/s，设信号在网络上传播速度为 10 000km/s，求能够使用此协议的最短帧长。
9. 某教学大楼要采用结构化布线，布线系统由 6 个子系统组成，请将图 4-36 中(1)～(6)处空缺的子系统名称填写在解答栏内。

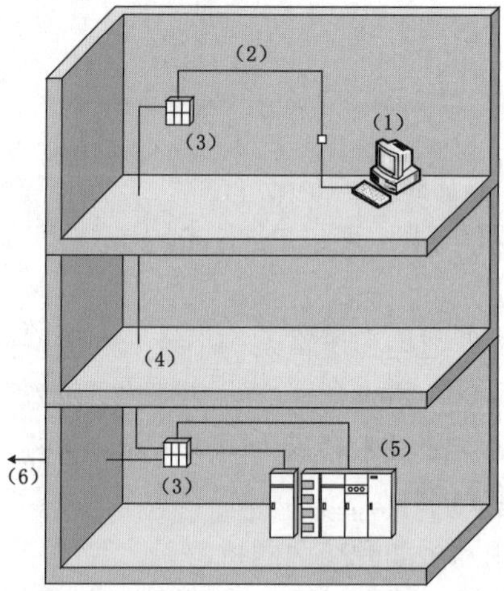

图 4-36　某教学大楼结构化布线

(1) ____________________

(2) ____________________

(3) ____________________

(4) ____________________

(5) ____________________

(6) ____________________

第5章

网络互联技术

通过网络互联技术，我们可以将不同的网络或相同的网络用互联设备连接起来，组成一个范围更大的网络。因特网就是各种类型的网络通过网络互联技术连接起来的。本章将讨论网络互联问题，包括网络互联的目的、要求、形式，以及本章的核心内容——网际协议(IP)，这是本章的重点，也是网络互联的核心。本章还将讨论网际报文协议 ICMP、NAT 技术、IPv6 技术，以及因特网传输层协议的基本概念。

本章主要讨论以下问题。

- 为什么要实现网络互联？如何互联？
- 路由器能互联什么样的网络？
- 网际协议的作用有哪些？
- ICMP 能解决什么问题？
- NAT 能做什么？
- IPv6 的特点是什么？它的提出解决了什么问题？
- 端口的作用是什么？

5.1 网络互联概述

网络互联概述

由于 OSI/RM 本身的不成熟且过于复杂，导致各种计算机网络标准和体系结构产生，从而出现了各种不同类型的网络。网络互联是指将分布在不同地理位置的同种类型(同构)或不同类型(异构)网络连接起来，扩大网络的覆盖范围，形成更大的网络，实现大范围的网络资源共享。

1. 网络互联的基本要求

若要实现网络互联，最关键的就是要做到“透明”，也就是说，任何网络的互联对网络用户而言只是感觉网络上增加了更多的用户，而对于互联在一起的网络体系结构无须做任何的改动，更具体地说，“互联”网络的结构对所有用户均是透明的。

2. 网络互联的形式

计算机网络有多种不同的分类方法。其中，按网络的作用范围进行分类是目前最常见的一种，一般分为局域网、城域网与广域网。由于技术的发展和变化，城域网很少作为一种网络类型单独提出。因此，根据网络的类型，网络互联可以是LAN-LAN互联，也可以是LAN-WAN(或WLAN-LAN)互联。

网络互联可以在网络体系结构的不同层次上实现，主要有以下几种。

(1) 物理层实现互联。在物理层使用转发器或集线器在不同的电缆段之间放大转发信号。转发器和集线器概念上仅是一种信号放大设备，其作用仅用来扩大网络覆盖范围，因而严格地说，转发器并不属于实现多网互联的中继系统。

(2) 数据链路层实现互联。数据链路层使用网桥或交换机在局域网之间存储转发数据帧。

(3) 网络层实现互联。网络层使用路由器在不同的网络之间存储转发分组。

(4) 网络层以上实现互联。在传输层及应用层使用的网络互联设备是网关。网关提供更高层次的互联。

LAN-LAN互联通常在物理层或数据链路层实现，网络规模较小时使用转发器(集线器)或网桥(交换机)，规模较大时可能还要使用路由器。这是因为在小型网络中，主要的矛盾是解决网段互联和冲突域问题；网络规模较大时，广播域问题就由次要矛盾上升为主要矛盾，因此需要使用具有隔离广播域能力的路由器来进行网络互联。

LAN-WAN互联是使不同企业或机构的局域网接入范围更大的一体化的网络体系中，如接入因特网。尽管它们所使用的通信线路、网络协议和网络操作系统不同，甚至它们的网络体系结构都大不相同，但是，这些局域网(往往还包括各种各样的主机系统)在这个一体化的网络中必须共存、互通。所以，LAN-WAN之间的互联只能在网络层或更高层实现，使用的互联设备也只能是路由器或网关。

另外，为了提高网络的性能及安全，以及管理的需要，我们也会考虑将原来很大的网络划分为几个网段和逻辑上的子网，子网之间用网络设备互联起来，如虚拟局域网的应用。

5.2 互联网络协议 TCP/IP

Internet由数以万计的网络与数亿台计算机组成，这就需要制定一套大家都必须遵守的规章制度，以保证Internet正常工作，这就如同人与人之间进行交谈需要使用共同语言。如果一个人讲中文，另一个人讲英文，那就必须找一个翻译人员，否则这两个人之间就无法正常交流。计算机之间的通信过程与人们之间的交谈过程非常相似，不同的是前者由计算机控制，后者由参加交谈的人控制。

Internet是由各种不同类型的计算机组成的子网互联而成的，这些子网中的计算机也可以使用不同的操作系统。在这个复杂的系统中，通过什么方法能够保证Internet正常工作呢？方法只有一个，那就是要求所有连入Internet的计算机都使用相同的通信协议，这个协议就是TCP/IP协议。TCP/IP协议是一种计算机之间的通信规则，它规定了计算机之间通信的所有细节。

TCP/IP协议规定了每台计算机信息表示的格式与含义、计算机之间通信所要使用的控制信息，以及在接收到控制信息后应该做出的反应。TCP/IP参考模型分为4个层次：网络接口层、网络层、传输层和应用层，如图5-1所示。TCP/IP协议就分布在这4个层次中。其中，网络接口层负责向通信子网络发送或接收数据包；网络层负责处理分组的封装和发送、流量控制与网络拥塞问题；传输层负责在源主机与目的主机之间建立端到端连接，包括面向连接的 TCP 协议与无连接的 UDP 协议。应用层是 TCP/IP 参考模型的最高层，它包括所有的高层协议(如 HTTP、FTP、SMTP 等)，并且不断有新的高层协议出现。

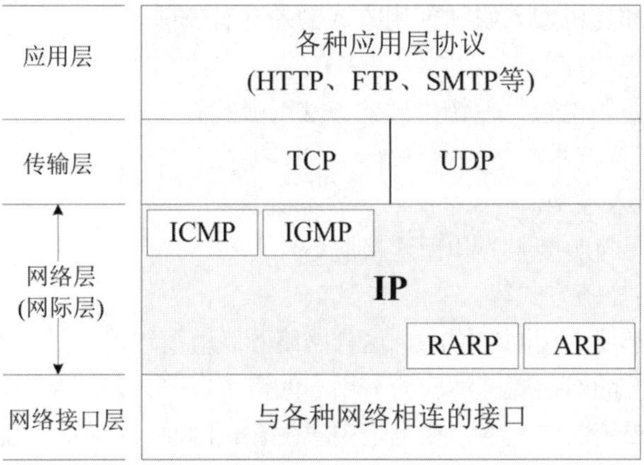

图 5-1　网际协议(IP)及其配套协议

5.3 网际协议(IP)

5.3.1　网际协议(IP)的特征

网际协议(IP)是最重要的因特网标准协议之一，与 IP 协议配套使用的还有以下 4 个协议。

- 地址解析协议(address resolution protocol，ARP)。
- 逆地址解析协议(reverse address resolution protocol，RARP)。
- 互联网控制报文协议(internet control message protocol，ICMP)。
- 网际组管理协议(internet group management protocol，IGMP)。

这 4 个协议和网际协议(IP)的关系如图 5-1 所示。在网络层中，ICMP 和 IGMP 处于这一层的上部，因为它们要使用 IP 协议；ARP 和 RARP 处于这一层的下部，因为 IP 经常要使用这两个协议。网际协议(IP)用来使互联起来的许多计算机网络能够进行通信，因此 TCP/IP 体系中的网络层常称为网际层(internet layer)或 IP 层。

5.3.2　虚拟互联网络

在讨论网际协议(IP)之前，必须了解什么是虚拟互联网络。

我们知道，如果要在全世界范围内把数以百万计的网络都互联起来，并且能够互相通信，是一件非常复杂的事情。其中会有如下许多问题需要解决。

虚拟互联网络

- 不同的寻址方案。

主要反映在不同的网络对网络主机的编址方法可能不同，那么应如何在不同网络之间寻址呢？

- 不同的最大分组长度。

例如，有的网络可能采用 128 字节的分组方案；有的网络可能采用 256 字节的分组方案，那么应如何在这两类不同网络之间进行分组长度的转换呢？

- 不同的网络接入机制。

例如，受控接入和随机接入媒体使用方式的差异有哪些？

- 不同的差错恢复方法。

进行差错检查还是不检查？差错处理的方法有哪些？

- 不同的路由选择技术。
- 不同的用户接入控制。
- 不同的服务(面向连接服务和无连接服务)。
- 不同的管理与控制方式等。

假设我们让用户都使用相同的网络，这样网络互联就变得简单了。然而，由于用户需求的多样性，没有一种单一的网络能够适应所有用户的需求。另外，网络技术是不断发展的，网络的制造厂家也要经常推出新的网络，在竞争中求生存。因此，在市场上总是有很多种同性能、不同网络协议的网络，供不同的用户选用。

因此，在实现网络互联时，并不是简单地将网络直接连接在一起，而是通过一些中间设备(或中间系统)将网络互相连接起来，通常将起这种作用的系统称为中继(relay)系统，中继系统的作用如图 5-2 所示。

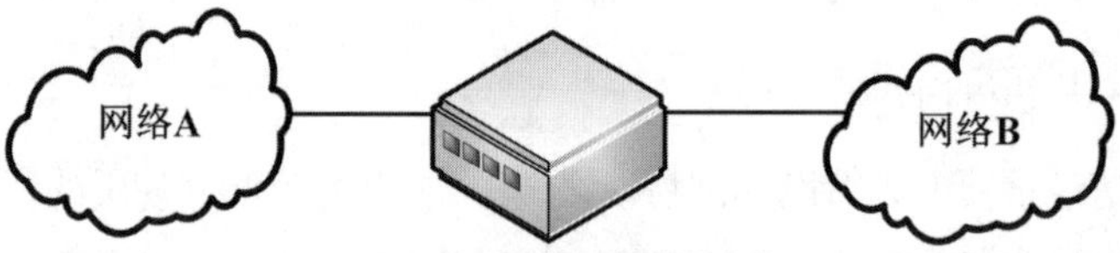

图 5-2　中继系统的作用

现代计算机网络均采用层次结构，因而在实现网络互联时，中继系统被引入不同的层次，有着不同的作用。

在进行信息转发时，如果某中继系统与各网络系统共享共同的第 n 层协议，那么这个中继系统就称为第 n 层中继系统(中间设备)。按中继系统所属层次划分，通常将中继系统分成以下四大类。

(1) 物理层使用的中间设备叫作转发器(repeater)。

(2) 数据链路层使用的中间设备叫作网桥或桥接器(bridge)。

(3) 网络层使用的中间设备叫作路由器(router)。

(4) 在网络层以上使用的中间设备叫作网关(gateway)。用网关连接两个不兼容的系统需要在高层进行协议的转换。

从网络层的角度看，当中间设备是转发器或网桥时，仅仅是把一个网络扩大了，这样的网络仍然是一个网络，但并不是网络互联。另外，网关比较复杂，目前使用得较少，因此，现在我们讨论网络互联时都是指路由器进行网络互联。路由器其实就是一台专用计算机，用来在互联网中进行路由选择、分组转发。

相互连接的异构网络，只要在网络层采用标准化的统一协议，就能够实现网络互联。在 TCP/IP 体系中，采用的做法是在网际层采用标准化协议 IP 实现虚拟的网络互联。图 5-3(a)表示有许多计算机网络通过一些路由器进行互联。因为参与互联的计算机网络都使用相同的网际协议(internet protocol，IP)，所以，可以把互联以后的计算机网络看成如图 5-3(b)所示的一个虚拟互联网络(Internet)。虚拟互联网络也就是逻辑互联网络，就是利用 IP 协议使这些互联起来的各种异构的物理网络在网络层上看起来好像是一个统一的网络。这种使用 IP 协议的虚拟互联网络可简称为 IP 网。使用 IP 网的好处是，当 IP 网上的主机进行通信时，就像在一个单个网络上通信一样，它们看不见互联的各网络的具体异构细节(如路由选择协议等)。

当很多异构网络通过路由器连接起来时，如果所有的网络都使用相同的 IP 协议，那么在网络层讨论问题就显得很方便。

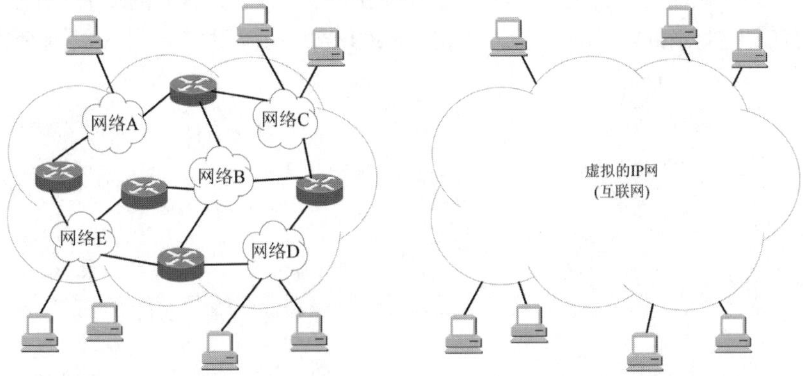

(a) 实际互联网络　　　　(b) 虚拟 IP 网络

图 5-3　虚拟互联网的概念

5.3.3　IP 地址概述

在 TCP/IP 体系中，IP 地址是一个基本的概念，一定要把它弄清楚。

IP 地址概述

1. IP 地址的概念

从图 5-3 中，我们知道整个因特网就是一个单一的、抽象的网络。IP 地址就是给因特网上的每台主机(或路由器)的每一个接口分配的一个在全世界范围内唯一的 32 位标识符（IPv4 标准），类似于为接入电话网的每台电话分配的一个在全世界范围内唯一的电话号码。IP 地址采用分层的结构，IP 地址的结构如图 5-4 所示。IP 地址由两部分组成：网络号(net-id)和主机号(host-id)。

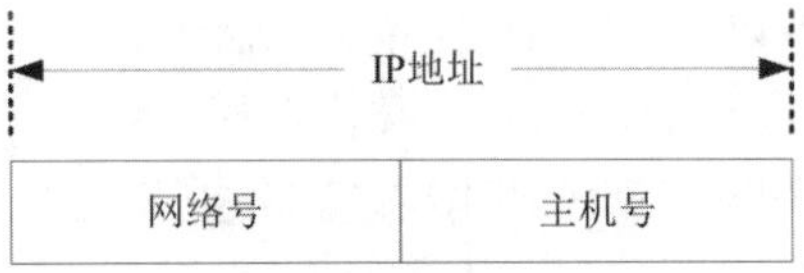

图 5-4　IP 地址的结构

其中，网络号标志主机(路由器)所连接的网络；主机号标志网络中的主机(路由器)。如果一台 Internet 主机(路由器)有两个或多个 IP 地址，则该主机(路由器)属于两个或多个逻辑网络。

IP 地址的发展经历了以下 3 个阶段。

(1) 分类的 IP 地址。这是最基本的编址方法，相应的标志协议在 1981 年就通过了。

(2) 划分子网。这是对最基本的编址方法的改进，标志协议 RFC950 在 1985 年通过。

(3) 构成超网。这是新的无分类编址方法，1993 年提出后很快得到推广应用。

IP 地址的结构使我们可以在因特网上很方便地进行寻址。IP 地址现在由互联网名称与数字地址分配机构(ICANN)进行分配。本节只讨论最基本的分类的 IP 地址。

2. IP 地址的分类和表示

“分类的 IP 地址”就是将 IP 地址划分为若干个固定类。IP 地址的长度为 32 位，网络号长度将直接决定整个 Internet 中能包括的不同网络数；主机号长度直接决定每个网络中能容纳的主机数。那么在给定位数的情况下，网络号和主机号究竟分别应占多少位呢？

为了便于对 IP 地址进行管理，同时考虑到网络的差异很大，有的网络拥有的主机很多，而有的网络拥有的主机则很少。所以将因特网的 IP 地址分为了五大类，即 A 类到 E 类，如图 5-5 所示。

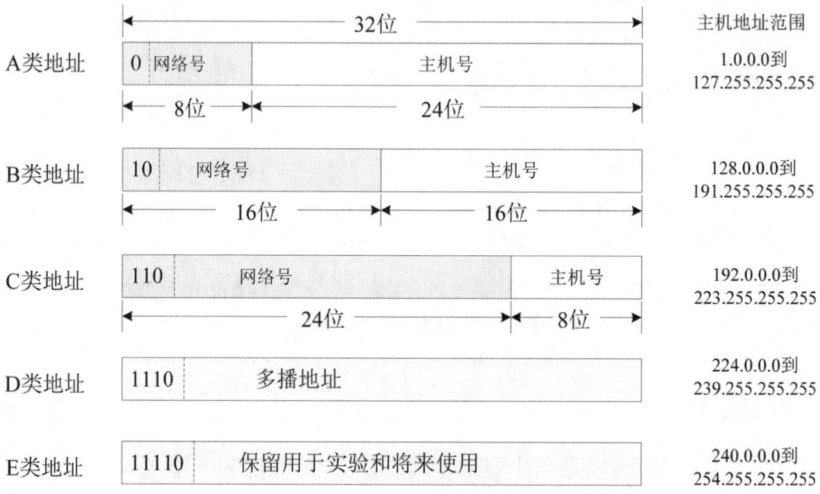

图 5-5　IP 地址的分类

图 5-5 给出了各种 IP 地址的网络号和主机号的范围，其中 A 类、B 类和 C 类地址都是常用的单播地址(一对一通信)。本书主要介绍 A 类、B 类和 C 类地址。

从图 5-5 中可以看出：A 类、B 类和 C 类的网络号(在图中这个字段是灰色的)分别为 1、2、3 个字节长，而在网络号的最前面有 1～3 位的类别位，其数值分别规定为 0、10 和 110；A 类、B 类和 C 类的地址的主机号分别为 3 个、2 个和 1 个字节长；D 类地址(前 4 位是 1110)用于多播(一对多通信)；E 类地址(前 4 位是 11110)保留为以后用。

近年来，人们广泛使用无分类 IP 地址进行路由选择，A 类、B 类和 C 类地址的区分已成为历史(RFC 1812)，但很多文献和资料都还使用传统的分类 IP 地址，因此在这里，我们还是要从分类 IP 地址讲起。

从 IP 地址的结构来看，IP 地址并不仅仅指明一台主机，还指明了主机所连接的目的网络。当某个单位申请了一个 IP 网络地址时，实际上是获得了具有同样网络号的一块地址。其中具体的各个主机号由该单位自行分配，只要做到在该单位管辖的范围内无重复的主机号即可。

在主机或路由器中，IP 地址都是 32 位的二进制代码。为了提高可读性，我们采用点分十进制记法(dotted decimal notation)来表示。点分十进制记法是把 32 位的 IP 地址中的每 8 位用其等效的十进制数字表示，并且在这些数字之间加上一个点，如图 5-6 所示。图中是一个 C 类 IP 地址，显然，192.168.24.28 比 11000000 10101000 00011000 00011100 读起来要方便得多。

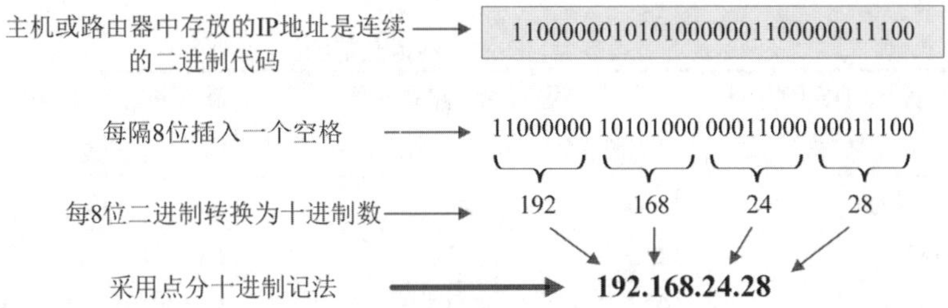
主机或路由器中存放的IP地址是连续的二进制代码
11000000101010000001100000011100
每隔8位插入一个空格
11000000 10101000 00011000 00011100
每8位二进制转换为十进制数
192
168
24
28
采用点分十进制记法
192.168.24.28

图 5-6 IP 地址的点分十进制记法

3. 常用的三类 IP 地址

A 类 IP 地址的范围

A 类地址的网络号字段占 1 个字节，并且该字段的第一位已固定为 0(二进制)，可以使用的只有 7 位(见图 5-5)，这样 A 类网络就只有 126 个可以指派的网络号。细心的读者不难发现，可供指派的 A 类地址的网络号少了 2 个，为什么会这样呢？这是因为在 A 类 IP 地址的使用中规定网络地址为 0 和 127 的保留用于特殊目的。在网络地址中，网络号为全 0 表示“本网络”；网络号为 127(即 01111111)的 IP 地址保留作为本地软件环回测试(loopback test)，测试本主机进程之间的通信。若主机发送一个目的地址为环回地址(例如 127.0.0.1)的 IP 数据报，则本主机中的协议软件不会把这个数据报发送到任何网络。环回地址作为目的地址的 IP 数据报永远不会出现在任何网络上。所以 A 类地址可以指派的网络为 126 个(即 2^7-2)。

A 类地址的主机号占 3 个字节(见图 5-5)，因此，每一个 A 类网络的主机地址数多达 $2^{24}-2$ 个，即 16 777 214 个。A 类 IP 地址的结构适用于有大量主机的大型网络。A 类网络的主机数减 2 是因为在 IP 地址的使用中规定：主机号字段全 0 的 IP 地址是指“本主机”所在网络的网络地址(例如，一台主机的 IP 地址为 3.4.5.6，则该主机所在的网络地址就是 3.0.0.0)；而全 1 表示“所有的(all)”，因此全 1 的主机号字段表示该网络上的所有主机，表示对本网络的广播地址。IP 地址空间中共有 2^{32}(即 4 294 967 296)个地址。整个 A 类地址空间共有 2^{31} 个地址，占整个 IP 地址空间的 50%。

B 类 IP 地址的范围

B 类地址的网络号字段占 2 个字节，最前面两位已经固定为 10(二进制)，还有 14 位可以进行分配(见图 5-5)。是不是 B 类网络有 2^{14} 个可以指派的网络号呢？实际上 B 类网络地址 128.0.0.0 是不指派的，可以被指派的 B 类网络地址中最小的是 128.1.0.0。所以，严格地说，B 类地址可指派的网络数为 $2^{14}-1$，即 16 383。任一 B 类网络的最大主机数是 $2^{16}-2$，即 65 534，而减 2 是因为要扣除全 0 和全 1 的主机号。B 类 IP 地址适用于一些国际性大公司与政府机构等。整个 B 类地址空间共约有 2^{30} 个地址，占整个 IP 地址空间的 25%。

C 类 IP 地址的范围

C 类地址的网络号字段占 3 个字节，最前面 3 位已经固定为 110(二进制)，还有 21 位可以进行分配(见图 5-5)。实际上 C 类网络地址 192.0.0.0 也是不指派的，可以被指派的 C 类网络地址中最小的是 192.0.1.0，所以 C 类地址可指派的网络总数是 $2^{21}-1$，即 2 097 151。任一 C 类网络的最大主机数是 2^8-2，即 254。C 类 IP 地址适用于小公司和普通研究机构。整个 C 类地址空间共约有 2^{29} 个地址，占整个 IP 地址空间的 12.5%。

IP 地址范围的总结

IP 地址的指派范围如表 5-1 所示。

表 5-1 IP 地址的指派范围

网络类别	最大可指派的网络数	可指派的网络号范围		每个网络中的最大主机数	IP 地址空间占有率/%
		第一个	最后一个		
A 类	126(2^7−2)	1	126	16 777 214(2^{24}−2)	50
B 类	16 383(2^{14}−1)	128.1	191.255	65 534(2^{16}−2)	25
C 类	2 097 151(2^{21}−1)	192.0.1	223.255.255	254(2^8−2)	12.5

表 5-2 给出了一些特殊的 IP 地址，这些地址只能在特定的情况下使用。

特殊的 IP 地址

表 5-2 特殊的 IP 地址

网络号	主机号	意义
全 0	全 0	“本网络上”的“本主机”
全 0	host-id	“本网络上”的“某一台主机”
全 1	全 1	只在“本网络上”广播(各路由器不转发)
net-id	全 1	对 net-id 上的所有主机进行广播
net-id	全 0	“本主机”所连接的“网络地址”
127	host-id	用于本地软件环回测试

注：net-id、host-id 均为可指派的地址范围。

5.3.4 IP 地址的分配

IP 地址的分配

IP 地址是用户在互联网中的标识。任何一个接入因特网的主机或路由器都需要分配到合适的 IP 地址，那么如何合理地为它们分配呢？我们需要了解 IP 地址的一些重要特点。

(1) 每一个 IP 地址都具有两个等级，即网络号和主机号。在 IP 地址的分配中，为了方便 IP 地址的管理，IP 地址的管理机构就只分配 IP 地址的网络号(第一级)，而剩下的主机号(第二级)则由申请到该网络号的单位自行分配。另外，路由器在转发分组的时候，由于 IP 地址的两级结构，路由器仅根据数据包的目的 IP 地址所在网络的网络号来转发分组(而不考虑目的主机号)，这样就可以使路由表中的项目数大幅度减少，从而减少了路由表所占的存储空间，而且也缩短了查找路由表的时间，提高了转发效率。

(2) IP 地址是一台主机(或路由器)和一条链路的接口的标识。当一台主机同时连接两个网络时，该主机就必须同时具有两个网络号不同的 IP 地址，这种主机称为多重宿主主机(multihomed host)。一个路由器至少连接两个网络，因此，一个路由器至少有两个网络号不同的 IP 地址。

(3) 从因特网的角度来说，只有具有相同网络号(net-id)的主机的集合才是一个网络，因此，用转发器或网桥连接起来的若干个局域网仍为一个网络，因为这些局域网都具有同样的网络号。不同网络号的局域网只有使用路由器才能进行互联。

(4) 在 IP 地址中，只要是分配到网络号的网络，无论这个网络是局域网，还是广域网，它们的地位都是平等的，其网络中的主机都能够平等地访问因特网。

从图 5-7 中可以看出，三个局域网(LAN1、LAN2 和 LAN3)通过两个路由器(R1、R2)互联起来构成了一个互联网。其中局域网 LAN3 是由两个网段通过交换机互联的。图中的小圆圈表示需要一个 IP 地址。

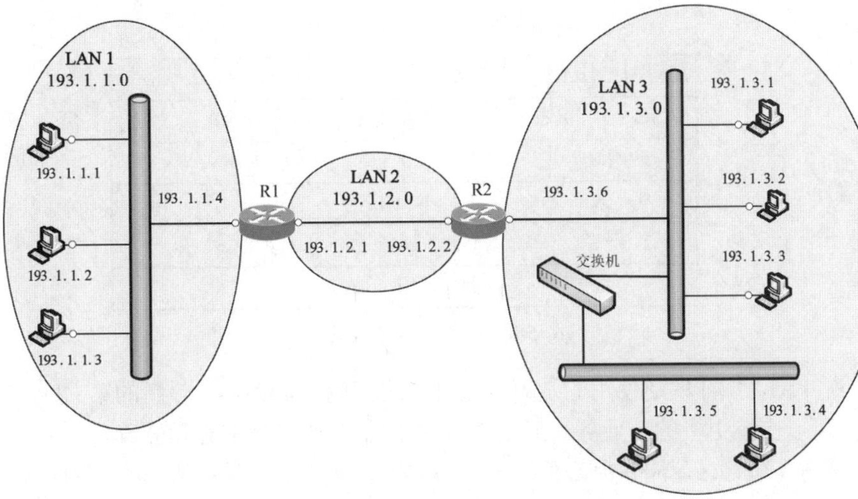

图 5-7 互联网中的 IP 地址

从图 5-7 中，我们可以得到如下信息。

(1) 处在同一个局域网上的主机或路由器的 IP 地址的网络号是一样的。所有网络号相同的 IP 地址，用主机号为全 0 的 IP 地址(这个特殊的 IP 地址，称为网络地址)表示，例如，LAN1 的网络地址为 193.1.1.0，LAN2 的网络地址为 193.1.2.0。

(2) 用在数据链路层工作的交换机互联的网段仍然是一个局域网，这个网段中分配的 IP 地址具有相同的网络号，网络地址相同，例如，LAN3 的网络地址为 193.1.3.0，它是由交换机互联的一个网络。

(3) 路由器总是具有两个或两个以上的 IP 地址，即路由器的每一个接口都有一个不同网络号的 IP 地址。例如，R1 连接 LAN1 和 LAN2，R1 有两个网络号不同的 IP 地址 193.1.1.4 和 193.1.2.1。

(4) 图 5-7 中的 3 个局域网(LAN1、LAN2 和 LAN3)中，LAN2 没有主机，是路由器通过线路直接相连构成的。对于这样的情况，在这条线路的两个接口处可以分配 IP 地址，也可以不分配。如果分配了 IP 地址，那么这段线路就构成了一个特殊“网络”。 LAN2 就是只包含一段线路(可以是一条租用线路)的特殊“网络”。之所以叫作“网络”，是因为它有 IP 地址。但为了节省 IP 地址资源，对于这种仅由一段线路构成的特殊“网络”，现在也不常分配 IP 地址。通常把这样的特殊网络叫作无编号网络(unnumbered network)或无名网络(anonymous network)。

5.3.5 IP 数据报格式

IP 数据报分析

网络协议通常用数据报的格式来表示，IP 数据报的格式能够说明 IP 协议的功能。IP 数据报由数据报头和数据两部分组成，数据报头由长度为 20 字节的固定部分和可变长度的选项部分构成，IP 数据报的格式如图 5-8 所示。

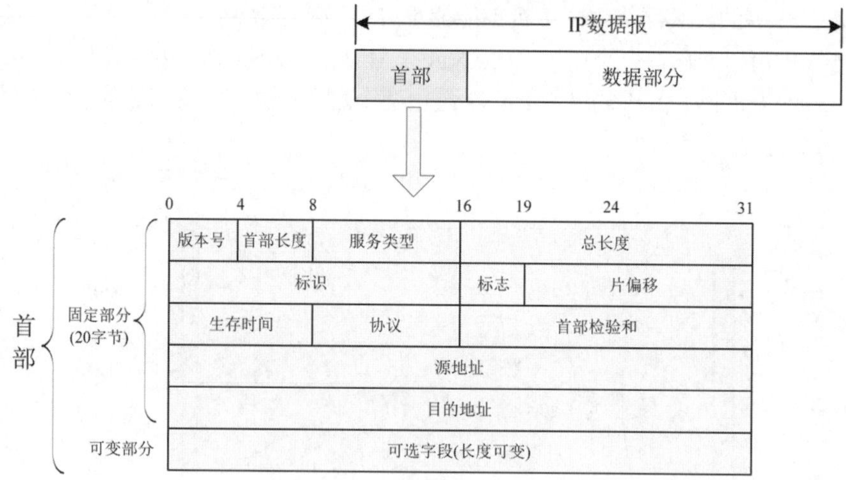

图 5-8　IP 数据报的格式

版本号占 4 位，现在广泛使用的是第四版 IP 协议(简称为 IPv4)，最新的第六版 IP 协议(简称为 IPv6)，可以支持更多的新业务。通信双方使用的 IP 协议版本必须一致。

首部长度占 4 位，表示十进制数值，一个单位表示 4 字节，最小值为 5，说明数据报头的固定部分长度为 20 字节，最大值为 15，说明数据报头的最大长度为 60 字节，也就是说可变部分最长为 40 字节。

服务类型占 8 位，指明需要的服务类型，如最大吞吐量、最高可靠性等。实际上，这个字段一直没有被用过。

总长度占 16 位，指明 IP 数据报的总长度(首部和数据之和)，单位为字节。IP 数据报的最大长度为 65 535。

标识占 16 位，发送方每发送一个数据报，其数据报标识就加 1。当数据报的长度超过了网络的最大传输单元且必须分段时，这个标识的值就被复制到所有的数据报片段中。接收方据此就可以将属于同一个数据报的数据段重新组装成一个整体。

标志占 3 位，但目前只有两位有意义，标志字段中的中间的一位 DF(don't fragment)和最低位 MF(more fragment)。DF 的意思是“不能分片”，只有当 DF=0 时，才允许分片；MF=1 表示后面还有分片数据报，MF=0 表示这已经是若干数据报片中的最后一个了。

片偏移占 13 位，指明较长的分组在分片后，某片在原分组中的相对位置。也就是说，相对于用户数据字段的起点，该片从何处开始。片偏移以 8 字节为单位。

生存时间占 8 位，生存时间(time to live，TTL)表明数据报在网络中的寿命。实际使用中，用来计算数据报经过的站段数，数据报每到达一个路由器，该值就减 1，减至 0 时数据报被丢弃。

协议占 8 位，指明此数据报携带的数据是用何种协议封装的(如 TCP 或 UDP)，以便使目的主机的 IP 层知道应将数据部分上交给哪个处理过程。

首部检验和占 16 位，仅对数据报头进行校验。

源地址占 32 位，指明该数据报来自哪里。

目的地址占 32 位，指明该数据报到达的目的地。

5.4 互联网中 IP 数据的流动

要在复杂的互联网中进行交流，实现数据的传输，不是某一个协议的功劳，需要各个协议相互协作共同努力。虽然 TCP/IP 参考模型中，IP 协议是核心成员，是种子选手，但是要实现互联网中数据的可靠传输，需要有其他伙伴的帮助。我们需要弄清楚他们之间的关系，深刻理解互联网的工作原理，以便我们更好地使用他们。

5.4.1 IP 地址与硬件地址的关系

IP 地址与硬件地址的关系

在局域网的学习中，我们学过硬件地址，要弄清楚 IP 地址，明确主机的 IP 地址与硬件地址的区别是很重要的，这两种地址的区别如图 5-9 所示。

从层次上看，硬件地址(物理地址)是数据链路层和物理层使用的地址，IP 地址是网络层和以上各层使用的地址，是一种逻辑地址。

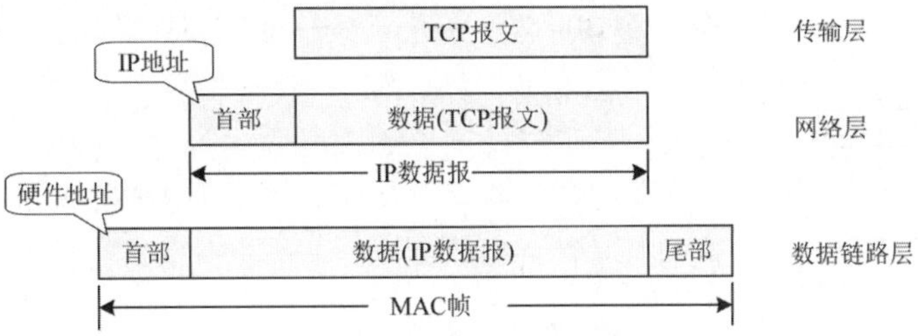

图 5-9　IP 地址与硬件地址的区别

在发送数据时，数据从高层一层一层地封装到低层，然后才到通信链路上传输。IP 地址放在 IP 数据报的首部，使用 IP 地址的 IP 数据报一旦交给了数据链路层，就被封装成 MAC 帧。MAC 帧在传送时使用的源地址和目的地址都是硬件地址，这两个硬件地址都写在 MAC 帧的首部中。

下面通过互联网中数据报的传递过程，进一步分析 IP 地址与硬件地址的关系。

从图 5-10(a)中可以看出，3 个局域网通过两个路由器 R1 和 R2 互联起来。现在主机 H_1 要和主机 H_3 通信。这两台主机的 IP 地址分别是 IP_1 和 IP_3，它们的硬件地址分别为 HA_1 和 HA_3(HA 表示 hardware address)。从图 5-10(b)中可以看出，主机 H_1 到主机 H_3 的通信路径是：H_1→经过 R1 转发→再经过 R2 转发→H_3。路由器 R1 同时连接在两个局域网上，因此它有两个硬件地址，即 HA_4 和 HA_5。同理，路由器 R2 也有两个硬件地址 HA_6 和 HA_7。

按照分组交换的存储转发原则，源主机 H_1 要把一个 IP 数据报发送给目的主机 H_3，主机 H_1 先要查找自己的路由表，看目的主机 H_3 是否就在本网络上，也就是看一看 IP_1 和 IP_3 是不是在同一个网段。如果是，则不需要经过任何路由器，直接交付给目的主机即可；如果不是，则必须把 IP 数据报发送给路由器 R1，再由 R1 转发。R1 通过查找自己的路由表，知道应当把数据报转发给 R2 进行间接交付。数据报来到 R2，再由 R2 转发。R2 查找自己的路由表，知道自己和 H_3 连接在同一个网络上，不需要再使用别的路由器转发了，于是就把数据报直接交付给目的主机 H_3。

图 5-10(c)中画出了源主机、目的主机及各路由器的协议栈。为了便于分析，我们简化了协议栈，高层指网络层以上各层(包含传输层和应用层)。主机的协议栈共有 5 层，但路由器的协

议栈只有下面 3 层。在图 5-10(c)中可以看出 H_1 是如何将数据经过各协议栈传递给 H_3 的。互联网可以由多种异构网络互联组成，所以在 R1 到 R2 之间的网络可以是任意类型的网络。但在这里，我们假定 R1 到 R2 之间由一个局域网互联。数据在各传输设备中进行封装和解封装，通过实际的通信链路传递。

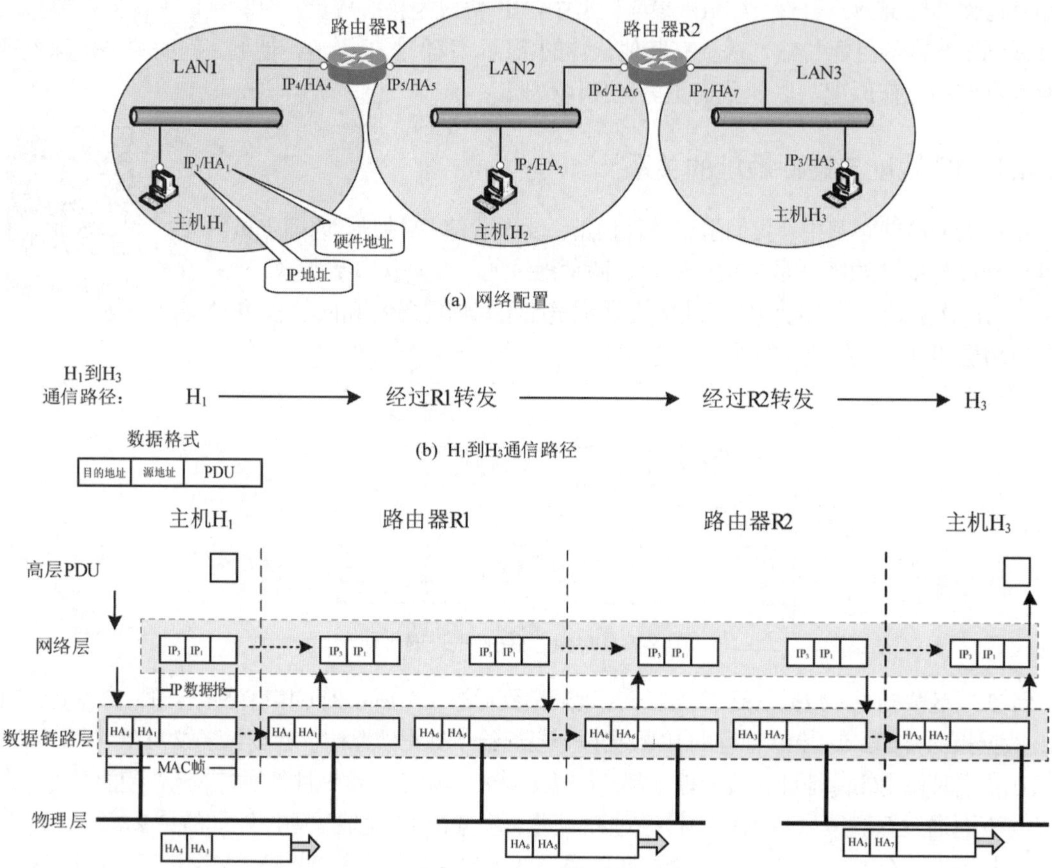

(a) 网络配置

(b) H_1到H_3通信路径

(c) H_1到H_3跨层通信

图 5-10　互联网中的数据报传输

下面我们从不同的层次看数据传递，如表 5-3 所示。

表 5-3　图 5-10(c)中不同区间、不同层次的源地址和目的地址

数据从 $H_1 \rightarrow H_3$ 的通信路径分解	网络层		数据链路层	
	源地址	目的地址	源地址	目的地址
从 H_1 到 R1	IP_1	IP_3	HA_1	HA_4
从 R1 到 R2	IP_1	IP_3	HA_5	HA_6
从 R2 到 H_3	IP_1	IP_3	HA_7	HA_3

从网络层看，在 IP 层抽象的互联网上只能看到 IP 数据报。尽管这个数据报从 H_1 出发，经过了 R1 和 R2 到 H_3，但是在整个过程中，我们不难发现，IP 数据报的源地址 IP_1 和目的地址 IP_3 均未改变，而且数据报中间经过的两个路由器的 IP 地址并没有出现在 IP 数据报的首部中。另外，

虽然在 IP 数据报首部有源站 IP 地址，但路由器只根据目的站的 IP 地址的网络号进行路由选择。

从局域网的数据链路层看，只能看见 MAC 帧。源地址为 HA_1、目的地址为 HA_4 的 MAC 帧从 H_1 出发，到达 R1 后，根据需要重新封装成源地址为 HA_5、目的地址为 HA_6 的 MAC 帧，再从 R1 转发到 R2，之后，又由 R2 根据需要重新封装成源地址为 HA_7、目的地址为 HA_3 的 MAC 帧，最后转发到 H_3。在整个过程中，MAC 帧的源地址和目的地址根据需要不断地发生着变化。MAC 帧首部的这种变化，在 IP 层是看不见的。

从以上的分析中得出，尽管互联在一起的网络的硬件地址体系各不相同，但 IP 层抽象的互联网屏蔽了下层这些很复杂的细节。只要我们在网络层上讨论问题，就能够使用统一、抽象的 IP 地址研究主机和主机或路由器之间的通信。

这些概念是计算机网络的精髓所在，务必掌握这些重要概念。

5.4.2　地址解析协议(ARP)和逆地址解析协议(RARP)

ARP 协议

看了以上例子，细心的读者会提出这样的疑问：“主机或路由器怎样知道应当在 MAC 帧的首部填入什么样的硬件地址？”地址解析协议(ARP)和逆地址解析协议(RARP)就是用来解决这样的问题的，这两种协议的作用如图 5-11 所示。

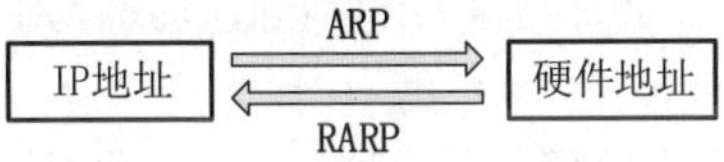

图 5-11　ARP 与 RARP 协议的作用

RARP 协议

逆地址解析协议(RARP)是用于实现物理地址到 IP 地址转换的一种协议，支持需要 IP 地址的网络主机获取 IP 地址。例如，无盘工作站通过其 ROM 中的 RARP 进程向网络中的 RARP 服务器发送 RARP 请求分组，以获得其所需的 IP 地址。目前使用较少。

我们知道，网络层使用的是 IP 地址，但在实际网络的链路上传送数据帧时，最终还是必须使用硬件地址。由于格式不同，32 位的 IP 地址和 48 位的硬件地址之间并不存在简单的映射关系，那么如何实现 IP 地址到硬件地址的转换呢？地址解析协议(ARP)就是用于建立 IP 地址到硬件地址转换关系的一种协议。ARP 协议为每一个网络主机建立一个 IP 地址到物理地址的“映射表”，并将其保存在“ARP 高速缓存”(ARP cache)中，地址的转换通过查表实现。地址解析协议(ARP)的工作原理如图 5-12 所示。

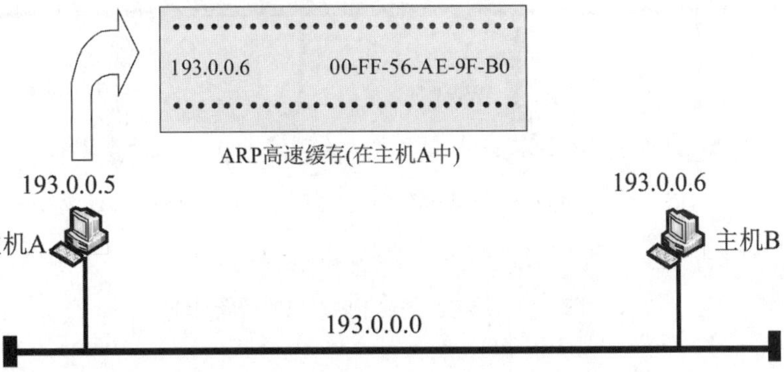

图 5-12　地址解析协议(ARP)的工作原理示意图

当主机 A 要向本局域网上的主机 B 发送 IP 数据报时，就先在其 ARP 高速缓存中查看有无主机 B 的 IP 地址。若有，就在 ARP 高速缓存中查出其对应的硬件地址，再把这个硬件地址写入 MAC 帧，然后通过局域网把该 MAC 帧发往此硬件地址。若 ARP 高速缓存中没有主机 B 的 IP 地址对应的硬件地址的映射记录，这时，主机 A 就自动运行 ARP 进程，然后按以下步骤找出主机 B 的硬件地址。

(1) ARP 进程在本局域网上广播发送一个 ARP 请求分组。图 5-13(a)是主机 A 广播发送 ARP 请求分组的示意图。这个 ARP 分组的主要内容表明："我的 IP 地址是 193.0.0.5，硬件地址是 09-FF-56-15-AE-0A。我想知道 IP 地址为 193.0.0.6 的主机的硬件地址。"

(2) 在本局域网上的所有主机上运行的 ARP 进程都会收到此 ARP 请求分组。

(3) 主机 B 在 ARP 请求分组中发现了自己的 IP 地址，于是就向主机 A 发送 ARP 响应，并在自己的 ARP 高速缓存中写入主机 A 的 IP 地址和对应的硬件地址映射，其余的所有主机都不理睬这个 ARP 分组，如图 5-13(b)所示。ARP 响应分组的主要内容是表明："我的 IP 地址是 193.0.0.6，我的硬件地址是 00-FF-56-AE-9F-B0。"这里我们要注意：ARP 请求分组是广播发送的，但 ARP 响应分组是普通的单播，即从一个源地址发送到一个目的地址。

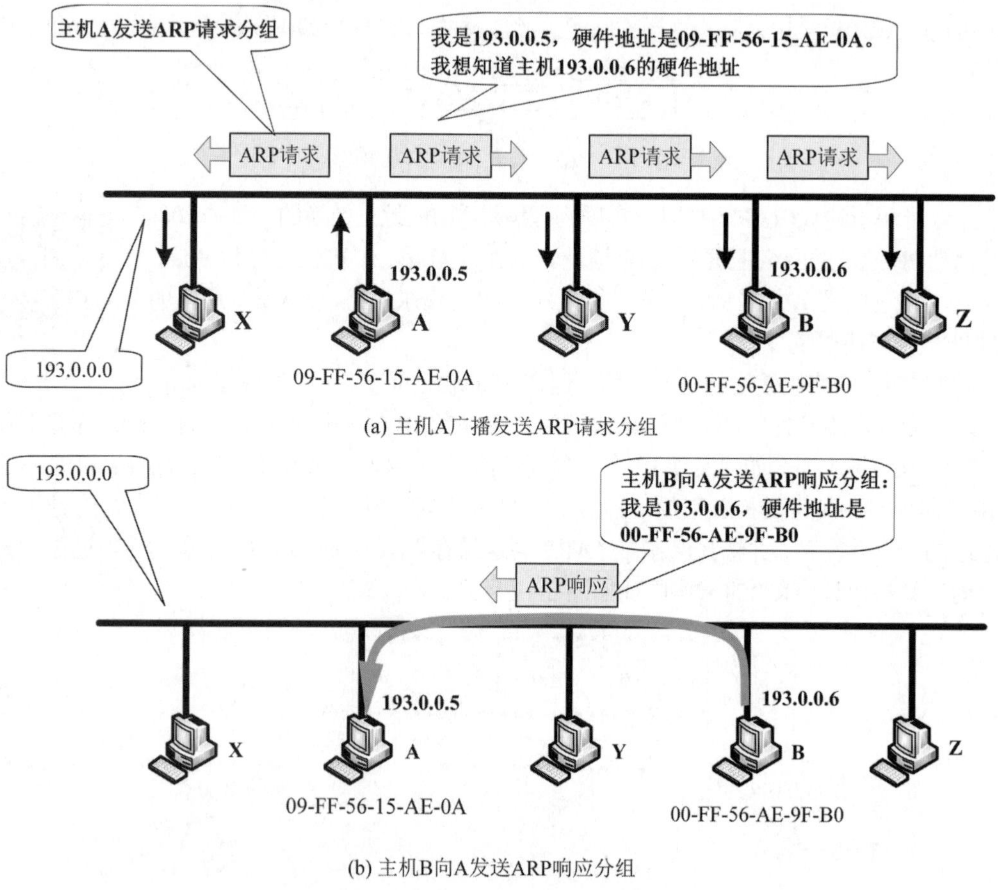

图 5-13　局域网环境下映射表的形成原理

(4) 当主机 A 收到主机 B 的 ARP 响应分组后，就在其 ARP 高速缓存中写入主机 B 的 IP 地址到硬件地址的映射。

当主机 A 向 B 发送数据报时，很可能不久以后主机 B 还要向 A 发送数据报，所以主机 B 也可能要向 A 发送 ARP 请求分组。为了减少网络上的通信量，主机 A 在发送其 ARP 请求分组时，就把自己的 IP 地址到硬件地址的映射写入 ARP 请求分组。当主机 B 收到 A 的 ARP 请求分组时，就把主机 A 的地址映射写入主机 B 自己的 ARP 高速缓存中。以后主机 B 向 A 发送数据报时就很方便了。按照这个思路，网络中只要收到了 A 发送的 ARP 请求分组的主机都会把主机 A 的地址映射写入自己的 ARP 高速缓存中，以便以后向 A 发送数据报。

可见，ARP 高速缓存非常有用。如果没有使用 ARP 高速缓存，那么任何一台主机只要进行通信，就必须在网络上以广播方式发送 ARP 请求分组，这就大大增加了网络上的通信量。而 ARP 把已经得到的地址映射保存在高速缓存中，就使得该主机下次再和具有同样目的地址的主机通信时，可以直接从高速缓存中找到所需的硬件地址，而不必再用广播方式发送 ARP 请求分组。

当然，在一个网络上可能经常会有新的主机加入进来，或撤走一些主机，以及更换网卡等，这些情况都有可能使主机的硬件地址发生改变。在这样的情况下，ARP 解决这个问题的方法是在地址映射表中的每条“记录”设置一个“生存时间”(如 10～20min)，通过该生存时间动态更新(新增或超时删除)记录。凡超过生存时间的项目就从高速缓存中删除掉。设想有这样一种情况，主机 A 和 B 通信，A 的 ARP 高速缓存里保存着 B 的物理地址，但 B 的网卡突然坏了，B 立即更换了一个，因此 B 的硬件地址就改变了。假定 A 还要和 B 继续通信，A 在其 ARP 高速缓存中找到了 B 原先的硬件地址，并使用该硬件地址向 B 发送数据帧。因为 B 原先的硬件地址已经失效了，所以主机 A 无法找到主机 B。若是过了一段时间，这条记录的生存时间到了，A 的 ARP 高速缓存中就删除了 B 原先的硬件地址记录，但只要主机 A 重新广播发送 ARP 请求分组，就能找到主机 B。

互联网环境下的 ARP

在上面的例子中，我们介绍了在同一个局域网中主机的 IP 地址和硬件地址的映射问题。然而，在互联网中，如果所要找的主机和源主机不在同一个局域网上，例如，在图 5-10(a)中，主机 H_1 和主机 H_3 就不在同一个局域网上，那么主机 H_1 如何解析出主机 H_3 的硬件地址呢？我们知道，主机 H_1 发送给 H_3 的 IP 数据报首先需要通过与主机 H_1 连接在同一个局域网上的路由器 R1 来转发，如图 5-14 所示。所以主机 H_1 需要把路由器 R1 的 IP 地址 IP_4 解析为硬件地址 HA_4，这样才能够把 IP 数据报传送给路由器 R1。之后，R1 从转发表找出了下一跳路由器 R2，同时使用 ARP 解析出 R2 的硬件地址 HA_6。于是 IP 数据报按照硬件地址 HA_6 转发到路由器 R2。路由器 R2 在转发这个 IP 数据报时用类似方法解析出目的主机 H_3 的硬件地址 HA_3，使 IP 数据报最终交付给主机 H_3。我们可以发现，在这个过程中，实际上主机 H_1 并不需要知道远程主机 H_3 的硬件地址。

在实际应用中，我们可以感觉到从 IP 地址到硬件地址的解析是自动进行的，主机对这种地址解析过程是不知道的。只要主机或路由器要和本网络上的另一个已知 IP 地址的主机或路由器进行通信，ARP 协议就会自动地把这个 IP 地址解析为链路层所需要的硬件地址。

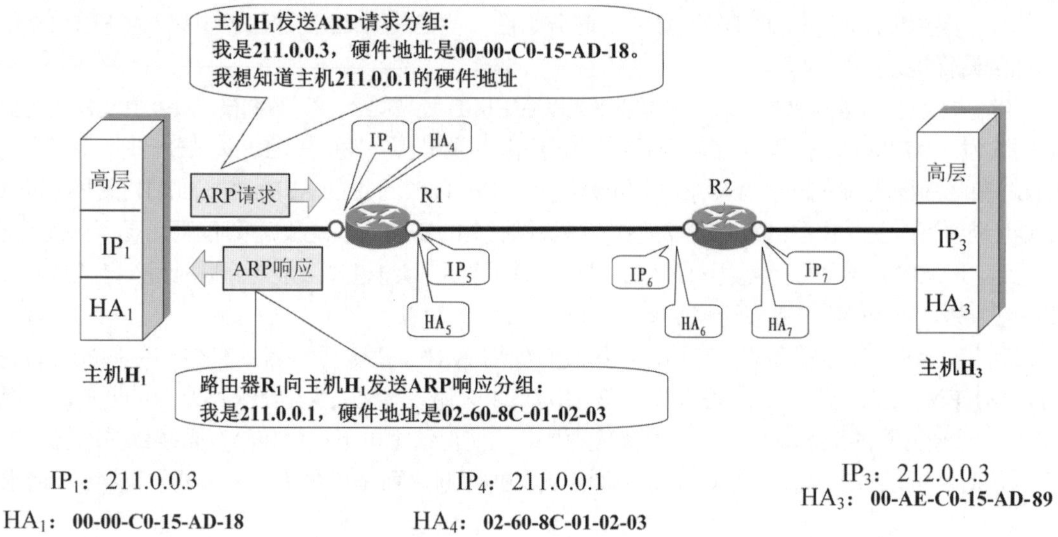

图 5-14　互联网环境下映射表的形成原理

下面是使用 ARP 的 4 种典型情况。

(1) 发送方是主机，要把 IP 数据报发送到本网络上的另一台主机。这时用 ARP 找到目的主机的硬件地址。

(2) 发送方是主机，要把 IP 数据报发送到另一个网络上的一台主机。这时用 ARP 找到本网络上的一个路由器的硬件地址，剩下的工作由该路由器完成。

(3) 发送方是路由器，要把 IP 数据报转发到本网络上的一台主机。这时用 ARP 找到目的主机的硬件地址。

(4) 发送方是路由器，要把 IP 数据报转发到另一个网络上的一台主机。这时用 ARP 找到本网络上的一个路由器的硬件地址，剩下的工作由该路由器完成。

在许多情况下需要多次使用 ARP，但也只是在以上几种情况下反复使用而已。

通过以上分析，我们知道在网络链路上传送的帧最终还是按照硬件地址找到目的主机的。既然这样，为什么不直接使用硬件地址进行通信，而是要使用抽象的 IP 地址并使用 ARP 来寻找相应的硬件地址呢？弄清楚这个问题非常重要。

世界上存在着各种各样的网络，它们使用不同的硬件地址。如果直接使用硬件地址使这些异构网络能够互相通信，就必须进行非常复杂的硬件地址转换工作，而这项工作由用户或用户主机来完成几乎是不可能的事，但统一的 IP 地址解决了这个复杂的问题。连接到因特网的主机只需有一个统一的 IP 地址，它们之间的通信就像连接在同一个网络上那样简单方便。因为上述调用 ARP 的复杂过程都是由计算机软件自动进行的，所以用户看不见整个调用过程。因此，在虚拟 IP 网络上用 IP 地址进行通信，给广大的计算机用户带来了极大的便利。

5.4.3　IP 层转发分组的流程

网络中的 IP 分组要到达目的地，需要路由器的转发。路由器是如何转发 IP 分组的呢？图 5-15 给出了分组在互联网中传送的示意图。在图 5-15 中，源主机 H_1 要把一个 IP 分组发送给目的主机 H_2。主机 H_1 先要查找自己的路由表(每

直接和间接交付

台主机都有一个路由表)，看目的主机是否和自己在同一网段中。主机 H_1 和 H_2 在同一网段，所以不需要经过任何路由器转发，直接在本网段中交付即可，这种交付方式称为直接交付。在图 5-15 中，若 H_1 要把一个 IP 分组发送给目的主机 H_3，主机 H_1 和 H_3 不在同一网段，所以必须要经过路由器转发。主机 H_1 查找自己的路由表，知道首先应当把 IP 分组发送给 R1，R1 在收到 IP 分组后，查找自己的路由表，知道应当把 IP 分组转发给 R2，这样一直间接转发下去，直到转发到与 H_3 在同一网段的路由器 R3 上，最后由 R3 直接交付给 H_3。IP 分组从 H_1 经 R1 传递到 R3 的过程称为间接交付。

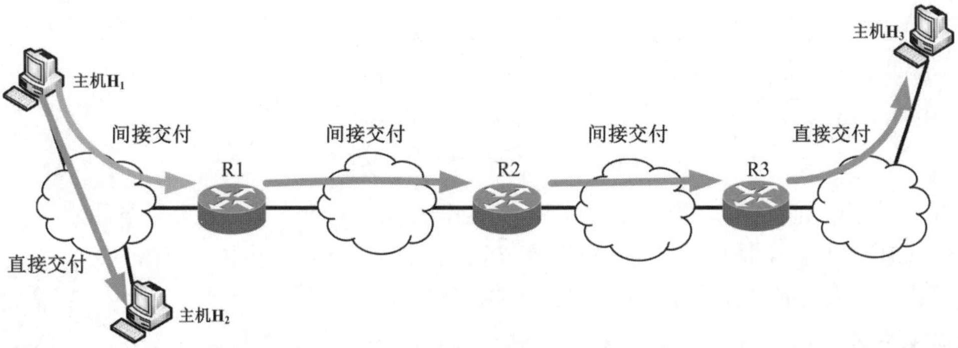

图 5-15　分组在互联网中传送示意图

接下来，我们用一个简单的例子来进一步说明路由器是怎样转发分组的。在图 5-16 中，有 4 个 B 类网络通过 3 个路由器连接在一起。每一个网络上都可能有成千上万台主机。若按目的主机号来构造路由表，则所得出的路由表就会过于庞大。例如，如果每一个网络有 1 000 台主机，4 个网络就有 4 000 台主机，因而每一个路由表就有 4 000 个项目，也就是 4 000 行(每一行对应一个主机路由)。但是如果按照主机所在的网络地址来构造路由表，那么每一个路由器中的路由表就只包含 4 个项目(即只有 4 行，每一行对应一个网络)。以路由器 R2 的路由表为例，由于 R2 同时连接在网络 2 和网络 3 上，因此只要找到这两个网络上的数据报，都可通过接口 0 或 1，由路由器 R2 直接交付(当然还要利用地址解析协议才能找到这些主机相应的硬件地址)。若目的主机在网络 1 中，则下一跳路由器应是 R1 的 IP 地址为 131.0.0.1 的接口。路由器 R2 和 R1 同时连接在网络 2 上，因此从路由器 R2 把分组转发到路由器 R1 是很容易的。同理，若目的主机在网络 4 中，则路由器 R2 应把分组转发给路由器 R3 的 IP 地址为 132.0.0.254 的接口。

IP 分组的转发过程

这里我们要注意，在路由表的构成中，我们不用关心某个网络内部的具体拓扑，以及有多少台计算机连接在该网络上。只要关心在互联网上转发分组是如何从一个路由器转发到下一个路由器就行了。

通过对 IP 分组转发情况进行分析，我们可以看出，路由器对 IP 分组的转发都是依据其路由表进行的。在路由表中，每条路由信息都应该有两个基本信息(目的网络地址和下一跳地址)。在转发 IP 分组时，路由器根据 IP 分组的目的网络地址来确定下一跳的路由器。在这个过程中，为了保证 IP 数据报最终能够找到目的主机，可能要进行多次的间接交付。只有到达最后一个路由器时，才试图向目的主机进行直接交付。

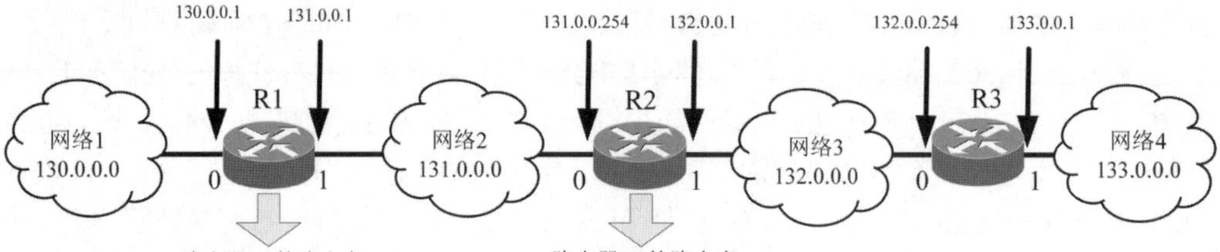

路由器R1的路由表

目的主机所在的网络	下一跳地址
130.0.0.0	直接交付，接口0
131.0.0.0	直接交付，接口1
132.0.0.0	131.0.0.254
133.0.0.0	131.0.0.254

路由器R2的路由表

目的主机所在的网络	下一跳地址
131.0.0.0	直接交付，接口0
132.0.0.0	直接交付，接口1
130.0.0.0	131.0.0.1
133.0.0.0	132.0.0.254

图 5-16　路由表的形成

为了方便路由器管理、提高转发效率，路由器采用了特定主机路由和默认路由。

(1) 特定主机路由是对特定的主机指明一个路由信息。采用特定主机路由，可使网络管理人员能更方便地控制、测试网络，同时也可在需要考虑某种安全问题时采用这种特定主机路由。例如，对网络的连接或路由表进行排错时，指明某一台主机的特殊路由就十分有用。

特定路由和默认路由

(2) 路由器可以采用默认路由(default route)以减少路由表所占用的空间和搜索路由表所用的时间。这种转发方式在一个网络只有很少的对外连接时是很有用的。在前文中已经讲过，主机在发送每一个 IP 数据报时都要查找自己的路由表。如果一台主机连接在一个网络上，而这个网络只用一个路由器和因特网连接，那么在这种情况下使用默认路由是非常合适的。例如，在图 5-17 所示的互联网中，连接在网络 LAN1 上的任何一台主机中的路由表只需要两个项目即可。第一个项目就是到本网络主机的路由，其目的网络就是本网络 LAN1，因而不需要路由器转发，直接交付即可。第二个项目就是默认路由。只要目的网络不是 LAN1，就一律选择默认路由，把数据报先间接交付给路由器 R1，让 R1 再转发给下一个路由器，一直转发到目的网络上的路由器，最后进行直接交付。实际上，在路由器中，如图 5-17 路由表中所示的“默认”的几个字符并没有出现在路由表中，而是被记为 0.0.0.0。

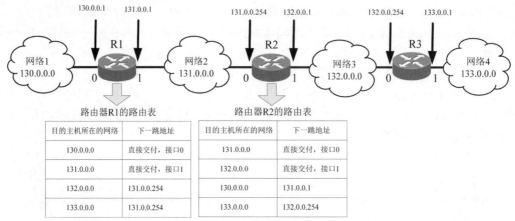

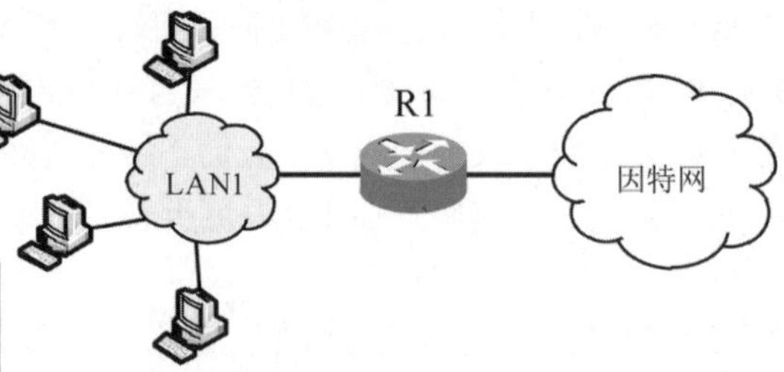

LAN1中主机的路由表

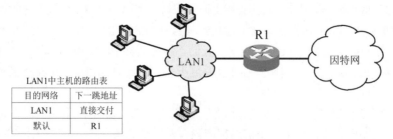

目的网络	下一跳地址
LAN1	直接交付
默认	R1

图 5-17　默认路由的应用

从 IP 数据报的格式中可以看到，在 IP 数据报的首部中只有源 IP 地址和目的 IP 地址，没有可以用来直接指明“下一跳路由器的 IP 地址”。那么，数据报怎么样能找到下一跳路由器呢？

当路由器收到一个待转发的 IP 数据报时，就查找路由表得出下一跳路由器的 IP 地址，之后不是把这个地址直接填入 IP 数据报，而是送交到下层的网络接口软件。网络接口软件负责把下一跳路由器的 IP 地址转换成硬件地址(使用 ARP)，并将此硬件地址放在链路层的 MAC 帧的首部，然后根据这个硬件地址找到下一跳路由器。由此可见，当发送一连串的数据报时，上述的这种查找路由表、计算硬件地址、写入 MAC 帧的首部等过程，将不断地重复进行，产生一定的开销。

那么，能不能在路由表中不使用 IP 地址而直接使用硬件地址呢？答案是否定的。我们一定要弄清楚，使用抽象的 IP 地址，本来就是为了隐蔽各种底层网络的复杂性，便于分析和研究问题，这样就不可避免地要付出些代价，例如，在选择路由时多了一些开销，但反过来，如果在路由表中直接使用硬件地址，那就会带来更多的麻烦。

根据以上所述，可归纳出分组转发算法，如图 5-18 所示。

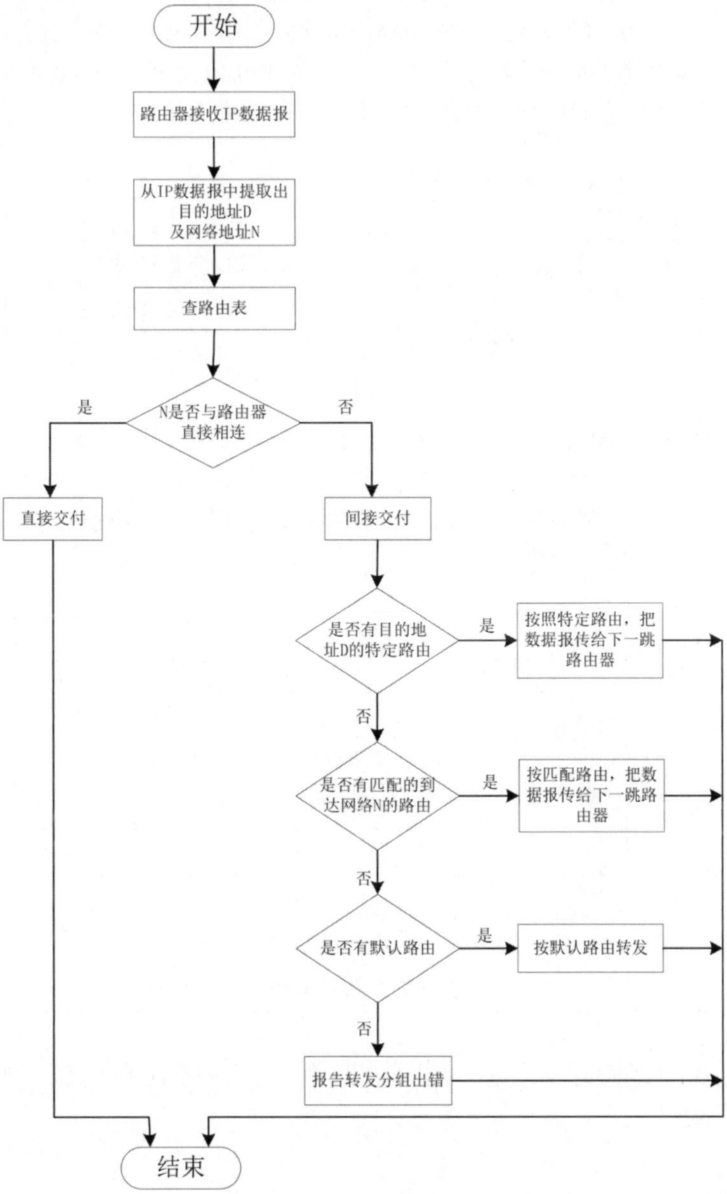

图 5-18　IP 分组转发流程图

从以上分析中，我们可以看到，在整个IP分组的转发过程中，路由器都是根据路由表进行路径选择的，路由表是转发分组的关键。路由表分为静态路由和动态路由。对于简单的小网络，可以采用静态路由，由管理员配置每一条路由信息，例如，在图5-16中，路由器R1、R2和R3均采用静态路由。动态路由适用于较复杂的大网络，一般采用路由选择算法构造路由信息，如RIP(路由信息协议)、OPSF(开放最短路径优先)算法。

5.4.4 ICMP

ICMP协议

IP协议提供尽最大努力交付的服务，为了更有效地转发IP数据报、提高IP数据报交付成功的机会，在网际层使用了互联网控制报文协议(internet control message protocol，ICMP)。ICMP允许主机或路由器报告差错情况和提供有关异常情况的报告。ICMP是因特网的标准协议。它是一个IP层的协议，ICMP报文作为IP层数据报的数据，加上数据报的首部，组成IP数据报发送出去。ICMP报文的格式如图5-19所示。

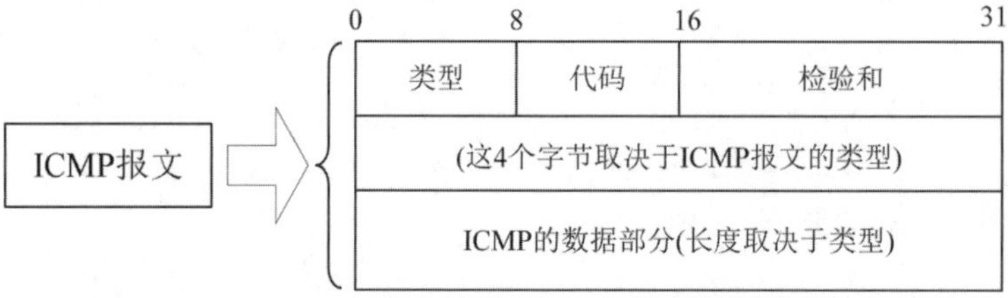

图5-19　ICMP报文的格式

ICMP报文的种类有两种，即ICMP差错报告报文和ICMP询问报文。

ICMP报文的前4个字节是统一的格式，共有3个字段，即类型、代码和检验和。接着4个字节的内容与ICMP的类型有关。最后面是数据字段，其长度取决于ICMP的类型。表5-5给出了几种常用的ICMP报文类型。

表5-5　几种常用的ICMP报文类型

ICMP报文种类	类型值	ICMP报文的类型
差错报告报文	3	终点不可达
	4	源点抑制(source quench)
	11	时间超过
	12	参数问题
	5	改变路由(redirect)
询问报文	8或0	回送(echo)请求和回答
	13或14	时间戳(timestamp)请求和回答

ICMP报文中的代码字段用来进一步区分某种类型中几种不同的情况。检验和字段用来检验整个ICMP报文。

ICMP 差错报告报文共有以下 5 种类型。

(1) 终点不可达。当路由器或主机不能交付数据报时就向源点发送终点不可达报文。

(2) 源点抑制。当路由器或主机由于拥塞而丢弃数据报时，就向源点发送源点抑制报文，使源点知道应当把数据报的发送速率放慢。

(3) 时间超过。当路由器收到生存时间为零的数据报时，除丢弃该数据报外，还要向源点发送时间超过报文。当终点在预先规定的时间内不能收到一个数据报的全部数据报片时，就把已收到的数据报片都丢弃，并向源点发送时间超过报文。

(4) 参数问题。当路由器或目的主机收到的数据报的首部中有的字段的值不正确时，就丢弃该数据报，并向源点发送参数问题报文。

(5) 改变路由(重定向)。路由器把改变路由报文发送给主机，让主机知道下次应将数据报发送给另外的路由器(可通过更好的路由)。

常用的 ICMP 询问报文有以下两种。

(1) 回送请求和回答。ICMP 回送请求报文是由主机或路由器向一个特定的目的主机发出的询问。收到此报文的主机必须给源主机或路由器发送 ICMP 回送回答报文。这种询问报文用来测试目的站是否可达并了解其有关状态。

(2) 时间戳请求和回答。ICMP 时间戳请求报文是请某台主机或路由器回答当前的日期和时间。在 ICMP 时间戳回答报文中有一个 32 位的字段，其中写入的整数代表从 1900 年 1 月 1 日起到当前时刻一共有多少秒。时间戳请求和回答可用来进行时钟同步和测量时间。

ping(packet Internet groper)是 ICMP 的一个重要应用。它使用了 ICMP 回送请求与回送回答报文来测试两台主机之间的连通性。ping 是应用层直接使用网络层 ICMP 的一个例子。它没有通过传输层的 TCP 或 UDP。

Windows 操作系统的用户可在接入网络后，调用命令行模式(单击“开始”→“运行”，再输入“cmd”)，当屏幕上出现提示符后，输入“ping target_name”(target_name 是要测试连通性的主机名或它的 IP 地址)，按 Enter 键即可看到结果。

图 5-20 是武汉的一台计算机到武昌首义学院邮件服务器 mail.wsyu.edu.cn 的连通性测试结果。计算机一连发出 4 个 ICMP 回送请求报文。如果邮件服务器 mail.wsyu.edu.cn 正常工作而且响应这个 ICMP 回送请求报文(有的主机为了防止恶意攻击不理睬外界发送过来的这种报文)，那么它就发回 ICMP 回送回答报文。往返的 ICMP 报文上都有时间戳，因此很容易得出往返时间。最后显示的是统计结果：发送到哪个机器(IP 地址)；发送的、收到的和丢失的分组数；往返时间的最短、最长和平均值。如果邮件服务器 mail.wsyu.edu.cn 没有正常工作，它就不会有 ICMP 回送回答报文响应，显示结果为测试目标主机不达。

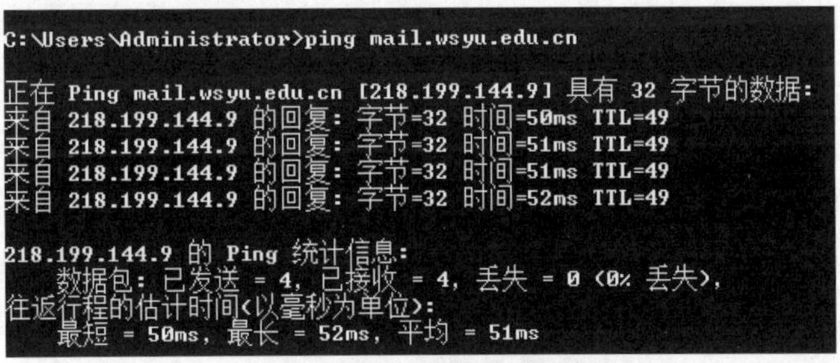

图 5-20 连通性测试结果

5.5 IP地址扩展技术

随着接入 Internet 的计算机数量的不断猛增，IP 地址资源愈加紧缺。而在实际使用中，常用 IPv4 的 A、B、C 类 IP 地址空间的利用率有时很低。每一个 A 类地址网络可连接的主机数超过 1 000 万，每一个 B 类地址网络可连接的主机数超过 6 万，然而有些网络对连接在网络上的计算机数量有限制，例如，10BASE-T 以太网规定其最大节点数只有 1 024 个。这样，如果在一个以太网中使用一个 A 类 IP 地址，地址空间的利用率还不到万分之一；若使用一个 B 类地址就要浪费 6 万多个 IP 地址，地址空间的利用率还不到百分之二，而其他单位的主机又无法使用这些被浪费的地址。还有的单位申请到了一个 B 类地址网络，但所连接的主机数又不多，因为考虑到今后的发展，又不愿意申请一个足够使用的 C 类地址。这样，导致原本匮乏的 IP 地址资源更早地被用完。互联网名称与数字地址分配机构(ICANN)发布的新闻公报说，IP 地址已经在 2011 年 2 月被分配用完。

另外，在一个网络上，通信量和主机的数量成比例，而且与每台主机产生的通信量的和成比例。随着网络的规模越来越大，这种通信量可能超出了介质的承载能力，而且网络性能开始下降。例如，A 类网络有 126 个，每个 A 类网络可能有 16 777 214 台主机，它们处于同一广播域。而在同一广播域中有这么多节点是不可能的，网络会因为广播通信而饱和，结果造成 16 777 214 个地址大部分没有被分配出去，产生了浪费。

为了提高 IP 地址的利用率和网络性能，提出了各种 IP 地址扩展技术。下面主要介绍划分子网和网络地址转换技术。

5.5.1 划分子网

划分子网的概念

划分子网就是把基于每类的 IP 网络进一步分成更小的网络。这些更小的网络称为子网。从 1985 年起，在 IP 地址中又增加了一个“子网号字段”，使两级 IP 地址变成了三级 IP 地址，它能够很好地解决上述问题。划分子网(subnetting)已成为因特网的正式标准协议。

划分子网的基本思路如下。

(1) 一个拥有许多物理网络的单位，可将所属的物理网络划分为若干个逻辑子网(subnet)。划分子网是一个单位内部的事情。划分了子网的单位(如电信公司)对外仍然表现为一个网络，本单位以外的网络看不见这个网络是由多少个子网组成的。

(2) 划分子网的方法是从网络的主机号借用若干位作为子网号(subnet-id)，当然主机号也就相应地减少了同样的位数。于是两级 IP 地址在本单位内部就变成了三级 IP 地址：网络号、子网号和主机号。三级 IP 地址可以用以下记法来表示。

IP 地址::={<网络号>, <子网号>. <主机号>}

注：“::= ”表示“定义为”。

(3) 划分子网后，发送给本单位某台主机的 IP 数据报，仍然是根据 IP 数据报的目的网络号，先找到连接在本单位网络上的路由器，然后此路由器在收到 IP 数据报后，再按目的网络号和子网号找到目的子网，把 IP 数据报交付给目的主机。

下面用一个例子说明划分子网的概念。图 5-21 表示某单位拥有一个 B 类 IP 地址，网络地址是 153.14.0.0(网络号是 153.14，凡是目的地址为 153.14.x.x 的数据报都被送到该网络的路由器 Rl 上)。

现把图 5-21 所示的网络划分为 3 个子网，如图 5-22 所示。这里假定子网号占用 8 位，因此在增加了子网号后，主机号就只有 8 位。划分成的 3 个子网分别是 153.14.2.0、153.14.8.0 和 153.14.13.0。在划分子网后，整个网络对外部仍表现为一个网络，其网络地址仍为 153.14.0.0，但网络 153.14.0.0 上的路由器 R1 在收到外来的数据报后，根据数据报的目的地址把它转发到了相应的子网。

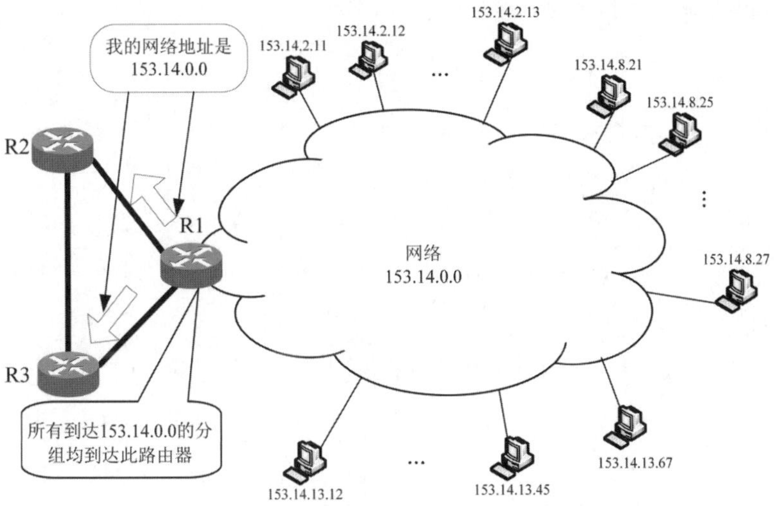

图 5-21　一个 B 类网络 153.14.0.0

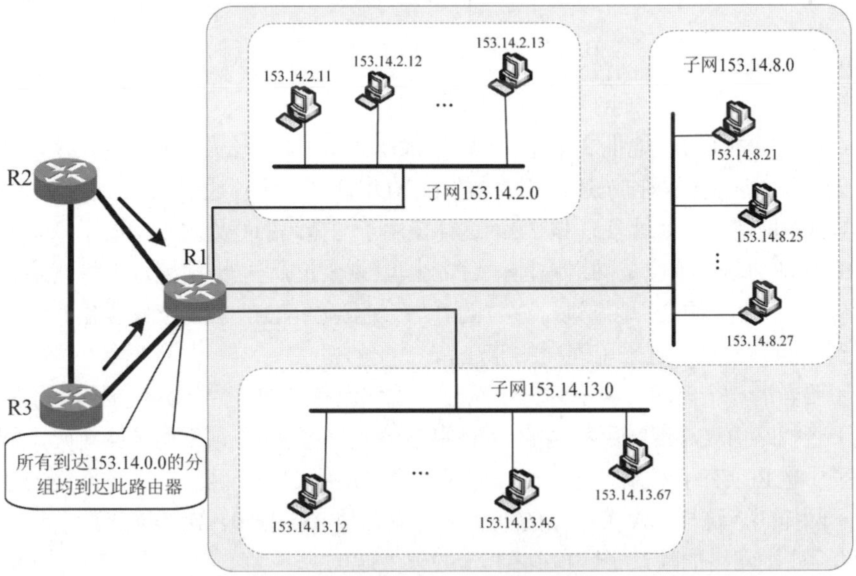

图 5-22　B 类网络 153.14.0.0 划分为 3 个子网

总之，当没有划分子网时，IP 地址是两级结构，划分子网后 IP 地址变成了三级结构。注意，划分子网只是把 IP 地址的主机号(host-id)进行再划分，而不改变 IP 地址原来的网络号(net-id)。

子网号是人为确定的，不具备固定格式，那么如何标识其所占位数呢？从一个 IP 数据报的首部并不能判断源主机或目的主机所连接的网络是否进行了子网的划分。这是因为 32 位的 IP 地址本身及数据包的首部都没有包括任何有关子网划分的信息。也就是说，想要判断有子网划分后的网络地址(网络号+子网号)，就必须另外想办法，这样就引入了子网掩码(subnet mask)。

子网掩码

RFC950 定义了子网掩码的使用，子网掩码是一个 32 位的二进制数，其对应网络地址(网络号+子网号)的所有位置都为 1，对应主机地址的所有位置都为 0。子网掩码也采用点分十进制表示。图 5-23 是一个基于 B 类 IP 地址的子网掩码的例子，其中子网掩码占 8 位。

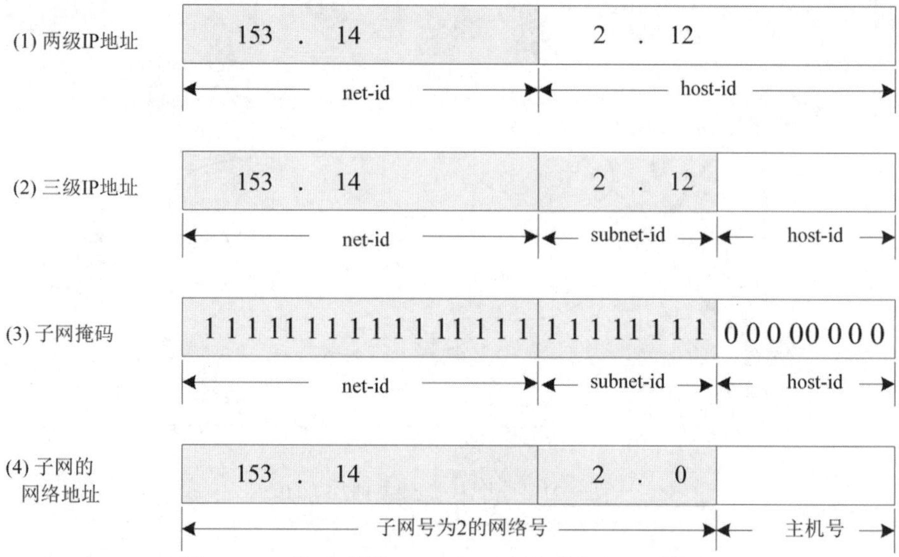

图 5-23　B 类 IP 地址 153.14.2.12 的各字段和子网掩码

如何根据子网掩码判断子网划分后的网络地址？

图 5-23 中描述了 IP 地址、子网掩码和网络地址的关系。从图中可以发现，将 IP 地址 153.14.2.12 与其对应的子网掩码逐位相“与”(AND)(计算机进行逻辑 AND 运算是很容易的)，便得出了与其对应的网络地址 153.14.2.0。这样使用子网掩码的好处就很明显了，子网掩码告知路由器，IP 地址的前多少位是网络地址，后多少位(剩余位)是主机地址。不管网络有没有划分子网，只要把子网掩码和 IP 地址进行逐位的“与”运算(AND)，就能立即得出网络地址。路由器在处理到来的分组时，可采用同样的算法。

这里还要弄清一个问题，在不划分子网时，既然没有子网，为什么还要使用子网掩码？这是为了便于查找路由表。现在因特网的标准规定：所有的网络必须使用子网掩码，同时在路由器的路由表中也必须有子网掩码这一栏。如果一个网络不划分子网，那么该网络的子网掩码就使用默认子网掩码。这样，A 类网络的默认子网掩码是 255.0.0.0，B 类网络的默认子网掩码是 255.255.0.0，C 类网络的默认子网掩码是 255.255.255.0。

子网掩码是一个网络或一个子网的重要属性。在 RFC950 成为因特网的正式标准后，路由器在和相邻路由器交换路由信息时，必须把自己所在网络(或子网)的子网掩码告诉路由器。路由器的路由表中的每一个项目，除了要给出目的网络地址外，必须同时给出该网络的子网掩码。若一个路由器连接在两个子网上就拥有两个网络地址和两个子网掩码。

给定一个网络地址，如何根据需求进行子网的划分？计算步骤如下。

(1) 根据给定网络地址，判断其网络地址类别，明确网络号的二进制位数 N，主机号的二进制位数 H。满足 N+H=32。

(2) 根据需求确定要划分的子网数目 S 和子网中的主机数目 W。

(3) 根据 S 确定对应子网号所占的二进制数的位数 d，满足 $2^d \geqslant S$；依据 W 确定对应的子网中主机号所占的二进制数的位数 f，$2^f \geqslant W$。满足 d+f=H。

(4) 写出给定网络地址对应的子网掩码 M，将网络号部分 N 位对应置 1，其主机地址部分 H 位的前 d 位对应置 1，后 f 位对应置 0，即得出该网络划分子网后的子网掩码。

下面我们通过几个例子来学习划分子网的方法。

例 1：有一个 B 类网络，网络地址为 138.138.0.0，要求对该网络进行子网划分，子网数应不少于 100 个，子网号应不得少于多少位？

划分子网
例 1 例 2

解：

(1) 由于给定的网络是一个 B 类网络，其网络号的位数为 16，主机号的位数为 16。

(2) 要求划分的子网数目不少于 100 个，根据子网数目确定子网对应的位数，满足 $2^d \geqslant 100$。根据计算得出 $d \geqslant 7$。

(3) 满足子网数应不少于 100 个的要求，子网号应不得少于 7 位，取 d=7，则对应的子网掩码为 255.255.254.0。

例 2：计算机学院局域网中某子网各主机的 IP 地址为 218.103.24.96～218.103.24.127，该子网的子网掩码是什么？

解：

(1) 已知给定网络是一个 C 类网络，网络地址为 218.103.24.0，其网络号的位数为 24，主机号的位数为 8。

(2) 该 C 类网络进行子网划分后，子网中 IP 地址的范围是 218.103.24.96～218.103.24.127，可得出子网中主机数为 32，则可由 $2^f=32$ 确定 f 为 5，即得出子网中的主机位数为 5。

(3) 由于 C 类网络的主机号为 8 位，其中 5 位用作子网中的主机位数，则子网位数为 8−5=3 位。

(4) 按照以上分析，得出该网络对应的子网掩码为 255.255.255.224。

例 3：某企业有 6 个部门，选择一个 C 类地址：192.168.78.0。每个部门要求有单独的子网，请按照 RFC950 子网划分的规范(即子网划分时不可用全 0 全 1)对网络进行划分。

解：

已知给定网络是一个 C 类网络，网络地址为 192.168.78.0，其网络号的位数为 24，主机号的位数为 8。按照题意，要求划分的子网数≥6，则子网位数取值应满足≥3，即取 3、4、5、6 位均可。由此发现，满足某个要求的子网划分方法有很多种。

划分子网例 3

为了方便理解，这里我们按照子网中主机号的位数以最多为准的要求，对网络进行划分，确定子网号取 3 位，子网中主机号位数为 5 位。我们按照子网编址从最小值开始，顺序排列，将结果用点分十进制的表示方法填写在了表 5-4 中。

表 5-4　例 5-3 用表

序号	网络号	主机可用的起始地址	主机可用的结束地址	子网掩码
1	192.168.78.32	192.168.78.33	192.168.78.62	255.255.255.224
2	192.168.78.64	192.168.78.65	192.168.78.94	255.255.255.224
3	192.168.78.96	192.168.78.97	192.168.78.126	255.255.255.224
4	192.168.78.128	192.168.78.129	192.168.78.158	255.255.255.224
5	192.168.78.160	192.168.78.161	192.168.78.190	255.255.255.224
6	192.168.78.192	192.168.78.193	192.168.78.222	255.255.255.224

在上例中，我们可得出如下结论。

(1) 不同子网，它们的子网掩码相同。无论是 192.168.78.32，还是 192.168.78.64，它们都有相同的子网掩码 255.255.255.224，但是它们是不同的两个逻辑子网。

(2) 具有相同子网掩码的网络，其可用的 IP 地址个数相同。例如，子网 192.168.78.96 中的 IP 地址个数为 $2^5-2=30$ 个，同理，192.168.78.128、192.168.78.160 等网络也都具有 30 个可用的 IP 地址。

(3) 某类(A、B 或 C 类)网络划分子网后，可用 IP 地址的个数将减少。在网络 192.168.78.0 中，可用的 IP 地址个数为 254 个，而将 192.168.78.0 划分为 6 个子网掩码为 255.255.255.224 的网络，每个网络的主机数为 30 个，则划分子网后可用的 IP 地址个数只有 180 个，比 254 少了 74 个。这说明，尽管子网能在一定程度上提高 IP 地址的利用率，提高网络性能，增加灵活性，但是却减少了能够连接在网络上的主机总数。

网络经过子网划分后，路由器中的路由表也发生了相应的变化，路由表中的主要信息变为：目的网络地址、子网掩码、下一跳地址。下面我们通过一个例子来说明在划分子网的情况下，路由器是如何转发分组的。

子网划分后IP分组的转发流程

例 4：已知，在图 5-24 中，主机 H_1 向 H_2 发送分组。试讨论 R1 收到 H_1 向 H_2 发送的分组后查找路由表的过程。

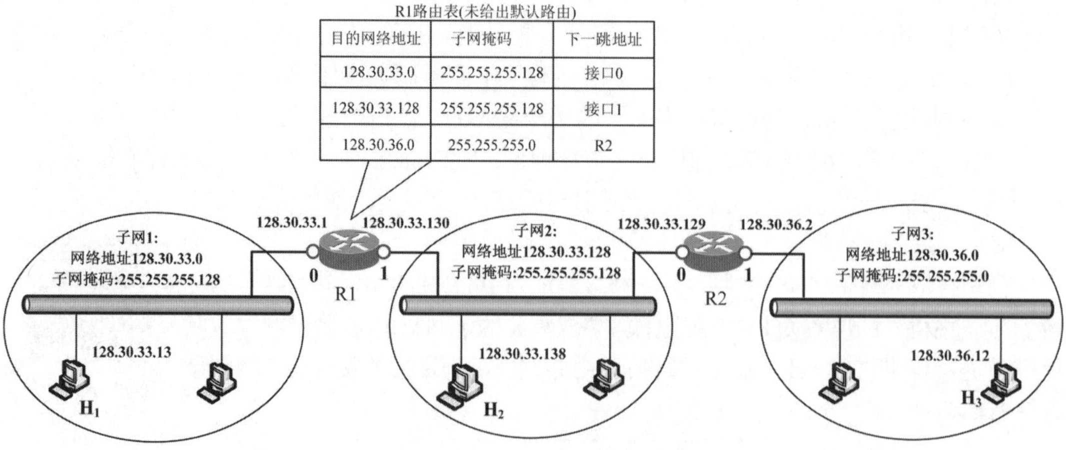

图 5-24　主机 H_1 向 H_2 发送分组

解：

主机 H_1 向 H_2 发送分组转发过程如下。

(1) 从 H_1 发送的数据报的首部提取目的 IP 地址。主机 H_1 向 H_2 发送分组的目的地址是 H_2 的 IP 地址 128.30.33.138。

(2) 判断主机 H_1 向 H_2 发送分组是否为直接交付。主机 H_1 首先把其所在子网 1 的“子网掩码 255.255.255.128”与 H_2 的“IP 地址 128.30.33.138”逐位相“与”，得出 128.30.33.128，它不等于 H_1 网络地址(128.30.33.0)。这说明 H_2 与 H_1 不在同一个子网上。因此 H_1 不能把分组直接交付给 H_2，必须交给子网上的默认路由器 R1，由 R1 来转发，进行间接交付。

(3) 查看特定主机路由。在间接交付中，首先查看 R1 的路由表中是否有目的地址 H_2 的特定主机路由。若有，则按照 H_2 的特定主机路由，把数据报传送给路由表中所指明的下一跳路由器；否则，继续在路由表中查找与目的主机 H_2 相匹配的目的网络记录。

(4) 在 R1 中查找与目的主机 IP 相匹配的目的网络记录。路由器 R1 先查找路由表中的第一行，看看这一行所描述的目的网络地址是否与收到的分组的目的网络地址相匹配。因为并不知道收到的分组的目的网络地址，所以只能试试看，用第一条记录(子网 1 的记录)的“子网掩码 255.255.255.128”和收到的分组的“目的地址 128.30.33.138”逐位相“与”，得出“128.30.33.128”，然后把相与得出的网络地址“128.30.33.128”与这一条记录中给出的目的网络地址进行比较。如果比较结果一致(匹配)，说明这个网络(子网 1)就是收到的分组所要寻找的目的网络，就按照这条记录转发该分组。若比较的结果是不一致(不匹配)，接下来，则用同样的方法继续往下找第二条记录。用第二条记录的“子网掩码 255.255.255.128”和该分组的“目的地址 128.30.33.138”逐位相“与”，结果也是 128.30.33.128。但这个结果和第二条记录的目的网络地址相匹配，说明该网络(子网 2)就是收到的分组所要寻找的目的网络。于是不需要再找下个路由器进行间接交付了。R1 把分组按照第二条记录从接口 1 直接交付给主机 H_2(它们都在一个子网上)。

(5) 若通过以上步骤，仍旧无法找到匹配的路由记录，则查看路由表中的默认路由，按照默认路由记录转发，其他情况下，报告转发分组出错。

划分子网在一定程度上缓解了因特网在发展中遇到的困难。然而在 1992 年，因特网仍然面临着一些必须尽早解决的问题，问题如下。

(1) B 类地址在 1992 年已经被分配了近一半，马上将全部分配完毕。

(2) 因特网主干网上的路由表中的项目数急剧增长(从几千个增长到几万个)。

(3) 整个 IPv4 的地址空间最终将全部耗尽。

当时预计前两个问题将在 1994 年变得非常严重，于是 IETF 很快就研究出了采用无类别域间路由选择(classless inter-domain routing，CIDR)的方法来解决前两个问题。IETF 认为第三个问题属于更加长远的问题，因此专门成立 IPv6 工作组负责研究解决此问题。

虽然根据因特网标准协议的 RFC950 文档，子网号不能为全 1 或全 0，但随着无类别域间路由选择(CIDR)的广泛使用(RFC1517-1519 和 1520)，现在全 1 和全 0 的子网号也可以使用了，但一定要谨慎使用，首先要弄清路由器所用的路由选择软件是否支持全 0 或全 1 的子网号。

5.5.2 网络地址转换

NAT 概述

实际上，在一个单位或企业中，主要还是本机构内的主机之间相互通信，例如，在一个大型的超市中，有很多用于营业和管理的计算机，显然，这些计算机并不需要都和因特网相连。所以，一个机构需要申请的 IP 地址数量往往远小于本机构所拥有的主机数。然而，如果一个机构内部的计算机之间的通信也采用 TCP/IP 协议，那么从原则上说，这些机构内部所使用的计算机就可以由机构自行分配其 IP 地址(我们把由机构自行分配的 IP 地址称为本地地址或专有地址)。这样一来，企业内部计算机使用本地 IP 地址进行通信，而无须向因特网的管理机构申请全球唯一的 IP 地址(我们将这类 IP 地址称为公有 IP 地址或全球 IP 地址)。这样就可以大大节约宝贵的 IP 地址资源。

但是，我们也注意到一个问题，如果机构内部分配的 IP 地址是任意的，那么就会出现某个内部 IP 地址与其要访问的因特网的某个全球 IP 地址一致，这样就会出现地址的二义性问题。为了解决这个问题，RFC1918 规定了专有 IP 地址的范围。这些专有 IP 地址仅能用于机构的内部通信，而不能用于和因特网上的主机通信。因此，因特网中的所有路由器，对目的地址是专有地址的数据报一律不进行转发。RFC1918 指明的专有地址范围如下。

- 10.0.0.0～10.255.255.255。
- 172.16.0.0～172.31.255.255。
- 192.168.0.0～192.168.255.255。

上面 3 个地址块分别是一个 A 类网络，16 个连续的 B 类网络和 256 个连续的 C 类网络，这些 IP 地址构成的网络称为本地网络或专用网。在不同的本地网络中可以重复使用相同的专有地址，但是在同一网络中使用的专有 IP 地址也必须保证唯一性。采用这样的专有 IP 地址，全世界可能有很多具有相同专有 IP 地址的专用网络，尽管如此，并不会引起麻烦，因为这些专有地址仅在本机构内部使用，这也就是专有 IP 地址的可重用性。细心的读者可以看看身边有没有这样的网络应用。

为了缓解 IP 地址紧缺的问题，在企业内部使用的是专有 IP 地址，而使用专有 IP 地址的计算机是不能够和因特网上的其他用户直接通信的。尽管一个企业或机构主要是内部计算机之间相互通信，需要和因特网相连的计算机数量较少。它们如何通过较少的公有 IP 地址数量满足内部机构较多用户的上网需求呢？针对这个问题，目前使用得最多的方法是采用网络地址转换。

网络地址转换(network address translation，NAT)方法是在 1994 年提出的。这种方法需要在专用网连接到因特网的路由器上安装 NAT 软件。装有 NAT 软件的路由器叫作 NAT 路由器，它至少有一个有效的全球 IP 地址。这样，所有使用本地地址的主机在和外界通信时，都要在 NAT 路由器上将其本地地址转换成全球 IP 地址，才能和因特网连接。

NAT 的工作原理如图 5-25 所示。在图中，专用网 192.168.1.0 内所有主机的 IP 地址都是本地专有 IP 地址 192.168.1.x。NAT 路由器至少要有一个全球 IP 地址才能和因特网相连。从图 5-25 中可以看出 NAT 路由器有一个全球 IP 地址 201.1.1.3(当然，NAT 路由器可以有多个全球 IP 地址)。

NAT 工作原理

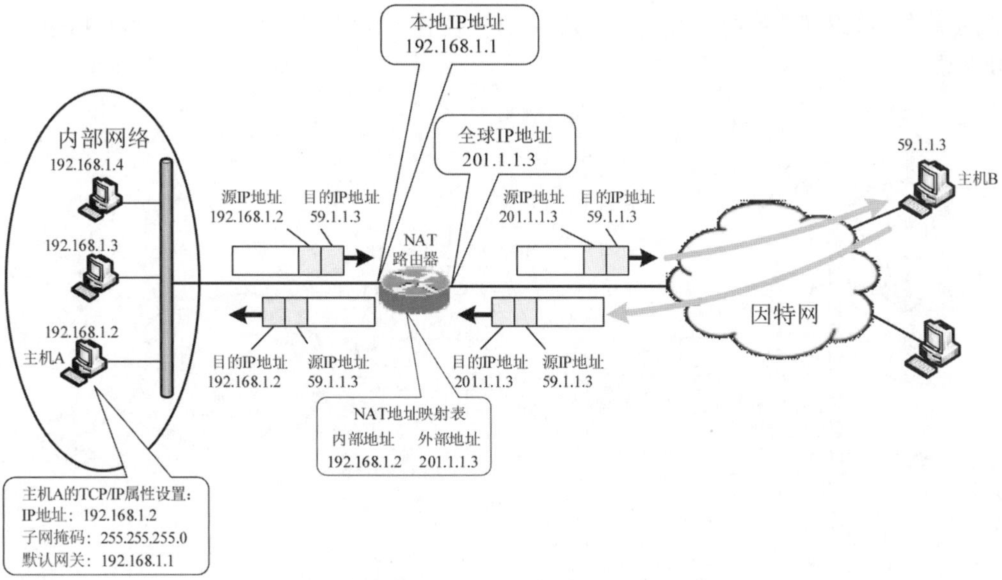

图 5-25　NAT 的工作原理示意图

NAT 路由器收到从专用网内部的主机 A 发往因特网上主机 B 的 IP 数据报，源 IP 地址是 192 .168.1.2，而目的 IP 地址是 59.1.1.3。NAT 路由器把 IP 数据报的源 IP 地址 192.168.1.2 转换为新的源 IP 地址(即 NAT 路由器的全球 IP 地址)201.1.1.3，然后转发出去。因此，当主机 B 收到此 IP 数据报时，以为 A 的 IP 地址是 201.1.1.3。当 B 给 A 发送应答响应时，IP 数据报的目的 IP 地址是 NAT 路由器的 IP 地址 201.1.1.3。B 并不知道 A 的专有地址 192.168.1.2。当 NAT 路由器收到因特网上的主机 B 发来的 IP 数据报时，还要进行一次 IP 地址转换。通过 NAT 地址映射表，就可以把 IP 数据报上的旧的目的地址 201.1.1.3 转换为新的目的 IP 地址(即主机 A 真正的本地 IP 地址)192.168.1.2。

明确了 NAT 的工作原理，下面我们来看看 NAT 的实现方式。NAT 的实现方式有 3 种，即静态转换、动态转换和端口多路复用。

NAT 实现方式

静态转换是指将内部网络的私有 IP 地址转换为公有 IP 地址，IP 地址对是一对一的，是一成不变的，某个私有 IP 地址只转换为某个公有 IP 地址。借助静态转换，可以实现外部网络对内部网络中某些特定设备(如服务器)的访问。

动态转换是指将内部网络的私有 IP 地址转换为公用 IP 地址，IP 地址是不确定的，是随机的，所有被授权访问 Internet 的私有 IP 地址可随机转换为任何指定的合法 IP 地址。也就是说，只要指定哪些内部地址可以进行转换，以及用哪些合法地址作为外部地址，就可以进行动态转换。动态转换可以使用多个合法外部地址集。当 ISP 提供的合法 IP 地址略少于网络内部的计算机数量时，可以采用动态转换的方式。

端口多路复用是指改变外出数据包的源端口并进行端口转换，即端口地址转换(port address translation，PAT)。采用端口多路复用方式，内部网络的所有主机均可共享一个合法外部 IP 地址实现对 Internet 的访问，从而可以最大限度地节约 IP 地址资源。同时，又可隐藏网络内部的所有主机，有效避免来自 Internet 的攻击。因此，目前网络中应用最多的就是端口多路复用方式。

PAT 的工作原理如图 5-26 所示。在图中，内部 IP 地址 192.168.1.2 映射为 NAT 的外部合法 IP 地址 201.1.1.3 的 30000 端口；内部 IP 地址 192.168.1.3 映射为 NAT 的外部合法 IP 地址

201.1.1.3 的 40000 端口；内部 IP 地址 192.168.1.4 映射为 NAT 的外部合法 IP 地址 201.1.1.3 的 50000 端口。

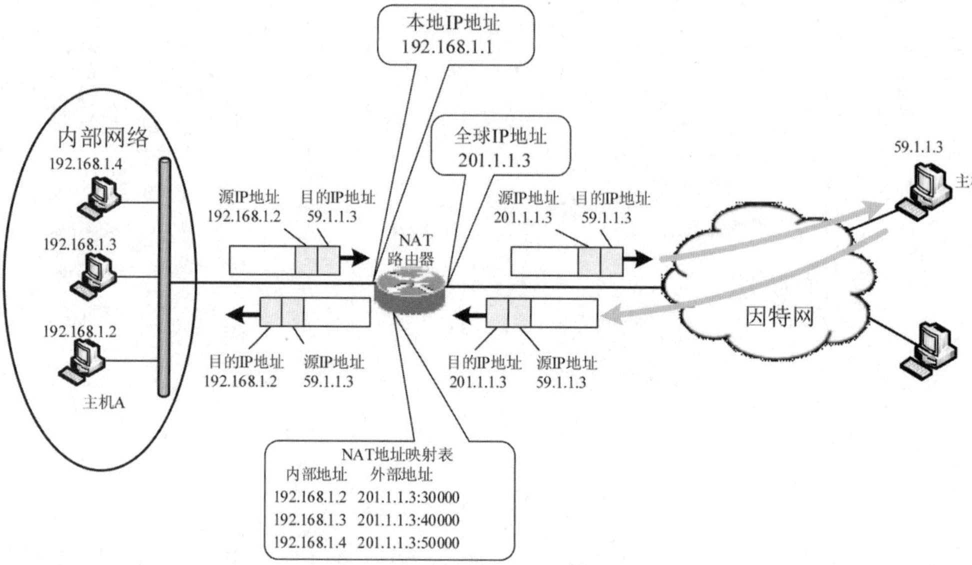

图 5-26 PAT 的工作原理示意图

5.6 IPv6

IPv6 是 Internet protocol version 6 的缩写，其中 Internet protocol 为“互联网协议”。IPv6 是 Internet 工程任务组(internet engineering task force，IETF)设计用于替代现行版本 IP 协议(IPv4)的下一代 IP 协议。目前 IP 协议的版本号是 4，简称为 IPv4，下一个版本就是 IPv6。

IPv4 是目前广泛使用的第二代互联网技术。它的最大问题是网络地址资源有限，IPv4 地址已于 2011 年 2 月 3 日被分配完毕。其中北美占 3/4，约 30 亿个，而人口最多的亚洲只有不到 4 亿个，中国截至 2010 年 6 月 IPv4 地址数量达到 2.5 亿，但并不能满足 4.2 亿网民的需求。地址不足，严重地制约了中国及其他国家互联网的应用和发展。在这样的环境下，IPv6 应运而生。单从数量上来看，IPv6 所拥有的地址容量是 IPv4 的约 8×1028 倍，达到 2^{128} 个(包括全 0 的)。这不但解决了网络地址资源数量的问题，同时也为除计算机外的设备连入互联网在数量限制上扫清了障碍。

如果说 IPv4 实现的只是人机对话，那么 IPv6 则扩展到任意事物之间的对话，它不仅可以为人类服务，还将服务于众多硬件设备，如家用电器、传感器、远程照相机、汽车等。它将是无时不在、无处不在地深入社会每个角落的真正宽带网，而且它所带来的经济效益将非常巨大。

IPv6 具有以下特点。

(1) IPv6 地址长度为 128 位。

(2) 灵活的 IP 报文首部格式。IPv6 数据报首部和 IPv4 的并不兼容。IPv6 定义了许多可选扩展首部，不仅可提供比 IPv4 更多的功能，而且由于路由器对扩展首部不进行处理，还可以提高路由器的处理效率，加快了报文处理速度。

(3) IPv6 简化了报文首部格式，字段只有 8 个，加快了报文转发，提高了吞吐量。

(4) 身份认证和隐私权是 IPv6 的关键特性，安全性得以提高。

(5) 支持更多的服务类型。

(6) 协议具有良好的可扩展性。允许协议继续演变，增加了新的功能，使之适应未来技术的发展。

(7) 支持即插即用，主机不改变地址即可实现漫游。

与 IPv4 相比，IPv6 具有以下优势。

(1) IPv6 具有更大的地址空间。IPv4 中规定 IP 地址长度为 32，最大地址个数为 2^{32}；而 IPv6 中 IP 地址的长度为 128，即最大地址个数为 2^{128}。与 32 位地址空间相比，地址空间增大了 2^{96} 倍。

现在，IPv4 采用 32 位地址长度，约有 43 亿个地址，而 IPv6 采用 128 位地址长度，有足够多的地址资源，可以使每一个带电的东西都有一个 IP 地址，真正形成一个数字家庭。IPv6 的技术优势，目前在一定程度上解决了 IPv4 互联网存在的问题，这成为 IPv4 向 IPv6 演进的重要动力之一。

(2) IPv6 使用更小的路由表。IPv6 的地址分配一开始就遵循聚类(aggregation)的原则，这使得路由器能在路由表中用一条记录(entry)表示一片子网，大大减小了路由器中路由表的长度，提高了路由器转发数据包的速度。

(3) IPv6 增加了更强的组播(multicast)支持以及对流的控制(flow control)，这使得网络上的多媒体应用有了长足发展的机会，为服务质量(quality of service，QoS)控制提供了良好的网络平台。

(4) IPv6 加入了对自动配置(auto configuration)的支持。这是对 DHCP 协议的改进和扩展，使得网络(尤其是局域网)的管理更加方便和快捷。

(5) IPv6 具有更高的安全性。在使用 IPv6 的网络中，用户可以对网络层的数据进行加密并对 IP 报文进行校验，同时，IPv6 中的加密与鉴别功能还能为数据报文提供分组的保密性与完整性，极大地增强了网络的安全性。

(6) 允许扩充。如果新的技术或应用需要时，IPv6 允许协议进行扩充。

(7) 更好的首部格式。IPv6 使用新的首部格式，其选项与基本首部分开，如果需要，可将选项插入基本首部与上层数据之间。这就简化并加速了路由选择过程，因为大多数的选项不需要由路由选择。

(8) 新的选项。IPv6 有一些新的选项来实现附加的功能。

当然，IPv6 并非十全十美、一劳永逸，不可能解决所有问题。IPv6 只能在发展中不断完善，不可能在一夜之间发生，过渡需要时间和成本，但从长远看，IPv6 有利于互联网的持续和长久发展。国际互联网组织已经决定成立两个专门工作组，制定相应的国际标准。

5.7 因特网传输层协议

传输层概述

传输层是整个网络体系结构中的关键一层，解决的是计算机进程之间的通信问题。由于通信的两个端点是源主机和目的主机中的应用进程，应用进程之间的通信又称为端到端的通信。

传输层是 TCP/IP 体系结构的第三层，如图 5-27 所示。从网络功能和用户功能的角度看，传输层是用户功能的最底层；从通信和信息处理的角度看，传输层是面向通信的最高层，在通信子网中没有传输层。传输层只存在于通信子网以外的主机中。

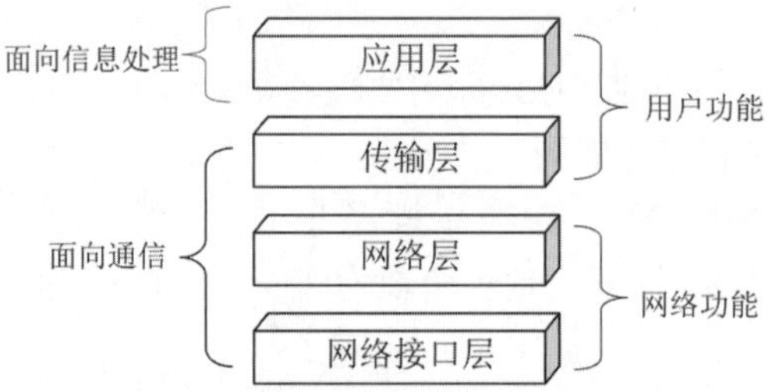

图 5-27　运输层在网络体系结构中的地位

下面通过一个例子来说明传输层的作用。在图 5-28 中，处于局域网 1 中的主机 A 的应用进程要和处于局域网 2 中的主机 B 的应用进程通信。主机 A 中的应用进程 AP_1 与主机 B 中的应用进程 AP_3 通信，主机 A 中的应用进程 AP_2 与主机 B 中的应用进程 AP_4 通信。在这个通信中，无论是 AP_1 与 AP_3 之间的通信，还是 AP_2 与 AP_4 之间的通信，首先要明确进程所在主机之间的通信。这样通过 IP 地址在网络层建立一条由主机 A 到主机 B 的逻辑通信。主机 A 中的进程 AP_1 与 AP_2，都要通过网络层传输到主机 B 上，主机 A 的传输层就将 AP_1 与 AP_2 通过复用技术，复用到主机 A 到主机 B 的逻辑通信上，实现 AP_1 与 AP_2 传输到主机 B。AP_1 与 AP_2 到达主机 B 后要分别传输到进程 AP_3 与 AP_4，这时主机 B 的传输层通过分用技术实现 AP_3 接收 AP_1、AP_4 接收 AP_2 的数据通信。因此，传输层很重要的一个功能就是复用和分用。从这里也可以看出，网络层和传输层的主要区别在于，传输层提供进程到进程之间的逻辑通信，网络层提供主机到主机之间的逻辑通信，如图 5-29 所示。

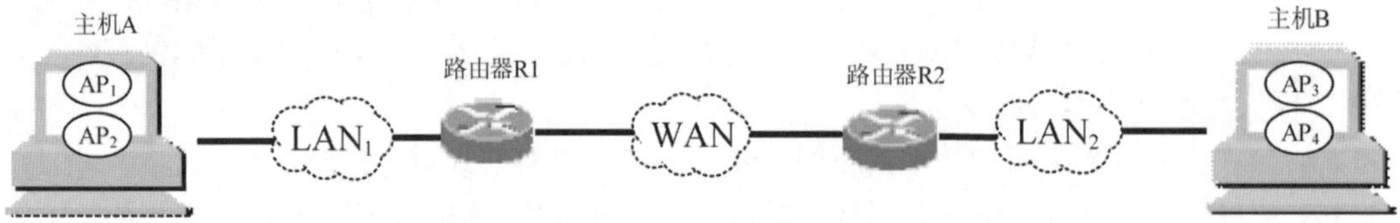

图 5-28　传输层的作用

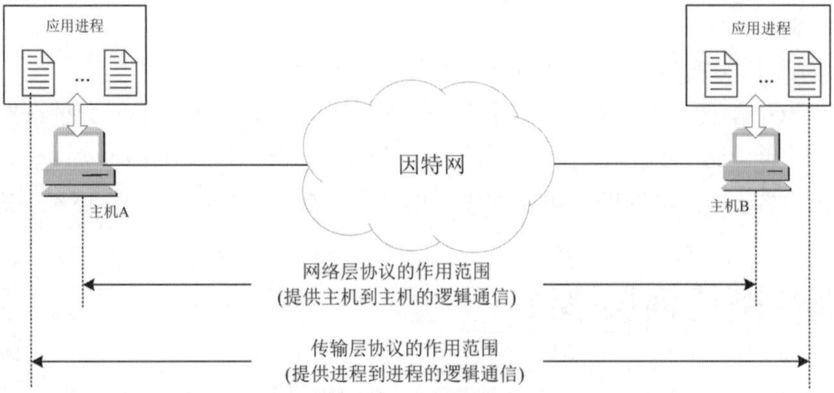

图 5-29　网络层协议与传输层协议的主要区别

传输层要使用网络层提供的服务传输数据。回顾一下网络层，网络层最为重要的协议就是 IP 协议。从上面的分析可以看出，IP 协议提供了主机间的逻辑通信，而 IP 协议提供的是“尽最大努力交付”的服务。这就意味着，网络层不保证数据报是否交付、交付顺序是否正确、数据是否丢失等问题，即不提供可靠性服务。然而，根据应用需求的不同，有的应用需要保证可靠性，有的应用需要稳定的传输速率。因此，传输层需要有两种不同的传输层协议。在 TCP/IP 体系结构中，传输层有两个并列的传输层协议，即面向连接的 TCP(transmission control protocol) 和无连接的 UDP(user datagram protocol)，如图 5-30 所示。

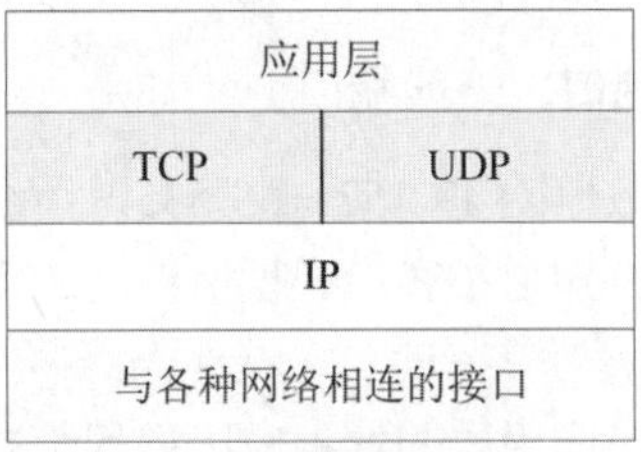

图 5-30　TCP/IP 体系中的运输层协议

UDP 和 TCP 都使用 IP 协议。UDP 提供了不可靠的无连接传输服务。UDP 在传送数据之前不需要先建立连接。远地主机的传输层在收到 UDP 数据报后，不需要给出任何应答。传输控制协议 TCP 提供了面向连接的、可靠的、端到端的、基于字节流的传输服务，TCP 不支持多播(multicast)和广播(broadcast)。

应用层的不同进程要使用传输层提供的服务才能正常工作。应用层中的不同进程通过不同的端口与传输层交流。

端口，就是在传输层与应用层的层间接口上所设置的一个 16 位的二进制地址量，用于指明传输层与应用层之间的服务访问点，为应用层进程提供标识，如图 5-31 所示。

传输层的端口

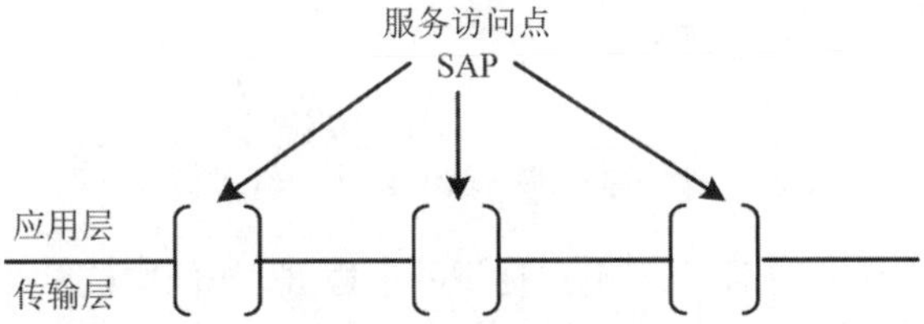

图 5-31　端口的概念

由于 TCP/IP 体系传输层存在两个完全独立的协议——TCP 和 UDP，因而无论是 TCP 还是 UDP 均可提供 2^{16} 个不同的端口，用来标识不同的进程。例如，TCP 可以有一个 166 号端口，UDP 也可以有一个 166 号端口。习惯上将表示端口的地址量称为端口号。

TCP/IP 将端口分成两大类，一类称为服务器端使用的端口，另一类称为客户端使用的端口。

1. 服务器端使用的端口

服务器端使用的端口，又分为两类，最主要的一类是熟知端口(well-know port)，也叫作保留端口。“熟知端口”是指这类端口代表什么是事先已规定好了的，并为所有用户进程熟知，数值为 0～1 023。几种常用的熟知端口如表 5-6 所示。另一类是登记端口，端口号数值为 1 024～49 151，为没有熟知端口号的应用程序使用的。使用这个范围的端口号必须在因特网编号分配机构(internet assigned numbers authority，IANA)登记，以防止重复。

表 5-6　几种常用的熟知端口

应用程序	FTP	Telnet	SMTP	DNS	HTTP
熟知端口	TCP 21	TCP 23	TCP 25	UDP 53	TCP 80

网络运行时，应用层中的各种不同的常用服务的服务进程会不断地检测分配给它们的熟知端口号或登记端口号，以便发现是否有某个用户进程要和它通信。

2. 客户端使用的端口(自由端口，一般端口)

客户端口号或短暂端口号，数值为 49 152～65 535，留给客户进程选择暂时使用。当服务器进程收到客户进程的报文时，就知道了客户进程所使用的动态端口号。通信结束后，这个端口号可供其他客户进程以后使用。

端口是一个非常重要的概念，应用层的各种应用进程都是通过端口与传输层实体进行交互的。所以在运输协议的数据单元中，如 TCP 报文段或 UDP 报文段的首部中都要写入源端口号和目的端口号。当传输层收到 IP 层交上来的数据时，就要根据其目的端口号来决定应当通过哪一个端口上交给目的应用进程，同时也可以根据源端口知道是哪个应用进程发送来的。

端口号是一个本地量，两台不同主机中的进程可能分配到相同的端口号，如图 5-32 所示。

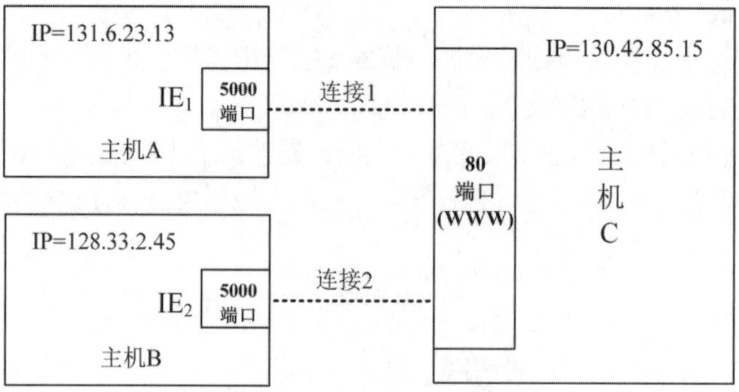

图 5-32　基于端口的进程通信

在图 5-32 中，主机 A 中的 5000 号端口标识的进程 IE_1 访问主机 C 的 80 号端口标识的进程 WWW，同样，主机 B 中的 5000 号端口标识的进程 IE_2 也访问主机 C 的 80 号端口标识的进程 WWW。从进程通信的角度看，这里有两个进程连接：连接 1(5000，80)、连接 2(5000，80)。显然，连接 1 和连接 2 仅用端口标识，当出现混乱时，主机 C 的 WWW 应用将不确定响应是给 IE_1 还是 IE_2。为了在通信时不发生混乱，就必须把端口号和主机 IP 地址结合起来使用。IP 地址(32bit)和端口号(16bit)组合起来共 48 位，称为“套接字”，也称为“插口”(socket)。用套接字来标识进程，Internet 的通信才可能成为唯一的，这样才能区分多台主机中同时通信的多个进程。例如，在图 5-32 中，连接 1 的一对插口是：(131.6.23.13，5000)和(130.42.85.15，80)；连接 2 的一对插口是：(128.33.2.45，5000)和(130.42.85.15，80)。

习题

一、选择题

1. 当前因特网 IP 协议的版本是(　　)。
   A. IPv2　　B. IPv6　　C. IPv4　　D. IGMPv4
2. 下列协议中，不建立于 IP 协议之上的是(　　)。
   A. ARP　　B. ICMP　　C. SNMP　　D. TCP
3. 下列协议中，(　　)属于网络层协议。
   A. IP 和 TCP　　B. ARP 和 Telnet　　C. FTP 和 UDP　　D. ICMP 和 IP
4. 路由器在(　　)实现网络之间的互联。
   A. 网络层　　B. 传输层　　C. 应用层　　D. 表示层
5. 在网络层使用(　　)来提高 IP 数据报转发率和成功交付率。
   A. ICMP　　B. IGRP　　C. ARP　　D. RARP
6. RFC1700 中定义的 FTP 服务器进程的熟知端口是(　　)。
   A. TCP 80　　B. TCP 22　　C. TCP 21　　D. UDP 21
7. 在网络层使用(　　)来实现将 IP 地址转换为相应的硬件地址。
   A. ICMP　　B. IGRP　　C. ARP　　D. RARP
8. IP 数据报首部的固定长度是(　　)字节。
   A. 60　　B. 20　　C. 4　　D. 32
9. 网络层传输数据的单位是(　　)。
   A. 帧　　B. 报文段　　C. 分组　　D. 比特
10. 一个路由器的路由表如表 5-7 所示。

表 5-7　一个路由器的路由表

目的主机所在的网络	子网掩码	下一跳地址
128.96.39.0	255.255.255.128	202.113.28.9
128.96.39.128	255.255.255.128	203.16.23.8
128.96.40.0	255.255.255.128	204.25.62.79
192.4.153.0	255.255.255.192	205.35.8.26

该路由器接收到的某一个数据报的目的地址为 128.96.39.10，则下一跳应是(　　)。
   A. 202.113.28.9　　B. 203.16.23.8　　C. 204.25.62.79　　D. 205.35.8.26
11. 下列叙述错误的是(　　)。
   A. TCP 在两台计算机之间提供可靠的数据流
   B. UDP 只为应用层提供十分简单的服务，不能确保可靠性
   C. IP 提供无连接的分组传送服务，尽最大努力提供传送服务
   D. TCP 是面向无连接的

12. 关于 IP 地址与硬件地址，下列叙述错误的是(　　)。

A. IP 地址放在 IP 数据报的首部，而硬件地址则放在 MAC 帧的首部

B. 在整个通信过程中，IP 数据报在不同的网络上传送时，其源 IP 地址和目的 IP 地址都不发生变化

C. MAC 帧在不同的网络上传送时，其 MAC 帧首部的源地址和目的地址都不发生变化

D. 路由器的每个接口都应有一个不同网络号的 IP 地址

13. 用来测试网络层连通性的命令 ping 是用(　　)实现的。

A. ICMP　　B. IGMP　　C. RIP　　D. OSPF

14. A 类 IP 地址的指派网络号的范围是(　　)。

A. 1～126　　B. 128.1～191.255

C. 192.0.1～223.255.255　　D. 224.0.0～239.255.255

15. 关于 IP 地址，下列叙述错误的是(　　)。

A. 每个 IP 地址都由网络号和主机号两部分组成

B. 在 IP 地址中，所有分配到网络号的网络(不管是范围很小的局域网，还是可能覆盖很大地理范围的广域网)都是平等的

C. 具有不同网络号的局域网可以使用转发器、网桥和路由器进行互联

D. 路由器总是具有两个或两个以上 IP 地址，即路由器的每个接口都有一个不同网络号的 IP 地址

二、填空题

1. 常用的 IP 地址有 A、B、C 三类，199.11.3.31 是一个__________类地址，其网络标识为__________，主机标识为__________。

2. 在 TCP/IP 参考模型的传输层有两个并列的协议是__________与__________。

3. RARP 协议用来将__________转换为__________。

4. RFC1700 中定义的 Telnet 服务器进程的熟知端口是__________，HTTP 服务器进程的熟知端口是__________。

5. 写出下列 IP 地址的网络类别。

(1) 121.36.199.3　　__________

(2) 223.192.65.79　　__________

(3) 20.114.9.1　　__________

三、问答题

1. 网络互联有哪几种类型？说一说你身边的网络互联情况。

2. TCP/IP 网际层中有哪些协议，它们的作用是什么？

3. 如何理解虚拟互联网络？说明路由器的工作原理。

4. IP 地址分为几类，如何表示？IP 地址的主要特点有哪些？

5. 简述说明 IP 地址与物理地址的区别，并说明为什么要使用这两种不同的地址。

6. 把十六进制的 IP 地址 C22F1588 转换成用点分割的十进制形式，并说明该地址属于哪类网络地址，以及该种类型地址的网络最多可能包含多少台主机。

7. 回答以下关于子网掩码的问题。

(1) 子网掩码 255.255.255.0 代表什么？

(2) 一网络的子网掩码为 255.255.255.224，该网络能够连接多少台主机？

(3) 一个 A 类网络和一个 B 类网络的子网号(subnet-id)分别为 16bit 和 8bit，这两个网络的子网掩码有何不同？

8. 一数据报的数据部分为 3 800 字节长，使用固定首部，需要分片为总长度不超过 1 420 字节的数据报片，请填写表 5-8。

表 5-8　填写数据报片

数据	项目			
	总长度(byte)	MF	DF	片偏移量
原始数据报	3820	0	0	0
数据报片 1				
数据报片 2				
数据报片 3				

9. 请根据 Internet 协议(TCP/IP)属性中各 IP 参数配置情况(见图 5-33)，说明 IP 地址、子网掩码和默认网关的作用和意义。

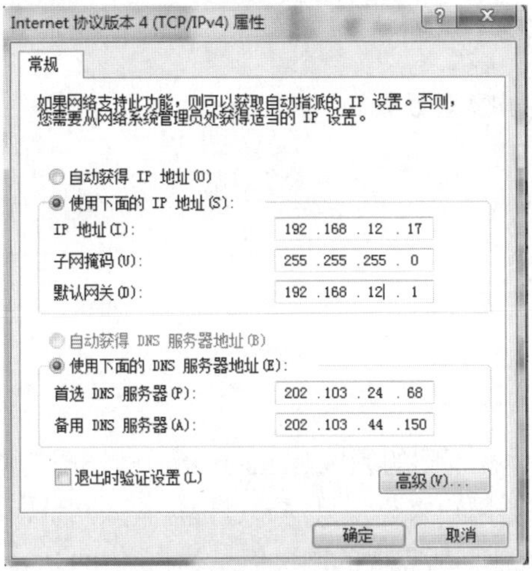

图 5-33　Internet 协议属性

10. 某学院一共有 5 个部门，教务处有 10 台计算机，设备处有 18 台计算机，后勤有 14 台计算机，招毕办有 7 台计算机，学生处有 11 台计算机。这些计算机组成该校局域网，每个部门单独构成一个子网，该校只分配有一个 C 类网络地址 192.168.79.0。

(1) 规划写出各部门子网划分的 IP 地址分配方案。

(2) 如果各部门独立子网需要互相通信，可采用什么办法？请画出网络连接示意图。

第6章

Internet技术

Internet，中文译名为因特网，又称为国际互联网，是世界上最大的计算机网络，连接了世界各地不计其数的网络与计算机，并逐渐成为全球最大的开放信息系统，为人们在科研、工作、商业、学习、生活、娱乐等方面共享信息资源提供了便利。本章将介绍 Internet 的发展历程、常见的接入方式、域名系统，以及 Internet 的一些基本应用。

本章主要讨论以下问题。

- 什么是 Internet？
- Internet 是如何产生和发展的？
- 如何接入 Internet？
- 域名系统如何工作？
- Internet 为我们提供了哪些服务？
- 网络管理包括哪些内容？

6.1 Internet 概述

6.1.1 Internet 的概念

不同的 Internet 用户群体在不同的领域对 Internet 有着不同的使用方式。对于使用 Internet 来阅读新闻或搜索信息的普通用户来说，只需通过键盘输入网址，单击鼠标，就能够通过万维网(WWW)访问 Internet，浏览他们所需要的网页信息。对于借助 Internet 取代传统邮件的人来说，Internet 仅是给其他人发送电子邮件的一种途径。对于工程师或科研人员来说，通过 Internet 可以及时地把重要文件从面前的计算机远程传送到另外一台计算机中。对于网络管理人员或 IT 技术研究人员来说，“远程登录”功能使得他们不需要挪动位置就可以访问需要的设备。此外，对另外一些人来说，Internet 甚至可以是为他们提供娱乐、阅读、辩论、会友、工作的地方。所以说很难给 Internet 下一个总结性的定义。不同的 Internet 用户对 Internet 有不同的认识。

Internet 是一个全球性的开放网络，它将位于世界各地数以万计的计算机及网络相互连接在一起，构成一个可以相互通信的计算机网络系统。从网络通信技术的角度看，Internet 是一个以 TCP/IP 网络协议连接各个国家、各个地区及各个机构计算机网络的数据通信网。从信息资源的角度看，Internet 是一个集各个部门、各个领域的各种信息资源为一体，供网上用户共享的信息资源网。今天的 Internet 已远远超出了网络的含义，网络上的所有用户既可以共享网上丰富的信息资源，也可以把自己的资源发布在网上。人们可以利用 Internet 搜索并获取存储在全球计算机中的海量资料文档，下载所需要的各种软件资源，发布最新实时信息，实现网上购物，与位于不同地理位置的人讨论感兴趣的话题。虽然至今还没有一个准确的定义概括 Internet，但应从通信协议、物理连接、资源共享、相互联系、相互通信的角度综合考虑。因此我们可以尝试着给出这样的概念：Internet 是一个通过路由器把全世界许多计算机网络连接在一起，通过 TCP/IP 通信协议使连接在一起的计算机网络可以进行交换信息，实现服务与资源共享的信息平台。

6.1.2　Internet 的发展历程

自 20 世纪 40 年代第一台计算机问世以来，计算机技术经历了半个多世纪的发展，Internet 的建立和发展使计算机技术在 20 世纪 90 年代达到了高潮，以网络为中心的信息处理时代终于到来了。Internet 是人类历史发展中的一个伟大的里程碑，它是未来信息高速公路的雏形，人类正由此进入一个前所未有的信息化社会。人们用各种名称来称呼 Internet，如国际互联网络、因特网、交互网络、网际网等，它向全世界各大洲延伸和扩散，不断增添、吸收新的网络成员。它已经成为世界上覆盖面最广、规模最大、信息资源最丰富的计算机信息网络。

Internet 起源于美国的 ARPANET 计划，其目的是建立分布式的、存活力强的全国性信息网络。ARPANET 基于分组交换的概念，在网络建设和应用发展的过程中，逐步产生了 TCP/IP 这一广泛应用的网络标准。以 ARPANET 作为主干网的 Internet 产生于 1983 年。随着 TCP/IP 协议被人们广泛接受，越来越多的计算机连接到 Internet 上。目前，Internet 已经成为全世界最大的计算机网络。

因特网是由遍布世界各地的计算机网络互联而成的一个超级计算机网络，在发展过程中，因特网基础结构经历了 3 个阶段的演变。

第一阶段是从单个网络 ARPANET 向互联网发展的过程。1969 年，美国国防部创建了第一个 ARPANET 网，1983 年确定 TCP/IP 协议作为 ARPANET 的标准协议，才使得计算机之间能够互联通信。

第二阶段的特点是建成了三级结构的因特网。20 世纪 90 年代起，美国政府机构和公司的计算机也纷纷入网，建成了由主干网、地区网和校园网(或企业网)三级结构组成的因特网。这一阶段的典型代表是美国国家科学基金网 NSFNET，如图 6-1 所示。

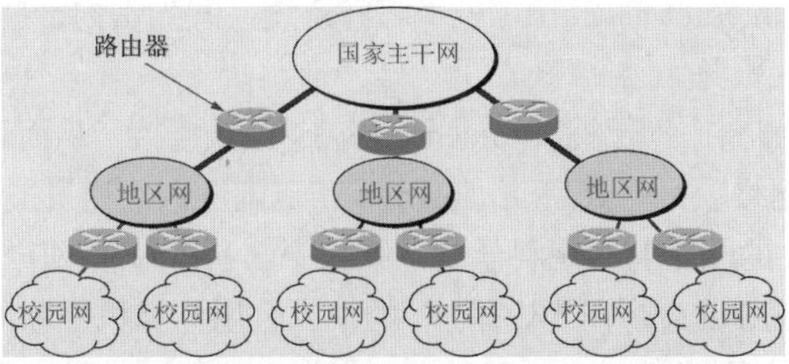

图 6-1　美国国家科学基金网 NSFNET 三级结构

第三阶段的特点是逐渐形成了多层次 ISP 结构的因特网。互联网服务提供商(internet service provider，ISP)，又称为因特网服务提供者，即提供互联网服务的公司。通常大型的电信公司都会兼任互联网供应商。普通用户通过一台接在电话线上的调制解调器与网络服务商 ISP 相连，借助 ISP 接入互联网。网络上的用户是平等的，无地域、职位的限制，也没有计算机型号的差别。1993 年，因特网迅速扩大到全球约 100 多个国家和地区，逐渐形成了多层次 ISP 结构的因特网，如图 6-2 所示。在图中，主机 A 需要经过许多不同层次的 ISP 才能把数据传递给主机 B。

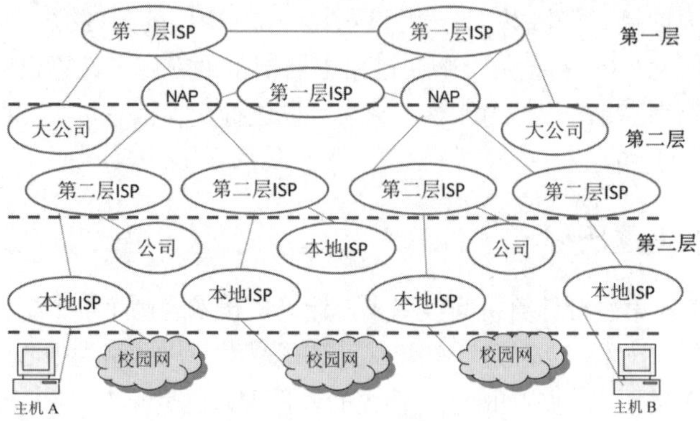

图 6-2　多层次 ISP 结构的因特网

Internet 的迅速崛起，引起了全世界的瞩目，我国也非常重视信息基础设施的建设，注重与 Internet 的连接。目前，已经建成和正在建设的信息网络，对我国科技、经济、社会的发展，以及与国际社会的信息交流产生着深远的影响。

早在 1987 年，中国科学院高能物理研究所(简称为高能所)首先通过低速的 X.25 租用线实现了国际远程联网，并于 1988 年实现了与欧洲及北美洲地区的 E-mail 通信。1993 年 3 月，经电信部门的大力配合，开通了由北京高能所到美国斯坦福大学(Stanford University)直线加速器中心的高速计算机通信专线。1994 年 5 月，高能所的计算机正式进入了 Internet(后来发展为中国科学技术网络，即 CSTNET)。与此同时，以清华大学作为物理中心的中国教育与科研计算机网(CERNET)正式立项，并于 1994 年 6 月正式连通 Internet。1994 年 9 月，中国电信部门开始进入 Internet，中国公用计算机互联网(CHINANET)正式诞生。之后，原电子工业部系统的中国金桥信息网(CHINAGBN)也开通了。随着中国 Internet 四大主力的崛起，以及政府部门制定“三金”工程，在中国，Internet 越来越成为人们科研工作甚至是日常生活中重要的一部分。

1987 年至 1993 年是 Internet 在中国的起步阶段，国内的科技工作者开始接触 Internet 资源。在此期间，以高能所为首的一批科研院所与国外机构合作开展了一些与 Internet 联网的科研课题，通过拨号方式使用 Internet 的 E-mail 电子邮件系统，并为国内一些重点院校和科研机构提供国际 Internet 电子邮件服务。

从 1994 年开始至今，中国实现了和 Internet 的 TCP/IP 连接，从而逐步开通了 Internet 的全功能服务，大型计算机网络项目正式启动，Internet 在我国进入飞速发展时期。目前经国家批准，国内可直接连接 Internet 的网络有中国科学院主管的中国科学技术网(CSTNET)、中国教育部主管的中国教育科研网(CERNET)、中国电信主管的中国公用计算机互联网(CHINANET)、中国吉通公司主管的中国金桥信息网(CHINAGBN)、中国联通公司主管的中国联通互联网(UNINET)、中国网通公司(2008 年与中国联通正式合并)主管的中国网通公用互联网(CNCNET)、中国移动互联网(CMNET)等。授权网输入口分设在北京、上海和广州，某种意义上它充当着“信息海关”的作用，对来往信息进行监管、过滤。

其中，中国科学技术网、中国教育科研网、中国公用计算机互联网、中国金桥信息网资历较老，基础雄厚，被称为中国 Internet 的四大骨干网。

随着世界各国信息高速公路计划的实施，Internet 主干网的通信速度将大幅度提高；有线、无线等多种通信方式将更加广泛、有效地融为一体；Internet 的商业化应用将大量增加，商业应用的范围也将不断扩大；Internet 的覆盖范围、用户入网数以令人难以置信的速度发展；Internet 的管理与技术将进一步规范化，其使用规范和相应的法律规范正逐步健全和完善；网络技术不断发展，用户界面更加友好；各种令人耳目一新的使用方法不断推出，最新的发展包括云计算、互联网大数据、“互联网+”等；网络资源急剧膨胀。总之，人类社会必将更加依赖 Internet，人们的生活方式将因此发生根本的改变。

6.1.3 Internet 的标准化工作

1992 年，因特网不再归美国政府管辖，因此成立了一个国际性的组织——因特网协会(Internet Society)，以便对因特网进行全面的管理与引导。随着 Internet 变得越来越大，覆盖范围越来越广，不断应用新技术来加强 Internet 的功能。事实上，Internet 仍沿袭了 20 世纪 60 年代形成时的多元化模式，通过相关的几个组织引导新的 Internet 技术、管理注册过程，以及处理其他与网络主要运行相关的事情。

1) Internet 协会

Internet 协会(ISOC)是一个专业性的会员组织，由来自 100 多个国家的 150 个组织和 6000 名个人成员组成，这些组织和个人展望影响 Internet 现在和未来的技术。ISOC 由几个负责 Internet 结构标准的组织组成，包括 Internet 体系结构组(IAB)和 Internet 工程任务组(IETF)。

2) Internet 体系结构组

Internet 体系结构组(IAB)以前称为 Internet 行动组，是 Internet 协会的技术顾问，该小组定期开会，考查由 Internet 工程任务组和 Internet 工程指导组提出的新思想和建议，并给 IETF 带来一些新的想法和建议。

3) Internet 工程任务组

Internet 工程任务组(IETF)是由网络设计者、制造商和致力于网络发展的研究人员组成的一个开放性组织。IETF 一年会晤 3 次，主要的工作通过电子邮件组来完成，IETF 被分成多个工作组，每个组有特定的主题。IESG 工作组包括超文本传送协议(HTTP)和 Internet 打印协议(IPP)工作组。

4) Internet 工程指导组

Internet 工程指导组(IESG)负责 IETF 活动和 Internet 标准化过程的技术性管理，IESG 也保证了 ISOC 的规定和规程能顺利进行。IESG 给出了关于 Internet 标准规范采纳前的最后建议。

5) Internet 编号管理局

Internet 编号管理局(IANA)负责分配 IP 地址和管理域名空间，IANA 还控制 IP 协议端口号和其他参数，IANA 在 ICANN 下运作。

6) Internet 名称与数字地址分配机构(ICANN)

ICANN 是为国际化管理名字和编号而形成的组织，其目标是帮助 Internet 域名和 IP 地址管理从政府向民间机构转换。当前，ICANN 参与共享式注册系统(shared registry system，SRS)。通过 SRS，Internet 域的注册过程是开放式公平竞争的。

7) Internet 网络信息中心和其他注册组织

国际互联网络信息中心(internet network information center，InterNIC)从 1993 年起由 Network Solutions 公司运作，负责最高级域名的注册(.com，.org，.net，.edu)，InterNIC 由美国国家电信和信息管理机构(NTIA)监督，这是商业部的一个分组。InterNIC 把一些责任委派给其他官方组织(如国防部 NIC 和亚太地区 NIC)。最近有一些建议想把 InterNIC 分成更多的组，其中一个建议是已知共享式注册系统(SRS)，SRS 在域注册过程中努力引入公平和开放的竞争。当前，有 60 多家公司进行注册管理。

6.2 Internet 的接入

Internet 由众多网络互联而成，因此，要访问 Internet 上的资源，首先要将本地计算机连接到 Internet 上，使其成为 Internet 上的一部分。在互联网络中，一些超级服务器通过高速的主干网(如光缆、微波或卫星)相连，而一些较小规模的网络则通过众多的支干与这些巨型服务器连接。互联网各主机之间的物理连接是利用常规电话线、高速数据线、卫星、微波或光纤等各种通信手段。

本地计算机接入 Internet 的方式有很多种，随着技术的不断发展和不同用户群产生的需求，新的接入技术也不断被提出来。个人用户和企业用户的上网方式存在一定的区别，企业级用户多以局域网或广域网方式接入 Internet，要求更高的传输速率、不间断的网络连接和更高的服务质量，其接入方式多采用专线入网。对于个人用户来说，可选择的方案较多，除了采用调制解调器拨号上网之外，随着技术的发展，如 ISDN、ADSL、Cable Modem、掌上计算机及手机上网都是可选择的接入方式。家庭用户目前最常见的是利用小型路由器配合 ADSL 或 FTTB 的模式上网。

要想通过计算机访问 Internet，必须先将计算机接入 Internet。接入方式即用户采用什么设备，通过什么线路接入互联网。常见的 Internet 接入方式主要有拨号接入、局域网接入、无线接入和光纤接入等。

1) 拨号接入

拨号接入是个人用户接入 Internet 最早使用的方式之一，也是目前为止我国个人用户接入 Internet 使用较广泛的方式之一。拨号接入 Internet 是利用电话网建立本地计算机和 ISP 之间的连接，主要适用于居民区用户。拨号接入主要分为电话拨号、ISDN 和 ADSL 3 种方式。其中 ADSL 属于虚拟拨号接入方式。

电话拨号上网方式在 Internet 早期非常流行，因为这种方式非常简单，如图 6-3 所示。只需要具备一条能连接 ISP 的电话线、一台计算机、一台外置调制解调器(Modem)或内置解调器卡，并在 ISP 办理必要的申请手续，就可以上网了。电话拨号上网的缺点：由于线路限制，接入速度慢；上网和使用电话通话不能同时进行。因此，现在已经很少使用这种方式接入 Internet 了。

图 6-3　电话拨号上网方式

综合业务数字网(integrated service digital network，ISDN)是一种能够同时提供多种服务的综合性公用电信网络。为解决电话网速度慢、服务单一的问题，在公用电话网发展的基础上，ISDN 提供语音、图像、视频、数据等综合应用和服务。此外，ISDN 所提供的拨号上网速度要远远高于电话拨号接入，并且 ISDN 可以同时提供上网和电话通话的功能。它是 20 世纪 80 年代末在国际上兴起的新型通信方式。但是在 ISDN 大面积部署的时候，中国还没有引入此项技术。当欧美国家 ISDN 很普遍的时候，中国才开始引入。而此时，ADSL 技术已经成熟并向市场推广了。这样 20 世纪 90 年代中期只有北京、上海、广州等少数几个试点城市 ISDN 安装得比较多，其他城市只是小面积地使用。而当时中国电信提供的“2B＋D”方案是窄带 ISDN 标准，只能提供 128Kb/s 的速率。ISDN 不像 ADSL 那样语音与数据容易分离，因此用户必须使用全部数字化的设备，这就出现了运营商和用户都要投资的状况。ISDN 不能灵活地适应中国需求多样化的市场，只能淡出市场角逐。

非对称数字用户线(asymmetric digital subscriber line，ADSL)技术，是 xDSL 技术的一种类型，主要使用数字技术对现有的模拟电话用户线进行改造，使它能够承载宽带业务。ADSL 以普通的电话铜线作为传输介质，在不影响原有语音信号的基础上，扩展了电话线的功能，为用户提供上、下行非对称的传输速率(带宽)，上行速率(从用户到网络)可达 640Kb/s，最高下行速率(从网络到用户)可达 8Mb/s。它最初主要是针对视频点播业务开发的，随着技术的发展，逐步成为一种较好的宽带接入技术并受到各方面的重视。由于其数据传输的非对称性，特别适用于个人家庭用户、小型企业和单位部门用户接入 Internet。基于 ADSL 的接入网设备是数字用户线接入复用器，其中包括许多 ADSL 调制解调器，基于 ADSL 的接入网如图 6-4 所示。ADSL 最大的好处就是可以利用现有电话网中的用户线，不需要重新布线。

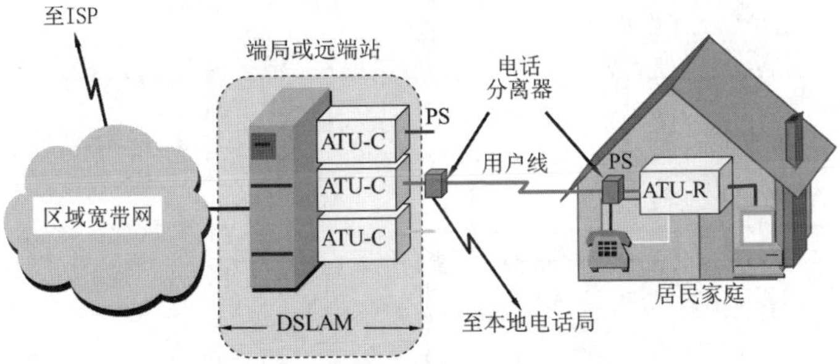

图 6-4　基于 ADSL 的接入网

ADSL 借助在用户线两端安装的 ADSL 调制解调器(即 ATU-R 和 ATU-C)，对数字信号进行调制，使得调制后的数字信号频谱仍然适合在原来的用户线上传输，用户线本身并没有发生变化。

2) 局域网接入

目前我国很多单位都已经建立了局域网，例如，现在所有的高等院校都已经建立起了功能强大的校园网，并且接入了 Internet，用户可以很容易地通过校园网接入 Internet。

使用局域网接入 Internet，其全部利用数字线路传输，不受传统电话网带宽的限制，可以提供高达数十兆甚至上千兆的桌面接入速度，比拨号接入要快得多，因此更受用户青睐。但是局域网不像电话网那样遍布人们生活的各个角落，局域网接入 Internet 受到用户所在单位的制约。如果用户所在位置没有构建局域网，或者构建的局域网没有接入 Internet，那么用户就无法采用局域网方式接入 Internet。

3) 无线接入

通过无线方式接入 Internet 可以省去铺设有线网络的麻烦，而且用户可以随时随地上网，不受线路束缚。因而，这种方式在生活和工作节奏都加快了的今天，越来越受到用户的青睐。目前有很多种设备都支持无线接入，大到台式计算机，小到智能手机。

个人无线接入方案主要有两大类，一类是使用无线局域网的方式，用户端使用计算机和无线网卡，服务端则使用无线信号发射装置提供连接信号，这种方式连接方便并且传输速度快，每个 AP 覆盖范围可达数百米，适用于家庭和小企业；另一类是直接使用手机卡通过蜂窝移动通信系统接入因特网。当前，第五代移动电话行动通信标准(5G)技术正处在全面推广应用时期。

4) 光纤接入

混合光纤同轴电缆(hybrid fiber-coaxial，HFC)是一种经济实用的综合数字服务宽带网接入技术。HFC 通常由光纤干线、同轴电缆支线和用户配线网络三部分组成，如图 6-5 所示。HFC 网在目前覆盖面很广的有线电视网的基础上，将从有线电视台出来的节目信号先转换成光信号在干线上传输，到用户区域后再把光信号转换成电信号，经分配器分配后通过同轴电缆传输给用户。它与早期 CATV 同轴电缆网络的不同之处主要在于，在干线上用光纤传输光信号，在前端需完成电—光转换，进入用户区后要完成光—电转换。HFC 网不仅可以提供原 CATV 网提供的业务，还可以提供电话、数据和其他宽带交互型业务。HFC 网的主干线路采用光纤，其网络拓扑结构为星型或环型结构，支线和配线网络的同轴电缆部分采用树状或总线式结构，整个网络按照光纤节点划分成一个服务区。HFC 具备强大的功能和高度的灵活性，这些特性深受有线电视网络公司和电信服务供应商的青睐。

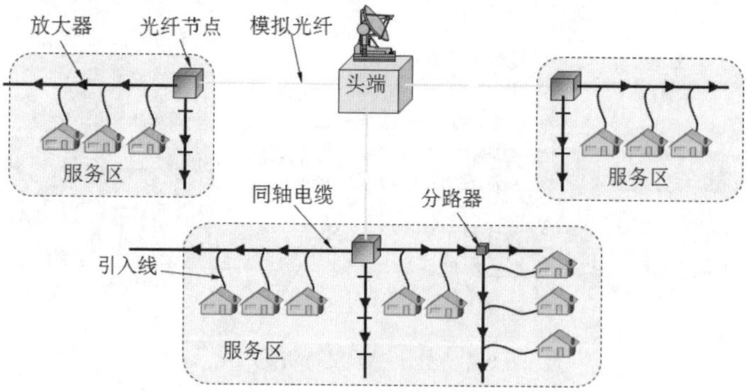

图 6-5　HFC 网的结构图

FTTx 是新一代的光纤用户接入网，用于连接电信运营商和终端用户。FTTx 的网络可以是有源光纤网络，也可以是无源光纤网络。有源光纤网络的成本相对高昂，实际上在用户接入网中应用得很少，所以目前通常所指的 FTTx 网络都是无源光纤接入网。FTTx 的网络结构可以是点对点(P2P)，也可以是点对多点(P2MP)。FTTx 接入采用光纤媒质代替部分或全程的传统金属线媒质，将光纤从局端位置向用户端延伸。FTTx 是上述宽带光纤接入网的各种应用类型的统称，“x”有多种变体，可以是光纤到大楼(FTTB)、光纤到交接箱(FTTCab)、光纤到路边(FTTC)、光纤到桌面(FTTD)、光纤到户(FTTH)、光纤到驻地(FTTP)、光纤到办公室(FTTO)、光纤到用户(FTTu)等。

6.3 域名系统 DNS

为了解决用户难以记忆 IP 地址的问题，研究人员提出了域名的概念。在 Internet 上域名与 IP 地址是一一对应的，域名虽然便于人们记忆，但计算机之间只能互相识别 IP 地址。它们之间的转换工作称为域名解析，域名解析需要专门的域名服务器完成，整个过程是自动的。

域名转换的工作过程如图 6-6 所示。在图中，如果源主机要访问域名为“www.hustwb.edu.cn”的主机，首先要向主 DNS 服务器发送名字查询请求。如果主 DNS 服务器查到该域名对应的 IP 地址为“218.199. 144.6”，则向该主机返回包含有 IP 地址的查询响应；否则，主 DNS 服务器向其他 DNS 服务器发送查询请求。源主机得到目的主机的 IP 地址后，通过 IP 地址就可以访问目的主机了。

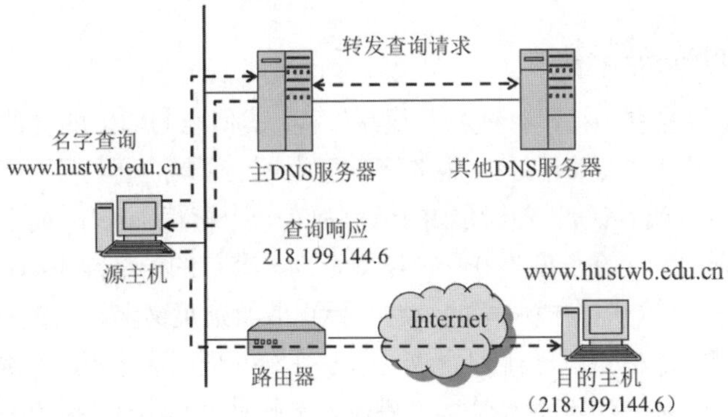

图 6-6　域名转换的工作过程

6.3.1　域名系统概述

域名系统(domain name system，DNS)是因特网的一项服务，它是将域名和 IP 地址相互映射的一个分布式数据库，用来把便于人们使用的机器名字转换为 IP 地址，使用户更方便地访问互联网。

DNS 服务是计算机网络上较常使用的服务之一。通过 DNS 可以实现主机 IP 地址与域名之间的相互转换，以及对特定 IP 地址或域名的路由解析与寻找。

DNS 概述

要进行域名解析，就需要从域名的后面向前一级级地查找这个域名。因此 Internet 上就有一些 DNS 服务器为 Internet 的顶级域提供解析服务，这些 DNS 服务器称为根 DNS 服务器。知道了根 DNS 服务器的地址，就能按级查找任何具有 DNS 域名的主机名字。

根据上述设计目标，DNS 设计包含以下 3 个重要组成部分。

1) 域名空间(domain name space)和资源记录(resource record)

域名的命名采用层次结构的方法，包括顶级域名和二级域名。每个域都有不同的组织来管理，而这些组织又可将其子域分给下级组织来管理。资源记录是与名字相关联的数据，域名空间的每一个节点包含一系列的资源信息，查询操作就是抽取有关节点的特定类型信息。资源记录存在形式是运行域名服务主机上的主文件(master file)中的记录项，可以包含以下类型字段：Owner，资源记录所属域名；Type，资源记录的资源类型，A 表示主机地址，NS 表示授权域名服务器，等等；Class，资源记录协议类型，IN 表示 Internet 类型；TTL，资源记录的生存期；

RDATA，相对于 Type 和 Class 的资源记录数据。

2) 域名服务器(domain name server)

域名服务器用以提供域名空间结构及信息的服务器程序。域名(名字)到 IP 地址的解析是由若干个域名服务器程序完成的。域名服务器程序在专设的节点上运行，运行该程序的机器称为域名服务器。域名服务器可以缓存域名空间中任一部分的结构和信息，但通常特定的域名服务器包含域名空间中一个子集的完整信息和指向能用以获得域名空间其他任一部分信息名字服务器的指针。

3) 解析器(resolver)

解析器的作用是应客户程序的要求从名字服务器抽取信息。解析器必须能够存取一个名字服务器，直接由它获取信息或是利用名字服务器提供的参照，向其他名字服务器继续查询。解析器一般是用户应用程序可以直接调用的系统进程，不需要附加任何网络协议。

6.3.2 Internet 的域名结构

为了便于管理，域名空间被设计成树状层次结构，类似于 UNIX 的文件系统结构，如图 6-7 所示。最高级的节点称为“根”(root)，根的下一层为顶层子域，再往下是第二层子域、第三层子域等。每一个子域，或者说是树状图中的节点都有一个标识(label)。标识可以包含英文大小写字母、数字和下划线，允许长度为 0～63 字节，同一节点的子节点不可以用同样的标识，而长度为 0 的标识(即空标识)是为根保留的。通常标识取特定英文名词的缩写。节点的域名是由该节点到根的所经节点的标识顺序排列而成，从左往右，列出离根最远到最近的节点标识，中间以“.”分隔，例如，hustwb.edu.cn 是华中科技大学武昌分校服务器主机的域名，它的顶级域名是 cn，二级域名是 edu.cn，三级域名是 hustwb.edu.cn，也是绝对域名。域名空间的管理是分布式的，每个域名空间节点的域名管理者可以把自己管理域名的下一级域名代理给其他管理者管理，通常域名管理边界与组织机构的管理权限相符。

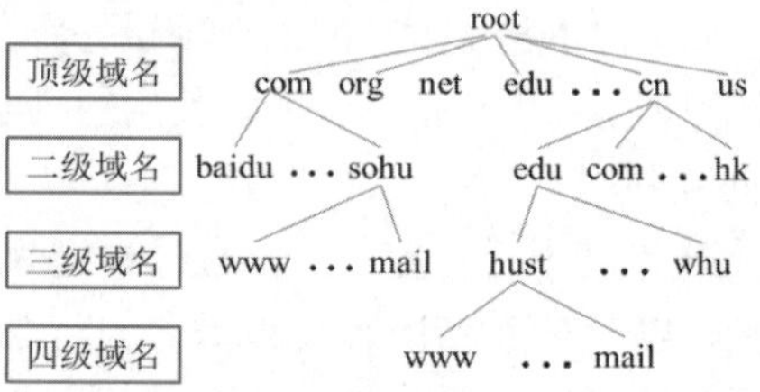

图 6-7 Internet 域名空间

Internet 最初起源于美国，因此最早的域名并无国家标识，国际互联网络信息中心最初设计了 6 个通用域名，它们分别以不同的后缀结尾，代表不同的类型，6 个通用域名如表 6-1 所示。

表 6-1 6 个通用域名

com	商业公司
org	组织、协会等
net	网络服务
edu	教育机构
gov	政府部门
mil	军事领域

1998 年 1 月开始，又启用了 7 个新的顶级域名，如表 6-2 所示。

表 6-2　7 个新的顶级域名

arts	艺术机构
firm	商业公司
info	提供信息的机构
nom	个人或个体
rec	消遣机构
store	商业销售机构
web	与 WWW 相关的机构

截至 2006 年 12 月，现有顶级域名 265 个(包括以上 6 个通用域名)，分为以下两类。

(1) 国家顶级域名。共有 247 个，常用两个字母表示。例如，fr 表示法国，jp 表示日本，us 表示美国，uk 表示英国，cn 表示中国。

(2) 通用顶级域名。共有 18 个，如 com(公司企业)、edu(教育机构)、gov(政府部门)、int(国际组织)等。

通常，我们有国内域名和国际域名的说法，其区别在于域名后面是否加“cn”。随着 Internet 向全世界的发展，除了 edu、gov、mil 一般只在美国专用外，另外 3 个(com、org、net)已成为全世界通用的域名，因此这 3 个域名通常被称为国际域名。

6.3.3　域名服务器

互联网不同主机要进行通信，每台宿主机都要有一个唯一的 IP 地址。因此，必须通过域名服务器 DNS 将域名地址解析成 IP 地址。域名地址由域名系统(DNS)管理。每个连到 Internet 的网络中都有至少一个域名服务器，其中存有该网络中所有主机的域名和对应的 IP 地址，通过与其他网络的域名服务器相连就可以找到其他站点。每个 DNS 地址包含几部分，每部分都用点隔开，地址的每一部分称为域，一个服务器所负责管辖的范围叫作区(zone)。为了提高域名系统运行的效率，DNS 采用划分区的办法来管理域名。区是 DNS 服务器实际管辖的范围，区可能等于或小于域，但是一定不能大于域。

除了从域名查找主机的 IP 地址这种正向的查找方式，还有从 IP 地址反查主机域名的解析方式。很多情况下网络中使用反向解析来确定主机的身份。查找域名的反向解析是从前面的网络地址向后面的节点地址逐级查找，因此 IP 地址 zone 是 IP 地址的前面部分。然而一台主机的域名可以任意设置，并不一定与 IP 地址相关，因此正向查找和反向查找是两个不同的查找过程，需要配置不同的 zone。域名服务使用 zone 的概念表示一台域内的主机，zone 只是域的一部分，而不是整个域。因为 zone 中不包括域下的子域，例如，域名 www.example.org.cn 的域为 example.org.cn，这是一个独立的 zone。这个域下可由子域组成，例如，www.sub.example.org.cn 就属于其子域 sub.example.org.cn，子域也是一个独立的 zone，并不包括在 example.org.cn 这个 zone 之内，作为域的 example.org.cn 中就包括 sub.example.org.cn 子域。

因特网上的域名服务器也是按层次安排的，DNS 允许一个域名服务器把它的一部分名称服务(众所周知的 zone)“委托”给子服务器，从而实现了一种层次结构的名称空间。每个域名服务器都只对域名体系中的一部分进行管辖。根据域名服务器所起的作用，可以把域名服务器划分为以下 4 种类型。

(1) 根域名服务器。最高层次的域名服务器是根域名服务器，主要用来管理互联网的主目录，全世界只有 13 个。1 个为主根服务器，位于美国。其余 12 个均为辅根服务器，其中 9 个位于美国；欧洲 2 个，位于英国和瑞典；亚洲 1 个，位于日本。所有根服务器均由美国政府授权的互联网名称与数字地址分配机构(ICANN)统一管理，该机构主要负责管理全球互联网域名根服务器、域名体系和 IP 地址等。

(2) 顶级域名服务器。顶级域名服务器负责管理在该顶级域名服务器注册的所有二级域名。

(3) 权限域名服务器。权限域名服务器即负责一个区的域名服务器。

(4) 本地域名服务器。每一个因特网服务提供者(ISP)，一个大学，甚至一个大学里的系，都可以拥有一个本地域名服务器。当一台主机发出 DNS 查询请求时，这个查询请求报文就发送给本地域名服务器。这种域名服务器有时也称为默认域名服务器。

主机向本地域名服务器的查询一般都是递归查询。如果主机所询问的本地域名服务器不知道被查询域名的 IP 地址，那么本地域名服务器就以 DNS 客户的身份向其他根域名服务器继续发出查询请求报文。

本地域名服务器向根域名服务器的查询通常是迭代查询。当根域名服务器收到本地域名服务器的迭代查询请求报文时，要么给出所要查询的 IP 地址，要么告诉本地域名服务器：“你下一步应当向哪一个域名服务器进行查询。”然后让本地域名服务器进行后续的查询。

下面我们简单地描述一下 DNS 解析过程。

(1) 客户机提出域名解析请求，并将该请求发送给本地的域名服务器。

(2) 当本地的域名服务器收到请求后，先查询本地的缓存，如果有该记录项，则本地的域名服务器就直接把查询的结果返回。

(3) 如果本地的缓存中没有该记录，则本地域名服务器就直接把请求发给根域名服务器，然后根域名服务器再返回给本地域名服务器一个所查询域(根的子域)的主域名服务器的地址。

(4) 本地服务器再向上一步返回的域名服务器发送请求，然后接受请求的服务器查询自己的缓存，如果没有该记录，则返回相关的下级的域名服务器的地址。

(5) 重复第四步，直到找到正确的记录。

(6) 本地域名服务器把返回的结果保存到缓存，以备下一次使用，同时将结果返回给客户机。

让我们通过一个例子来详细了解解析域名的过程。假设我们的客户机 x.bd.com 想要访问站点 y.qx.com，此客户本地的域名服务器是 dns.bd.com，所要访问的网站的权限域名服务器是 dns.qx.com，顶级域名服务器是 dns.com，域名解析过程如图 6-8 所示。

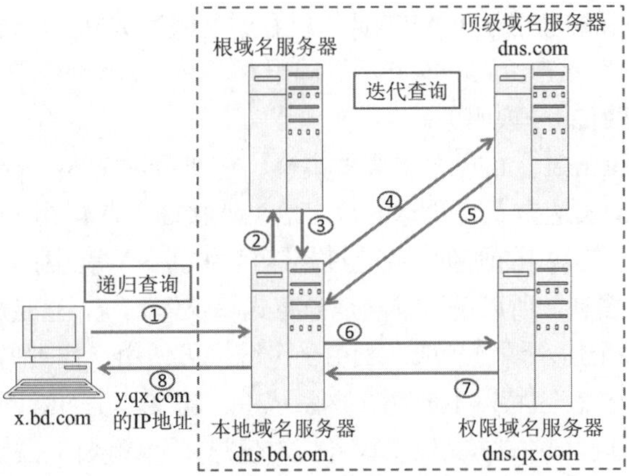

图 6-8　域名解析过程

客户机 x.bd.com 想要与主机 y.qx.com 通信，就必须知道主机 y.qx.com 的 IP 地址，查询步骤如下。

(1) 客户机向本地域名服务器发出请求解析域名 y.qx.com 的报文，此时为递归查询。

(2) 本地域名服务器 dns.bd.com 采用迭代查询，收到请求后，查询本地缓存，假设没有该记录，则本地域名服务器向根域名服务器请求解析域名 y.qx.com。

(3) 根域名服务器收到请求后，查询本地记录，找到下一次应查询的根域名服务器及其 IP 地址，并将结果返回给本地域名服务器。

(4) 本地域名服务器收到回应后，再向顶级域名服务器发出请求解析域名 y.qx.com 的报文。

(5) 顶级域名服务器收到请求后，开始查询本地的记录，找到下一次应查询的权限域名服务器 dns.qx.com 及其 IP，并将结果返回给本地域名服务器。

(6) 本地域名服务器向权限域名服务器 dns.qx.com 进行查询。

(7) 权限域名服务器 dns.qx.com 将所查询到的主机 y.qx.com 的 IP 地址告诉本地域名服务器 dns.bd.com。

(8) 本地域名服务器将返回的结果保存到本地缓存，同时将结果返回给客户机 x.bd.com。

这样就完成了一次域名解析。为了提高 DNS 的查询效率，每个域名服务器都维护一个高速缓存，存放最近用过的名字，以及从何处获得名字映射信息的记录。这样可大大减轻根域名服务器的负荷，使因特网上的 DNS 查询请求和回答报文的数量大大减少。为保持高速缓存中的内容正确，域名服务器应为每项内容设置计时器，并处理超过合理时间的项。

6.4 WWW 服务

万维网(World Wide Web，WWW/Web)是一个由许多互相链接的超文本组成的系统，通过互联网访问。在这个系统中，每个有用的事物，称为一样“资源”，并且由一个全局“统一资源标识符”(URI)标识，这些资源通过超文本传送协议(hypertext transfer protocol，HTTP)传送给用户，而后者通过单击链接来获得资源。万维网联盟(World Wide Web consortium，W3C)，又称为 W3C 理事

WWW 服务

会，于1994年10月在麻省理工学院(MIT)计算机科学实验室成立。万维网联盟的创建者是万维网的发明者蒂姆•伯纳斯•李。万维网并不等同于互联网，万维网只是互联网所能提供的服务之一，是靠着互联网运行的一项服务。

WWW是建立在Internet上的一种多媒体集合，它使用超媒体(hypermedia)数据管理技术，通过超文本(hypertext)的表达方式将全球的数字信息连接在一起。用户使用浏览器就可以看到WWW上图文并茂、五花八门的画面，并通过超链接的方法，得到存放在不同地理位置主机上的文字、声音、图片的资料。所以说万维网是分布式超媒体系统，它是超文本(hypertext)系统的扩充。一个超文本由多个信息源链接成。利用一个链接可使用户找到另一个文档。这些文档可以位于世界上任何一个接在因特网上的超文本系统中。超文本是万维网的基础。超媒体与超文本的区别是文档内容不同，超文本文档仅包含文本信息，而超媒体文档还包含其他表示方式的信息，如图形、图像、声音、动画、视频等。

万维网用链接的方法能非常方便地从因特网上的一个站点访问另一个站点(见图6-9)，从而主动地按需获取丰富的信息。

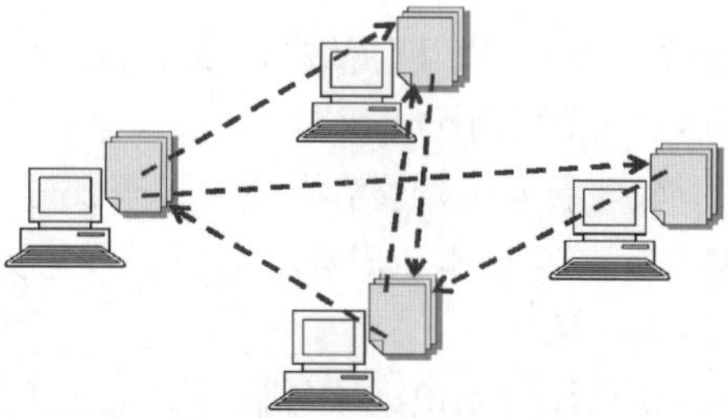

图6-9　万维网链接方式

万维网以客户/服务器方式工作。浏览器就是在用户计算机上的万维网客户程序。万维网文档所驻留的计算机则运行服务器程序，因此该计算机也称为万维网服务器。客户程序向服务器程序发出请求，服务器程序向客户程序送回客户所要的万维网文档。在一个客户程序主窗口上显示出的万维网文档称为页面(page)。

万维网的核心部分是由以下3个标准构成的。

(1) 统一资源定位符(uniform resource locator，URL)，是一个世界通用的负责给万维网上的资源(如网页)定位的系统。使用统一资源定位符(URL)来标志万维网上的各种文档，使每一个文档在整个因特网的范围内具有唯一的标识符URI。

(2) 超文本传送协议(hypertext transfer protocol，HTTP)，用于规定浏览器和服务器怎样互相交流。HTTP是一个应用层协议，它使用TCP连接进行可靠的传送。

(3) 超文本标记语言(hypertext markup language，HTML)，其作用是定义超文本文档的结构和格式。超文本标记语言(HTML)使得万维网页面的设计者可以很方便地用一个超链从本页面的某处，链接到因特网上任何一个万维网页面，并且能够在自己的计算机屏幕上将这些页面显示出来。

6.4.1 统一资源定位符

统一资源定位符(URL)是对可以从因特网上得到的资源的位置和访问方法的一种简洁的表示。URL给资源的位置提供一种抽象的识别方法，并用这种方法给资源定位。只要能够对资源定位，系统就可以对资源进行各种操作，如存取、更新、替换，以及查找其属性。URL 相当于一个文件名在网络范围的扩展。因此，URL 是与因特网相连的机器上的任何可访问对象的一个指针。

URL 一般由以冒号隔开的两大部分组成，并且在 URL 中对字符的大写或小写没有要求。URL 的一般形式如下。

```
<协议>://<主机>:<端口>/<路径>
```

这里的协议就是指定使用的传输协议，最常用的是 HTTP，它也是目前 WWW 中应用最广的协议，其次是 FTP(文件传输协议)。主机是指存放资源的服务器的域名系统(DNS)、主机名或 IP 地址。有时，在主机名前也可以包含连接到服务器所需的用户名和密码(格式：username@password)。端口号是 0～65 535 的整数，省略时使用默认端口号，各种传输协议都有默认的端口号，如 HTTP 的默认端口号为 80。如果输入时省略，则使用默认端口号。有时候出于安全或其他考虑，可以在服务器上对端口号进行重定义，即采用非标准端口号。此时，URL 中就不能省略端口号这一项。由多个“/”符号隔开的字符串，一般用来表示主机上的一个目录或文件地址，有时可省略。

例如，http://www.hustwb.edu.cn/structure/xxgk/xxjj 是华中科技大学武昌分校“学校简介”页面的 URL，其中 HTTP 是访问万维网要使用的协议，“www.hustwb.edu.cn”是武昌分校网站的主机名(主机名后省略了默认的端口号 80)，“/structure/xxgk/xxjj”是访问该页面所在的路径。

6.4.2　超文本传送协议

为了使超文本的链接能够高效率地完成，需要用 HTTP 来传送一切必需的信息。从层次的角度看，HTTP 是面向事务的(transaction-oriented)应用层协议，它是万维网上能够可靠地交换文件(包括文本、声音、图像等各种多媒体文件)的重要基础。万维网的工作过程如图 6-10 所示。

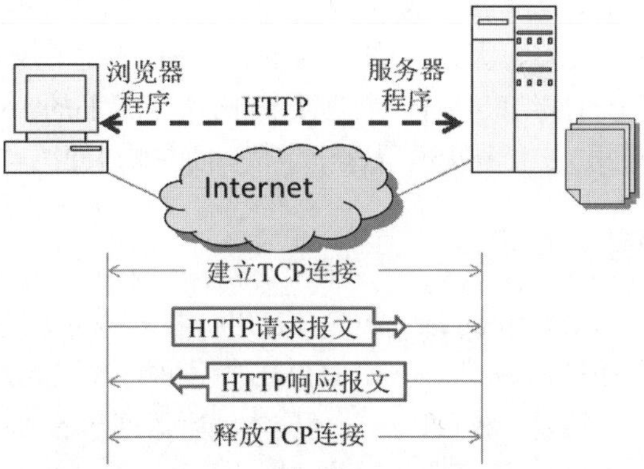

图 6-10　万维网的工作过程

当用户单击访问文档中的某个链接后(此处以 http://www.tsinghua.edu.cn 为例)，将会依次发生以下事件。

(1) 浏览器分析超链接指向页面的 URL。

(2) 浏览器向 DNS 请求解析 www.tsinghua.edu.cn 的 IP 地址。

(3) 域名系统 DNS 解析出清华大学服务器的 IP 地址。

(4) 浏览器与服务器建立 TCP 连接。

(5) 浏览器发出取文件命令：GET /chn/yxsz/index.htm。

(6) 服务器给出响应，把文件 index.htm 发给浏览器。

(7) TCP 连接释放。

(8) 浏览器显示“清华大学院系设置”文件 index.htm 中的所有文本。

HTTP 本身也是无连接的，只是它使用了面向连接的 TCP 向上提供的服务。HTTP/1.1 使用持续连接。万维网服务器在发送响应后仍然在一段时间内保持这条连接，使同一个客户(浏览器)和该服务器可以继续在这条连接上传送后续的 HTTP 请求报文和响应报文。这并不局限于传送同一个页面上链接的文档，只要这些文档都在同一个服务器上就行。目前一些流行的浏览器(如 IE 6.0)的默认设置就是使用 HTTP/1.1。

HTTP 有两类报文：请求报文——从客户向服务器发送请求报文；响应报文——从服务器到客户的回答。HTTP 是面向正文的(text-oriented)，因此在报文中的每一个字段都是一些 ASCII 码串，因而每个字段的长度都是不确定的。HTTP 请求报文和响应报文的结构如图 6-11 所示。

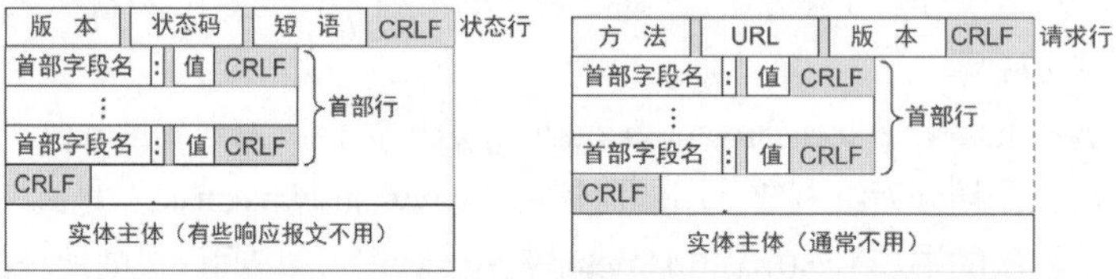

图 6-11　HTTP 请求报文和响应报文的结构

由结构图可以看出，HTTP 请求报文和响应报文都包括开始行、首部行和实体主体。只是请求报文和响应报文的开始行不同。

(1) 开始行：用于区分是请求报文还是响应报文。在请求报文中，开始行就是请求行。而在响应报文中开始行叫作状态行。开始行的 3 个字段之间都以空格分割开，最后的“CRLF”代表回车和换行。

(2) 首部行：用来说明浏览器、服务器或报文主体的一些信息。报文可以有好几行，每一行结束也要有回车和换行。整个首部结束要有一个空行将首部行和后面的实体主体分开。

(3) 实体主体：在请求报文中一般不用这个字段，而在响应报文中也可能没有这个字段。

6.4.3　超文本标记语言

超文本标记语言(hypertext markup language，HTML)中 markup 的意思就是“设置标记”。HTML 定义了许多用于排版的命令(即标签)，HTML 把各种标签嵌入万维网的页面，这样就构成了 HTML 文档。HTML 文档是一种可以用任何文本编辑器创建的 ASCII 码文件。仅当 HTML 文档是以.html 或.htm 为后缀时，浏览器才对此文档的各种标签进行解释。例如，当 HTML 文档以.txt 为后缀时，HTML 解释程序就不对标签进行解释，而浏览器只能看见原来的文本文件。当浏览器从服务器读取 HTML 文档后，就按照 HTML 文档中的各种标签，根据浏览器所使用的显示器的尺寸和分辨率大小，重新进行排版并恢复所读取的页面。

HTML 文件总是以<HTML>标记开头，告诉 Web 浏览器，它正在处理的是 HTML 的文件。类似地，文件中最后一行总是以</HTML>标记，它是 HTML 文件的结束标记。文件中所有的文本和 HTML 标记都包含在 HTML 的这个起始和结束标记间。

HTML 标记的基本结构由以下两大部分组成。

(1) 首部标记<HEAD>…</HEAD>。

(2) 主体标记<BODY>…</BODY>。

首部标记和主体标记的主体内容又由其他的标记和文本组成。在 HTML 文档中，有的标记只能出现在首部标记中，大多数标记出现在正文标记中。对于在首部中出现的标记书写顺序没有严格要求，而在正文中出现的标记，其次序不能随意改动，改动后会改变 HTML 文档的输出形式。

一个 HTML 文档应具有以下结构。

```
<HTML>        表明 HTML 文档开始
<HEAD>        表明文件头开始
</HEAD>       表明文件头结束
<BODY>        表明正文开始
</BODY>       表明正文结束
</HTML>       表明 HTML 文档结束
```

HTML 文档只是万维网文档中最基本的一种，即静态文档。静态文档创作完毕后就存放在万维网服务器中，在用户浏览的过程中，其内容不会改变。

动态文档是指文档的内容是在浏览器访问万维网服务器时才由应用程序动态创建。

动态文档和静态文档之间的主要差别体现在服务器一端。这主要是文档内容的生成方法不同。从浏览器的角度看，这两种文档并没有区别。

活动文档(active document)技术把所有的工作都转移给浏览器端。每当浏览器请求一个活动文档时，服务器就返回一段程序副本在浏览器端运行。活动文档程序可与用户直接交互，并可连续地改变屏幕的显示。由于活动文档技术不需要服务器的连续更新传送，对网络带宽的要求也不会太高。

此外万维网站点使用 Cookie 来跟踪用户。Cookie 表示在 HTTP 服务器和客户之间传递的状态信息。使用 Cookie 的网站服务器为用户产生一个唯一的识别码。利用此识别码，网站就能够跟踪该用户在该网站的活动。

6.4.4　搜索引擎

万维网是一个大规模的且不断更新的海量信息库，为了使用户搜索信息的速度更快、搜索结果更准确，专门在 Internet 上执行信息搜索任务的搜索引擎技术应运而生了。在万维网中用来进行搜索的程序叫作搜索引擎。目前主要使用的搜索引擎可划分为两大类，即全文检索搜索引擎和分类目录搜索引擎。

全文检索搜索引擎是一种纯技术型的检索工具。它的工作原理是通过搜索软件到因特网上的各网站收集信息，找到一个网站后可以从这个网站再链接到另一个网站，然后按照一定的规则建立一个很大的在线数据库供用户查询。用户在查询时只要输入关键词，就可以从已经建立的索引数据库上进行查询。目前最出名的搜索引擎网站 www.google.com 和 www.baidu.com 就是全文检索搜索引擎。

分类目录搜索引擎并不采集网站的任何信息，而是利用各网站向搜索引擎提交网站信息时填写的关键词和网站描述等信息，经过人工审核编辑后，如果认为符合网站登录的条件，则输入到分类目录的数据库中，供网上用户查询。分类目录搜索也叫作分类网站搜索。目前非常著名的分类目录搜索引擎有新浪(www.sina.com)、搜狐(www.sohu.com)、雅虎(www.yahoo.com)和网易(www.163.com)等。

6.5 E-mail 服务

E-mail 服务

早期的计算机网络研究人员意识到计算机网络能够提供一种个人之间的通信方式，而且这种通信方式应该是电话的速度和邮政可靠性的结合。计算机几乎能够通过网络即时地传送文件或信件到远隔千里之外的另外一台主机上，这就使得通过计算机网络进行个人通信变为可能。这种新的通过计算机网络进行通信的方式被称为电子邮件。

电子邮件(electronicmail，E-mail)，又称为电子信箱、电子邮政，它是一种用电子手段提供信息交换的通信方式，是 Internet 应用最广的服务。通过网络的电子邮件系统，用户可以用非常低廉的价格(不管发送到哪里，都只需支付电话费和网费即可)，以非常快速的方式(几秒之内可以发送到世界上任何指定的目的地)，与世界上任何一个角落的网络用户联系，电子邮件可以是文字、图像、声音等各种形式。同时，用户可以得到大量免费的新闻、专题邮件，并实现轻松的信息搜索。

电子邮件起初是用来实现两个人通过计算机进行通信的一种机制。最早的电子邮件软件只提供了这个基本机制，而现在的电子邮件系统能够用来进行复杂体系和其他交互式的服务，例如，将一条信息发送给许多接收者；发送文字、声音、图像或图形等信息；将信息发送给 Internet 以外的用户；发送一条信息后，某台计算机的程序可做出响应。

要接收电子邮件，必须有一个信箱，用以储存已收到但还没来得及阅读的信件。与邮政相同，E-mail 的信箱也是私有的。其他人无法查看你的信件，每个人的 E-mail 信箱都有一个唯一的标识，这个标识通常被称为 E-mail 地址。Internet 的 E-mail 地址包括用户名和主机名，并在中间用@符号隔开，如 hdc@gbnet.gb.co.cn。

1. 电子邮件的发送和接收

电子邮件的发送和接收可以很形象地用我们日常生活中邮寄包裹的过程来形容：当我们要寄一个包裹时，我们首先要找到任意一个有这项业务的邮局，在填写完收件人姓名、地址等信息之后，包裹就会被寄到收件人所在地的邮局，那么对方取包裹的时候就必须去这个邮局才能取出。同样地，当我们发送电子邮件时，这封邮件是由邮件发送服务器(任意一个就可以)发出，根据收信人的地址判断对方的邮件接收服务器，并将这封信发送到该服务器上，收信人要收取邮件也只能访问这个服务器才能完成。

2. 电子邮件地址的构成

电子邮件地址由三部分构成。第一部分“USER”代表用户信箱的账号，对于同一个邮件接收服务器来说，这个账号必须是唯一的；第二部分“@”是分隔符；第三部分是用户信箱的邮件接收服务器域名，用以标志其所在的位置。

用户首先开启自己的信箱，然后通过键入命令的方式将需要发送的邮件发到对方的信箱中。邮件在信箱之间进行传递和交换，也可以与另一个邮件系统进行传递和交换。收方在取信时，使用特定账号从信箱提取。

3. 电子邮件协议

当前常用的电子邮件协议有 SMTP、POPv3、IMAP4，它们都隶属于 TCP/IP 协议簇，默认状态下，分别通过 TCP 端口 25、110 和 143 建立连接。下面分别对其进行简单介绍。

(1) SMTP：简单邮件传送协议(simple mail transfer protocol，SMTP)是一组用于从源地址到目的地址传输邮件的规范，通过它可以控制邮件的中转方式。SMTP 属于 TCP/IP 协议簇，它帮助每台计算机在发送或中转信件时找到下一个目的地。SMTP 服务器就是遵循 SMTP 协议的发送邮件服务器。SMTP 认证，简单地说就是要求必须在提供了账户名和密码之后才可以登录 SMTP 服务器，这就使得那些垃圾邮件的散播者无可乘之机。增加 SMTP 认证的目的是使用户避免受到垃圾邮件的侵扰。SMTP 目前已是事实上的 E-mail 传输的标准。

(2) POP：邮局协议(post office protocol，POP)负责从邮件服务器中检索电子邮件。它要求邮件服务器完成下面几种任务之一：从邮件服务器中检索邮件并从服务器中删除该邮件；从邮件服务器中检索邮件但不删除它；不检索邮件，只是询问是否有新邮件到达。POP 协议支持多用户互联网邮件扩展，后者允许用户在电子邮件上附带二进制文件，如文字处理文件和电子表格文件等，实际上，这样就可以传输任何格式的文件了，包括图片和声音文件等。在用户阅读邮件时，POP 命令所有的邮件信息立即下载到用户的计算机上，不在服务器上保留。POPv3(post office protocol version 3)，即邮局协议的第 3 个版本，是因特网电子邮件的第一个离线协议标准。

(3) IMAP：因特网消息访问协议(internet message access protocol，IMAP)是一种优于 POP 的新协议。和 POP 一样，IMAP 也能下载邮件、从服务器中删除邮件或询问是否有新邮件，但 IMAP 克服了 POP 的一些缺点。例如，它可以决定客户机请求邮件服务器提交所收到邮件的方式，请求邮件服务器只下载所选中的邮件而不是全部邮件。客户机可先阅读邮件信息的标题和发送者的名字再决定是否下载这个邮件。通过用户的客户机电子邮件程序，IMAP 可让用户在服务器上创建并管理邮件文件夹或邮箱、删除邮件、查询某封信的一部分或全部内容，完成所有这些工作时都不需要把邮件从服务器下载到用户的个人计算机上。

在 Internet 上传送电子邮件是通过一套称为邮件服务器的程序进行硬件管理并储存的。与个人计算机不同，这些邮件服务器及其程序必须每天 24 小时不停地运行，否则就不能收发邮件了，简单邮件传送协议(SMTP)和邮局协议(POP)是负责用客户/服务器模式发送和检索电子邮件的协议。用户计算机上运行的电子邮件客户机程序请求邮件服务器进行邮件传送，邮件服务器采用简单邮件传送协议标准。很多邮件传送工具(如 Outlook Express、Foxmail 等)都遵守 SMTP 标准并用该协议向邮件服务器发送邮件。SMTP 规定了邮件信息的具体格式和邮件的管理方式。

电子邮件的工作过程遵循客户/服务器模式。每份电子邮件的发送都要涉及发送方与接收方，发送方构成客户端，而接收方构成服务器，服务器含有众多用户的电子信箱。发送方通过邮件客户程序，将编辑好的电子邮件向邮局服务器(SMTP 服务器)发送。邮局服务器识别接收者的地址，并向管理该地址的邮件服务器(POPv3 服务器)发送消息。邮件服务器将消息存放在接收者的电子信箱内，并告知接收者有新邮件到来。接收者通过邮件客户程序连接到服务器后，就会看到服务器的通知，进而打开自己的电子信箱来查收邮件，如图 6-12 所示。

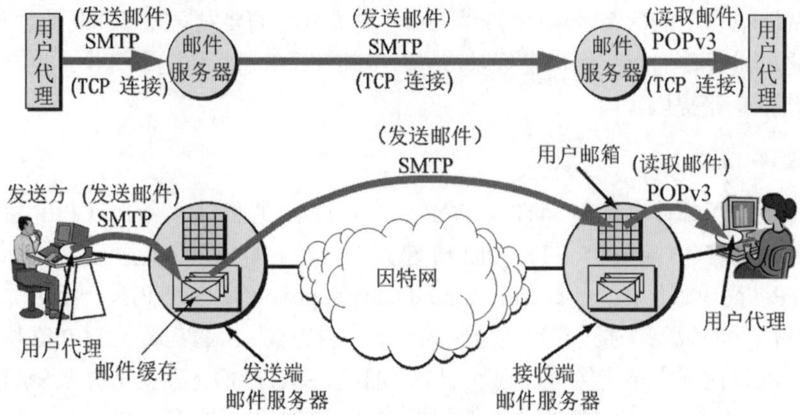

图 6-12　电子邮件服务

通常 Internet 上的个人用户不能直接接收电子邮件，而是通过申请 ISP 主机的一个电子信箱，由 ISP 主机负责电子邮件的接收。一旦有用户的电子邮件到来，ISP 主机就将邮件移到用户的电子信箱内，并通知用户有新邮件。因此，当发送一条电子邮件给另一个客户时，电子邮件首先从用户计算机发送到 ISP 主机，再到 Internet，再到收件人的 ISP 主机，最后到收件人的个人计算机。ISP 主机起着“邮局”的作用，管理着众多用户的电子信箱。每个用户的电子信箱实际上就是用户所申请的账号名。每个用户的电子邮件信箱都要占用 ISP 主机一定容量的硬盘空间。这一空间是有限的，因此用户要定期查收和阅读电子信箱中的邮件，以便腾出空间接收新的邮件。

6.6 FTP 服务

FTP 服务

FTP 的全称是 file transfer protocol(文件传送协议)，顾名思义，就是专门用来传送文件的协议。

FTP 的主要作用就是让用户连接一台所希望浏览的远程计算机。这台计算机必须运行着 FTP 服务器程序，并且储存着很多有用的文件，其中包括计算机软件、图像文件、重要的文本文件、声音文件等。这样的计算机称为 FTP 站点或 FTP 服务器。通过 FTP 程序，用户可以查看 FTP 服务器上的文件。FTP 是在 Internet 上传送文件的规定的基础。我们提到 FTP 时不能只认为它是一套规定，FTP 是一种服务，它可以在 Internet 上使得文件可以从一台 Internet 主机传送到另一台 Internet 主机上。

1. FTP 的工作原理

与大多数 Internet 服务一样，FTP 也是一个客户/服务器系统。用户通过一个支持 FTP 的客户机程序，连接到远程主机上的 FTP 服务器程序。用户通过客户机程序向服务器程序发出命令，服务器程序执行用户所发出的命令，并将执行的结果返回客户机。例如，用户发出一条命令，要求服务器向用户传送某一个文件，服务器会响应这条命令，将指定文件送至用户的机器上。客户机程序代表用户接收到该文件，将其存放在用户指定目录中。FTP 客户程序有字符界面和图形界面两种。字符界面的 FTP 命令复杂、繁多；图形界面的 FTP 客户程序操作起来要简洁方便得多。

在使用 FTP 的过程中，用户经常会遇到两个概念："下载"(download)和"上传"(upload)。"下载"文件就是从远程主机复制文件至自己的计算机上；"上传"文件就是将文件从自己的计算机复制至远程主机上。用 Internet 语言来说，用户可通过客户机程序向(从)远程主机上传(下载)文件。

在进行 FTP 操作时，既需要客户应用程序，也需要服务器端程序。我们一般先在自己的计算机中执行 FTP 客户应用程序，在远程服务器中执行 FTP 服务器应用程序，这样，就可以通过 FTP 客户应用程序和 FTP 进行连接。连接成功后，可以进行各种操作。在 FTP 中，客户机只提出请求和接收服务，服务器只接收请求和执行服务。

在利用 FTP 进行文件传送之前，用户必须先连入 Internet，在用户自己的计算机上启动 FTP 用户应用程序，并且利用 FTP 应用程序和远程服务器建立连接，激活远程服务器上的 FTP 服务器程序。准备就绪后，用户首先向 FTP 服务器提出文件传送申请，FTP 服务器找到用户所申请的文件后，利用 TCP/IP 将文件的副本传送到用户的计算机上，用户的 FTP 程序再将接收到的文件写入自己的硬盘。文件传送完后，用户计算机与服务器计算机的连接自动断开。

与其他的 C/S 模式不同的是，FTP 协议的客户机与服务器之间需要建立双重连接：一个是控制连接，另一个是数据连接，如图 6-13 所示。这样，在建立连接时就需要占用两个通信信道。

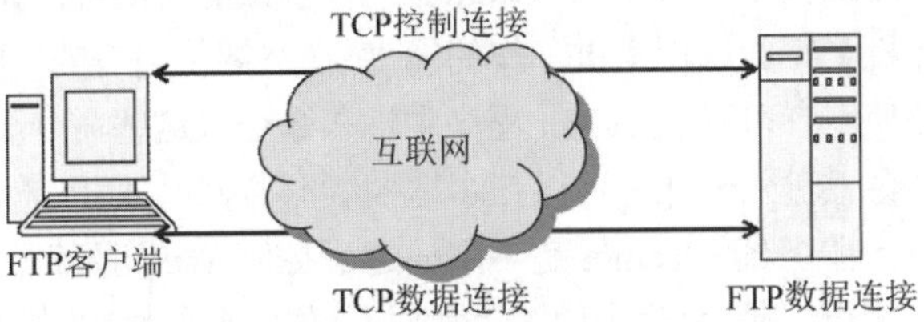

图 6-13　FTP 双重连接

2. 匿名 FTP

在使用 FTP 时，必须先登录，在远程主机上获得相应的权限以后，方可上传或下载文件。也就是说，要想同哪一台计算机传送文件，就必须具有哪一台计算机的适当授权。换言之，除非有用户 ID 和口令，否则便无法传送文件。这种情况违背了 Internet 的开放性，Internet 上的 FTP 主机不计其数，不可能要求每个用户在每台主机上都拥有账号。因此，就衍生出了匿名 FTP。

匿名 FTP 是这样一种机制：用户可通过它连接到远程主机上，并从其下载文件，而无须成为其注册用户。系统管理员建立了一个特殊的用户 ID，名为 anonymous，Internet 上的任何人在任何地方都可使用该用户 ID。

通过 FTP 程序连接匿名 FTP 主机的方式同连接普通 FTP 主机的方式差不多，只是在要求提供用户标识 ID 时必须输入 anonymous，该用户 ID 的口令可以是任意的字符串。习惯上，用自己的 E-mail 地址作为口令，使系统维护程序能够记录下来谁在存取这些文件。

值得注意的是，匿名 FTP 不适用于所有 Internet 主机，它只适用于那些提供了这项服务的主机。

当远程主机提供匿名 FTP 服务时，会指定某些目录向公众开放，允许匿名存取，系统中的其余目录则处于隐匿状态。作为一种安全措施，大多数匿名 FTP 主机都允许用户从其下载文件，而不允许用户向其上传文件，也就是说，用户可将匿名 FTP 主机上的所有文件全部复制到自己的机器上，但不能将自己机器上的任何一个文件复制至匿名 FTP 主机上。即使有些匿名 FTP 主机确实允许用户上传文件，用户也只能将文件上传至某一指定上传目录中。随后，系统管理员会去检查这些文件，他会将这些文件移至另一个公共下载目录中，供其他用户下载。利用这种方式，远程主机的用户得到了保护，避免了有人上传有问题的文件(如带病毒的文件)。

6.7 Telnet 服务

Telnet 服务及远程登录服务，允许用户从一台计算机连接到远程的另一台机器上，并建立一个交互的登录连接。登录后，用户每次敲击按键或鼠标的操作都将传递到远程主机，由远程主机处理后将字符回送到本地的机器中，看起来就像是用户直接在对远程主机进行操作一样。因此，远程终端协议(Telnet)又称为终端仿真协议。

Telnet 服务

Telnet 服务系统也是客户/服务器模式，主要由 Telnet 服务器、Telnet 客户机和 Telnet 通信协议组成。用户在本地主机上运行客户程序，在远程系统中运行 Telnet 服务器程序，Telnet 通过 TCP 协议提供传输服务，默认端口号是 23。

Telnet 是 TCP/IP 协议族中的一员，是 Internet 远程登录服务的标准协议和主要方式。它为用户提供了在本地计算机上完成远程主机工作的能力。在终端使用者的电脑上使用 Telnet 程序，用它连接服务器。终端使用者可以在 Telnet 程序中输入命令，这些命令会在服务器上运行，就像直接在服务器的控制台上输入一样，可以在本地控制服务器。要开始一个 Telnet 会话，必须输入用户名和密码来登录服务器。Telnet 是常用的远程控制 Web 服务器的方法。

利用远程登录服务，用户在本地终端上操作远程主机就如同操作本地主机一样，如图 6-14 所示。用户可以获得在权限范围之内的所有远程服务，包括查看信息、运行程序、共享资源等。

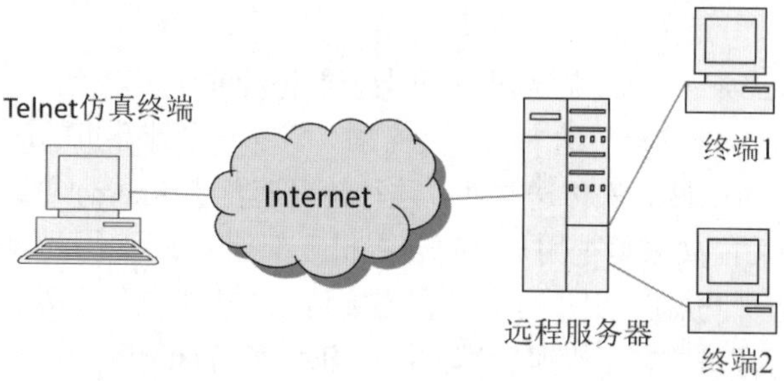

图 6-14　Telnet 服务

使用 Telnet 进行远程登录时需要满足以下条件：在本地计算机上必须装有包含 Telnet 的客户程序；必须知道远程主机的 IP 地址或域名；必须知道登录标识与口令。

Telnet 远程登录服务分为以下 4 个过程。

(1) 本地与远程主机建立连接。该过程实际上是建立一个 TCP 连接，用户必须知道远程主机的 IP 地址或域名。

(2) 将本地终端上输入的用户名和口令及以后输入的任何命令或字符以 NVT(network virtual terminal)格式传送到远程主机。该过程实际上是从本地主机向远程主机发送一个 IP 数据报。

(3) 将远程主机输出的 NVT 格式的数据转换为本地所接受的格式送回本地终端，包括输入命令回显和命令执行结果。

(4) 本地终端对远程主机进行撤销连接。该过程是撤销一个 TCP 连接。

启动 Telnet 应用程序进行登录时，首先要给出远程计算机的 IP 地址或域名，系统开始建立本地计算机与远程计算机的连接。建立连接后在登录远程计算机过程中，用户需要正确输入自己的用户名和口令，登录成功后用户的键盘和计算机显示器就好像与远程计算机直接相连一样，可以直接输入该系统的命令或是执行该机器上的应用程序。工作完成后可以退出登录，通知结束 Telnet 的联机过程，返回自己的计算机系统中。

远程登录有以下两种形式。

(1) 在远程主机上拥有合法账户的用户，可以用自己的账户和口令直接访问远程主机。

(2) 匿名登录方式，由 Telnet 主机为公众提供一个公共账户，不设口令。例如，输入 guest 即可登录到远程计算机上。但这种登录方式会使用户在使用权限上受到一定限制。

Telnet 的命令格式如下。

```
telnet<IP 地址/主机域名><端口号>
```

一般情况下 Telnet 服务使用的 TCP 端口号默认值为 23，对于直接使用默认值的用户可以不输入端口号。如果 Telnet 服务设定了专用的服务器端口号，则在使用 Telnet 命令登录时必须输入端口号。

Telnet 服务的客户端软件有很多，常用的有 Cterm、NetTerm 等。此外，Windows 操作系统中也有内置的 Telnet 客户端软件，选择“开始”菜单中的“运行”选项，在打开的运行框中输入 Telnet 即可运行该软件，也可以直接在运行框中输入整个 Telnet 命令，即可与想要登录的主机连接。

6.8 网络管理

6.8.1 网络管理的目的和内容

关于网络管理的定义很多，但都不够权威。一般来说，网络管理就是通过某种方式对网络进行管理，使网络能正常高效地运行，其目的很明确，就是使网络中的资源得到更加有效地利用。它应维护网络的正常运行，当网络出现故障时能及时报告和处理，并协调、保持网络系统的高效运行等。国际标准化组织(ISO)在 ISO/IEC7498-4 中定义并描述了开放系统互连(OSI)管理的术语和概念，提出了一个 OSI 管理的结构并描述了 OSI 管理应有的行为。它认为，开放系统互连管理是指这样一些功能，它们控制、协调、监视 OSI 环境下的一些资源，这些资源保证 OSI 环境下的通信。通常对一个网络管理系统需要定义以下内容。

(1) 系统的功能，即一个网络管理系统应具有哪些功能。

(2) 网络资源的表示。网络管理很大一部分是对网络中的资源进行管理。网络中的资源是指网络中的硬件、软件，以及所提供的服务等。一个网络管理系统必须在系统中将它们表示出来，才能对其进行管理。

(3) 网络管理信息的表示。网络管理系统对网络的管理主要靠系统中网络管理信息的传递来实现。网络管理信息应如何表示、怎样传递、传送的协议是什么？这些都是一个网络管理系统必须考虑的问题。

(4) 系统的结构，即网络管理系统的结构是怎样的。

所以说，网络管理包括对硬件、软件和人力的使用、综合与协调，以便对网络资源进行监视、测试、配置、分析、评价和控制，这样就能以合理的价格满足网络的一些需求，如实时运行性能、服务质量等。网络管理常简称为“网管”。

6.8.2　网络管理系统的构成

网络管理的一般模型如图 6-15 所示。网络管理模型中的主要构件有以下几种。

(1) 管理站。管理站常称为网络运行中心(network operation center，NOC)，是网络管理系统的核心。管理程序在运行时就称为管理进程。管理站(硬件)或管理程序(软件)都可称为管理者(manager)。manager 不是指人而是指机器或软件，网络管理员(administrator)指的是人。大型网络往往实行多级管理，因而有多个管理者，而一个管理者一般只管理本地网络的设备。

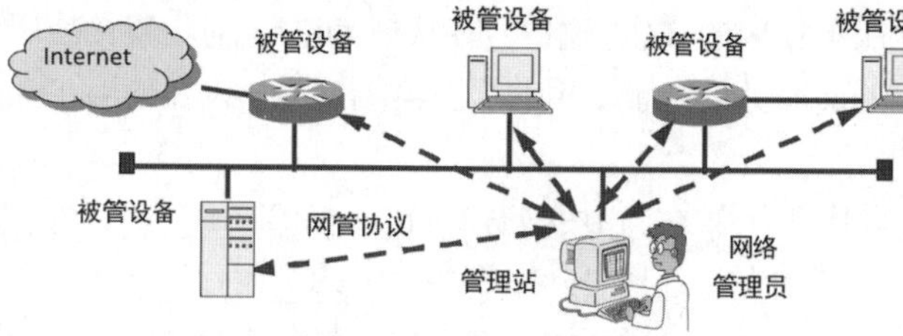

图 6-15　网络管理的一般模型

(2) 被管对象(managed object)。网络的每一个被管设备中可能有多个被管对象。被管设备有时可称为网络元素或网元。在被管设备中也会有一些不能被管的对象。

(3) 代理(agent)。在每一个被管设备中都要运行一个程序，以便和管理站中的管理程序进行通信。这些运行着的程序叫作网络管理代理程序，简称为代理。代理程序在管理程序的命令和控制下在被管设备上采取本地的行动。

(4) 网络管理协议。网络管理协议简称为网管协议。需要注意的是，并不是网管协议本身来管理网络。网管协议就是管理程序和代理程序之间进行通信的规则。网络管理员利用网管协议通过管理站对网络中的被管设备进行管理。

(5) 客户/服务器方式。管理程序和代理程序按客户/服务器方式工作。管理程序运行 SNMP 客户程序，向某个代理程序发出请求(或命令)，代理程序运行 SNMP 服务器程序，返回响应(或执行某个动作)。在网管系统中往往是一个(或少数几个)客户程序与很多的服务器程序进行交互。

6.8.3 网络管理系统的功能

国际标准化组织定义了网络管理的五大功能：故障管理、配置管理、性能管理、安全管理、计费管理。针对网络管理软件产品功能的不同，又可细分为五类，即网络故障管理软件、网络配置管理软件、网络性能管理软件、网络服务/安全管理软件、网络计费管理软件。

6.8.4 简单网络管理协议

简单网络管理协议(simple network management protocol，SNMP)是 Internet 工程任务组织(IETF)的研究小组为了解决 Internet 上的路由器管理问题而提出的。

SNMP 是目前最常用的环境管理协议。SNMP 被设计成与协议无关，所以它可以在 IP、IPX、AppleTalk、OSI，以及其他用到的传送协议上被使用。SNMP 是由一系列协议组和规范组成的，它们提供了一种从网络上的设备中收集网络管理信息的方法。SNMP 也为设备向网络管理工作站报告问题和错误提供了一种方法。

几乎所有的网络设备生产厂家都实现了对 SNMP 的支持。领导潮流的 SNMP 是一个从网络上的设备收集管理信息的公用通信协议。设备的管理者收集这些信息并记录在管理信息库(MIB)中。这些信息报告设备的特性、数据吞吐量、通信超载和错误等。MIB 有公共的格式，所以来自多个厂商的 SNMP 管理工具可以收集 MIB 信息，在管理控制台上呈现给系统管理员。

通过将 SNMP 嵌入数据通信设备(如交换机或集线器)就可以从一个中心站管理这些设备，并以图形方式查看信息。可获取的很多管理应用程序通常可在大多数当前使用的操作系统下运行，如 Windows 3.11、Windows 95、Windows NT 和不同版本的 UNIX 等。

一个被管理的设备有一个管理代理，它负责向管理站请求信息和动作，一些关键的网络设备(如集线器、路由器、交换机等)提供这一管理代理，又称为 SNMP 代理，以便通过 SNMP 管理站进行管理。

整个 SNMP 系统必须有一个管理站。管理进程和代理进程利用 SNMP 报文进行通信，而 SNMP 报文又使用 UDP 来传送。若网络元素使用的不是 SNMP 而是另一种网络管理协议，SNMP 就无法控制该网络元素。这时可使用委托代理(proxy agent)。委托代理能提供如协议转换和过滤操作等功能对被管对象进行管理。

SNMP 最重要的指导思想就是要尽可能地简单。SNMP 的基本功能包括监视网络性能、检测分析网络差错和配置网络设备等。在网络正常工作时，SNMP 可实现统计、配置和测试等功能。当网络出现故障时，可实现各种差错检测和恢复功能。虽然 SNMP 是在 TCP/IP 基础上的网络管理协议，但也可扩展到其他类型的网络设备上。

SNMP 的网络管理由以下三部分组成。

(1) SNMP 本身。SNMP 定义了管理站和代理之间所交换的分组格式，所交换的分组包含各代理中的对象(变量)名及其状态(值)。SNMP 负责读取和改变这些数值。

(2) 管理信息结构(structure of management information，SMI)。SMI 定义了命名对象和定义对象类型(包括范围和长度)的通用规则，以及把对象和对象的值进行编码的规则。这样做是为了确保网络管理数据的语法和语义的无二义性。但从 SMI 的名称中并不能看出它的功能。SMI 并不定义一个实体应管理的对象数目，也不定义被管对象名，以及对象名及其值之间的关联。

(3) 管理信息库(management information base，MIB)。MIB 在被管理的实体中创建了命名对象，并规定了其类型。

6.9 多媒体网络应用

从 20 世纪 90 年代到今天，网络以惊人的速度不断发展、变化、进步着。互联网在发展初期，信息的传递都是通过各种静态的网页和简单的图片进行的。随着技术的进步和技术人员对互联网的不断探索，互联网逐渐可以传输视频信息。网络视频使互联网用户对各种信息的获取变得直接，且信息内容更加详细。用户可以直接在网页上观看各类电视剧、电影、新闻，以及其他类型的视频。网络应用已从最初的电子邮件、文件传输、万维网浏览逐步发展到了 IP 电话、视频点播、视频电话、网络电视等多种形式的应用。互联网流量逐渐趋于视频化，而且这种趋势越来越明显。以多媒体技术和网络技术为基础，集文本、图形、声音、图像、动画、音频和视频等多种类型数据于一体的网络称为多媒体网络。

本节我们主要介绍 3 种多媒体应用：流式存储音频/视频(边下载边播放)、流式实况音频/视频(实况广播)、交互式音频/视频(IP 电话、视频电话)。

1) 流式存储音频/视频

流式存储音频/视频是先把录制好的已压缩的音频/视频文件(如音乐、电影等)存储在服务器上，用户通过因特网下载这种类型的文件。与传统的从万维网服务器下载后再播放不同，用户并不是把文件全部下载完毕后再播放，因为这往往需要很长时间，用户一般不愿意等待太长时间。流式存储音频/视频文件的特点是能够边下载边播放，即在文件下载后不久(如几秒到几十秒后)就开始连续播放。这里提到的“边下载边播放”中的“下载”与传统意义上的“下载”有着本质上的区别。传统的“下载”是把下载的音频/视频节目作为一个文件存储在硬盘中。用户可以在任何时候把下载的文件打开，甚至可以进行编辑和修改，然后还可以转发给其他朋友。但流式音频/视频的“下载”，实际上并没有把“下载”的内容存储在硬盘上。因此当“边下载边播放”结束后，用户的硬盘上并没有留下有关播放内容的任何痕迹，这对保护版权非常有利。播放流式音频/视频的用户，仅仅能够在屏幕上观赏播放的内容，既不能修改节目内容，也不能把播放的内容存储下来，因此也无法转发给其他人。于是现在就出现了一个新的词汇——流媒体(streaming media)。流媒体其实就是上面所说的流式音频/视频。流媒体的特点是“边传送流媒体边播放”，但不能存储在硬盘上成为用户的文件。在国外的一些文献中，常常把流媒体的“网上传送”称为“streaming”，名词“流式”就是这样的含义。普通光盘中的 DVD 电影不是流式视频，如果用户打算下载一部光盘中的普通 DVD 电影，那么只能在几个小时后整个电影全部下载完毕后才能播放。

为了实现边下载边播放，可以把音频/视频文件存储在媒体服务器(media server)上。万维网服务器中只存储一个元文件(metafile)。元文件是一个描述音频/视频文件相关信息的小文件。浏览器使用 HTTP 从万维网服务器下载要播放的音频/视频文件的原文件，然后媒体播放器根据原文件中提供的音频/视频文件的 URL 和格式信息直接与媒体服务器建立连接，在下载音频/视频文件的同时进行播放，从媒体服务器边下载边播放的过程如图 6-16 所示。

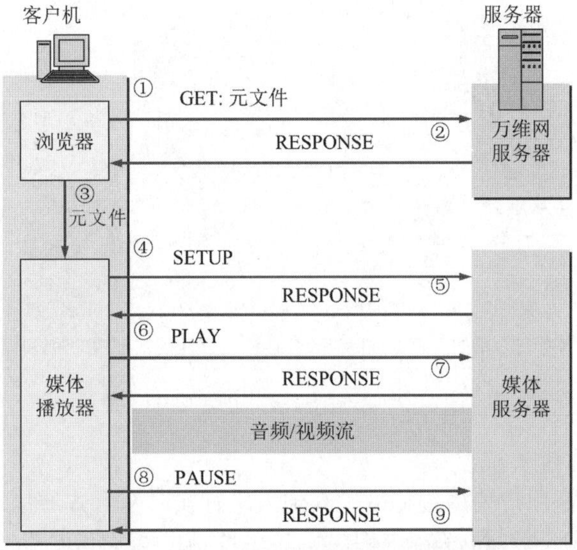

图 6-16　从媒体服务器边下载边播放的过程

(1) 万维网浏览器使用 GET 报文接入万维网服务器，请求下载音频/视频文件。

(2) 万维网服务器响应关于原文件的信息(音频/视频文件的 URL 和格式信息)。

(3) 万维网浏览器把原文件传递给媒体播放器。

(4) 媒体播放器发送 SETUP 报文与媒体服务器建立连接，媒体服务器给出响应。

(5) 媒体播放器发送 PLAY 报文并开始下载播放。

(6) 音频/视频文件从媒体服务器开始下载。

(7) 媒体播放器发送暂停报文 PAUSE 控制流媒体数据的传送。

2) 流式实况音频/视频

流式实况音频/视频与无线电台或电视台的实况广播相似，不同之处在于，音频/视频节目的广播是通过因特网来传送的，流式实况音频/视频是一对多而不是一对一的通信。它的特点是，音频/视频节目不是事先录制好并存储在服务器中，而是发送方边录制边发送(不是录制完毕后再发送)。在接收时也要求能够连续播放。接收方收到节目的时间和节目中事件的发生时间可以认为是同时的，相差仅仅是电磁波的传播时间和很短的信号处理时间。实况直播节目可能有大量用户在同时收听或收看，因此特别适合使用多播技术来实现流式实况音频/视频。

由于 IP 多播还没有得到大规模的应用，今天的实况音频/视频的分发，通常是通过应用层多播或多个独立的媒体服务器到客户机的单播来实现的，如图 6-17(a)所示。

采用 P2P 应用层多播技术，每个对等方既是服务的请求者，也是服务的提供者，如图 6-17(b)所示。因此请求服务的用户越多，每个用户获得的媒体服务质量反而越高。

PPLive 是当前比较流行的因特网视频直播软件之一，其采用的技术就是 P2P 应用层多播。加入 PPLive 系统的用户越多，播放节目就越流畅。

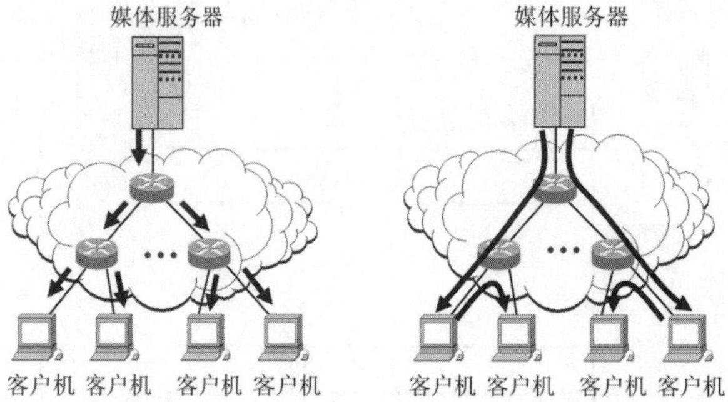

(a) 基于IP多播的流媒体直播　　(b) 基于P2P应用层多播的流媒体直播

图 6-17　不同技术实现的流媒体直播

3) 交互式音频/视频

交互式音频/视频是用户使用因特网和其他人进行实时交互式通信。典型的实时交互应用包括因特网电话和视频会议。Internet 工程任务组(IETF)和国际电信联盟(ITU)在这方面制定了很多标准[RFC 3261-3266]。会话起始协议(session initiation protocol，SIP)是由 IETF 制定的一套较为简单且实用的实时交互协议，能够用来定位用户，建立、管理和终止多媒体会话(呼叫)，支持双方、多方或多播会话。

Skype 是目前极为流行的 P2P 应用程序。Skype 不仅能提供 PC 到 PC 的因特网电话服务外，还能提供 PC 到固定电话、固定电话到 PC，以及 PC 到 PC 的视频会议服务。Skype 的用户定位采用了 P2P 技术，没有类似 SIP 的专门的注册服务器和代理服务器。Skype 使用自己专用协议，而且所有话音和控制分组都进行了加密。

然而，多媒体网络在丰富了互联网用户生活的同时，也给用户带来了一些之前没有遇到过的难题。视频在播放的过程中耗费的流量远远超过于原先简单的静态网页所耗费的流量。视频应用的发展越来越迅速，新的应用和服务不断涌现。从最初普通的标清视频，到逐渐兴起的高清视频、3D 视频等，这些应用在带给用户更完美体验的同时，也对互联网的体系架构提出了挑战。多媒体网络应用往往数据量巨大，要求更高的网络带宽，并且与传统的弹性应用(如电子邮件、文件传输、网页浏览等)不同的是，对端到端时延和时延抖动高度敏感，但却可容忍少量的数据丢失。

习题

一、选择题

1. 下列关于 Internet 的叙述不正确的是(　　)。

   A. Internet 是世界上最早的计算机网络

   B. ARPANET 是 Internet 的最早雏形

   C. TCP/TP 协议的使用促进了 Internet 的发展

   D. Internet 已经成为全世界最大的计算机网络

2. 一般来说，用户上网要通过因特网服务提供商，其英文缩写为(　　)。

A. IDC　　B. ICP　　C. ASP　　D. ISP

3. 目前普通家庭连接因特网，(　　)传输速率最高。

A. ADSL　　B. 调制解调器　　C. 局域网　　D. ISDN

4. www.nankai.edu.cn 用来标识 Internet 主机的(　　)。

A. MAC 地址　　B. 密码　　C. IP 地址　　D. 域名

5. 顶级域名“gov”代表(　　)。

A. 教育机构　　B. 政府部门　　C. 国际组织　　D. 公司企业

6. (　　)是目前 Internet 上非常丰富多彩的应用服务，其客户端软件称为浏览器。目前较为流行的 B/S 网络应用模式就以该类服务为基础。

A. BBS　　B. Gopher　　C. WWW　　D. NEWS

7. URL 由(　　)组成。

A. 协议、主机名、目录或文件名　　B. 协议、WWW、HTML 和文件名

C. 协议、文件名　　D. 计算机名、IP 地址

8. 在 Internet 中，某 WWW 服务器提供的网页地址为 http://www.microsoft.com，其中的“http”指的是(　　)。

A. WWW 服务器主机名　　B. 访问类型为超文本传送协议

C. 访问类型为文件传送协议　　D. WWW 服务器域名

9. 与 Web 站点和 Web 页面密切相关的一个概念称“URL”，它的中文意思是(　　)。

A. 用户申请语言　　B. 超文本标志语言

C. 超级资源链接　　D. 统一资源定位符

10. 在 Internet 中，用户通过 FTP 可以(　　)。

A. 发送和接收电子邮件　　B. 上传和下载任何文件

C. 浏览远程计算机上的资源　　D. 进行远程登录

11. 在传输层中，采用“协议端口号”来标识进程，网络应用 HTTP 服务的标识端口为(　　)。

A. TCP 80　　B. TCP 21　　C. UDP 80　　D. UDP 21

12. 接入 Internet 并且支持 FTP 协议的两台计算机之间(　　)。

A. 只能传输文本文件　　B. 只能传输除二进制文件以外的所有文件

C. 可以传输所有文件　　D. 只能传输文本文件和图形文件

13. 用户的电子邮件信箱是(　　)。

A. 通过邮局申请的个人信箱　　B. 邮件服务器内存中的一块区域

C. 邮件服务器硬盘上的一块区域　　D. 用户计算机硬盘上的一块区域

14. 下列不属于因特网提供的基本服务的是(　　)。

A. 电子邮件　　B. 文件传送　　C. 远程登录　　D. 实时监测控制

15. 关于网络管理的说法不正确的是(　　)。

A. 网络管理就是通过某种方式对网络进行管理，使网络能正常高效地运行

B. SNMP 是目前最为流行的网络管理协议

C. 网络管理模型中管理站是指管理本地网络设备的管理员

D. SNMP 采用客户/服务器模式

二、填空题

1. Internet通过________把全世界许多计算机网络连接在一起，通过________通信协议使得连接在一起的计算机网络可以进行交换信息。

2. 万维网的核心部分是由3个标准构成的：________________标志万维网上的各种文档；________________负责规定浏览器和服务器怎样互相交流；________________作用是定义超文本文档的结构和格式。

3. 在WWW服务中，统一资源定位符(URL)由三部分组成，即__________、__________和__________。

4. 目前主要使用的搜索引擎可划分为两大类：________________和________________。

5. 通过电子邮件客户端软件从邮件服务器读取邮件需要使用________协议。

6. 在使用FTP的过程中，__________文件就是从远程主机复制文件至自己的计算机上；__________文件就是将文件从自己的计算机中复制至远程主机上。

7. FTP协议的客户机与服务器之间需要建立双重连接：一个是_________，另一个是__________。因此在建立连接时就需要占用两个通信信道。

8. Telnet服务系统也是客户/服务器模式，主要由________、________和________组成。

9. 网络管理模型中的主要构件有：________、________、________、________、客户/服务器方式。

10. 国际标准化组织定义了网络管理的五大功能：________、________、________、________、________。

三、问答题

1. 在发展过程中，因特网基础结构经历了哪3个阶段的演变？

2. 根据域名服务器所起的作用，可以把域名服务器划分为哪几种类型？分别进行简要介绍。

3. 域名系统的作用是什么？举例说明域名转换的过程。

4. 域名服务器中的高速缓存的作用是什么？

5. 目前主要使用的搜索引擎可划分为哪两大类？分别进行简要介绍。

6. 电子邮件的地址格式由几部分组成，各部分所代表的含义是什么？

7. 简述文件传送协议(FTP)的工作过程。

8. 简述Telnet远程登录的服务过程。

9. Internet提供了哪些基本服务？试列举出其中4种分别加以说明。

10. 什么是网络管理？网络管理模型中的主要构件有哪些？请简要说明。

ꕥ 第 7 章 ꕥ

网络安全技术

计算机网络安全不是绝对的安全，只能够做到一种相对安全的局面，尽可能地保证用户的数据安全不被外界干扰。对于目前计算机网络中存在的各种不安全因素，使用针对性的应对方式及保护方式，有效地提升计算机网络的安全性，这是现如今计算机网络安全保护方式中需要解决的最基本的问题。

本章主要讨论以下问题。

- 网络中会面临哪些威胁？
- 网络安全的主要技术有哪些？
- 为什么要使用防火墙？防火墙主要有哪些类型？
- 入侵检测技术的作用是什么？
- VPN 技术是什么？
- SSL 协议是做什么用的？
- SET 协议主要应用在什么方面？

7.1 网络安全问题概述

本节讨论网络安全的基本含义、计算机网络面临的威胁及计算机网络安全的内容等。

7.1.1 网络安全的基本含义

网络安全是指网络系统的硬件、软件及其系统中的数据受到保护，不受偶然的因素或恶意的攻击而遭到破坏、更改、泄露，系统能连续(可靠)正常地运行，网络服务不中断。

从狭义上来说，网络安全就是网络上的信息安全；从广义上来说，凡是涉及网络上信息的保密性、完整性、可用性、真实性和可控性的相关技术和理论都是网络安全的研究领域。本章节主要从狭义的角度展开讨论。

7.1.2 计算机网络面临的威胁

对于计算机网络系统来说，大致存在以下四类网络威胁。

(1) 窃取攻击(见图 7-1)。这类攻击主要破坏网络服务的机密性，导致未授权用户获取了网络信息资源。主要攻击方法有搭线窃听、口令攻击等。

(2) 伪造攻击(见图 7-2)。这类攻击主要是未授权用户假冒信源发送网络信息。主要攻击方法有假冒消息等。

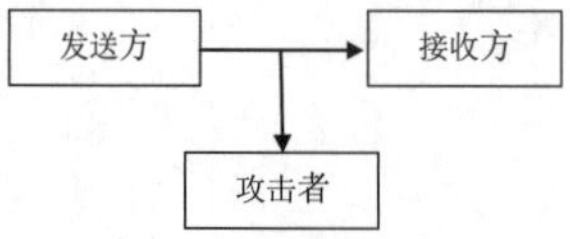

图 7-1 窃取攻击示意图

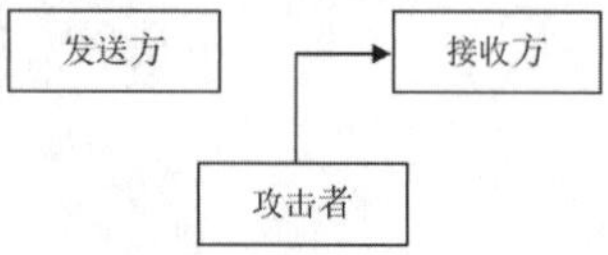

图 7-2 伪造攻击示意图

(3) 篡改攻击(见图 7-3)。这类攻击主要破坏网络服务的完整性，导致未授权用户窃取网络会话，并假冒信源发送网络信息。主要攻击方法有数据文件修改、消息篡改等。

(4) 中断攻击(见图 7-4)。这类攻击主要破坏网络服务的有效性，导致网络不可访问。主要攻击方法有中断网络线路、缓冲区溢出、单消息攻击等。

根据传输信息是否遭篡改，恶意攻击又可以分为以下两种。

(1) 主动攻击。以各种方式有选择地破坏信息的有效性、完整性。

(2) 被动攻击。在不影响网络正常工作的情况下，进行截获、窃取、破译，以获得重要机密信息。

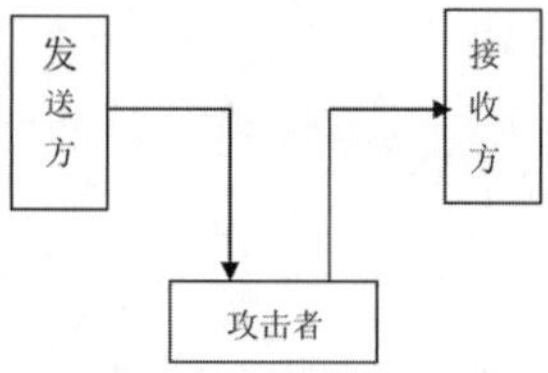

图 7-3 篡改攻击示意图

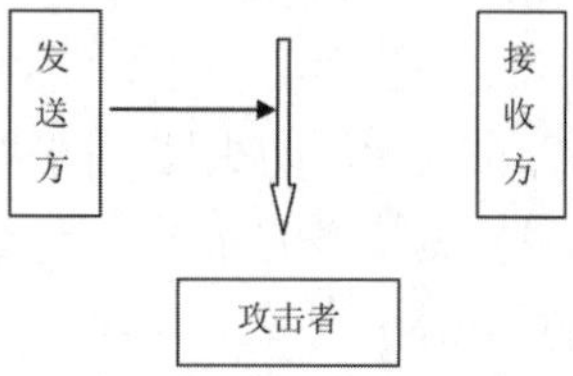

图 7-4 中断攻击示意图

7.1.3 计算机网络安全的内容

对于计算机网络安全的内容，目前普遍接受的观点是保护信息的机密性、完整性、有效性和抗否认性。

(1) 机密性是保证信息不被非法访问，即信息不泄露给非授权用户、实体或过程。

(2) 完整性是保证信息的一致性，即数据未授权不能进行改变的特性，指信息在存储或传输过程中保持不被修改、不被破坏和丢失的特性。

(3) 有效性是可被授权实体访问并按需求使用的特性，需要时能存取所需的信息。

(4) 抗否认性是保障用户无法在事后否认曾经对信息的生成、签发、接收等行为，一般通过数字签名来提供抗否认性。

7.2 网络安全的主要技术

网络安全涉及多方面的理论和应用知识。从总体上来说，网络安全技术的研究重点是在单机或网络环境下信息防护的应用技术，目前主要有防火墙技术、数据加密技术和入侵检测技术等。

7.2.1　防火墙技术

防火墙是指设置在不同网络(如可信任的企业内部网和不可信的公共网)之间或网络安全域之间的一系列部件的组合，通过监测、限制、更改进入不同网络或不同安全域的数据流，尽可能地对外部屏蔽网络内部的信息、结构和运行状况，以防止发生不可预测的、潜在破坏性的入侵，实现网络的安全保护。防火墙的一项主要功能是隔断了内网和外网，有效地限制了外网对内网的随意访问，它是内网的一项重要信息保障方式。并且，防火墙也能够有效地防止内网在进行外网访问时，接触不安全和敏感的信息。

常用的防火墙技术有包过滤技术、状态检测技术、应用网关技术。包过滤技术是在网络层中对数据包实施有选择地通过，依据系统事先设定好的过滤逻辑，检测数据流中的每个数据包，根据数据包的源地址和目的地址，以及包所使用的端口确定是否允许该类数据包通过，如图 7-5 所示。

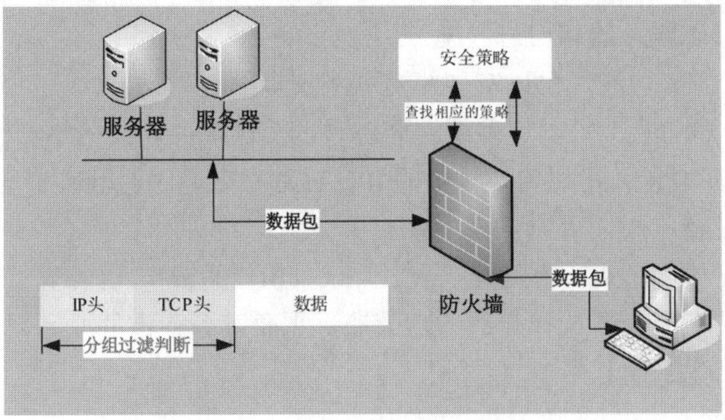

图 7-5　包过滤防火墙的部署示意图

一般来说，包过滤规则制定的策略有以下几种。

(1) 按地址过滤：源 IP、目的 IP；防地址欺骗；对外部地址取消信任。

(2) 按服务过滤：协议、源端口、目的端口；对外部端口取消信任。

(3) 按时间、用户等过滤。

(4) 对数据包做日志记录：详细记录所有被过滤掉的数据包，了解过滤规则阻止了哪些访问，了解究竟哪些人试图违反规则；以空间代价换取安全。

状态检测技术采用的是一种基于连接的状态机制，将属于同一连接的所有包作为一个整体的数据流看待，构成连接状态表，通过规则表与状态表的共同配合，对表中的各个连接状态因素加以识别，与传统包过滤防火墙的静态过滤规则表相比，它具有更好的灵活性和安全性。

应用网关也称为应用代理防火墙(见图 7-6)。应用网关技术在应用层实现，它使用一个运行特殊的“通信数据安全检测”软件的工作站来连接被保护网络和其他网络，其目的在于隐蔽被保护网络的具体细节，保护其中的主机及其数据。

那么，合理地配置防火墙要从哪些方面入手呢？答案如下。

(1) 动态包过滤技术，动态维护通过防火墙的所有通信的状态(连接)，基于连接的过滤。

(2) 可以作为部署网络地址转换(network address translation，NAT)的地点，利用 NAT 技术，将有限的 IP 地址动态或静态地与内部的 IP 地址对应起来，用来缓解地址空间短缺的问题。

(3) 可以设置信任域与不信任域之间数据出入的策略。

(4) 可以定义规则计划，使得系统在某一时刻可以自动启用和关闭策略。

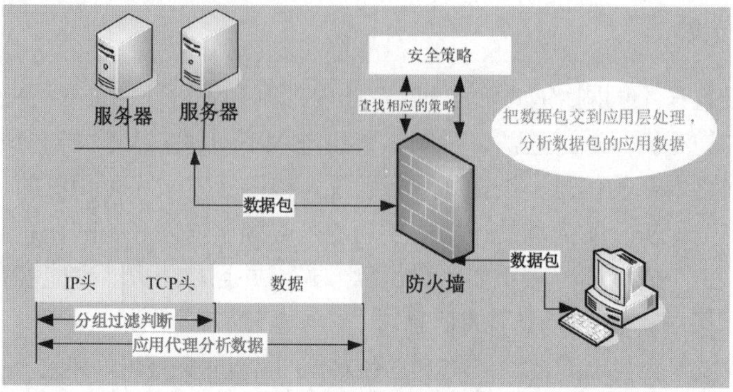

图 7-6　应用代理防火墙的部署示意图

(5) 具有详细的日志功能，提供防火墙符合规则报文的信息、系统管理信息、系统故障信息的记录，并支持日志服务器和日志导出。

(6) 具有 IPSec VPN 功能，可以实现跨互联网安全的远程访问。

(7) 具有邮件通知功能，可以将系统的警告通过发送邮件通知网络管理员。

(8) 具有攻击防护功能，可以将不规则的 IP、TCP 报或超过经验阈值的 TCP 半连接、UDP 报文和 ICMP 报文丢弃。

(9) 可以对 Web 中的 Java、ActiveX、Cookie、URL 关键字、Proxy 进行过滤。

目前防火墙产品很多，要选择合适的防火墙，需要遵循一定的原则，原则如下。

(1) 防火墙自身的安全性。

(2) 应考虑的特殊需求。

(3) 防火墙系统的稳定性和可靠性。

(4) 防火墙的性能。

(5) 防火墙配置的方便性。

7.2.2　典型防火墙简介

1. Check Point Firewall-1

Check Point 软件技术有限公司成立于 1993 年，该公司是 Internet 安全领域的全球领先企业。Check Point 已经成为防火墙软件的代名词，它推出并持有专利的状态监测技术是网络安全性技术的事实标准。

Check Point 公司推出的 Firewall-1 共支持两个平台:一个是 UNIX 平台；另一个是 Windows NT 平台。Firewall-1 具有一种很特别的结构——多层次状态监视结构。这种结构让 Firewall-1 可以对复杂的网络应用软件进行快速支持。

Firewall-1 提供了最佳权限控制、最佳综合性能及简单明了的管理。除了具有 NAT 功能，还具有用户认证功能。对于 FTP，可以根据 put、set，以及文件名加以限制。对于 SMTP，它可以丢弃超过一定大小的邮件，对邮件进行病毒扫描并改写邮件头信息。

Firewall-1 还可以防止有害 SMTP 命令(如 debug)的执行。Firewall-1 的用户界面是网络控制中心，定义和实施复杂的安全规则非常容易。每个规则还有一个域用于文档记录，例如，为什么制定这条规则、何时制定及由谁制定。

2. Cisco PIX Firewall

1984 年成立于美国的思科系统公司是全球领先的互联网设备供应商。1995 年，思科兼并了一个利用状态检测为计算机网络提供安全保障的生产即插即用的硬件设备厂商。6 年后，PIX 成为防火墙市场的领导者。保密互连交换(private Internet exchange，PIX)的作用是防止外部网非授权用户访问内部网。多数 PIX 都可以有选择地保护一个或多个 DMZ 区域。内部网、外部网和 DMZ 之间的连接由 PIX Firewall 控制。

3. 360 安全卫士

360 安全卫士是大家常用的一款安全软件，它的网络防护功能可以很好地保护 Windows 操作系统的安全。对于防火墙来说，它的主要作用是保护外来网络和本机访问的安全隔离。一方面阻隔外网对电脑的攻击，另一方面阻隔本机恶意程序对外的连接。360 安全卫士的网络防护也主要是从上述两个方面进行防护，它的网络安全组件集成在“功能大全”中，如图 7-7 所示。

图 7-7　360 安全卫士网络防护类型

我们以 360 防火墙屏蔽运营商广告为例，简单介绍一下它的防护功能。

360 网盾提供上网防护和广告过滤防护功能，它的广告屏蔽功能主要通过导入特定的规则来进行防护，不过这些规则是其他人制作的，适用性会受到一定的限制。其实 Windows 7 防火墙同样提供丰富的自定义规则，利用自定义的规则同样可以拦截绝大多数广告，而且拦截的效果更为精准。例如，很多电信用户都会遭到 114.vnet.cn 网站的骚扰。下面就利用防火墙的自定义规则对其进行拦截。

(1) 启动命令提示符，输入“ping 114.vnet.cn”命令获得该网站的 IP 地址，接着展开“控制面板\系统和安全\Windows 防火墙”，进入防火墙窗口，选择“高级设置→入站规则→新建规则”选项，在弹出的窗口中选中“自定义”单选按钮，然后单击“下一步”按钮开始自定义规则。

(2) 在左侧窗口中选择“作用域”选项，本地选择任何 IP 地址，远程选择想要屏蔽的 IP，单击“添加”按钮，将上述获得的屏蔽网址添加到列表，如果还有其他需要屏蔽的网址一并添加到阻止列表，如图 7-8 所示。

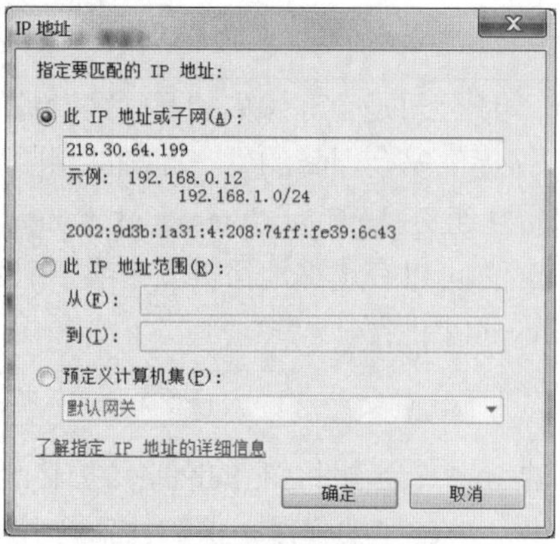

图 7-8　屏蔽的地址列表

(3) 接着选择“操作”选项，选中“阻止连接”单选按钮，配置文件选择全部设置，最后为规则命名，这样由于指定 IP 地址禁止接入我们的计算机，自然可以将广告网址屏蔽。但是，有些恶意网站会申请 IP 地址段指向某一域名，这里可以选中“此 IP 地址范围”单选按钮，将整个 IP 段地址全部添加。

360 的木马防火墙可以提供入口防御功能，拦截外来网络对本机的入侵。不过，现在的木马、黑客技术越来越高超，360 的木马防火墙在很多时候还是无法保证 Windows 7 的安全。这时，再配合灵活利用 Windows 防火墙的出站和入站规则可以打造出更为安全的上网环境。

7.2.3　数据加密技术

网络安全技术中，出现最多的一项就是数据加密技术，此项技术借助对网络数据做加密编码，有效地保证了数据的安全性。数据加密能够为网络的数据访问设定权限，加密技术属于一种效率高且灵活性强的安全保护方式。

在现代密码学中，在设计密码算法时，对数据的保密取决于对密钥的保密，而不取决于对算法的保密。在实际应用时，也兼顾网络系统的安全性能和密钥的生存周期等各种因素。

密码技术主要分为对称密码技术(也称为单钥或传统密码技术)和非对称密码技术(也称为双钥或公钥密码技术)。在对称密码技术中，加密密钥和解密密钥相同或实质上等同，即一个密钥可以由另一个密钥推出(见图 7-9)。而非对称密码技术则使用两个密钥，也就是说，加密密钥和解密密钥不相同。非对称密钥体制有两个密钥，一个是公开的密钥，用 K1 表示，谁都可以使用；另一个是私人密钥，用 K2 表示，只由自己掌握，从公开的密钥推不出私人密钥(见图 7-10)。

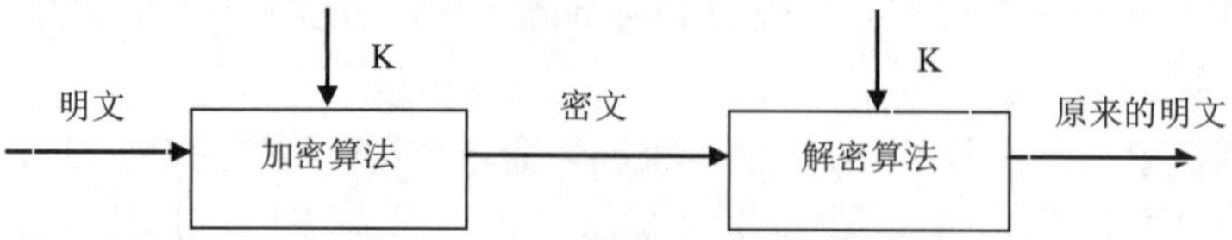

图 7-9　对称密码系统模型

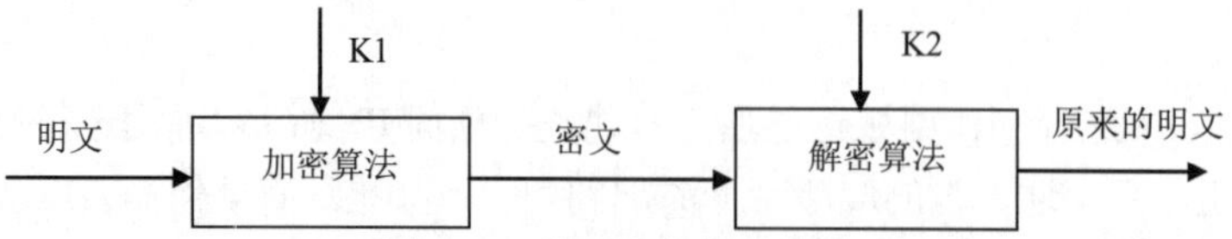

图 7-10　非对称密码系统模型

7.2.4　入侵检测技术

入侵检测系统(intrusion detection system，IDS)是通过对行为、安全日志、审计数据，以及其他网络上可以获得的信息进行操作，检测到对系统的闯入或闯入的企图。入侵检测技术是一种动态的网络检测技术，主要用于识别对计算机和网络资源的恶意使用行为，包括来自外部用户的入侵行为和内部用户的未经授权活动。

入侵检测系统由入侵检测的软件与硬件组合而成(见图 7-11)，是防火墙之后的第二道安全闸门。入侵检测技术能够帮助系统对付已知和未知的网络攻击，扩展了系统管理员的安全管理能力(包括全审计、监视、攻击识别和响应)，提高了信息安全基础结构的完整性。

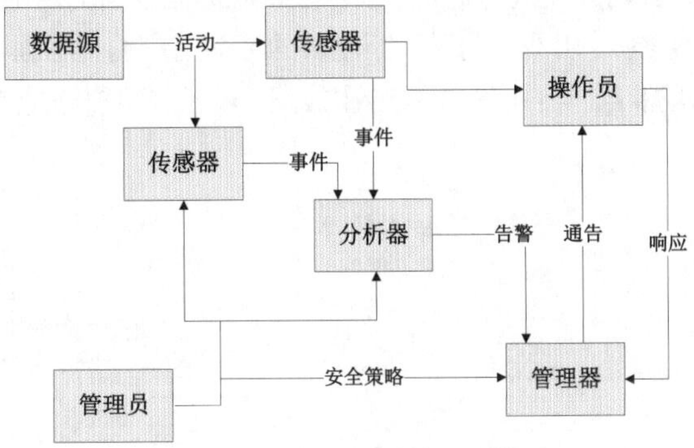

图 7-11　入侵检测系统通用模型

入侵检测系统是一个或多个由传感器、分析器和管理器等组成的组合；安全策略是预定义的、正式的、成文的说明，它定义了组织机构内网络或特定主机上允许发生的目的为支持组织机构要求的活动；哪一台主机拒绝外部网络访问等活动。

入侵检测系统的主要功能包括监控和分析用户和系统活动；审计系统配置和脆弱性；评估关键系统和数据文件的完整性；识别活动模式以反映已知攻击；统计分析异常活动模式；操作系统审计跟踪管理，并识别违反策略的用户活动。

7.3　网络应用安全

在 TCP/IP 刚出现时，协议设计者对网络安全方面考虑较少，它的安全脆弱性逐步体现了出来。一种比较常见的解决方法是在 TCP/IP 参考模型的各层增加一些安全协议以保证安全，这些协议主要分布在 TCP/IP 参考模型的最高三层，主要有如下协议。

- 网络层的安全协议：IPSec 协议。
- 传输层的安全协议：SSL 协议。
- 应用层的安全协议：SET 协议和 SSH 协议等。

IPSec 安全体系结构是一种易于扩充且完整性较好的基础网络安全方案，因此，有必要对基于 IPSec 协议的 VPN 技术进行相关介绍。

7.3.1 VPN 技术

虚拟专用网络(virtual private network，VPN)是在公共通信基础设施上构建的虚拟专用或私有网，被认为是一种从公共网络中隔离出来的网络。它可以通过特殊的加密通信协议在连接在Internet上的位于不同地方的两个或多个企业内部网之间建立一条专有的通信线路，就好比架设了一条专线，但是它并不需要真正地去铺设光缆等物理线路。这就好比去电信局申请专线，但是不用支付铺设线路的费用，也不用购买路由器等硬件设备。VPN 技术原是路由器具有的重要技术之一，目前交换机、防火墙设备或操作系统等软件也都支持 VPN 功能。

典型的 VPN 系统组成如图 7-12 所示。VPN 的核心是利用公共网络建立虚拟私有网。虚拟专用网可以帮助远程用户、公司分支机构、商业伙伴及供应商同公司的内部网建立可信的安全连接，并保证数据的安全传输。虚拟专用网可用于不断增长的移动用户的全球因特网接入，以实现安全连接；可用于实现企业网站之间安全通信的虚拟专用线路，用于经济有效地连接商业伙伴和用户的安全外联网虚拟专用网。

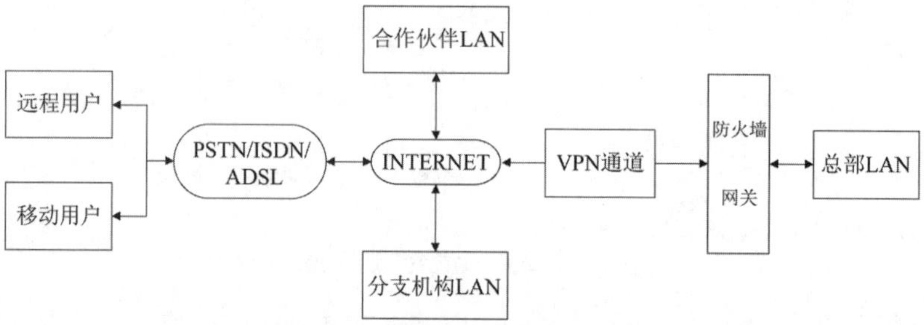

图 7-12　典型的 VPN 系统组成

VPN 是第三层(即网络层)的加密。IPSec VPN 不是某种特殊的加密算法或认证算法，也没有在它的数据结构中指定某种特殊的加密算法或认证算法，它只是一个开放的结构，定义在 IP 数据报格式中，不同的加密算法都可以利用 VPN 定义的体系结构在网络数据传输过程中得以实现。

为什么要使用 IPSec VPN 协议？原因有两个：一是在原来的 TCP/IP 体系中，只要能够搭入线路，即可分析所有的通信数据，不具备安全性，而 VPN 技术引入了安全机制，包括加密、认证和数据防篡改功能，安全性能得到了保证；二是随着互联网的迅速发展，接入越来越方便，使得很多用户能够通过互联网实现跨区域的私有网络的互联互通。

接下来，我们介绍一下虚拟专用网络的两个基本用途。

1) 通过 Internet 实现远程用户访问(见图 7-13)

虚拟专用网络支持以安全的方式通过公共互联网络远程访问企业资源。与使用专线拨打长途或 1-800 电话连接企业的网络接入服务器(NAS)不同，虚拟专用网络用户首先拨通本地 ISP 的 NAS，然后 VPN 软件利用与本地 ISP 建立的连接在拨号用户和企业 VPN 服务器之间创建一个跨越 Internet 或其他公共互联网络的虚拟专用网络。

2) 连接企业内部网络计算机(见图 7-14)

在企业的内部网络中，有点部门可能要存储一些重要数据，为确保数据的安全性，传统的方式只能是把这些部门同整个企业网络断开形成孤立的小网络。这样做虽然保护了部门的重要信息，但是物理上的中断，使其他部门的用户无法与其取得联系，带来了通信上的困难。

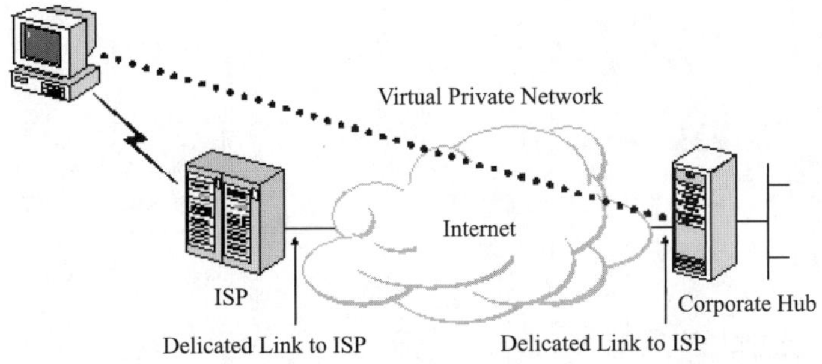

图 7-13　远程用户访问

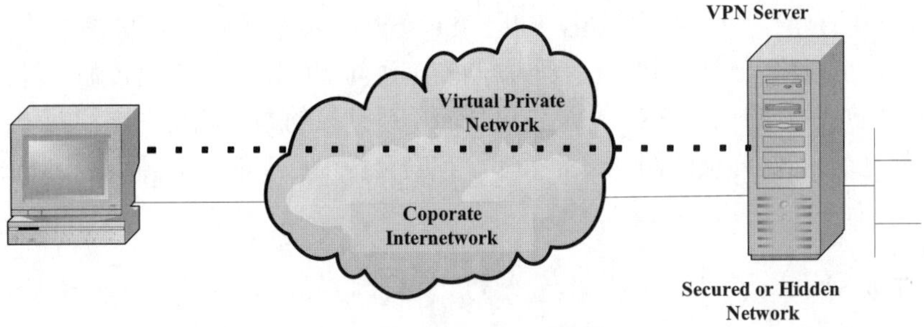

图 7-14　连接企业内部网络

采用 VPN 方案，使用一台 VPN 服务器既能够实现与整个企业网络的连接，又可以保证保密数据的安全性。路由器虽然也能够实现网络之间的互联，但是并不能对流向敏感网络的数据进行限制。企业网络管理人员通过使用 VPN 服务器，指定只有符合特定身份要求的用户才能连接 VPN 服务器获得访问敏感信息的权利。此外，可以对所有 VPN 数据进行加密，从而确保数据的安全性。没有访问权利的用户无法看到部门的局域网络。

7.3.2　SSL 协议

由于 Web 上时常传输重要或敏感的数据，Netscape 公司在推出 Web 浏览器首版的同时，提出了安全通信协议(secure socket layer，SSL)。SSL 采用公开密钥技术，是一种用于传输层的安全协议，其目标是保证两个应用间通信的保密性和可靠性，可在服务器和客户机两端同时实现支持。目前，利用公开密钥技术的 SSL 协议，已成为因特网上保密通信的工业标准。现行 Web 浏览器普遍将 HTTP 和 SSL 相结合，只需要安装数字证书或服务器证书就可以激活服务器功能，从而实现安全通信。

它能使客户/服务器应用之间的通信不被攻击者窃听，并且始终对服务器进行认证，还可选择对客户进行认证。

当前几乎所有浏览器都支持 SSL，但是支持的版本有所不同。IE 支持的 SSL 版本如图 7-15 所示，从图 中可以看到，IE 同时支持 SSL 2.0 和 SSL 3.0 两个版本。

SSL 协议要求建立在可靠的传输层协议(如 TCP)之上(见图 7-16)。SSL 协议的优势在于它与应用层协议独立无关。高层的应用层协议(如 HTTP、FTP、TELNET 等)能透明地建立于 SSL 协议之上。SSL 协议在应用层协议通信之前就已经完成加密算法、通信密钥的协商，以及服务器认证工作。在此之后应用层协议所传送的数据都会被加密，从而保证通信的私密性。

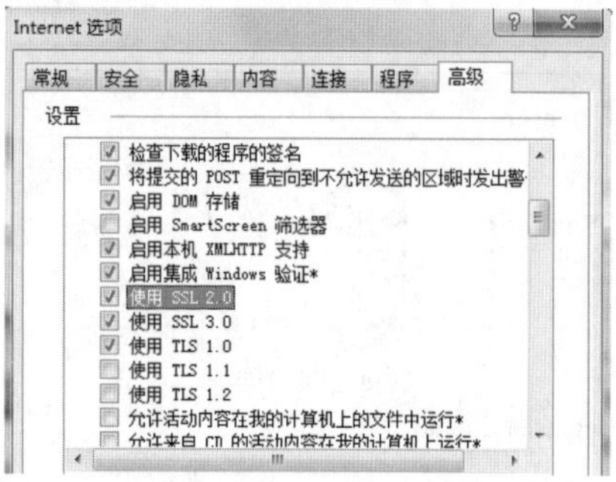

图 7-15　IE 支持的 SSL 版本

图 7-16　SSL 的体系结构

通过对原理的介绍，我们可以知道，利用 SSL 协议可以有效加强信息传输的保密性。利用这一点，我们就可以将其应用到 Web 服务器的安全访问上、邮件的安全传输上等。

识别一个网站是否启用了 SSL 安全协议最简单最直接的办法就是看它的网址信息，通常我们看到的都是以 http://开头的网址，而采用了该安全协议后，网址的开头是 https://，多了一个“s”。

7.3.3　SET 协议

安全电子交易(secure electronic transaction，SET)协议是由 VISA 和 MasterCard 两大信用卡组织联合开发的电子商务安全协议，其复杂度较高，涵盖了信用卡在电子商务交易中的交易流程，以及应用的信息保密问题、资料完整及 CA 认证问题、数字签名问题等。

SET 协议主要是为了解决用户、商家和银行之间通过信用卡支付的交易而设计的，以保证支付信息的机密、支付过程的完整、商户及持卡人的合法身份，以及可操作性。SET 协议中的核心技术主要有公开密钥加密、电子数字签名、电子信封、电子安全证书等。

SET 协议比 SSL 协议复杂，因为前者不仅可以加密两个端点间的单个会话，还可以加密和认定三方间的多个信息。

SET 协议的主要目标如下。

(1) 信息在因特网上安全传输，保证网上传输的数据不被黑客窃听。

(2) 订单信息和个人账号信息的隔离。在将包含持卡人账号信息的订单送到商家时，商家只能看到订货信息，而看不到持卡人的账户信息。

(3) 持卡人和商家相互认证，以确定通信双方的身份。一般由第三方机构负责为在线通信双方提供信用担保。

(4) 要求软件遵循相同的协议和消息格式，使不同厂家开发的软件具有兼容和互操作功能，并且可以运行在不同的硬件和操作系统平台上。

SET 协议是针对用卡支付的网上交易而设计的支付规范，不用卡支付的交易方式(如货到付款方式、邮局汇款等方式)则与 SET 协议无关。

每种网络安全协议都有各自的优缺点，实际应用中要根据不同情况选择恰当的协议并注意加强协议间的互通与互补，以进一步提高网络的安全性。另外现在的网络安全协议虽然已经实现了安全服务，但无论哪种安全协议建立的安全系统都不可能抵抗所有攻击，要充分利用新的技术成果，在分析现有安全协议的基础上不断探索安全协议的新应用模式和领域。

网络安全学科涉及的内容繁多而复杂，而且发展迅速，要在一章的篇幅中全部介绍完很不现实，因此，本章节只介绍了一些常用的安全技术，并给出了相应的实例，让读者能有一个基本而理性的认识，培养“三分技术，七分管理”的安全理念。

习题

一、选择题

1. 在企业内部网与外部网之间，用来检查网络请求分组是否合法，保护网络资源不被非法使用的技术是(　　)。

　A. 防病毒技术　　B. 防火墙技术　　C. 差错控制技术　　D. 流量控制技术

2. 非法接收者在截获密文后试图从中分析出明文的过程称为(　　)。

　A. 破译　　B. 解密　　C. 加密　　D. 攻击

3. VPN 的应用特点主要表现在两个方面，分别是(　　)。

　A. 应用成本低廉和使用安全　　B. 便于实现和管理方便

　C. 资源丰富和使用便捷　　D. 高速和安全

4. 如果要实现用户在家中随时访问单位内部的数字资源，可以通过(　　)方式实现。

　A. 外联网 VPN　　B. 内联网 VPN　　C. 远程接入 VPN　　D. 专线接入

5. 以下关于 VPN 的说法，正确的是(　　)。

　A. VPN 是虚拟专用网的简称，它只能实现 ISP 维护和实施

　B. VPN 只能在第二层数据链路层上实现加密

　C. IPSec 也是 VPN 的一种

　D. VPN 使用通道技术加密，但没有身份验证功能

6. 下面有关 SSL 的描述，不正确的是(　　)。

　A. 目前大部分 Web 浏览器都内置了 SSL 协议

　B. SSL 协议分为 SSL 握手协议和 SSL 记录协议两部分

　C. SSL 协议中的数据压缩功能是可选的

　D. TLS 在功能和结构上与 SSL 完全相同

7. 以下关于状态检测防火墙的描述，不正确的是(　　)。

　A. 所检查的数据包称为状态包，多个数据包之间存在一些关联

　B. 能够自动打开和关闭防火墙上的通信端口

　C. 其状态检测表由规则表和连接状态表两部分组成

　D. 每次操作时，必须先检测规则表，然后再检测连接状态表

8. 针对数据包过滤和应用网关技术存在的缺点而引入的防火墙技术是(　　)的特点。

　A. 包过滤型防火墙　　B. 应用级网关

　C. 复合型防火墙　　D. 代理服务型防火墙

9. 下列各项功能中，不可能集成在防火墙上的是(　　)。
   A. 网络地址转换(NAT)　　　　B. 虚拟专用网(VPN)
   C. 入侵检测和入侵防御　　　　D. 过滤内部网络中设备的MAC地址

二、填空题

1. 密码体制目前分为________和________。
2. 网络的安全遭受威胁的类型有4种：________、________、________、________。
3. ________技术是在传统包过滤防火墙的基础上发展而来的，所以将传统的包过滤防火墙称为静态包过滤防火墙。
4. VPN利用Internet等________的基础设施，通过隧道技术，为用户提供一条与专用网相同的安全通道。

三、问答题

1. 网络安全所使用的技术主要有哪些？
2. 为什么要使用防火墙？防火墙主要有哪几种类型？
3. 试简述SSL和SET的工作过程。

第二部分

实验篇

ↀ 实验 1 ↀ

常用网络设备

1.1 实验目的

(1) 认识常用的网络设备。

(2) 了解不同类别双绞线的区别，并掌握它们的制作方法。

1.2 实验任务

(1) 认识 LAN 中常用的几种网线，了解其基本特性。

(2) 认识网卡、Modem、Hub 等基础网络设备，了解其基本安装与使用方法。

(3) 了解交换机、路由器等网络设备。

(4) 了解双绞线的两种接线标准(T568A 与 T568B)，掌握直通线、交叉线和反转线的制作和测试方法。

1.3 常用网络设备简介

1.3.1 导向传输媒体

传输媒体也称为传输介质或传输媒介，是数据传输系统中在发生器和接收器之间的物理通路，用来将信号从一端传到另一端。传输媒体可分为导向传输媒体和非导向传输媒体两大类。导向传输媒体中，电磁波沿着固体媒体传播，常用的导向传输媒体有双绞线、同轴电缆和光纤 3 种。

1. 双绞线

双绞线(twisted pair)是综合布线工程中最常用的一种传输介质。双绞线采用了一对互相绝缘的金属导线按一定密度互相绞在一起的方式来抵御一部分外界电磁波干扰，“双绞线”的名字由此而来。在实际使用时，典型的由四对双绞线放在一个绝缘电缆套管里，可分为非屏蔽双绞线(UTP)、屏蔽双绞线(STP)。非屏蔽双绞线分为 3 类、4 类、5 类、超 5 类、6 类和 7 类。目前常用的双绞线是 5 类四对的电缆线，在塑料绝缘外皮里面包裹着八根信号线，每两根为一对，相互绞合，总共形成四对，如第 2 章中图 2-10(a)所示。每对线在每英寸长度上相互缠绕的次数决定其抗干扰的能力和通信的质量，缠绕得越紧密其通信质量越高，支持更高的数据传输速率，成本也就越高。屏蔽双绞线电缆的外层由铝铂包裹，如第 2 章中图 2-10(b)所示，以减小辐射，但并不能完全消除辐射，屏蔽双绞线价格相对较高，安装时要比非屏蔽双绞线电缆困难。

一般的双绞线、集线器和交换机均使用 RJ-45 连接器(也叫作 RJ-45 水晶头)进行连接。RJ-45 连接器前端有 8 个凹槽，凹槽内有 8 个金属接点，如实验图 1-1 所示。应注意的是 RJ-45 水晶头引脚序号，当金属片面对我们时从左至右引脚序号是 1～8，序号对网线连接非常重要，不能颠倒。通常，我们将两端安装着 RJ-45 连接器的双绞线成为网线，如实验图 1-2 所示。根据连接设备原理的不同，在实际使用中，网线分为直连线和交叉线。

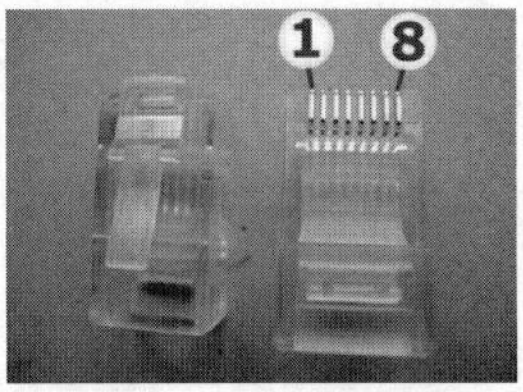

实验图 1-1　RJ-45 连接器

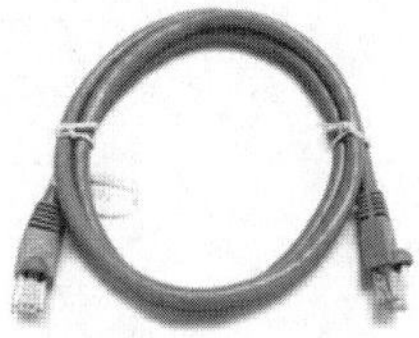
实验图 1-2　网线

在网线的制作中，双绞线有两种连接标准：EIA/TIA568A 标准和 EIA/TIA568B 标准(TIA/EIA 568 是 ANSI 于 1996 年制定的布线标准，该标准指出网络布线有关基础设施，包括线缆、连接设备等内容。字母“A”表示 IBM 公司的布线标准，而 AT&T 公司使用字母“B”表示)。

T568A 线序如下所示。

1	2	3	4	5	6	7	8
绿白	绿	橙白	蓝	蓝白	橙	棕白	棕

T568B 线序如下所示。

1	2	3	4	5	6	7	8
橙白	橙	绿白	蓝	蓝白	绿	棕白	棕

(1) 直连线。在通信过程中，计算机网卡端口的发送端要与集线器(或交换机)端口的接收端相连，计算机网卡端口的接收端要与集线器(或交换机)端口的发送端相连。但集线器的端口内部发线和收线进行了交叉(如实验图 1-3 所示)，因此，在将计算机连接入集线器时需要使用直连线。这里 TD 表示发送线对，RD 表示接收线对。

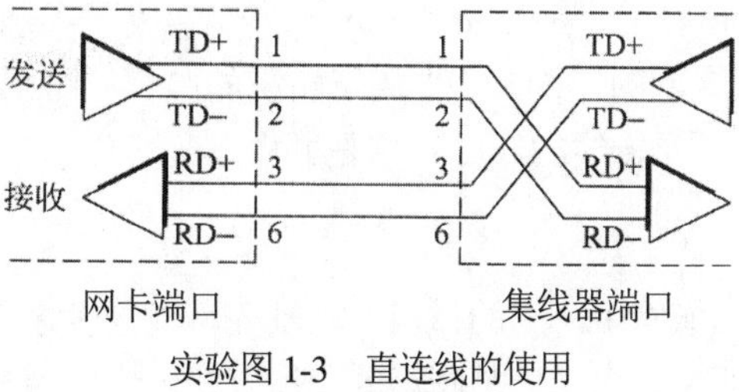

实验图 1-3　直连线的使用

直连线中水晶头触点与 UTP 线对的对应关系如实验图 1-4 所示。

实验图 1-4　直连线的线对排列

(2) 交叉线。计算机与集线器(或交换机)之间的连接可以使用直连线，那么集线器(或交换机)与集线器(或交换机)之间的连接(即同种设备的端口之间)使用什么样的电缆呢？同种设备的端口之间通常采用交叉线相连，以集线器端口为例进行说明，如实验图 1-5 所示。

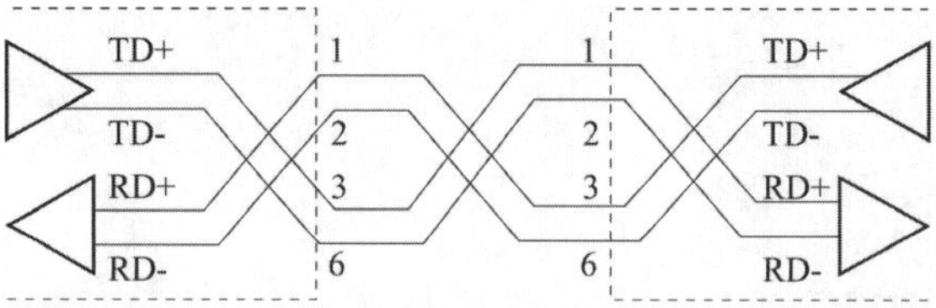

实验图 1-5　两个集线器的普通端口连接

交叉线中水晶头触点与 UTP 线对的对应关系如实验图 1-6 所示。

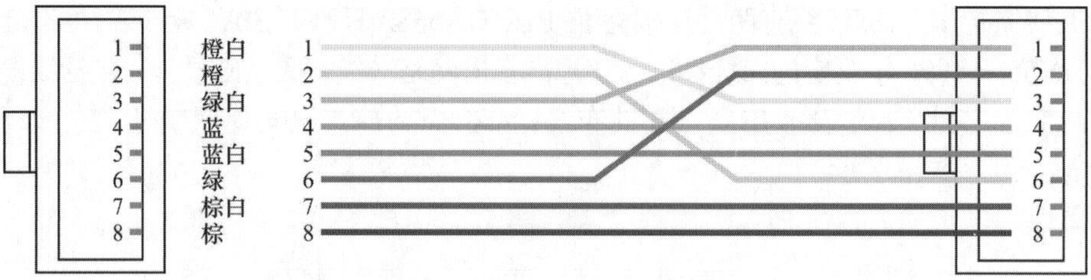

实验图 1-6　交叉线的线对排列

在双绞线产品家族中，主要的品牌有安普、TCL、康普、跃图、IBM 等。

直连线、交叉线和反转线的区别如下。

- 直连线：一般用来连接两个不同性质的接口。一般用于：PC to Switch/Hub，Router to Switch /Hub。直连线的做法就是使两端的线序相同，要么两端都是 T568A 标准，要么两端都是 T568B 标准。
- 交叉线：一般用来连接两个性质相同的端口。一般用于：Switch to Switch，Switch to Hub，Hub to Hub，Host to Host，Host to Router。一端做成 T568A，另一端做成 T568B。
- 反转线：不用于以太网的连接，主要用于主机的串口和路由器(或交换机)的 Console 口连接的 Console 线。反转线的线序一端是顺序，另一端是逆序。

2. 同轴电缆

同轴电缆曾广泛用于局域网中，它的材料是共轴的，故同轴之名由此而来。外导体是由金属丝编织而成的圆形外屏蔽层，内导体是圆形的金属芯线，中间填充着绝缘介质，最外面是塑料保护外层，如第 2 章中图 2-11 所示。它具有寿命长、频带宽、质量稳定、外界干扰小、可靠性高等优点，但价格高于双绞线。在有线电视传输系统中被广泛应用。同轴电缆有细同轴电缆和粗同轴电缆之分。

细缆及连接器：细缆总线、T 型接头、BNC 接头、端接器(又叫作终端电阻 50Ω)等，如实验图 1-7 所示。

粗缆及连接器：粗缆总线、粗缆收发器、AUI 电缆，如实验图 1-8 所示。

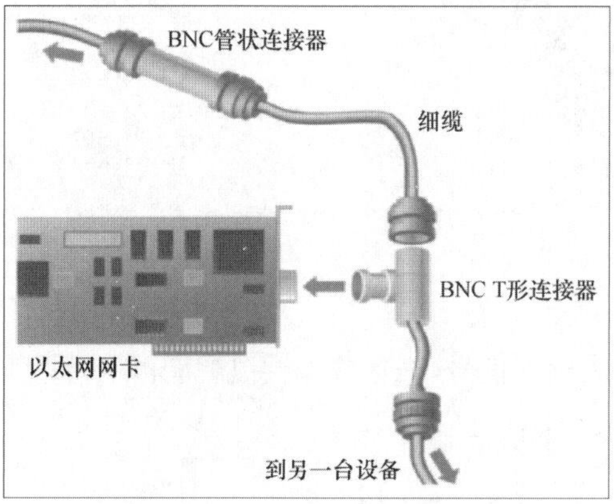

实验图 1-7　细缆及连接器

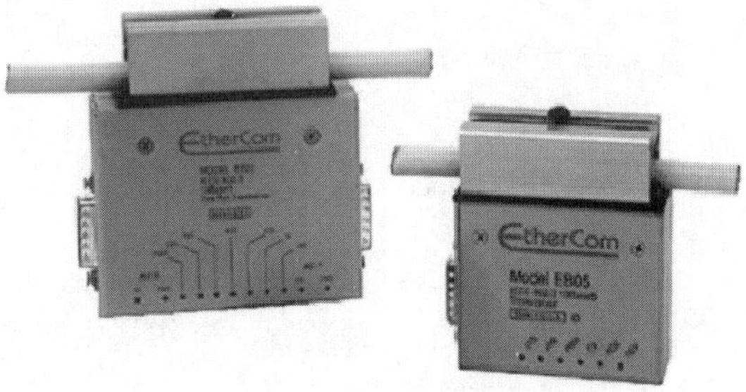

实验图 1-8　粗缆及连接器

3. 光纤

光纤由能传导光波的石英玻璃纤维拉成丝形成纤芯，外加包层和涂覆层构成。光纤通信的实现基于光的全反射原理，如第 2 章中图 2-13 和图 2-15 所示。光纤具有带宽(数据传输速率)高、抗干扰强、传输距离远等优点，光纤外观如实验图 1-9 所示。

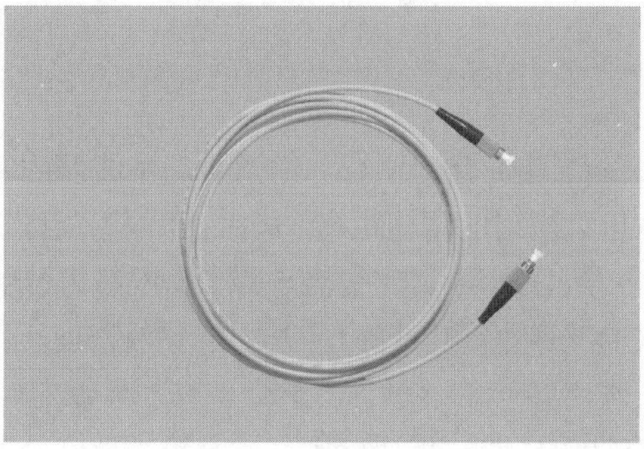

实验图 1-9　光纤外观

1.3.2　网卡

网卡是网络接口卡(network interface card，NIC)的简称，也叫作网络适配器，它是物理上连接计算机与网络的硬件设备，是局域网基本的组成部分之一。网卡插在计算机的主板扩展槽中，通过网线(如双绞线、同轴电缆)与网络共享资源、交换数据。它主要用于完成两大功能，一是读入由网络设备传输过来的数据包，经过拆包(解封装)，将其变成计算机可以识别的数据，并将数据传输到所需设备中，二是将 PC 设备发送的数据，打包(封装)后输送至其他网络设备中。网卡外观如实验图 1-10 所示。

实验图 1-10　网卡外观

1.3.3　调制解调器

Modem 是在发送端通过调制将数字信号转换为模拟信号，在接收端通过解调再将模拟信号转换为数字信号的一种装置，工作基本原理如实验图 1-11 所示。

实验图 1-11　Modem 工作原理

目前，家庭宽带用户使用 ADSL Modem 或 Cable Modem 来实现通过公用电话系统接入互联网。

1.3.4　集线器

集线器的英文名称为 Hub。Hub 是“中心”的意思，集线器的主要功能是对接收到的信号进行再生、整形、放大，以扩大网络的传输距离，同时把所有节点集中在以它为中心的节点上。它工作于 OSI 参考模型第一层(物理层)。集线器与网卡、网线等传输介质一样，属于局域网中的基础设备，采用 CSMA/CD(一种检测协议)访问方式。集线器属于纯硬件网络底层设备，不具备类似于交换机的“智能记忆”能力和“学习”能力，也不具备交换机所具有的 MAC 地址表，所以它发送数据时都是没有针对性的，采用广播方式发送。也就是说当它要向某节点发送数据时，不是直接把数据发送到目的节点，而是把数据包发送到与集线器相连的所有节点，如实验图 1-12 所示。

一个具有24口10M/100M集线器的外观如实验图1-13所示。它能够提供24个10/100 Base-TX自适应端口，每个端口自动侦测网络连接速率，同时支持以太网和快速以太网。

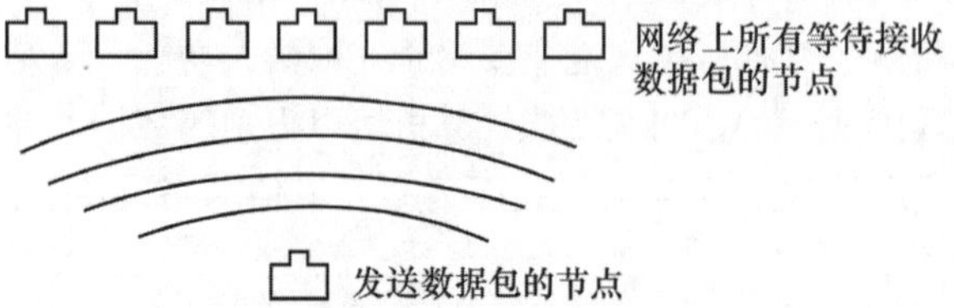

实验图 1-12　Hub 广播方式

实验图 1-13　24 口 10 M/100 M 集线器外观

1.3.5 交换机

以太网交换机一般提供 24 个 10/100BASE-TX 以太网端口、1 个 Console 口，有的也提供扩展槽位，产品外观与 24 口 10 M/100 M 集线器类似，它们的主要区别体现在工作方式上。交换机一般是数据链路层的设备，每个端口以独占带宽的方式进行数据交换，具有“智能记忆”能力和“学习”能力，依据自我学习的 MAC 地址表转发数据，所以它发送数据时都是有针对性的，而不是采用广播方式发送。

1.4 实验设备

(1) 网卡、Modem、Hub 等基础网络设备和双绞线、同轴电缆、光纤及其接头等传输媒体。

(2) 压线钳、5 类及以上双绞线(若干)、RJ-45 水晶头(若干)，电缆测试仪。

(3) 交换机、路由器。

1.5 实验步骤

网线的制作

(1) 认识常用的网络设备和传输媒体。

① 认识网卡、调制解调器(Modem)、集线器(Hub)、交换机。

② 认识双绞线、同轴电缆、光纤及其接头。

(2) 制作以太网网线。

步骤 1：准备好 5 类线、RJ-45 插头和一把专用的压线钳。

步骤 2：用压线钳的剥线刀口将 5 类线的外保护套管划开(不要将里面的双绞线的绝缘层划破)，刀口距 5 类线的端头至少 2cm。

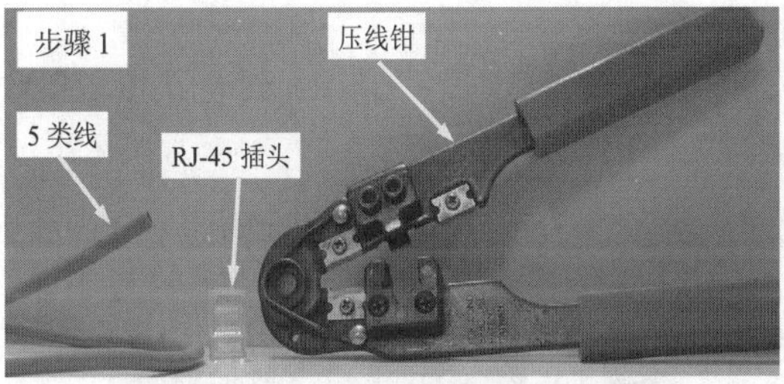

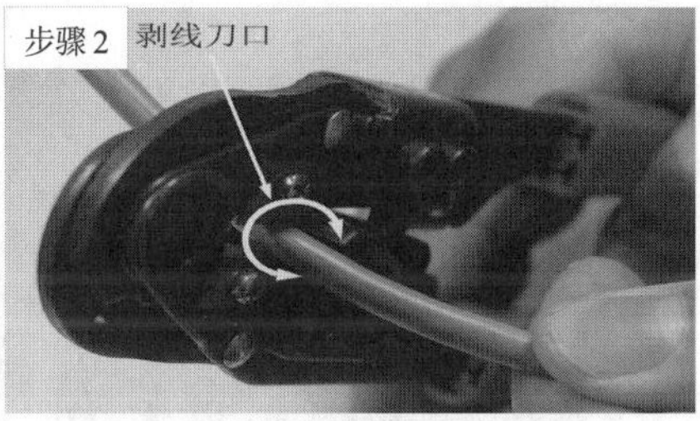

步骤 3：将划开的外保护套管剥去(旋转、向外抽)。

步骤 4：露出 5 类线电缆中的四对双绞线。

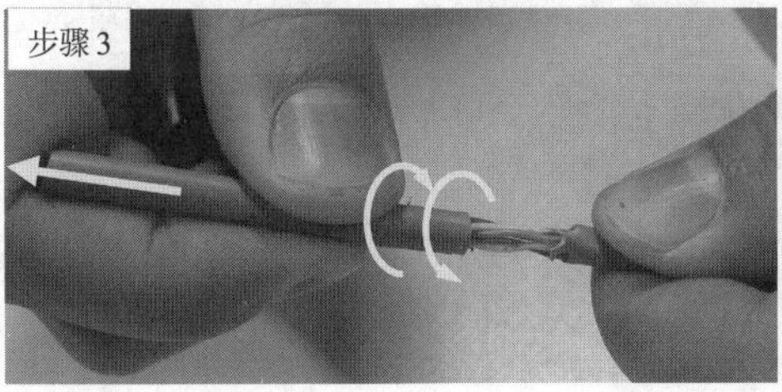

步骤 5：按照 EIA/TIA-568B 标准和导线颜色将导线按规定的序号排好。

步骤 6：将 8 根导线整齐地平行排列，导线间不留空隙。

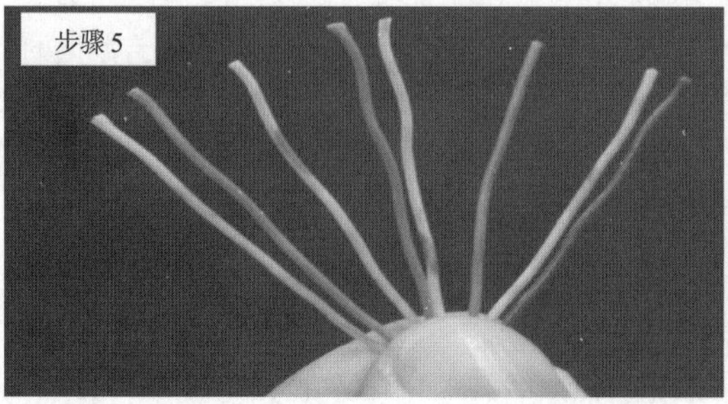

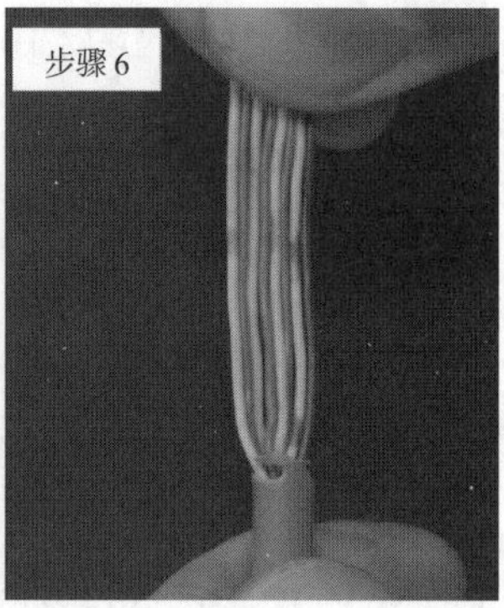

步骤 7：准备用压线钳的剪线刀口将 8 根导线剪断。

步骤 8：剪断电缆线。请注意：一定要剪得很整齐；剥开的导线长度不可太短；可以先留长一些；不要剥开每根导线的绝缘外层。

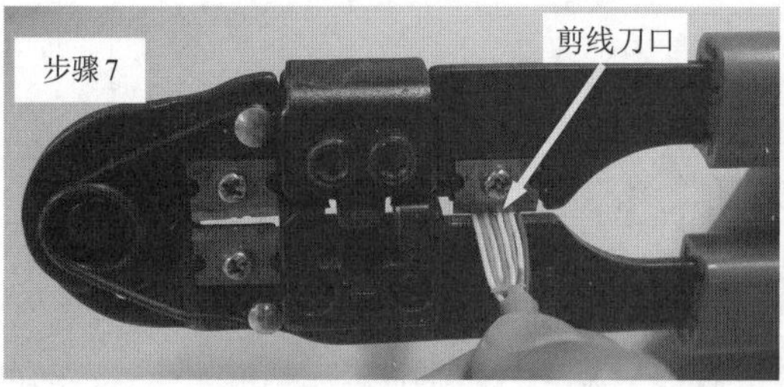

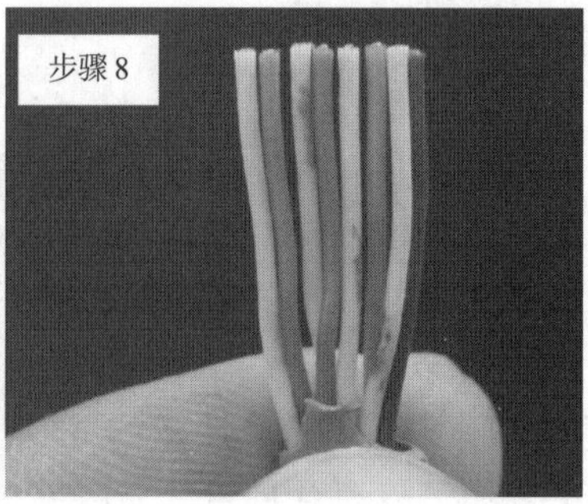

步骤 9：将剪断的电缆线放入 RJ-45 插头试试长短(要插到底)，使电缆线的外保护层最后能够在 RJ-45 插头内的凹陷处被压实。反复进行调整。

步骤 10：在确认一切都正确后(注意不要将导线的顺序排反)，将 RJ-45 插头放入压线钳的压头槽内，准备压实。

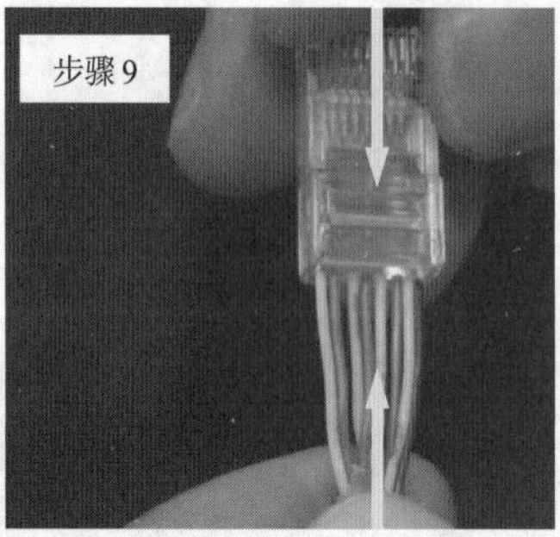

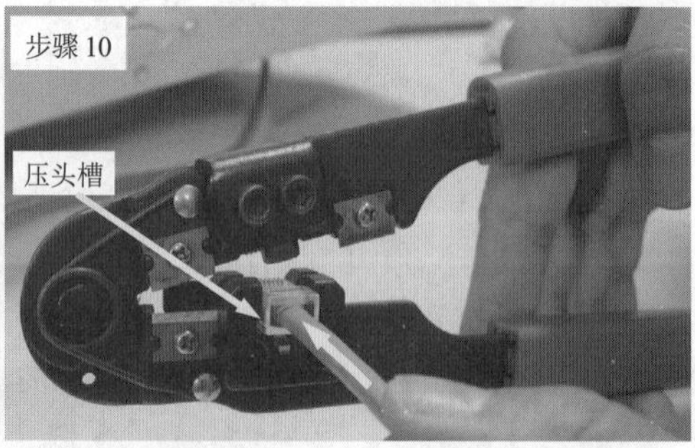

步骤 11：双手紧握压线钳的手柄，用力压紧。请注意，这一步骤完成后，插头的 8 个针脚接触点就穿过了导线的绝缘外层，分别和 8 根导线紧紧地压接在一起了。

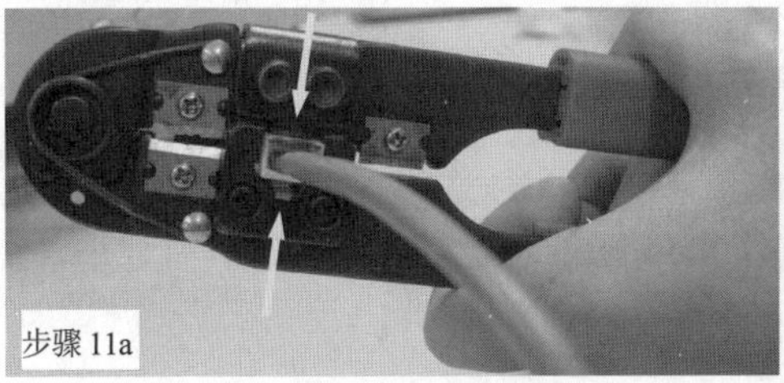

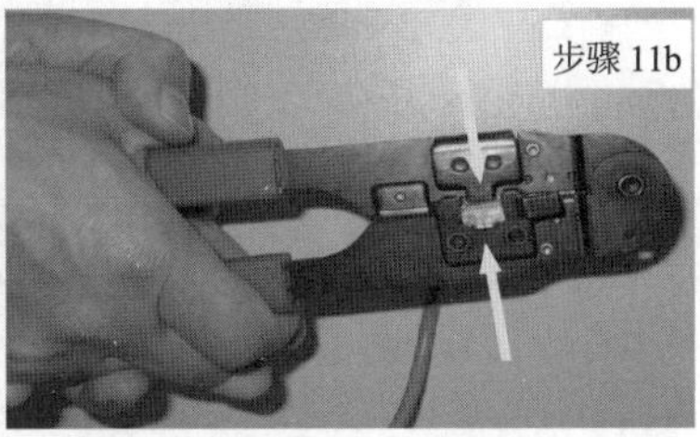

步骤 12：以上完成一端接口的制作。备好 5 类线、RJ-45 插头和一把专用的压线钳。

步骤 13：制作另一端接口。

若制作直连线，则另一端接口按照上述步骤采用 EIA/TIA-568B 标准制作。

若制作交叉线，则另一端接口按照上述步骤采用 EIA/TIA-568A 标准制作。

若制作反转线，则另一端接口按照上述步骤采用 EIA/TIA-568B 标准的逆序制作。

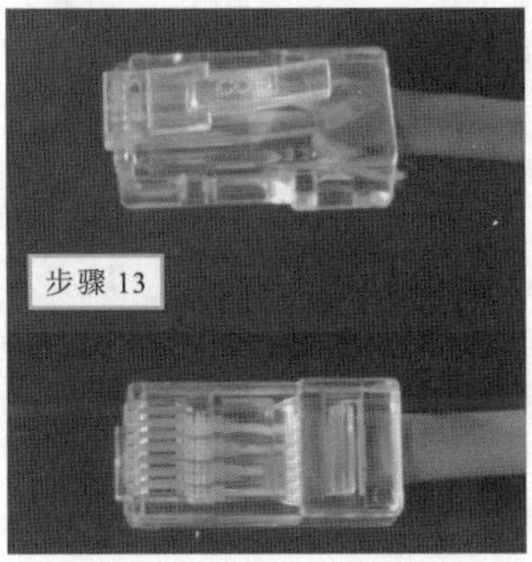

步骤 14：检测设备。用电缆测试仪测试制作的直连线和交叉线，对接收和发送分别测试，也可以直接接入网络进行测试。

1.6 思考

1. 你在哪里可以找到网卡，它具有什么功能？
2. 网线和网卡是什么关系？网线与交换机又是什么关系？

实验 2

网络测试与管理命令

2.1 实验目的

(1) 掌握 Windows 中几个常用网络命令(ping、ipconfig、tracert、netstat、ARP)的使用方法。

(2) 了解系统网络命令及其所代表的含义，通过使用这几个命令了解运行系统网络状态(如了解网络连通性、主机的响应时间、响应路径和本机网络参数配置情况等)，以便有效地测试和维护网络。

(3) 理解 ARP 缓存、IP 地址、计算机默认网关等的作用。

2.2 实验任务

(1) 熟悉 ping、ipconfig、tracert、netstat、ARP 命令的使用方法。

(2) 练习 ping 的基本命令并对网络故障加以诊断。

(3) 练习 ipconfig 显示主机 IP 协议的配置信息。

(4) 练习 tracert 命令判定数据包到达目的主机所经过的路径。

(5) 练习 netstat 命令显示当前正在活动的网络连接的详细信息。

(6) 练习 ARP 命令，查看 ARP 高速缓存信息，分析 ARP 协议的解析过程。

2.3 Windows 中的常用网络命令

2.3.1 ping 命令

ping(packet Internet groper)命令使用了 ICMP 回送请求报文和回送回答报文，通过向指定的主机发送 ICMP 回送请求报文并监听其回应，来测试两台主机之间的连通性。

ping 命令的格式如下。

ping [-t] [-a] [-n count] [-l length] [-f] [-i ttl] [-v tos] [-r count] [-s count] [[-j computer-list] | [-k computer-list]] [-w timeout] destination-list

常用参数如下。

- -t：ping 指定的计算机直到中断。
- -a：将地址解析为计算机名。
- -n count：发送 count 指定的 ECHO 数据包数。默认值为 4。
- -l length：发送包含由 length 指定的数据量的 ECHO 数据包。默认为 32 字节；最大值是 65 527。
- -f：在数据包中发送“不要分段”标志，数据包就不会被路由上的网关分段。
- -i ttl：将“生存时间”字段设置为 ttl 指定的值。
- -v tos：将“服务类型”字段设置为 tos 指定的值。
- -r count：在“记录路由”字段中记录传出和返回数据包的路由。count 可以指定 1～9 台计算机。
- -s count：指定 count 指定的跃点数的时间戳。
- -j computer-list：利用 computer-list 指定的计算机列表路由数据包。连续计算机可以被中间网关分隔(路由稀疏源)IP 允许的最大数量为 9。
- -k computer-list：利用 computer-list 指定的计算机列表路由数据包。连续计算机不能被中间网关分隔(路由严格源)IP 允许的最大数量为 9。
- -w timeout：指定超时间隔，单位为毫秒。
- destination-list：指定要 ping 的远程计算机。

当网络运行中出现故障时，采用 ping 命令来预测故障、确定故障源是非常有效的。下面是某局域网中的一台计算机不能访问 Internet(外网)时，常用的测试步骤。

(1) ping 127.0.0.1。127.0.0.1 是本地循环地址，如果该地址无法 ping 通，则表明本机 TCP/IP 协议不能正常工作；如果 ping 通了该地址，证明本机 TCP/IP 协议正常，则进入下一个步骤继续诊断。

(2) ping 本机的 IP 地址。如果 ping 通，表明网络适配器工作正常，则可进入下一步诊断；反之则是网络适配器出现了故障。

(3) ping 局域网中同网段计算机的 IP 地址。不通则表明网络线路出现故障或网络本地连接 IP 地址错误；否则，进入下个步骤继续诊断。

(4) ping 本机默认网关。不通则表明从本局域网到外网的出口不通，可能是默认网关接口问题；否则，进入下个步骤继续诊断。

(5) ping 某个远程 IP。如果收到应答，表示成功地通过默认网关到外网。对于 ADSL 宽带上网用户则表示能够成功地访问 Internet(但不排除 ISP 的 DNS 会有问题)，若 DNS 有问题，则无法用域名网址访问资源。

2.3.2　ipconfig 命令

ipconfig/all 命令可以用来显示本机 IP 协议的配置属性，如网络适配器的物理地址、主机的 IP 地址、子网掩码，以及默认网关等，还可以查看主机的相关信息。这些信息一般用来检验人工配置的 TCP/IP 设置是否正确。但是，如果计算机和所在的局域网使用了动态主机配置协议(DHCP)，那么该命令所显示的信息就是 DHCP 自动分配的。这时，ipconfig 可以让我们了解自己的计算机是否成功地租用到了一个 IP 地址，如果租用到了，则可以了解它目前分配到的是什么地址。

了解计算机当前的 IP 地址、子网掩码和缺省网关实际上是进行测试和故障分析的必要项目。

ipconfig 命令的一般格式如下。

```
ipconfig [/? | /all | /release [adapter] | /renew [adapter]
                | /flushdns | /registerdns
                | /showclassid adapter
                | /setclassid adapter [classidtoset] ]
```

各参数说明如下。

- /all：产生完整显示。在没有该开关的情况下，ipconfig 只显示 IP 地址、子网掩码和每个网卡的默认网关值。
- /renew [adapter]：更新 DHCP 配置参数。该选项只在运行 DHCP 客户端服务的系统上可用。要指定适配器名称，请键入使用不带参数的 ipconfig 命令显示的适配器名称。
- /release [adapter]：发布当前的 DHCP 配置。该选项禁用本地系统上的 TCP/IP，并只在 DHCP 客户端上可用。要指定适配器名称，请键入使用不带参数的 ipconfig 命令显示的适配器名称。

常用的选项如下。

(1) ipconfig。当使用 ipconfig 时不带任何参数选项，那么它为每个已经配置了的接口显示 IP 地址、子网掩码和默认网关值。

(2) ipconfig /all。当使用 all 选项时，ipconfig 能为 DNS 和 WINS 服务器显示它已配置且所要使用的附加信息(如 IP 地址等)，并且显示内置于本地网卡中的物理地址(MAC 地址)。如果 IP 地址是从 DHCP 服务器租用的，ipconfig 将显示 DHCP 服务器的 IP 地址和租用地址预计失效的日期。

(3) ipconfig /release 和 ipconfig /renew。这是两个附加选项，只能在向 DHCP 服务器租用其 IP 地址的计算机上起作用。如果我们输入 ipconfig /release，那么所有接口的租用 IP 地址便重新交付给 DHCP 服务器(归还 IP 地址)。如果我们输入 ipconfig/renew，那么本地计算机便设法与 DHCP 服务器取得联系，并租用一个 IP 地址。请注意，大多数情况下网卡将被重新赋予和以前所赋予的相同的 IP 地址。

2.3.3 tracert 命令

tracert 通过向目标发送不同 IP 生存时间(TTL)值的“internet 控制报文协议”(ICMP)回应数据包，tracert 诊断程序确定到目标所采取的路由，要求路径上的每个路由器在转发数据包之前至少将数据包上的 TTL 递减 1。当数据包上的 TTL 减为 0 时，路由器应该将“ICMP 已超时”的消息发回源系统。

tracert 的使用技巧如下。

如果有网络连通性问题，可以使用 tracert 命令来检查到达的目标 IP 地址的路径并记录结果。tracert 命令显示用于将数据包从计算机传递到目标位置的一组 IP 路由器，以及每个节点所需的时间。如果数据包不能传递到目标，tracert 命令将显示成功转发数据包的最后一个路由器。当数据包从计算机经过多个网关传送到目的地时，tracert 命令可以用来跟踪数据包使用的路由(路径)。该实用程序跟踪的路径是源计算机到目的地的一条路径，不能保证或认为数据包总遵循这个路径。如果配置使用 DNS，那么会从所产生的应答中得到城市、地址和常见通信公司的名字。tracert 是一个运行得比较慢的命令(如果我们指定的目标地址比较远)，每个路由器我们大约需要给它 15 秒的时间。

tracert 的使用很简单，只需要在 tracert 后面跟一个 IP 地址或 URL，tracert 就会进行相应的域名转换。

tracert 最常见的用法如下。

```
tracert IP address [-d]
```

参数说明：IP address，目标计算机名称；-d，指定不将地址解析为计算机名。使用-d 选项，将更快地显示路由器路径，因为 tracert 不会尝试解析路径中路由器的名称。

举例如下。

```
C:\ >tracert www.wsyu.edu.cn
```

通过最多 30 个跃点跟踪到 www.wsyu.edu.cn [219.140.64.139]的路由如下。

```
1     3 ms    3 ms    3 ms   XiaoQiang [192.168.2.88]
2     3 ms    3 ms    3 ms   192.168.1.1
3    11 ms    3 ms    6 ms   119.96.192.1
4     8 ms   10 ms   11 ms   111.175.209.237
5    13 ms    7 ms   10 ms   111.175.208.30
6     7 ms    8 ms    8 ms   111.175.246.118
7     *       8 ms    7 ms   219.140.64.130
8     6 ms   13 ms   11 ms   219.140.64.139
9     7 ms   10 ms    9 ms   219.140.64.139
10    9 ms   12 ms    6 ms   219.140.64.139
```

跟踪完成。如果大家想要了解自己的计算机与目标主机 www.google.com 之间详细的传输路径信息，可以在命令行方式下输入 tracert www.google.com。

如果我们在 tracert 命令后面加上一些参数，还可以检测到其他更详细的信息。例如，使用参数-d，可以指定程序在跟踪主机的路径信息时，解析目标主机的域名。

2.3.4　netstat 命令

netstat 命令可以显示当前正在活动的网络连接的详细信息，如采用的协议类型、当前主机与远端连接主机(一台或多台)的 IP 地址，以及它们之间的连接状态等。

netstat 命令的一般格式和较为常用的参数如下。

```
netstat [-e] [-s] [-p proto] [-a] [-r]
```

它提供的较为常用的参数是-e，用来显示以太网的统计信息；-s 用来显示所有协议的使用状态，这些协议包括 TCP、UDP 和 IP，一般这两个参数都是结合在一起使用的。另外-p 可以选择特定的协议并查看其具体适用信息，-a 可以显示所有主机的端口号，-r 则显示当前主机的详细路由信息。

举例如下。

```
C:\>netstat-a
```

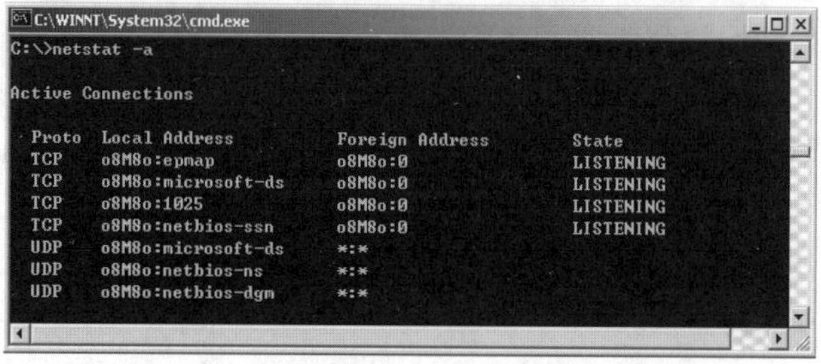

2.3.5　ARP 命令

ARP 命令用来显示和修改 IP 地址与物理地址之间的转换表。ARP 命令能够查看本地计算机或另一台计算机的 ARP 高速缓存中的当前内容。此外，使用 ARP 命令，也可以用人工方式输入静态的网卡物理地址/IP 地址对，使用这种方式可以为缺省网关和本地服务器等常用主机进行本地静态配置，这有助于减少网络上的信息量。

按照缺省设置，ARP 高速缓存中的项目是动态的，每当发送一个指定地点的数据包且高速缓存中不存在当前项目时，ARP 便会自动添加该项目。一旦高速缓存的项目被输入，它们就已经开始走向失效状态。例如，在 Windows 2003 网络中，如果输入项目后不进一步使用，物理地址/IP 地址对就会在 2～10 分钟内失效。因此，如果 ARP 高速缓存中项目很少或根本没有时，请不要感到奇怪，通过另一台计算机或路由器的 ping 命令即可添加。所以，当想通过 ARP 命令查看高速缓存中的内容时，最好先 ping 此台计算机。

ARP 常用命令选项如下。

- arp -a：用于查看高速缓存中的所有项目。
- arp -a IP：如果我们有多个网卡，那么使用 arp -a 加上接口的 IP 地址，就可以只显示与该接口相关的 ARP 缓存项目。
- arp -s IP 物理地址：我们可以向 ARP 高速缓存中人工输入一个静态项目。该项目在计算机引导过程中将保持有效状态，或者在出现错误时，人工配置的物理地址将自动更新该项目。
- arp -d IP：使用本命令能够人工删除一个静态项目。例如，我们在命令提示符下，键入 arp -a；如果我们使用 ping 命令测试并验证过从这台计算机到 IP 地址为 10.0.0.100 的主机的连通性，则 ARP 缓存显示以下项。

```
Interface:10.0.0.1 on interface 0x1
Internet Address      Physical Address      Type
10.0.0.100            00-e0-98-00-7c-dc     dynamic
```

在此例中，缓存项指出位于 10.0.0.100 的远程主机解析成 00-e0-98-00-7c-dc 的媒体访问控制地址，它是在远程计算机的网卡硬件中分配的。媒体访问控制地址是计算机用于与网络上远程 TCP/IP 主机物理通信的地址。

2.4 实验设备

同一局域网计算机(Windows 系统)两台及以上，并且能接入互联网。

2.5 实验步骤

(1) 在 Windows 系统的主机上练习使用常用的网络命令 ping、ipconfig、tracert、netstat、ARP，并观察结果。

(2) 实验图 2-1 是两台主机连接示意图，对照实验图 2-1 配置主机 A 和主机 B 的 TCP/IP 参数。主机 TCP/IP 参数设置见 3.4.2 小节内容。主机 A：10.2.2.2，255.0.0.0 和主机 B：10.2.3.3，255.0.0.0 均不设置默认网关。

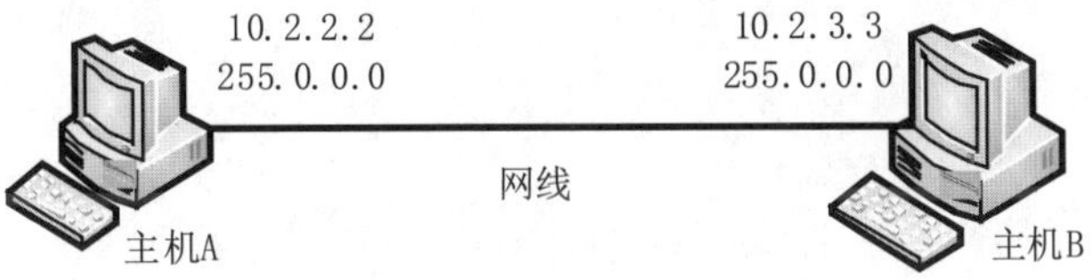

实验图 2-1　两台主机连接示意图

操作如下。

① 在主机 A 上用 ipconfig 命令查看参数配置情况。

② 在主机 A 上用 arp -a 查看 ARP 缓存。

③ 然后在 A 上"ping"B。

④ 在主机 A 上，用 arp -a 命令重新查看 ARP 缓存，能看到 B 的 MAC 地址。

⑤ 同样，在主机 B 上，用 arp -a 查看 ARP 缓存，也能看到 A 的 MAC 地址。

⑥ 在主机 B 上，用 arp -d 删掉主机 A 的映射关系记录。

⑦ 在主机 B 上，用 ping 命令对主机 A 进行操作，用 arp -a 查看 ARP 缓存。

⑧ 仔细查看结果并记录结果，分析原因。

(3) 将实验图 2-1 的实验中主机 A 的子网掩码改为：255.255.0.0，其他设置保持不变。

操作如下。

① 用 arp -d 命令清除两台主机上的 ARP 表。

② 然后在 A 上"ping"B。

③ 用 arp -a 命令在两台 PC 上均不能看到对方的 MAC 地址。

④ 仔细查看结果并记录结果，分析原因。

(4) 在一台能够访问因特网的主机上，运行 tracert 跟踪到达 www.baidu.com 网站的路径。仔细查看结果并记录结果，分析原因。

(5) 在局域网中的一台主机上，运行 netstat 命令查看本机上正在活动的网络连接的详细信息。仔细查看结果并记录结果，分析原因。

2.6 思考

1. 如何使用 ping 命令诊断网络故障？

2. 分析 ARP 协议在同一网段和不同网段间主机上通信时的执行过程及子网掩码、默认网关作用。

3. “命令名 /? ”的作用是什么？

实验 3

组建Windows环境下的局域网

3.1 实验目的

(1) 让学生利用网络设备自己组建局域网，培养学生的动手能力。

(2) 进一步掌握基本的网络参数配置，学会使用基本的测试命令检测网络的配置情况。

(3) 掌握局域网环境下软硬件设置和使用方法。

3.2 实验任务

(1) 用交换机构建独立的局域网。

(2) 用交换机扩展局域网。

3.3 实验设备

(1) 安装 Windows 系统的计算机两台及以上，每台计算机都要安装网卡。

(2) 交换机两台，RJ-45 接口网线若干。

3.4 组建局域网

3.4.1 安装 TCP/IP 协议软件

若系统中已经安装了 TCP/IP 协议软件，则直接配置 TCP/IP 参数即可；否则，需要首先安装 TCP/IP 协议软件。

以 Windows 10 系统为例，TCP/IP 协议软件的安装步骤如下。

(1) 在“设置”菜单中选择“控制面板→网络和 Internet→网络和共享中心→更改适配器设置”选项，弹出“网络连接”页面，选择你要修改的网络连接，右击，选择“属性”选项，弹出“以太网属性”对话框，选中需要安装的协议，如实验图 3-1 所示。

实验图 3-1　TCP/IP 协议的安装

(2) 单击“安装”按钮，在弹出的“选择网络功能类型”对话框中，选择“协议”，单击“添加”按钮，如实验图 3-2 所示。

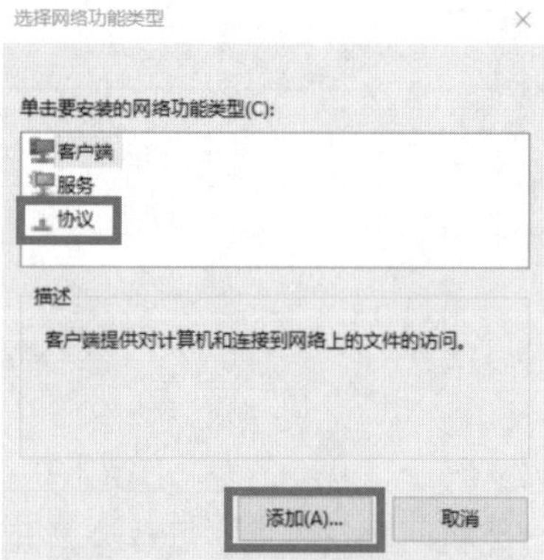

实验图 3-2　选择网络功能类型

(3) 从“选择网络协议”对话框中选择“TCP/IP 协议”，单击“确定”按钮，即可完成 TCP/IP 协议软件的安装。

3.4.2　TCP/IP 参数设置

(1) 在“设置”菜单中选择“控制面板→网络和 Internet→网络和共享中心→更改适配器设置”选项，弹出“网络连接”页面，选择你要修改的网络连接，右击，选择“属性”选项，弹出“以太网属性”对话框，选中需要配置的协议，如实验图 3-3 所示。

(2) 单击“属性”按钮，在“Internet 协议版本（TCP/IPv4）属性”对话框中，按照实验图 3-4 所示，将 IP 地址、子网掩码、网关、DNS 服务器等网络信息输入各对应项。例如，IP 地址为 192.168.0.65、子网掩码为 255.255.255.0、网关为 192.168.0.1、DNS 服务器为 202.114.176.10。

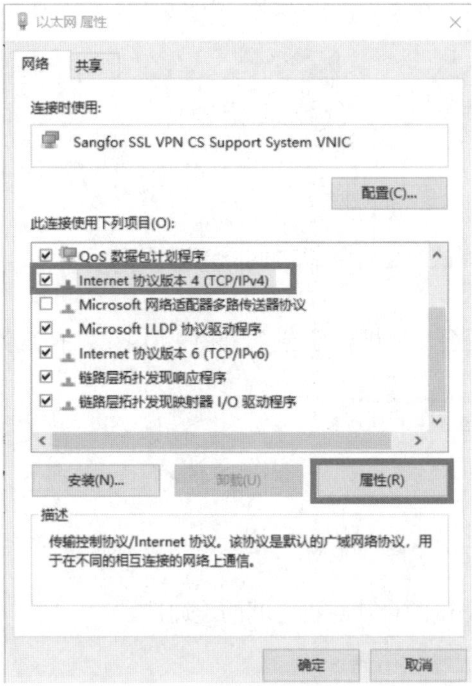

实验图 3-3　TCP/IP 协议的安装

实验图 3-4　Internet 协议版本（TCP/IPv4）属性

3.4.3　测试 TCP/IP 协议

(1) 在 Windows 命令行环境执行命令 ipconfig/all，该命令会列出本机有关 TCP/IP 的配置信息，包括 IP 地址、子网掩码、网卡的物理地址等，检查这些信息是否与所配置的一致。

(2) 在 Windows 命令行环境用 ping 命令检测网络连接状况。例如，输入命令“ping 192.168.0.65”，此命令的作用是判断该机器到指定机器(即命令中 IP 指定的机器)的逻辑连接是否正常。如果测试结果如实验图 3-5 所示，则表示连接正常；否则表示不正常，应查看机器的 IP 地址等信息配置是否正确。

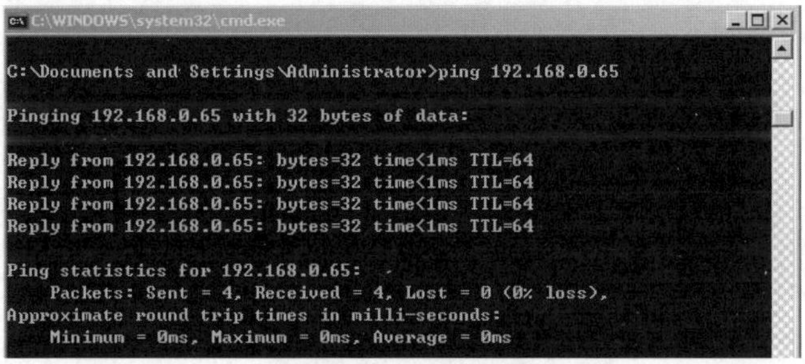

实验图 3-5　测试结果

3.5　实验步骤

(1) 两台计算机通过一台交换机连接。

① 按照实验图 3-6 所示，将两台计算机通过一台交换机进行连接，注意所用线缆的类型。

实验图 3-6　一台交换机构建的局域网

② 为计算机安装协议并配置网络属性，同时测试两台计算机之间的连通性。

(2) 两台计算机通过两台交换机连接。

① 按照实验图 3-7 所示，将两台计算机通过两台交换机进行连接，注意所用线缆的类型。

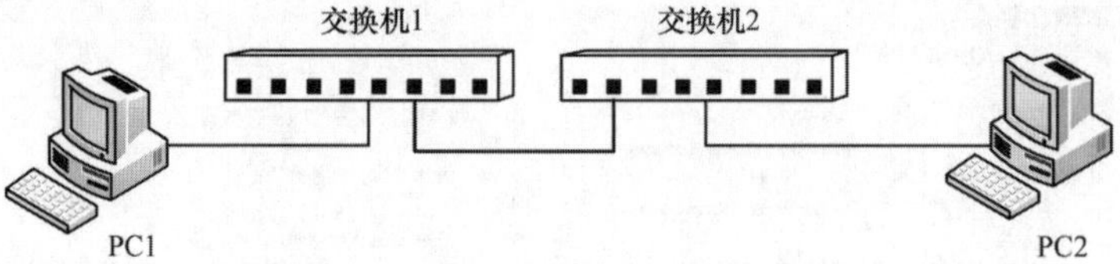

实验图 3-7　两台交换机级联构建的局域网

② 为计算机安装协议并配置网络属性，同时测试两台计算机之间的连通性。

3.6 思考

想一想所配置的局域网中计算机 IP 地址的特点是什么。

实验4

应用服务器的搭建

4.1 实验目的

(1) 理解 WWW、FTP 服务器的作用及工作原理，学会搭建和使用 FTP、WWW 服务器。

(2) 理解 DNS、DHCP 服务器的工作原理，学会搭建和使用 DNS、DHCP 服务器。

4.2 实验任务

(1) 利用 Windows Server 中的 IIS 服务器配置 Web 服务器。

(2) 使用 Serv-U 建立 FTP 服务器。

(3) 配置 DNS 服务器，用域名访问 Web 服务器和 FTP 服务器。

(4) 配置 DHCP 服务器，动态分配 IP 地址。

4.3 实验设备与环境

在实验环境中，需要具备由两台以上计算机组成的 Windows 局域网，而且至少要有一台计算机安装 Windows Server 2000 或 2003 及以上操作系统，本实验以 Windows Server 2008 为例，实验环境如实验图 4-1 所示。

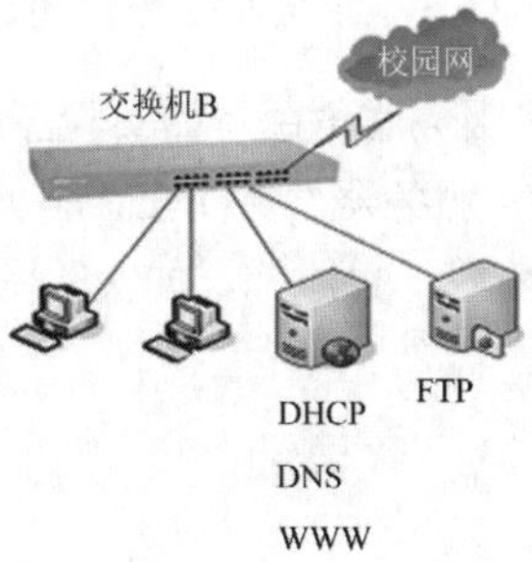

实验图 4-1　实验环境

构建 DNS、WWW 及 DHCP 服务，在 Windows Server 2008 中需要安装相应组件，安装步骤如下。

添加服务器角色

(1) 启动 Windows Server 2008 中的服务器管理器，如实验图 4-2 所示。

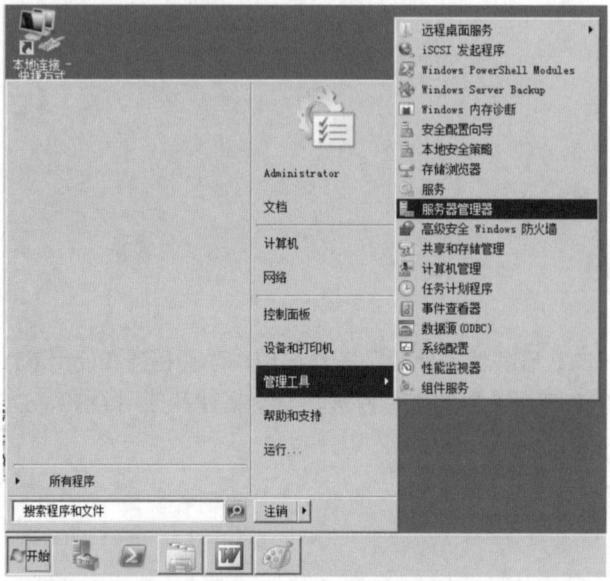

实验图 4-2　启动服务器管理器

(2) 查看服务器管理器的角色运行状况，并添加所需的服务器角色，如实验图 4-3 所示。

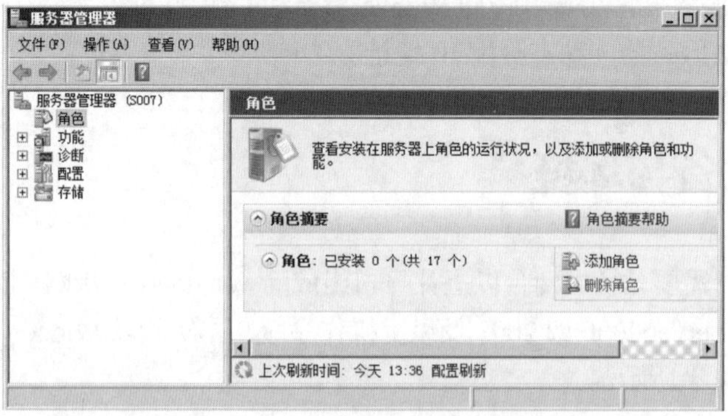

实验图 4-3　查看服务器管理器角色运作状况

(3) 根据“添加角色向导”添加服务器角色，如实验图 4-4 所示。在接下来的实践环节中，需要用到“Web 服务器(IIS)”“DNS 服务器”“DHCP 服务器”和“网络策略和访问服务”等服务角色，你可以选择以上服务器角色一并添加，如实验图 4-5 所示。你也可以按照步骤，单独选择添加。

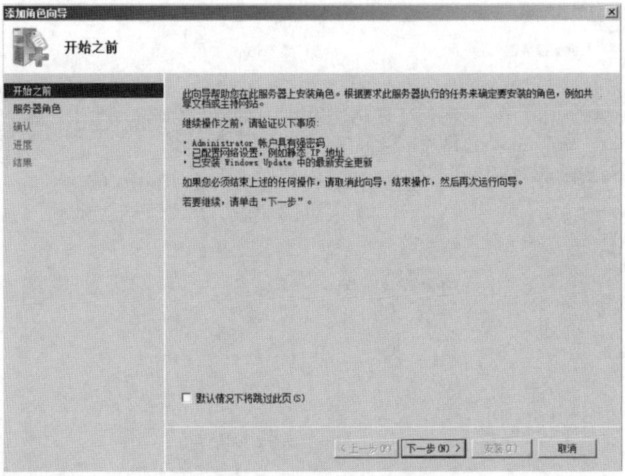

实验图 4-4　添加角色向导

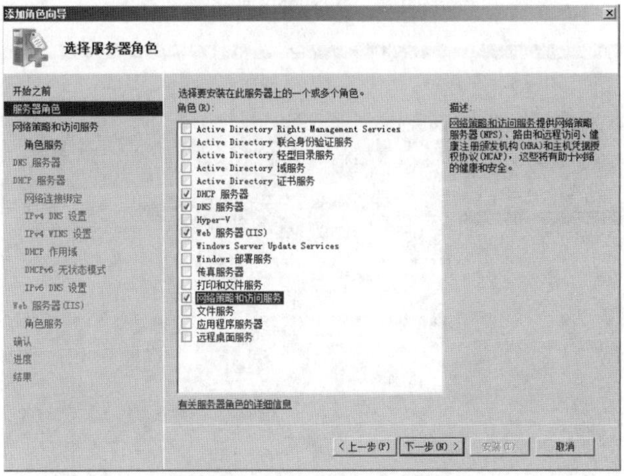

实验图 4-5　选择服务器角色

(4) 为添加的服务器选择角色服务，如实验图 4-6 至实验图 4-9 所示。

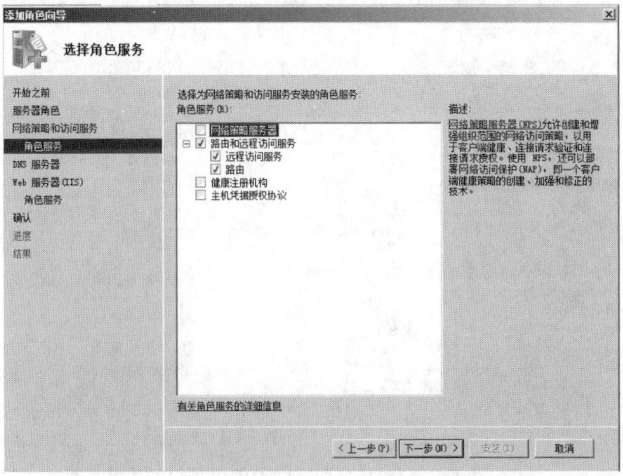

实验图 4-6　为网络策略和访问服务选择角色服务

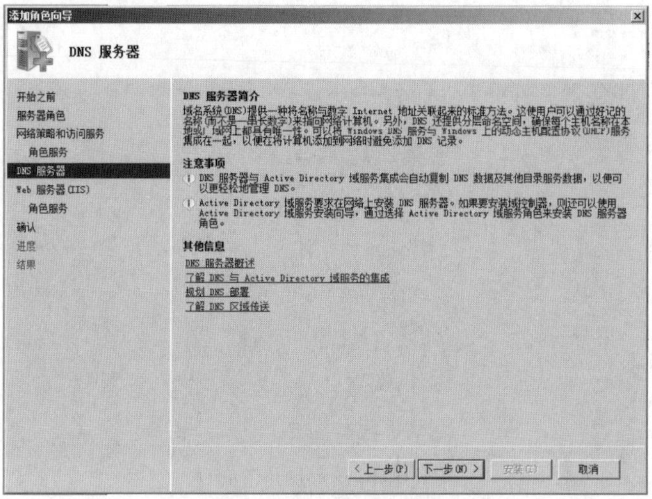

实验图 4-7　查看 DNS 服务器状况

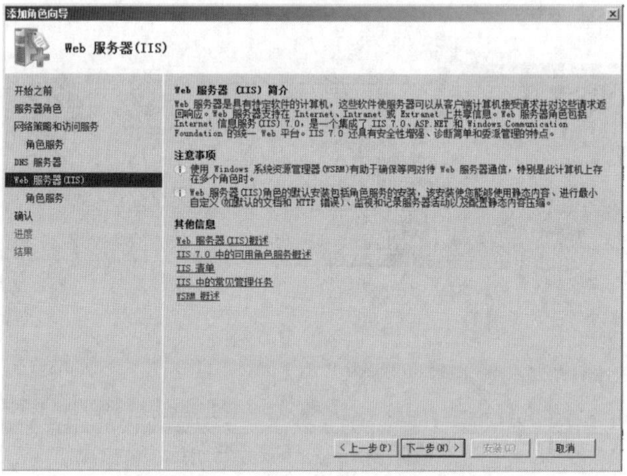

实验图 4-8　查看 Web 服务器(IIS)状况

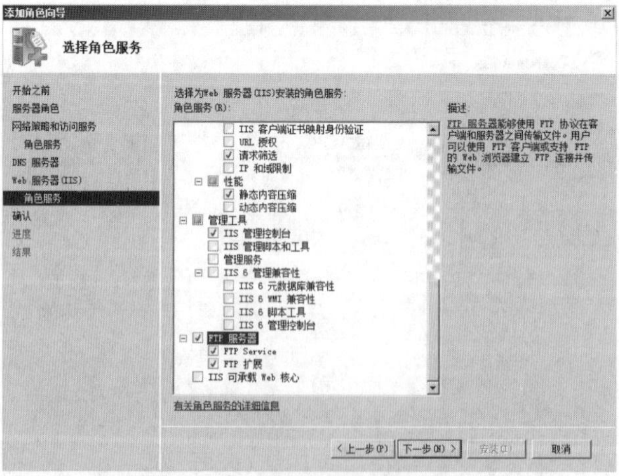

实验图 4-9　为 Web 服务器(IIS)选择角色服务

(5) 确认添加服务器角色和角色服务，如实验图 4-10 所示。安装进度如实验图 4-11 所示，安装结果如实验图 4-12 所示。

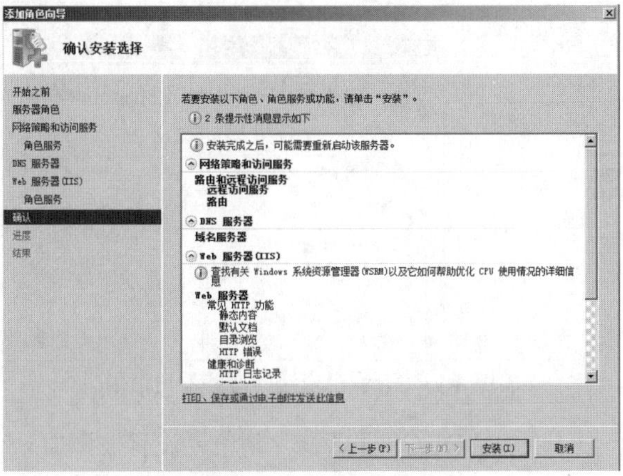

实验图 4-10　确认安装选择

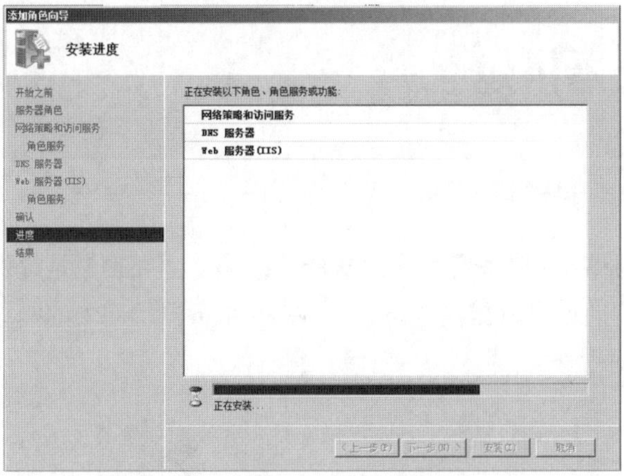

实验图 4-11　安装进度

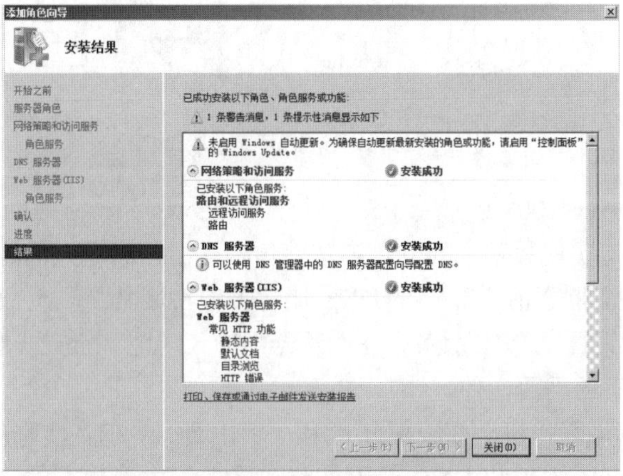

实验图 4-12　安装结果

(6) 安装成功后，可以查看服务器角色信息，如实验图 4-13 所示。

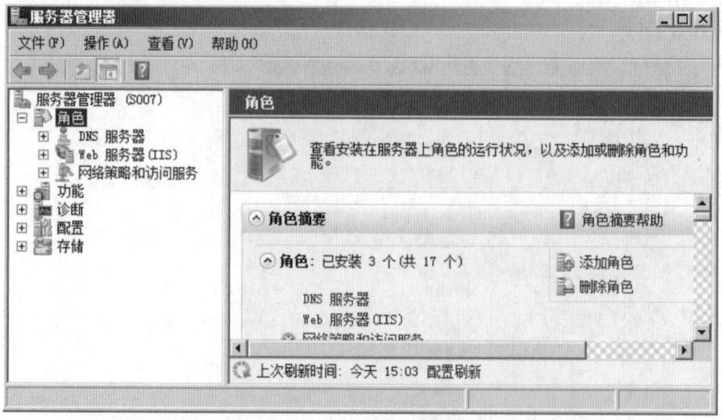

实验图 4-13　查看已安装的服务器角色信息

从实验图 4-13 中可以看到，“DHCP 服务器”角色还没有被添加，请实验者参照上述步骤自行添加。

4.4 应用服务器搭建

4.4.1 WWW 服务器的搭建

WWW(World Wide Web)服务器也称为 Web 服务器，主要功能是提供网上信息浏览服务。用户通过浏览器程序访问 WWW 服务器程序中的网络资源，如实验图 4-14 所示。

WWW 服务器搭建

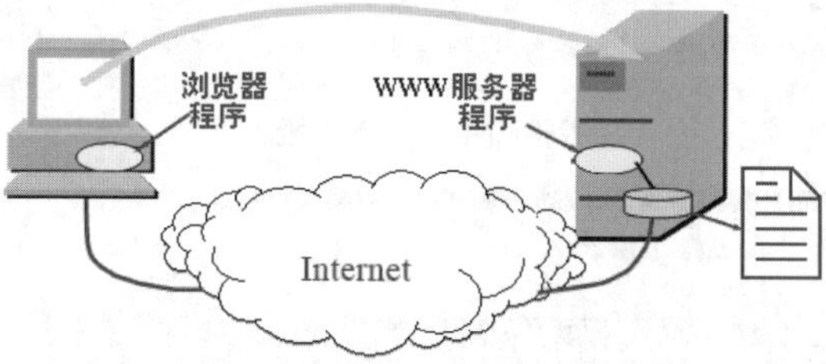

实验图 4-14　访问 WWW 服务器

利用 Windows Server 2008 自带的 IIS 可以在 Windows Server 2008 系统中建立最常用的 WWW 和 FTP 服务器，实现最基本的浏览和文件传输功能，满足人们的一般要求。

在设置 WWW 服务器之前，首先在 DNS 服务器中将域名“www.abc.com”指向 IP 地址“192.168.0.48”，然后设置 WWW 服务，在浏览器中输入网址“http://www.abc.com”，就能调出“D:\myweb”目录下的网页文件。

当然，上面所有的域名也可全部或部分共用一个 IP 地址，但在实际应用中不建议如此。操作中所涉及的多个域名的添加和 DNS 设置部分，请参见本章“4.4.2 DNS 服务器的搭建”部分。

1. “www.abc.com”服务器的设置及测试

(1) 启动Internet信息服务(IIS)管理器。选择“开始→管理工具→Internet信息服务(IIS)管理器”选项，如实验图4-15所示。

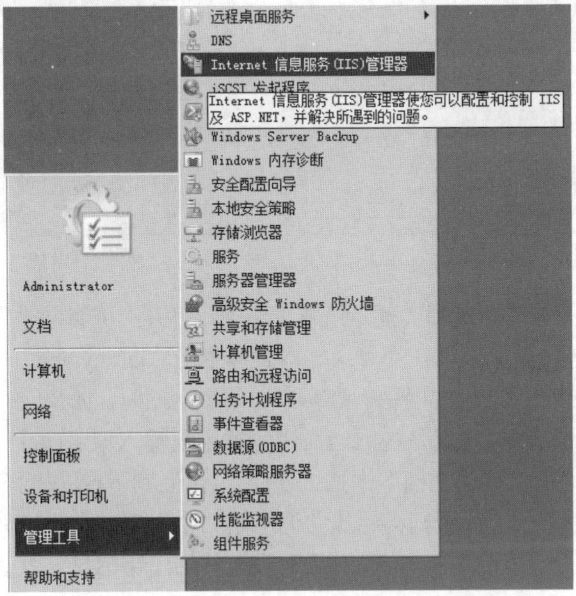

实验图4-15　启动Internet信息服务管理器

(2) 设置“Default Web Site”。“Default Web Site”一般用于对应向所有人开放的WWW站点，比如本教程中的“www.abc.com”，本网中的任何用户都可以无限制地通过浏览器来查看它。

① 打开“Default Web Site”服务器设置窗口。选择服务器(服务器名称为“S118”)，选择“网站”选项，打开“Default Web Site”的属性设置窗口，如实验图4-16所示。

实验图4-16　“Default Web Site”的属性设置窗口

② 设置网站地址。选择“绑定”选项，打开如实验图 4-17 所示的窗口。在该窗口中，单击“添加”按钮，弹出“添加网站绑定”窗口，在“IP 地址”处选择“192.168.0.48”，“端口”维持原来的“80”不变，如实验图 4-18 所示。

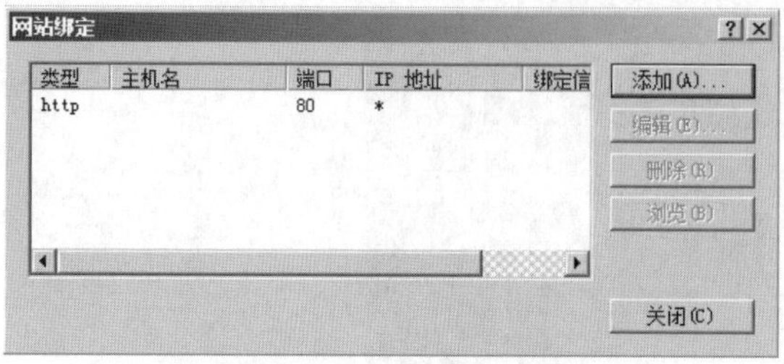

实验图 4-17　网站绑定

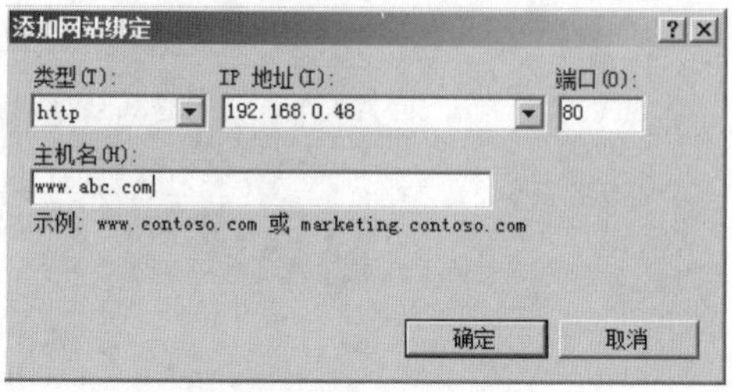

实验图 4-18　添加网站绑定

③ 设置网站“主目录”。选择“基本设置”选项，打开“编辑网站”窗口，在物理路径中通过“浏览”按钮选择网页文件所在的目录，本教程中是“D:\myweb”，如实验图 4-19 所示。

④ 设置“默认文档”。默认文档是指当客户访问该网站时，如果没有请求特定的访问的文件名时，服务器返回的文件。也就是说，当在浏览器中只输入域名(如：http://www.abc.com)或 IP 地址时，系统会自动在“默认文档”中按“次序”(由上到下)寻找列表中指定的文件名，如果能找到第一个则调用第一个；否则再寻找并调用第二个、第三个……如果“默认文档”中没有此列表中的任何一个文件名存在，则显示找不到文件的出错信息。默认文档的设置，如实验图 4-20 所示。

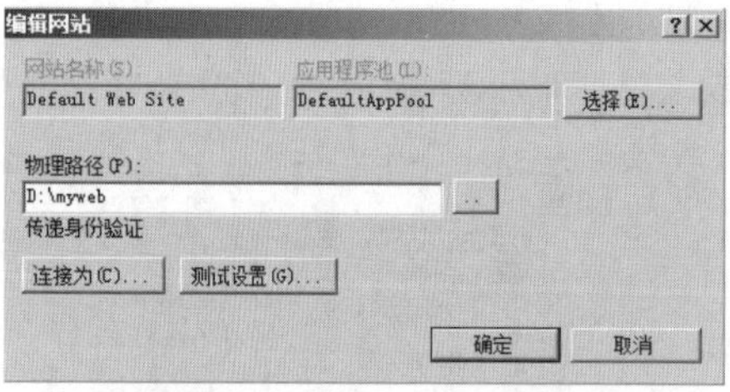

实验图 4-19　网站主目录的设置

实验图 4-20　默认文档的设置

⑤ 设置“虚拟目录”。如果需要，可再增加虚拟目录，如“www.abc.com/news”等地址，“news”可以是“主目录”的下一级目录，也可以在其他任何目录下。

在“Default Web Site”下建立虚拟目录，选择“查看虚拟目录”选项，调出虚拟目录查看窗口，在该窗口中选择“添加虚拟目录”选项，在“别名”处输入“news”，在“物理路径”处选择它的实际路径即可(如“D:\myweb\news”)，如实验图 4-21 所示。

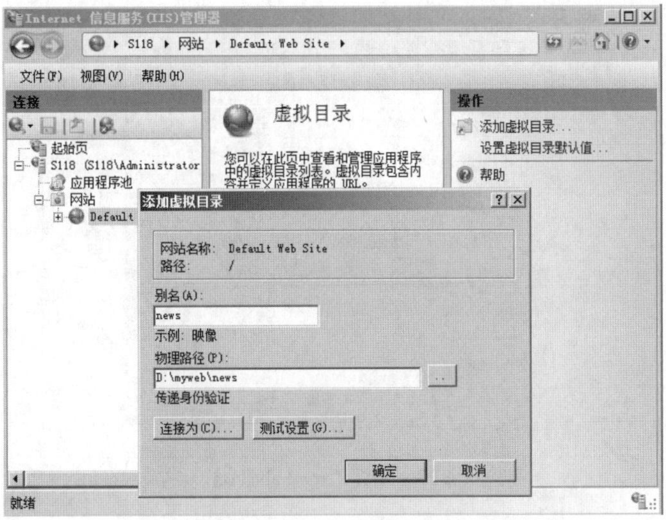

实验图 4-21　添加虚拟目录

(3) 测试 www.abc.com 网站。对网络上任何一台工作站的 TCP/IP 参数的属性进行正确设置后，打开浏览器，在地址栏输入“http://www.abc.com”，再按 Enter 键，如果设置正确，则可以直接访问所设置的页面，如实验图 4-22 所示。

实验图 4-22　访问 http://www.abc.com 页面

2. 新建“mail.abc.com”网站

我们可以直接对“Default Web Site”进行配置，也可以新建一个网站。选择“网站”选项，右击，选择“添加网站”选项，如实验图 4-23 所示。新建网站的属性配置，与“Default Web Site”配置一样。

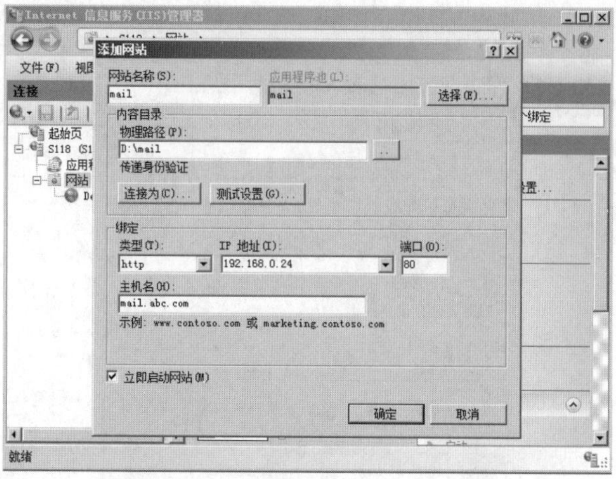

实验图 4-23　新建“mail.abc.com”网站

4.4.2　DNS 服务器的搭建

DNS 服务器搭建

计算机在网络上通信时只能识别如“192.168.0.48”等数字地址，但为什么当我们打开浏览器，在地址栏中输入如“www.abc.com”等域名后，就能看到我们所需要的页面呢？这是因为在我们输入域名后，有一种名为“DNS 服务器”的计算机自动把我们的域名“翻译”成了相应的 IP 地址，然后调出 IP 地址所对应的网页，再传回给我们的浏览器，我们就能得到结果了。

域名系统(domain name system，DNS)是一种组织成域层次结构的网络服务命名系统。DNS 命名用于 TCP/IP 网络，如 Internet，用来通过用户名称定位计算机和服务。当用户在应用程序中输入 DNS 名称时，DNS 服务可以将此名称解析为与此名称相关的其他信息，如 IP 地址，即 Internet 的域名“www.abc.com”到“192.168.0.48”的 IP 地址的映射，如实验图 4-24 所示。这种由域名到 IP 地址的解析过程，称为正向查询。

所以，要想自己内部网上的域名能成功地被解析(即翻译成 IP 地址)，就需要将自己的计算机建立成一个 DNS 服务器，里面包含域名和 IP 地址之间的映射表。这通常需要建立一种 A 记录，A 是 address 的简写，意为“主机记录”或“主机地址记录”，是所有 DNS 记录中最常见的一种。

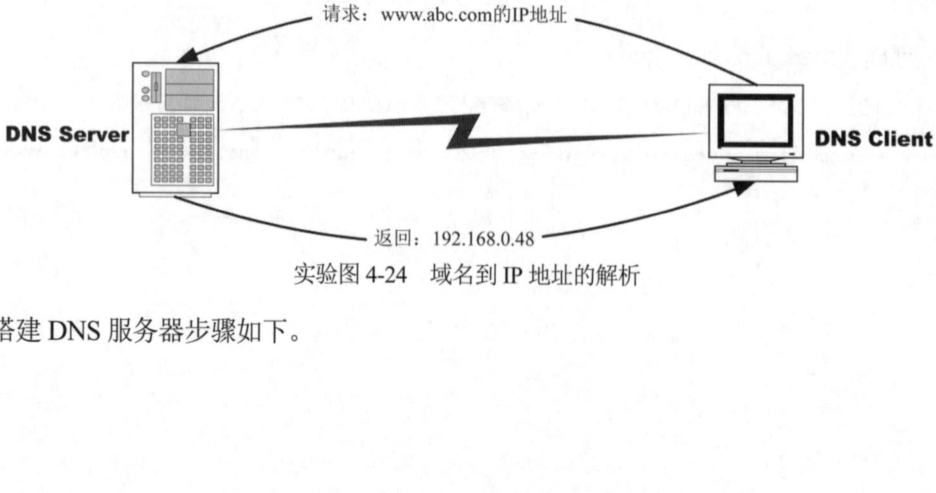

实验图 4-24　域名到 IP 地址的解析

搭建 DNS 服务器步骤如下。

1. 添加常用服务 DNS

实验中以 Windows Server 2008 中的 DNS 服务器为例，参见本章“4.3 实验设备与环境”部分。

2. DNS 设置

(1) 启动 DNS。选择“开始→管理工具→DNS”选项，如实验图 4-25 所示。

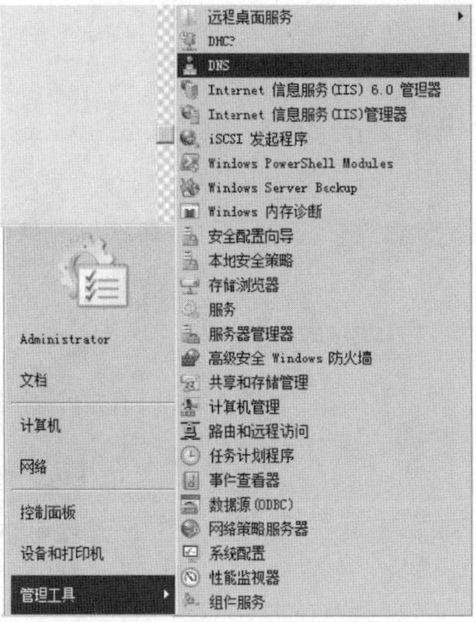

实验图 4-25　启动 DNS 服务器

(2) 建立域名“www.abc.com”映射 IP 地址“192.168.0.48”的主机记录。

① 建立“com”区域。选择“DNS→S118(你的服务器名称)→正向查找区域”选项，右击，选择“新建区域”选项，如实验图 4-26 所示。根据新建区域向导提示选择“主要区域”，在“区域名称”处输入“com”(如实验图 4-27 所示)，并生成区域文件“com.dns”。然后，再根据提示选择“不允许动态更新”选项，如实验图 4-28 所示。最后，根据新建区域向导建立“com”区域，如实验图 4-29 所示。“com”区域建成后，如实验图 4-30 所示。

② 建立“abc”域。选择“com”选项，右击，选择“新建域”选项，在“请键入新的 DNS 域名”处输入“abc”，创建 abc.com 区域，如实验图 4-31 至实验图 4-33 所示。

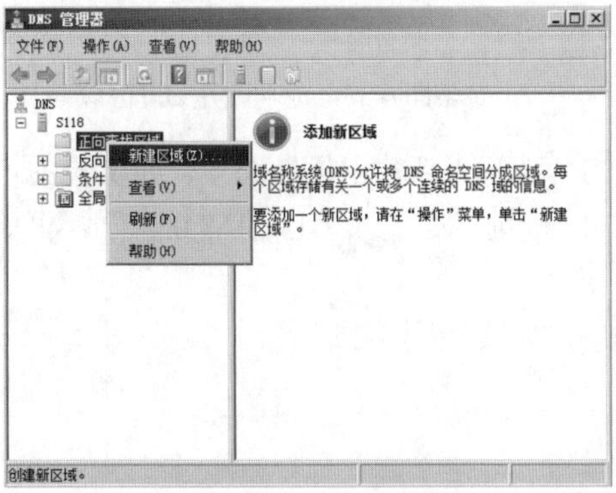

实验图 4-26　添加新区域

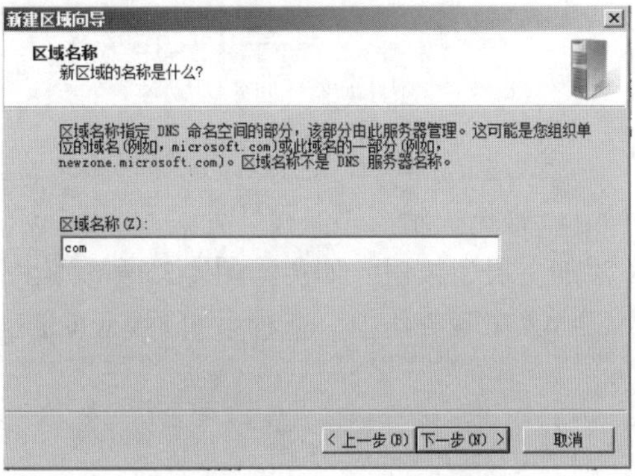

实验图 4-27　区域名称设置

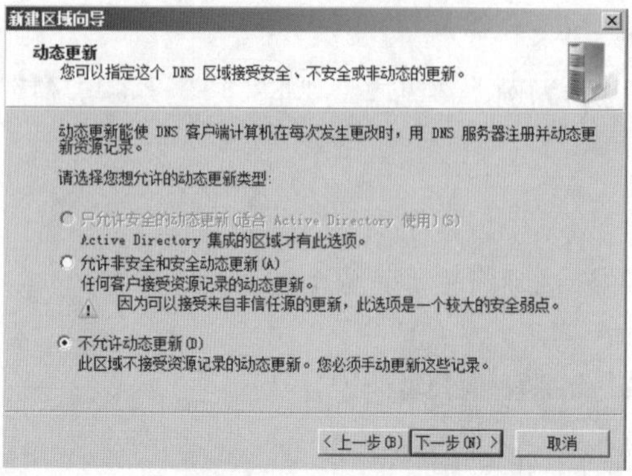

实验图 4-28　动态更新

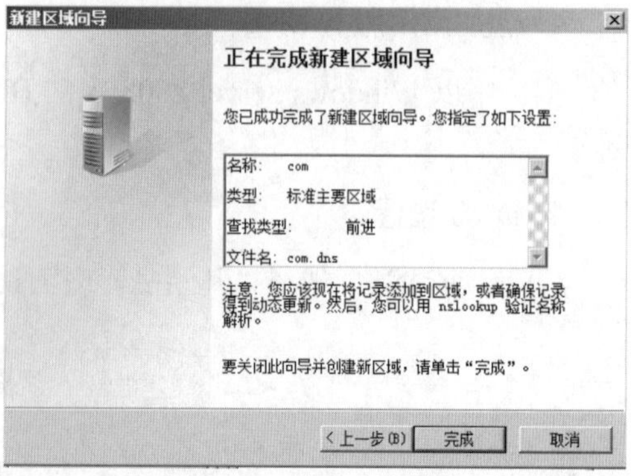

实验图 4-29　创建 com 区域向导

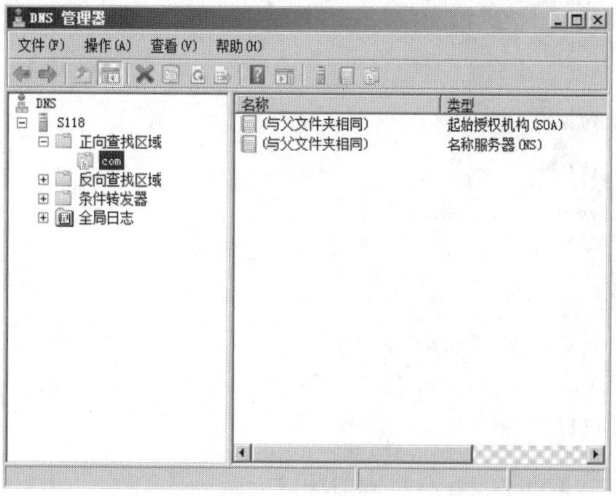

实验图 4-30　成功创建 com 区域

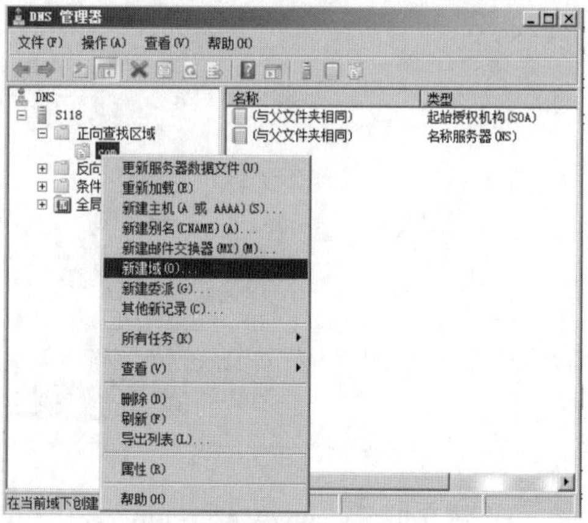

实验图 4-31　新建域

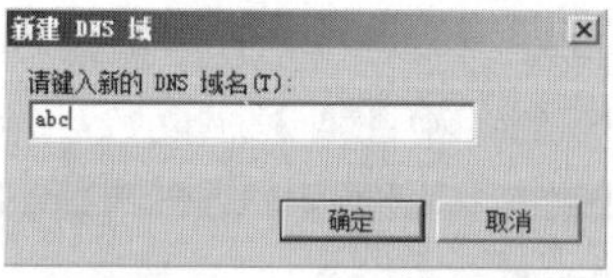

实验图 4-32　创建区域名

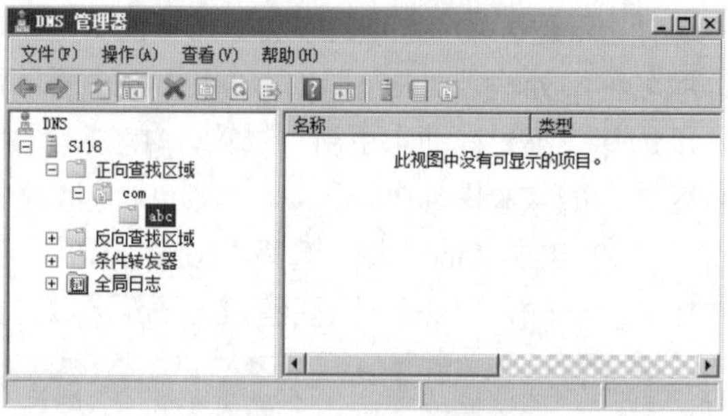

实验图 4-33　成功创建 abc 区域

③ 建立“www”主机。选择“abc”选项，右击，选择“新建主机”选项，如实验图 4-34 所示。根据提示在“名称”处输入“www”，在“IP 地址”处输入“192.168.0.48”，再单击“添加主机”按钮，如实验图 4-35 和实验图 4-36 所示。

④ 在服务器中，查看添加的 www.abc.com 记录，如实验图 4-37 所示。

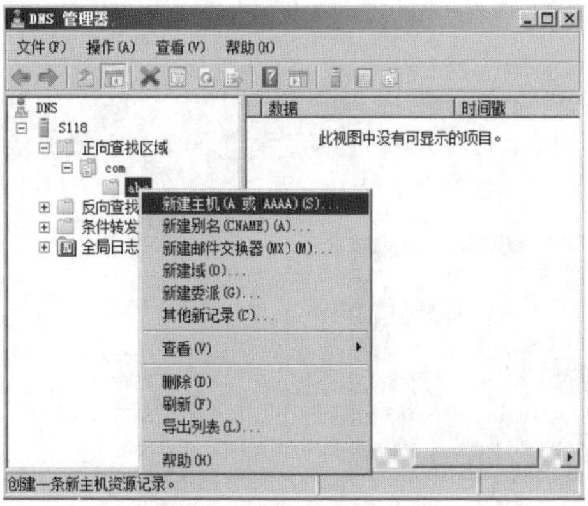

实验图 4-34　新建主机

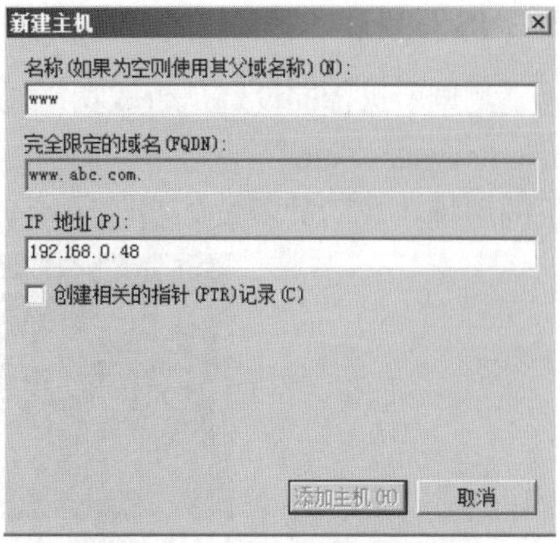

实验图 4-35　添加 www 主机记录

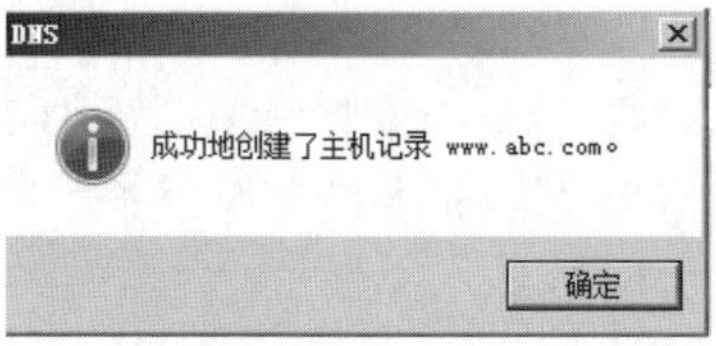

实验图 4-36　成功创建 www.abc.com 主机记录

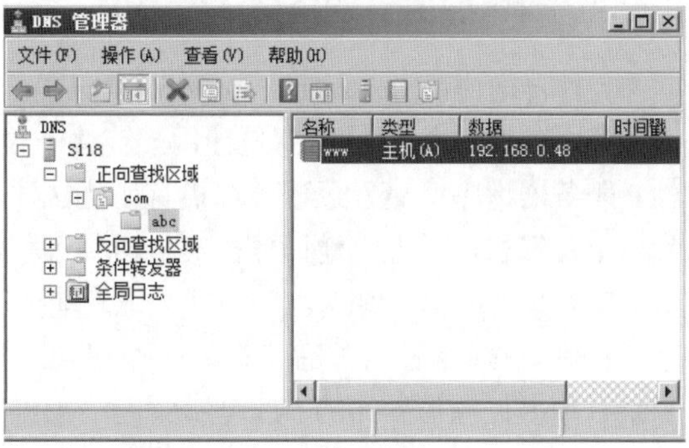

实验图 4-37　查看 www.abc.com 记录

(3) 建立域名“mail.abc.com”映射 IP 地址“192.168.0.24”的主机记录。

① 由于域名“www.abc.com”和域名“mail.abc.com”位于同一个“区域”和“域”中，均在以上步骤中建立好，因此可直接使用，只需要在“域”中添加相应的“主机名”即可。

② 建立“mail”主机。选择“abc”，右击，选择“新建主机”选项，在“名称”处输入“mail”，在“IP 地址”处输入“192.168.0.24”，最后单击“添加主机”按钮即可，如实验图 4-38 所示。

(4) 按照以上方法，能够建立更多的主机记录。已建立的 abc.com 域的 DNS 记录，如实验图 4-39 所示。

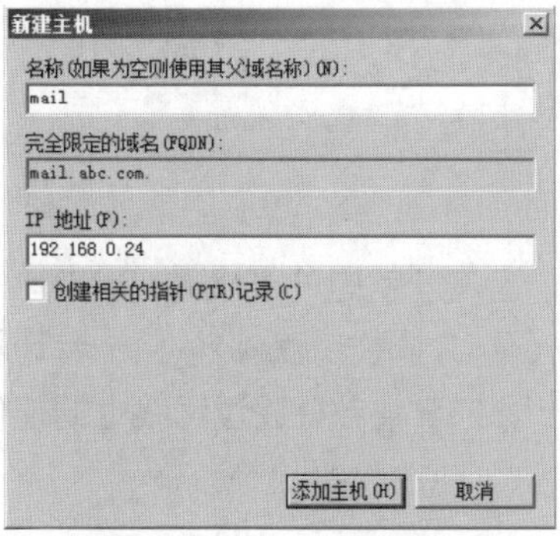

实验图 4-38　添加 mail 主机

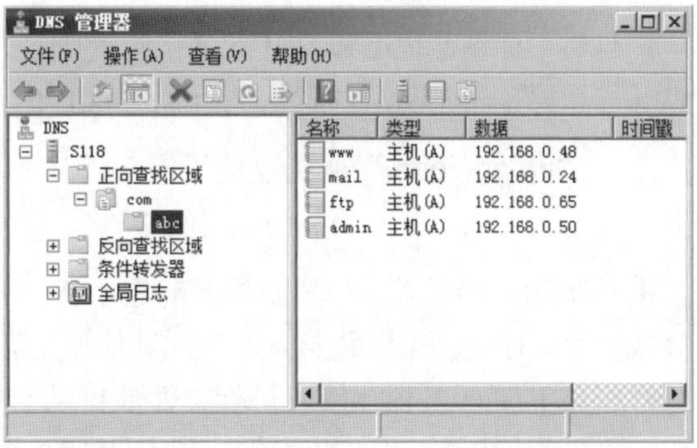

实验图 4-39　已建立的 abc.com 域的 DNS 记录

3. DNS 设置后的验证

为了测试所进行的设置是否成功，通常采用 Window Server 自带的 ping 命令来完成，格式为“ping www.abc.com”。按照要求修改测试主机的 TCP/IP 参数，DNS 设置为 DNS 服务器所在主机的地址，成功的测试如实验图 4-40 所示。

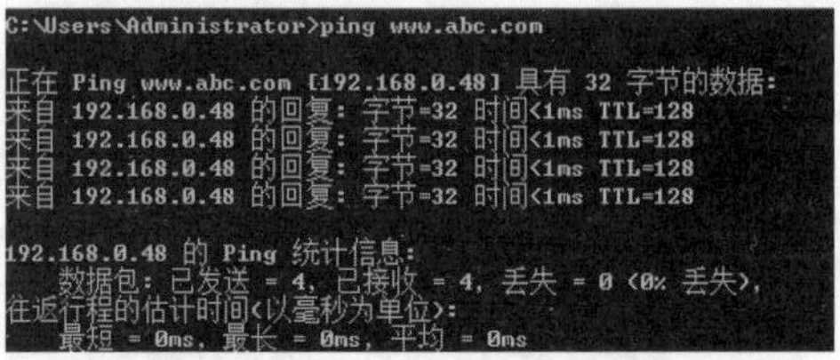

实验图 4-40　验证域名服务

4.4.3　FTP 服务器的搭建

文件传送协议(file transfer protocol，FTP)是 Internet 上使用最广泛的文件传送服务。FTP 的主要作用就是让用户连接一台远程计算机(这台计算机运行着 FTP 服务器程序)，查看远程计算机有哪些文件，然后把文件从远程计算机复制到本地计算机，或把本地计算机文传送到远程计算机中去。

FTP 服务器搭建

FTP 采用“客户/服务器”方式，用户端要在自己的本地计算机上安装 FTP 客户程序。FTP 客户程序有字符界面和图形界面两种。字符界面的 FTP 的命令复杂、繁多；图形界面的 FTP 客户程序，操作上要简洁方便得多。

使用 FTP 时必须先登录，在远程主机上获得相应的权限以后，方可上传或下载文件。也就是说，要想同某一台计算机传送文件，就必须具有那一台计算机的适当授权。换言之，除非有用户账号和口令，否则便无法传送文件。匿名 FTP 是系统管理员建立的一个特殊的用户，名为 anonymous，Internet 上的任何人在任何地方都可使用该用户名登录并下载文件，无须成为其注册用户。

FTP 服务器的建立可以有两种方式，一种是利用 Windows 服务器系统的 Internet 信息服务；另一种是通过 Serv-U 等 FTP 服务器软件。下面我们利用 Serv-U FTP 服务器软件构建 FTP 服务。

在实验中，要想设置 FTP，为了方便起见，可先定下想要实现的目标：这里已在 DNS 中将域名“ftp.abc.com”指向 IP 地址“192.168.0.65”，输入相应格式的域名(或 IP 地址)就可登录到“D:\myftp”目录下使用 FTP 相关服务。

当然，此域名也可和 WWW 站点中的任意一个共用同一个 IP 地址，因为它们具有不同的默认端口号——WWW 的默认端口号是 80，FTP 的默认端口号为 21。

1. “ftp.abc.com”服务器的设置

Serv-U(FTP Server)是目前众多的 FTP 服务器软件之一，是一款国外最优秀、最专业的服务器端 FTP 服务器配置、FTP 服务器构建工具。通过使用 Serv-U，用户能够将任何一台计算机设置成一个 FTP 服务器，这样，用户或其他使用者就能够使用 FTP 协议，通过网络上的任何一台计算机与 FTP 服务器连接，进行文件或目录的复制、移动、创建和删除等。

下面我们以 Serv-U7.3 为例构建 FTP 服务器。

(1) 安装 Serv-U。按照向导提示，选择合适的语言和安装路径进行安装，如实验图 4-41 至实验图 4-46 所示。在安装过程中，可以直接选择默认选项安装。

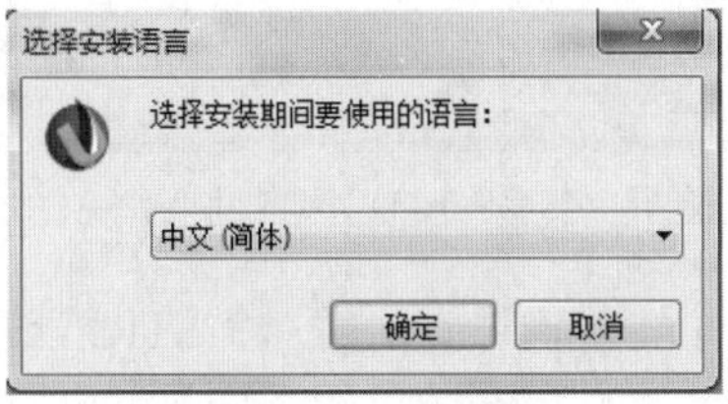

实验图 4-41 选择安装语言

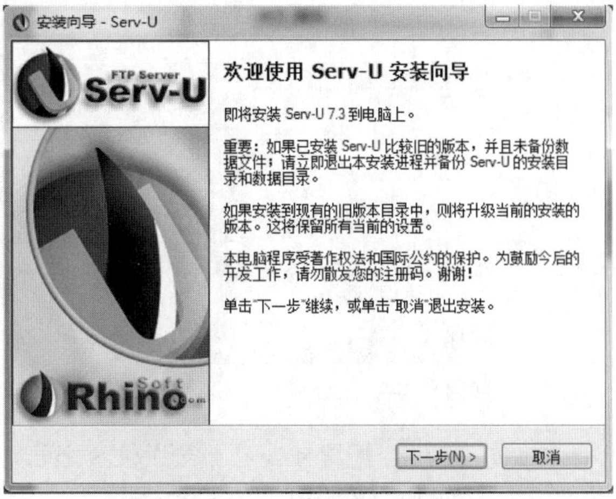

实验图 4-42 Serv-U 安装向导

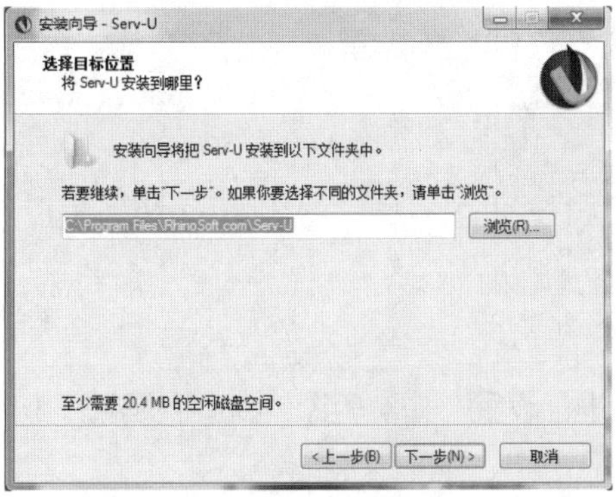

实验图 4-43 选择安装路径

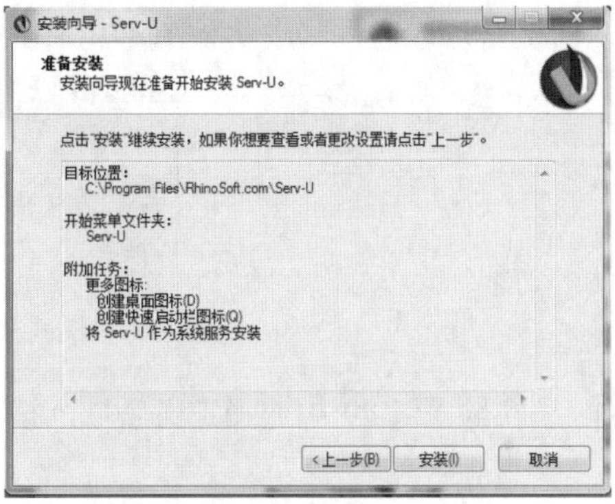

实验图 4-44 准备安装

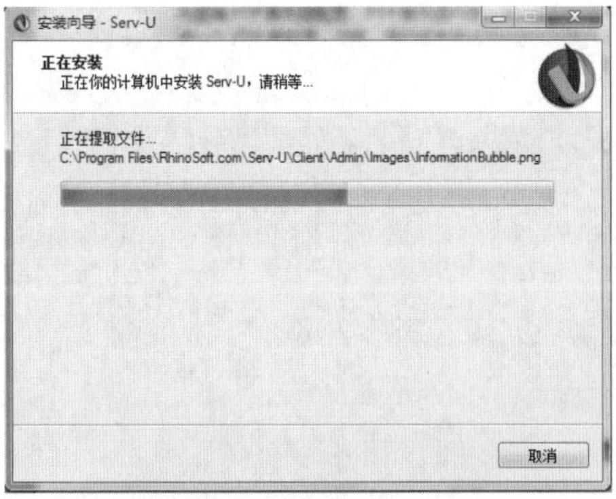

实验图 4-45 正在安装

实验图 4-46 完成 Serv-U 安装

(2) 启动 Serv-U 管理控制台。完成 Serv-U 安装后，计算机桌面的右下角会显示图标，表示 FTP 服务器已经开启。接下来，就是要启动 Serv-U 管理控制台配置 FTP 服务器。你可以直接在实验图 4-46 界面中勾选“启动 Serv-U 管理控制台”复选框，也可以在图标上右击，调用 Serv-U 管理菜单，从菜单中选择“启动管理控制台”选项，如实验图 4-47 所示。启动 Serv-U 管理控制台如实验图 4-48 所示。

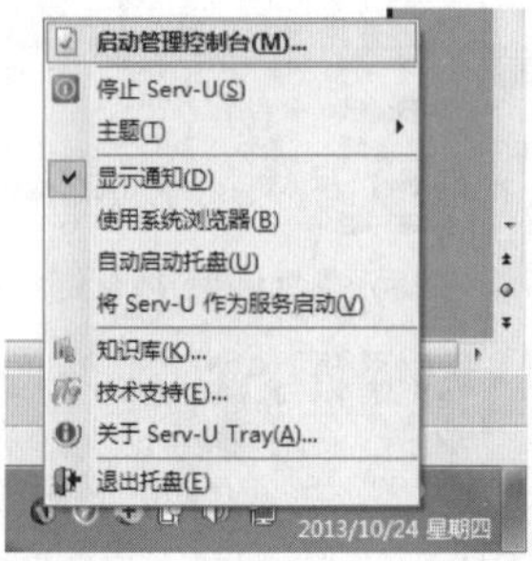

实验图 4-47　Serv-U 管理菜单

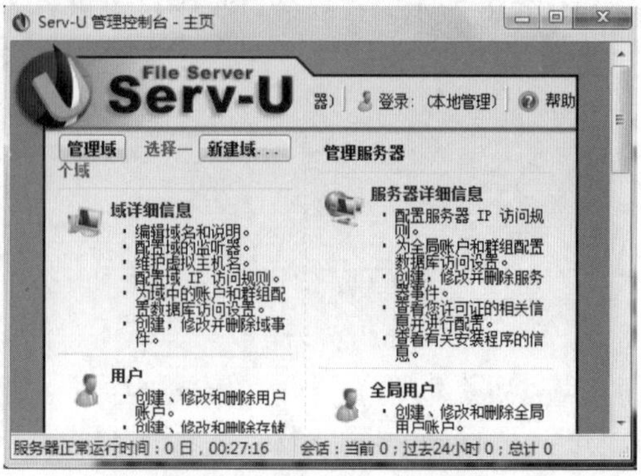

实验图 4-48　Serv-U 管理控制台主页

(3) 定义新域。配置 Serv-U 需要关注 3 个要素，第一个要素就是要设置一个 FTP 管理文件的空间，该空间称为“域”。在启动 Serv-U 管理控制台时，如果新建的 FTP 服务器没有检测到可用的域，就会提示用户定义新域，如实验图 4-49 所示。已经定义域的 FTP 服务，如果希望增加新域，可以通过单击实验图 4-48 中的“新建域”按钮完成。

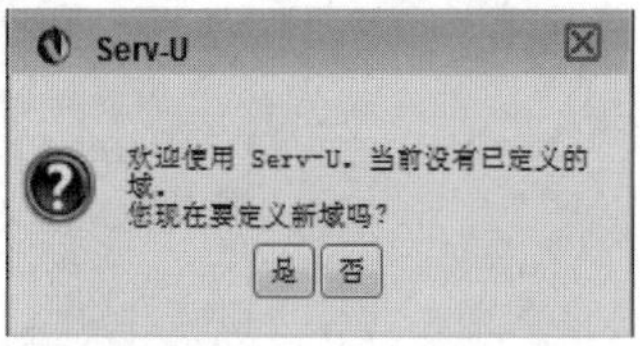

实验图 4-49　提示定义新域

① 在实验图 4-49 中选择定义新域，按照域向导进行设置，如实验图 4-50 至实验图 4-53 所示。

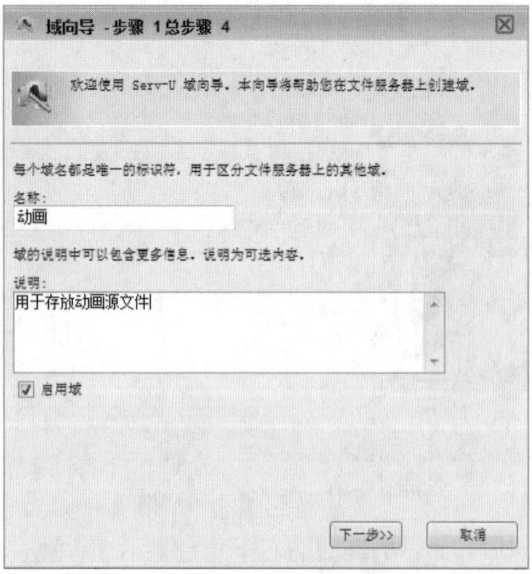

实验图 4-50　域名设置

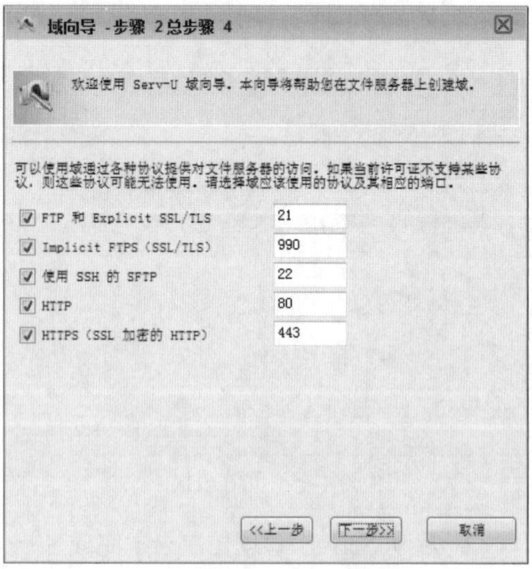

实验图 4-51　端口设置

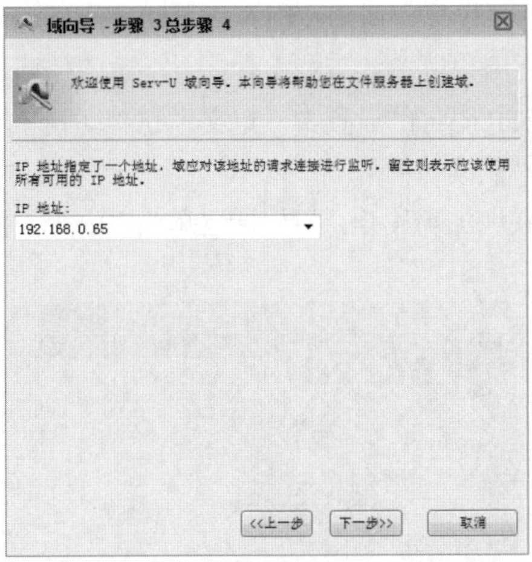

实验图 4-52　设置域所对应的 IP 地址

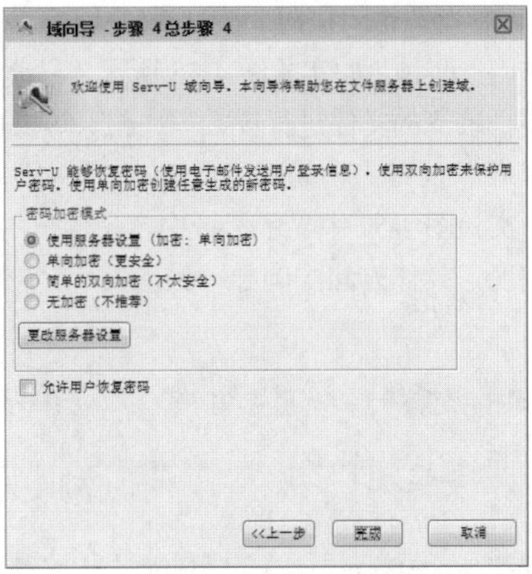

实验图 4-53　安全设置

② 单击实验图 4-53 中的“完成”按钮，即可完成域的建立。

(4) 创建用户。FTP 服务的第二个要素是用户。如果 FTP 服务检测到新建的域中没有用户，就会提示为该域创建用户，如实验图 4-54 所示。

① 在实验图 4-54 中选择创建用户账户，按照用户向导进行设置，如实验图 4-55 和实验图 4-56 所示。

② 在实验图 4-57 中设置根目录路径为“D:/myftp”，该目录用于存放用户访问的资源。

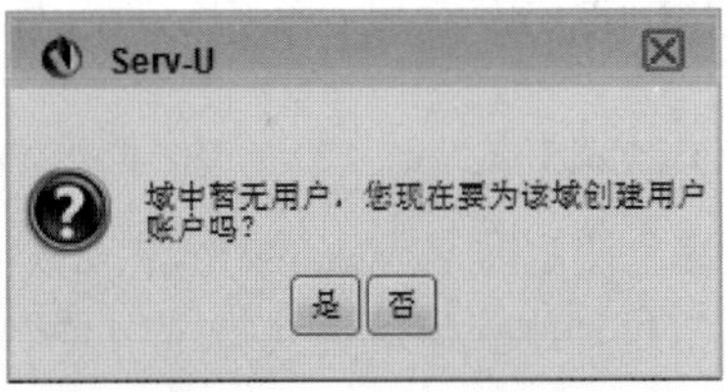

实验图 4-54　提示创建用户

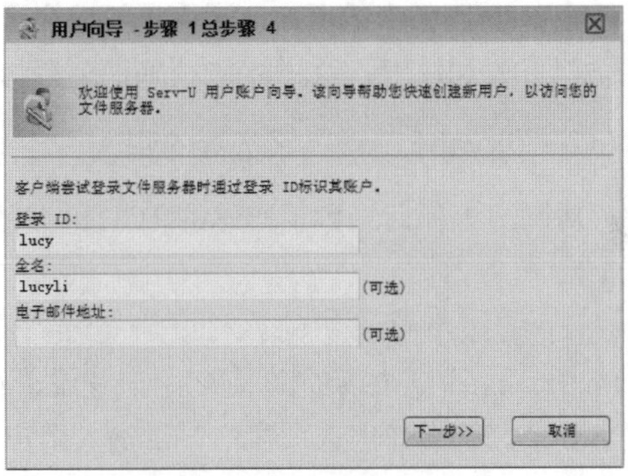

实验图 4-55　设置账户登录 ID

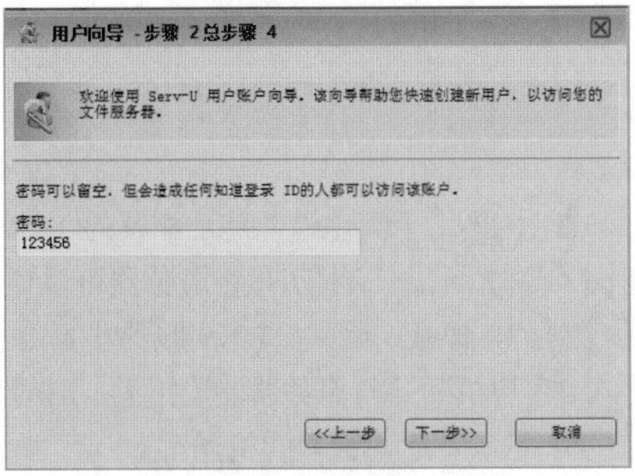

实验图 4-56　设置账户密码

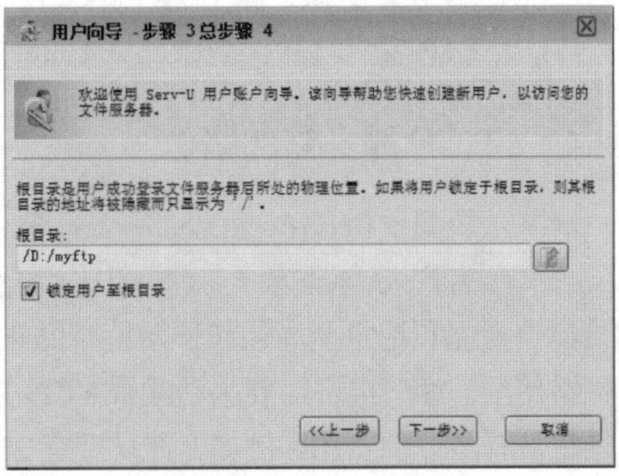

实验图 4-57　设置根目录

(5) 设置访问权限。FTP 服务的第三个要素是访问权限。访问权限有“只读访问”和“完全访问”两种，如实验图 4-58 所示。只读访问只允许用户浏览并下载文件；完全访问使用户能对根目录下的文件进行读、写、删除等操作。在该 FTP 服务的设置中，定义了在“动画”域中的用户“lucyli”，访问“D:/myftp”文件的权限是“只读访问”。

实验图 4-59 中显示了域中定义用户的情况，若要增加新用户，可以通过单击“添加”按钮来实现，具体方法与向导一致。

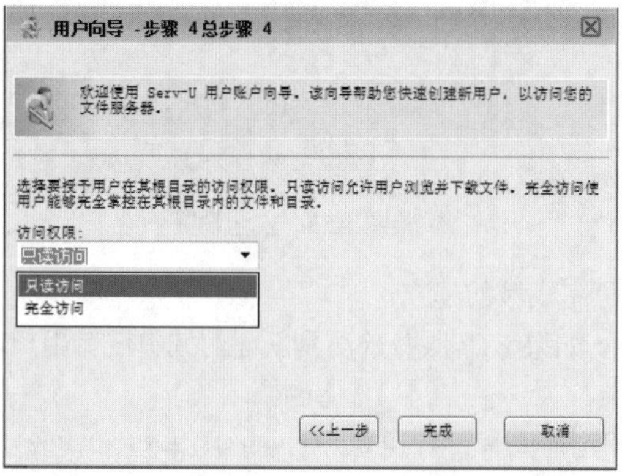

实验图 4-58　设置访问权限

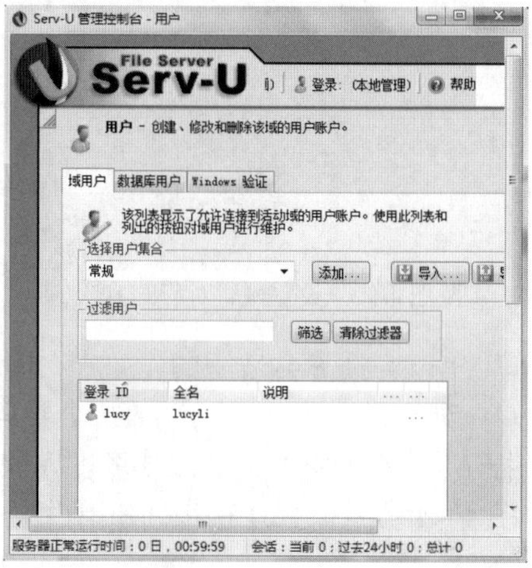

实验图 4-59　用户情况

在 FTP 服务中的用户，无论是新用户还是老用户，一定要确保用户属于某个域，以及用户的访问资源和权限，这样才能正确地使用该服务。

2. “ftp.abc.com”服务器的测试

对网络上任何一台工作站的 TCP/IP 参数的属性进行正确设置后，可以采用以下几种方式访问 FTP 服务器。

(1) 通过浏览器访问。打开浏览器，在地址栏输入“ftp://ftp.abc.com”或“ftp://用户名@ftp.abc.com”。如果允许匿名用户登录，第一种格式就会使用匿名登录的方式；如果不允许匿名登录，则会弹出选项窗口，供输入用户名和密码。第二种格式可以直接指定用某个用户名进行登录。

(2) 在 DOS 下登录：格式为“open ftp.abc.com”。

(3) 用 FTP 客户端软件登录，如 CuteFTP。

4.4.4 DHCP 服务器的搭建

动态主机配置协议(dynamic host configure protocol，DHCP)用于简化管理地址配置的 TCP/IP 标准，按照客户/服务器方式工作，工作原理如实验图 4-60 所示。一台 DHCP 服务器可以让管理员集中指派和指定全局的和子网特有的 TCP/IP 参数(含 IP 地址、网关、DNS 服务器等)供整个网络使用。客户机不需要手动配置 TCP/IP，并且，当客户机断开与服务器的连接后，旧的 IP 地址将被释放以便重用。例如，你只拥有 20 个合法的 IP 地址，而你管理的机器有 50 台，只要这 50 台机器同时使用服务器 DHCP 服务的不超过 20 台，就不会产生 IP 地址资源不足的情况。

如果已配置冲突检测设置，则 DHCP 服务器在将租约中的地址提供给客户机之前会使用 ping 测试作用域中每个可用地址的连通性。这可以确保提供给客户的每个 IP 地址都没有被使用手动 TCP/IP 配置的另一台非 DHCP 计算机使用。

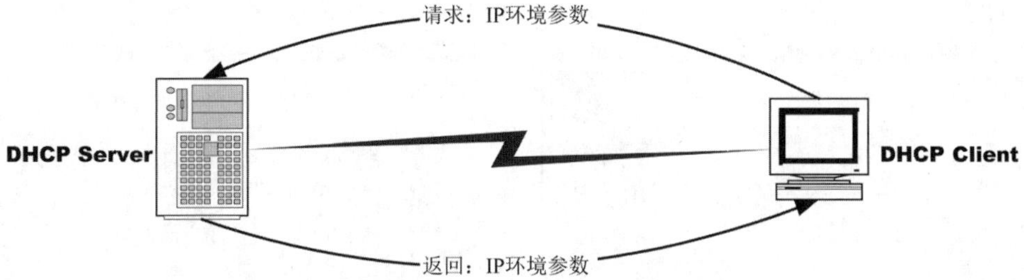

实验图 4-60　DHCP 服务器工作原理

1. DHCP 设置

(1) 打开 DHCP 管理器。选择“开始→管理工具→DHCP”选项，弹出 DHCP 管理器界面，如实验图 4-61 所示。

(2) 添加作用域，如实验图 4-62 所示。

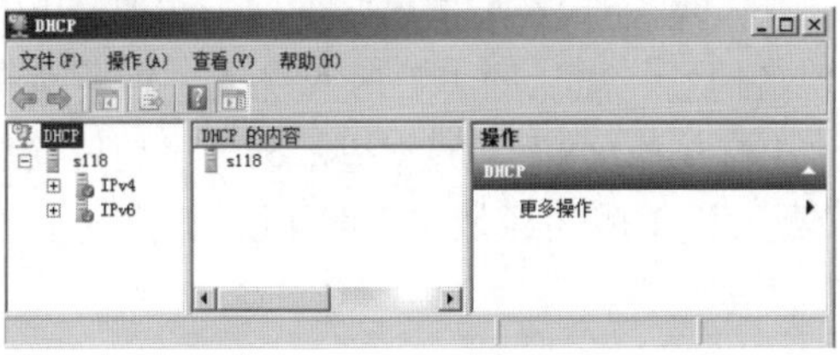

实验图 4-61　DHCP 管理器界面

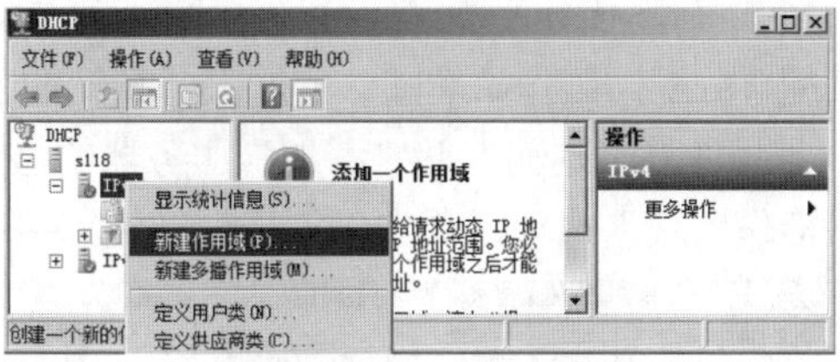

实验图 4-62　添加作用域

(3) 设置作用域名称，如实验图 4-63 所示。此处的“名称”项只作提示用，可填任意内容。

(4) 设置可分配的 IP 地址范围。例如，可分配“192.168.0.1～192.168.0.100”，在“起始 IP 地址”处填写“192.168.0.1”，在“结束 IP 地址”处填写“192.168.0.100”，在“子网掩码”处填写“254.254.254.0”，如实验图 4-64 所示。

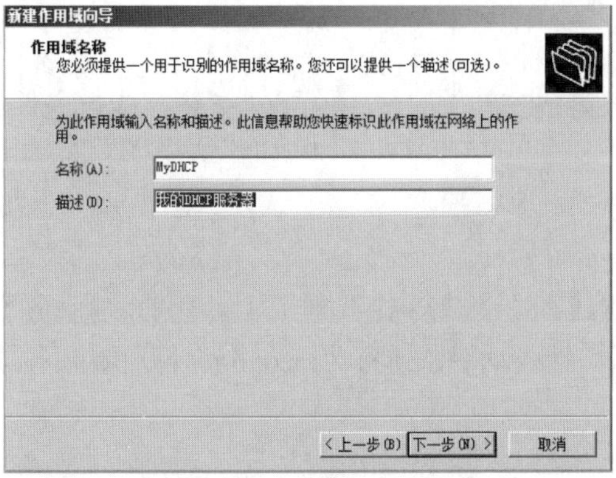

实验图 4-63　设置作用域名称

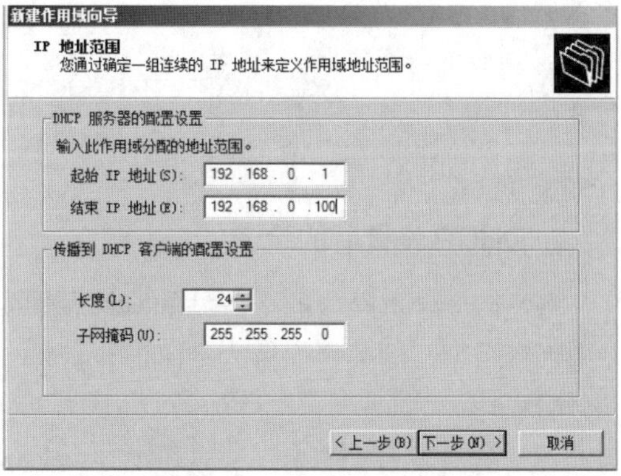

实验图 4-64　设置 IP 地址范围

(5) 如果有必要,可在下面的选项中输入要排除的 IP 地址或 IP 地址范围;否则直接单击“下一步”按钮，如实验图 4-65 所示。

(6) “租用期限”可设定 DHCP 服务器所分配的 IP 地址的有效期，如一年(即 365 天)、8 天等，如实验图 4-66 所示。

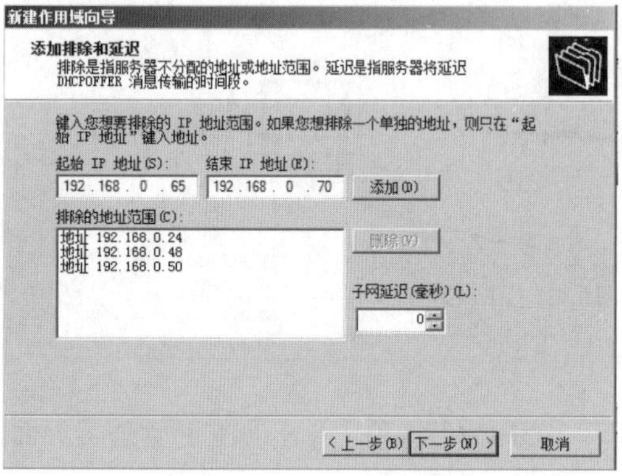

实验图 4-65　排除 IP 地址范围设置

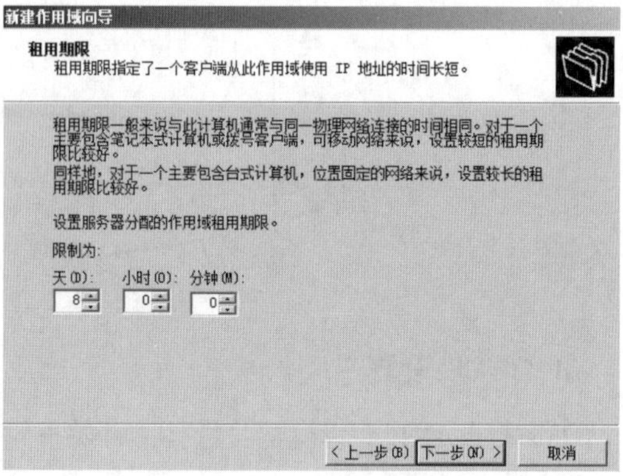

实验图 4-66　租用期限

(7) 确认 DHCP 配置。在实验图 4-67 中，选择“是，我想现在配置这些选项”选项，以继续配置分配给工作站的默认的网关、默认的 DNS 服务地址、默认的 WINS 服务器。在所有有 IP 地址的栏目均输入并“添加”服务器的 IP 地址“192.168.0.48”，根据提示选择“是，我想激活作用域”选项，单击“完成”按钮即可完成设置。设置成功后如实验图 4-68 所示。

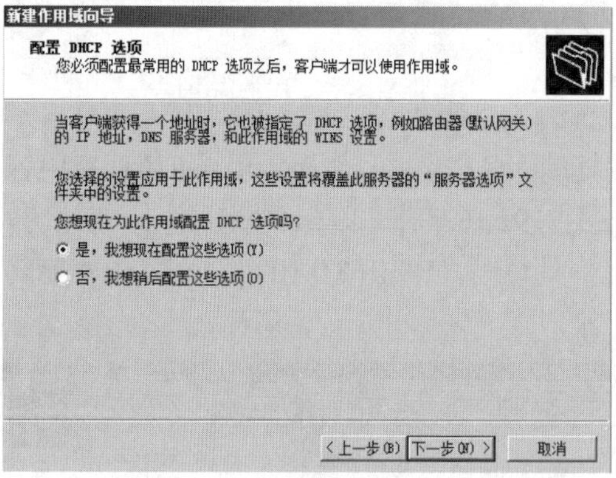

实验图 4-67　配置 DHCP 选项

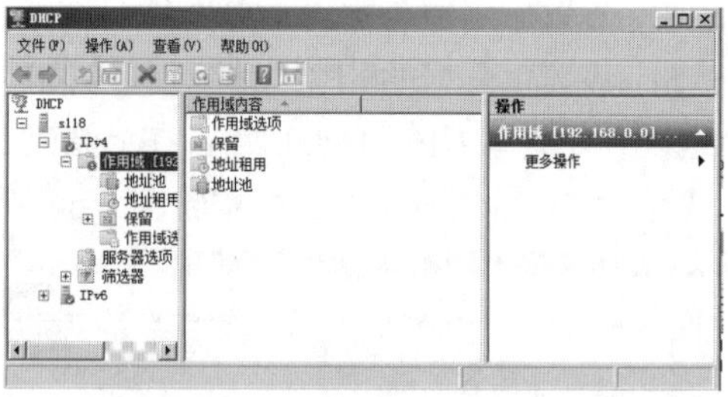

实验图 4-68　DHCP 设置成功

2. DHCP 设置后的验证

将任何一台本网内的工作站的网络属性中设置成“自动获得 IP 地址”，并让 DNS 服务器设为“禁用”，网关栏保持为空(即无内容)，重新启动成功后，运行“ipconfig”即可看到各项已分配成功。

4.5 实验步骤

(1) 配置网络属性。

要使用 DNS、WWW、FTP 服务，服务器必须要有静态(即固定的)IP 地址。如果只是在局域网中使用，原则上可用任意 IP 地址，最常用的是“192.168.0.1～192.168.0.254”内的任意值。为网卡绑定静态 IP 地址，如实验图 4-69 和实验图 4-70 所示。

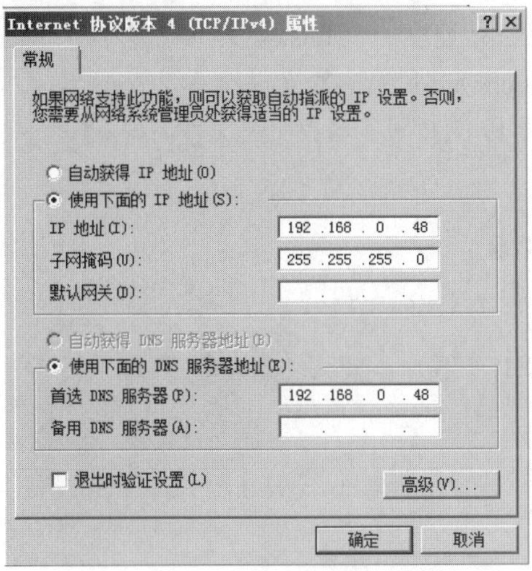

实验图 4-69　为网卡绑定静态 IP 地址

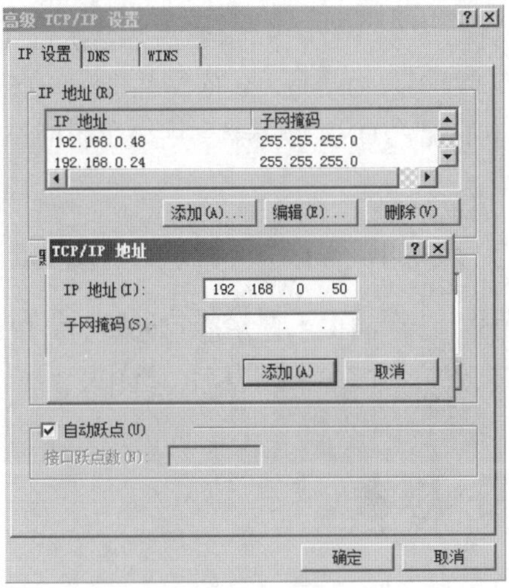

实验图 4-70　为网卡添加多个 IP 地址

设置完成后，无须重新启动，退出此网络属性设置窗口后即可生效。

为了测试所进行的设置是否成功，可采用如下常用方法。

① 进入命令行方式：选择“开始→运行”选项，输入“cmd”，再单击“确定”按钮。

② 查看本机所配置的 IP 地址：输入“ipconfig”按 Enter 键，即可看到相关配置，如实验图 4-71 所示。

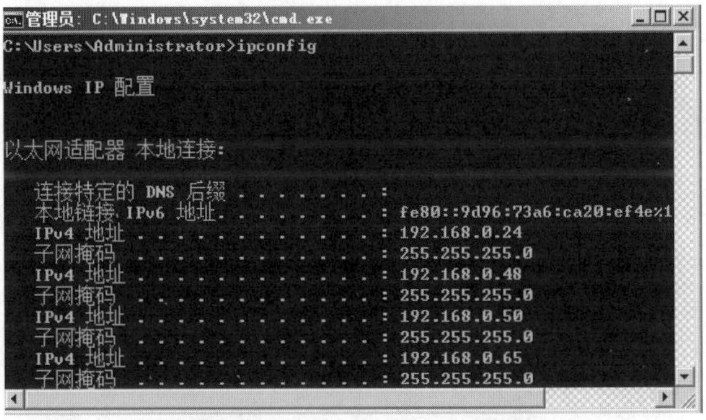

实验图 4-71　查看 IP 地址配置情况

③ 也可以通过输入“ping 192.168.0.48”命令进行验证。

(2) 利用 Windows Server 2008 中的 IIS 服务器配置 Web 服务器。

用 IP 地址访问 Web 服务器。

(3) 使用 Serv-U 建立 FTP 服务器。

用 IP 地址访问 FTP 服务器，完成以下要求。

① 建立两个用户账号，一个账号为匿名账号：anonymous；另一个账号为学生学号后 3 位+学生姓名拼音。

② 同一个 IP 仅能有 3 个登录线程；最大用户数量分别设为 3 或 5。

③ anonymous 用户，最大上传速度为 1Mb/s，最大下载速度为 2Mb/s；访问文件权限为只读，访问文件资源所在目录为 E:/share 目录中的文件。

④ “学生学号后 3 位+学生姓名拼音”用户，最大上传速度为 5Mb/s，最大下载速度为 2Mb/s；访问文件权限为读写，访问文件资源所在目录为 E:/private 目录中的文件。

(4) 配置 DNS 服务器，用域名访问 Web 服务器和 FTP 服务器。

注意：

用户使用域名访问时，请正确设置其 TCP/IP 参数。

(5) 配置 DHCP 服务器，动态分配 IP 地址。

配置好 DHCP 服务器后，选中一台机器作为 DHCP 客户，使其动态获得 IP 地址。

4.6 思考

1. 课堂检查 WWW、DNS 服务器搭建情况。

2. 请帮忙设计一个搭建 FTP 应用的实践指导。

3. 某同学家里的计算机上不了网了，网页怎么都打不开，但奇怪的是 QQ 居然能登录，而且能够正常与人聊天。请你帮忙分析一下问题出在哪里并提出解决办法。

ꕥ 实验 5 ꕥ

网络数据包的监听和分析

5.1 实验目的

(1) 初步掌握网络监听与分析技术。

(2) 通过分析 TCP/IP 协议中多种协议的数据结构、会话连接建立和终止过程、TCP 序列号、应答序号的变化规律，理解协议的设计方式和思路。

(3) 通过实验了解 FTP 协议的明文传输特性，建立安全意识，防止 FTP 等协议由于传输明文密码造成泄密

5.2 实验任务

(1) 掌握 OmniPeek 工具的使用方法。

(2) 利用 OmniPeek 捕获 ping 应用的数据包，分析数据包结构。

(3) 利用 OmniPeek 捕获 FTP 数据包，并分析数据包结构。

(4) 完成上机报告。

5.3 实验设备与环境

搭建网络协议分析的环境

将两台以上计算机组成一个 Windows 局域网，其中一台配置 FTP 服务器(本实验中采用 Server U-FTP)，其他为 FTP 客户，并在其中一台上安装 OmniPeek 软件。建议服务安装 Windows Server 2008。

5.4 OmniPeek 软件介绍

5.4.1 概述

网络中的数据通常是以包的方式传送的。在对网络的安全性和可靠性进行分析时，网络管理员通常需要对网络中传输的数据包(数据报)进行监听和分析。数据包的监控和分析可以采用

专用的协议分析仪来进行，也可以使用一些软件工具。目前，因特网中流行的数据包监听与分析工具有很多(如 NetXRay、TcpDump、Sniffer 等)，本实验要求通过 OmniPeek 抓包工具监听数据包。

OmniPeek 是一款功能强大的网络报文扫描软件，通过扫描和监听网络中的数据报，分析网络性能和故障。对于黑客而言，OmniPeek 是一种常用的收集有用数据的工具，这些数据可以是用户的账号和密码，也可以是一些商用机密数据，等等；对于网络管理员而言，OmniPeek 主要用来分析网络的流量，以便找出他们所关心的网络中潜在的问题。因此，在网络管理中，OmniPeek 的存在对系统管理员来说是至关重要的，系统管理员通过 OmniPeek 可以诊断出大量不可见的模糊问题，这些问题涉及两台乃至多台计算机之间的异常通信，有些甚至牵涉各种协议。借助于 OmniPeek，系统管理员可以方便地确定出多少的通信量属于哪个网络协议、占主要通信协议的主机是哪一台、大多数通信目的地是哪台主机、报文发送占用多少时间，以及相互主机的报文传送间隔时间是多少，等等。这些为管理员判断网络问题、管理网络区域提供了非常宝贵的信息。例如，网络的某一段运行得不是很好，报文的发送比较慢，而我们又不知道问题出在什么地方，此时就可以用 OmniPeek 进行协作分析和判断。

5.4.2 OmniPeek 工具的使用

下载和安装好 OmniPeek 之后，启动 OmniPeek，在 Windows 10 下，必须“以管理员身份运行”。

(1) 启动 OmniPeek。启动 OmniPeek 之后，界面如实验图 5-1 所示。

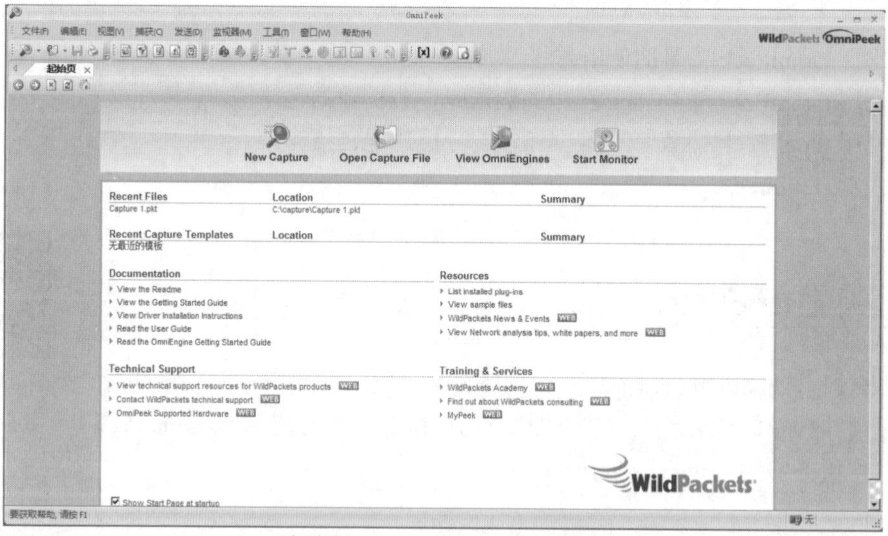

实验图 5-1 OmniPeek 启动界面

(2) 建立一个新的捕捉。在启动页面中，单击“New Capture”，弹出“捕获选项”对话框，如实验图 5-2 所示。在该对话框中可以进行“捕捉”“存储”等相关设置。同时，选择从“本地连接 2”上获取数据。

OmniPeek 支持有线网卡和无线网卡，在 Adapter 窗口中选择适配器。

如果是从无线网卡获取数据包，OmniPeek 抓包需要指定对应信道，在“802.11”项中设置，有两种模式可以选择：在“Number”选项处选择固定 1 个信道；或在“Scan”选项处选择多个信道。

(3) 单击“确定”按钮后，进入开始捕获界面，单击右上角的“开始捕获”按钮即可开始抓包，如实验图 5-3 所示。单击“停止捕获”按钮后，进入捕获结束界面，如实验图 5-4 所示。

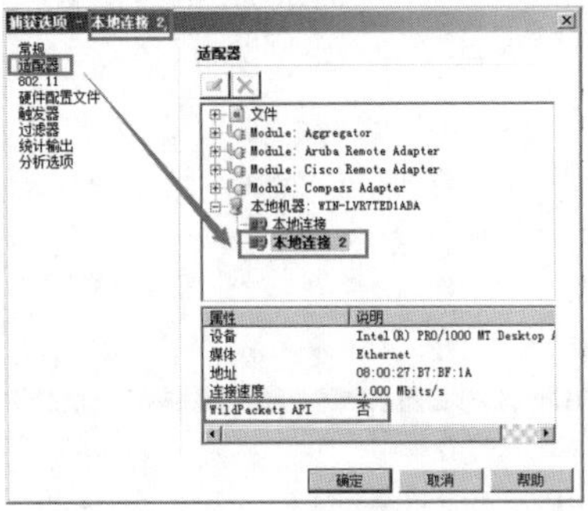

实验图 5-2　“捕获选项”对话框

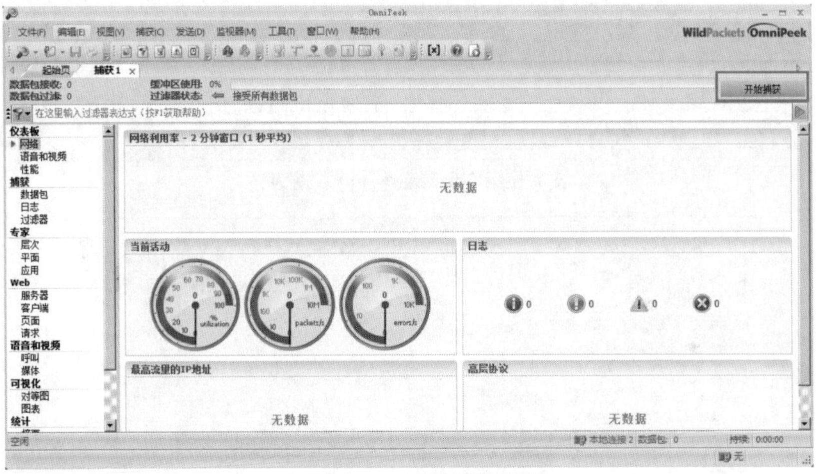

实验图 5-3　开始捕获界面

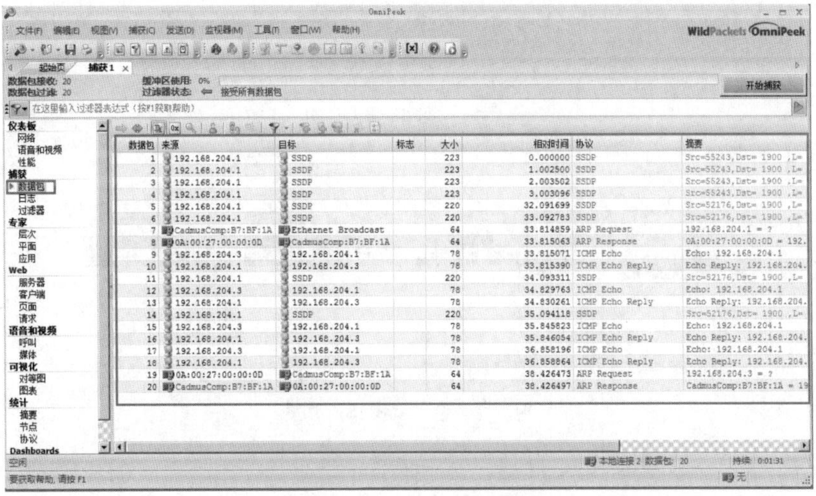

实验图 5-4　捕获结束界面

在数据包区域选择一个数据包，如实验图 5-5 所示。双击选择的数据包即可显示该数据包的详细解释，如实验图 5-6 和实验图 5-7 所示。

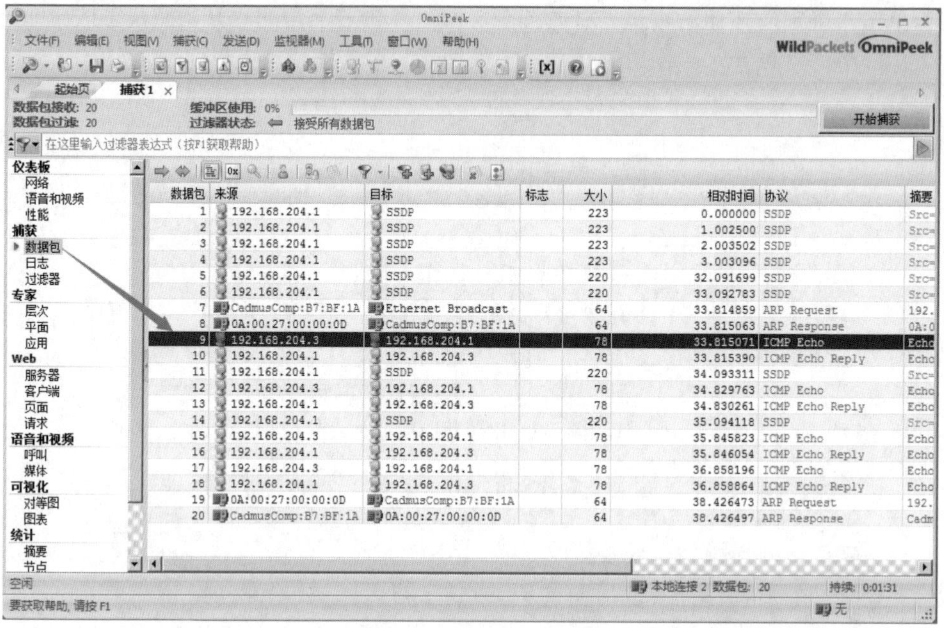

实验图 5-5　选择分析数据包

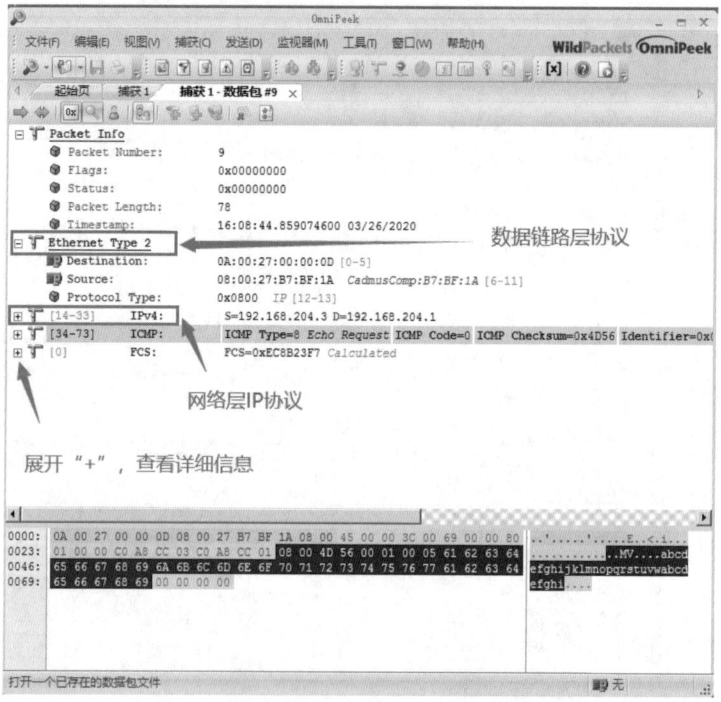

实验图 5-6　数据包分析 1

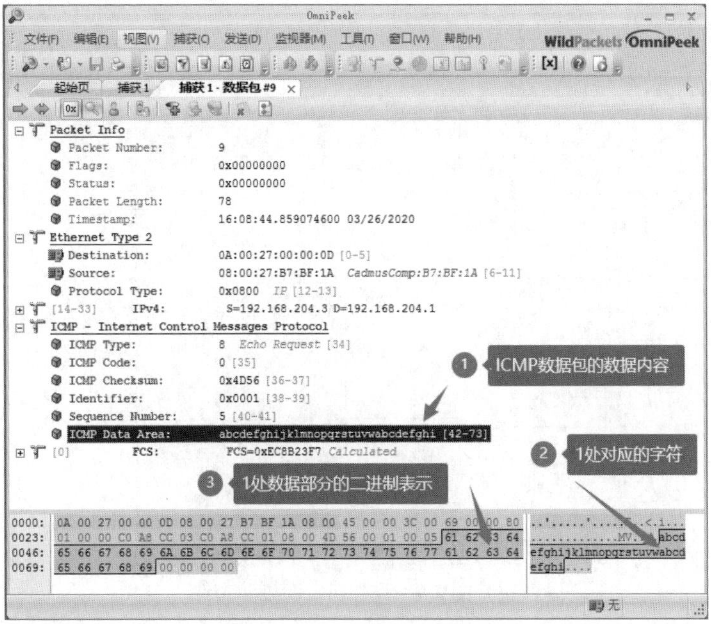

实验图 5-7　数据包分析 2

5.4.3　OmniPeek 过滤器的使用

要通过 OmniPeek 来达到我们预设的目标，最重要的就是用好“过滤”功能。OmniPeek 提供了强大的过滤器，用户可通过多个入口编辑过滤器。选择“视图→过滤器”选项，打开过滤器功能选择界面，如实验图 5-8 所示。

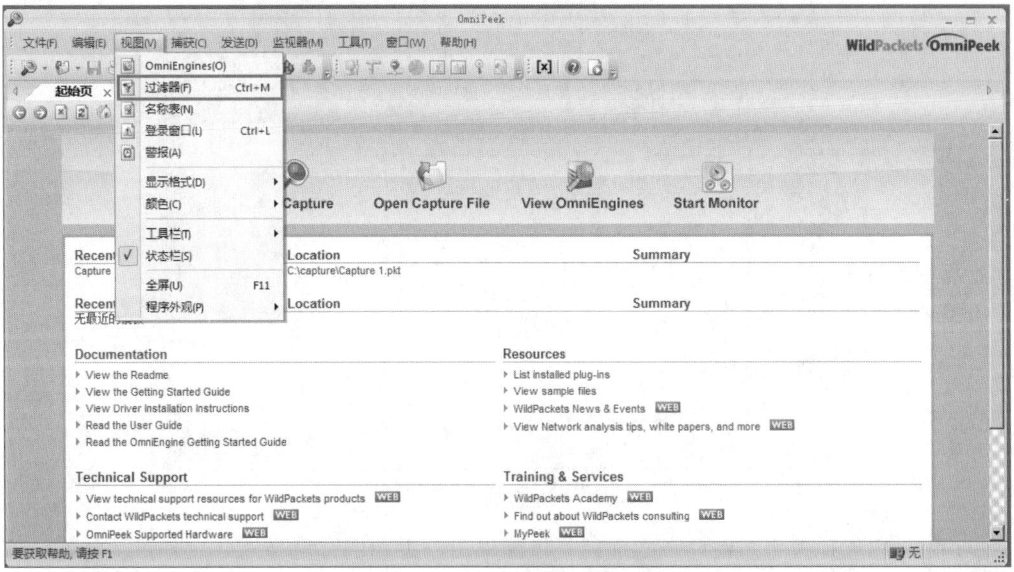

实验图 5-8　过滤器功能选择界面

(1) 在过滤器中，可以选择软件自带的过滤条件，也可以单击“插入”按钮，添加自定义过滤条件，如实验图 5-9 所示。

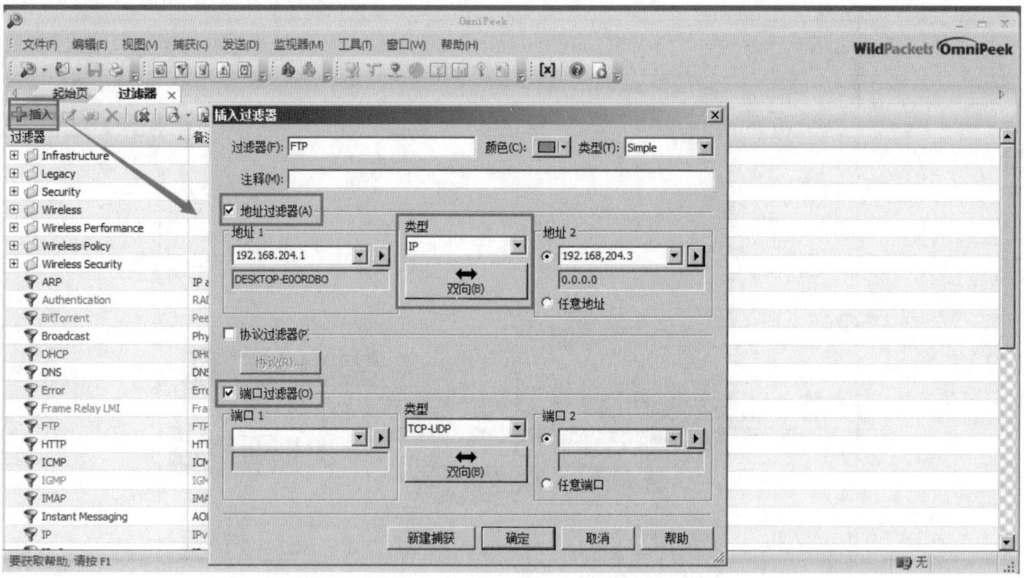

实验图 5-9 添加自定义过滤条件

① 勾选“地址过滤器”复选框，在“地址”处输入地址，在“类型”处选择相关的类型。

② 配置完过滤器后，可单击“新建捕获”按钮立即开始捕捉。此时抓包的数据已经进行了过滤，与过滤项无关的数据已经被过滤。

(2) 在“捕获”页面选择“捕获→过滤器”选项，添加过滤器，如实验图 5-10 所示。

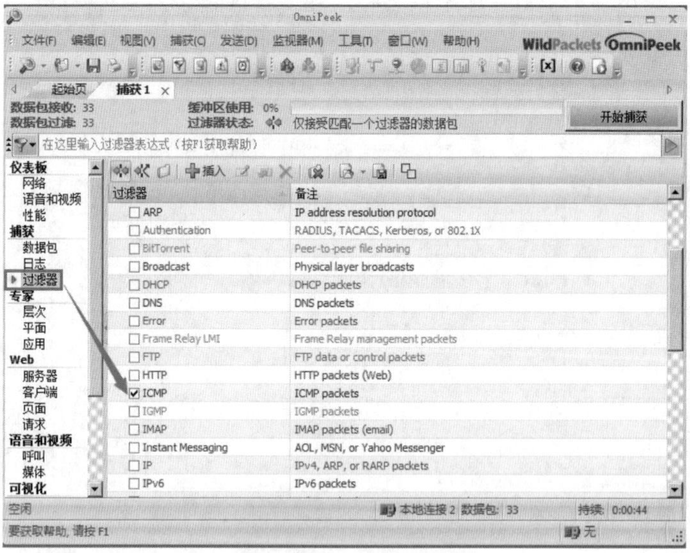

实验图 5-10 添加过滤器

(3) 也可以先抓包再过滤，在“捕获”页面单击左上角的筛选按钮，选择过滤条件，如实验图 5-11 所示。过滤栏会显示当前选中的过滤项。

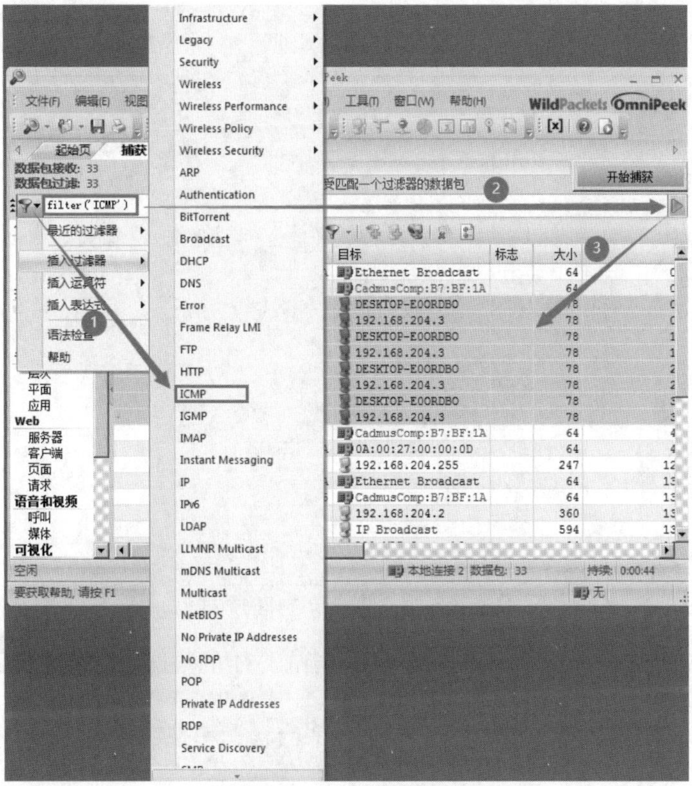

实验图 5-11　筛选数据包

(4) 还可以通过插入多个操作，实现多个过滤项同时过滤，如实验图 5-12 所示。

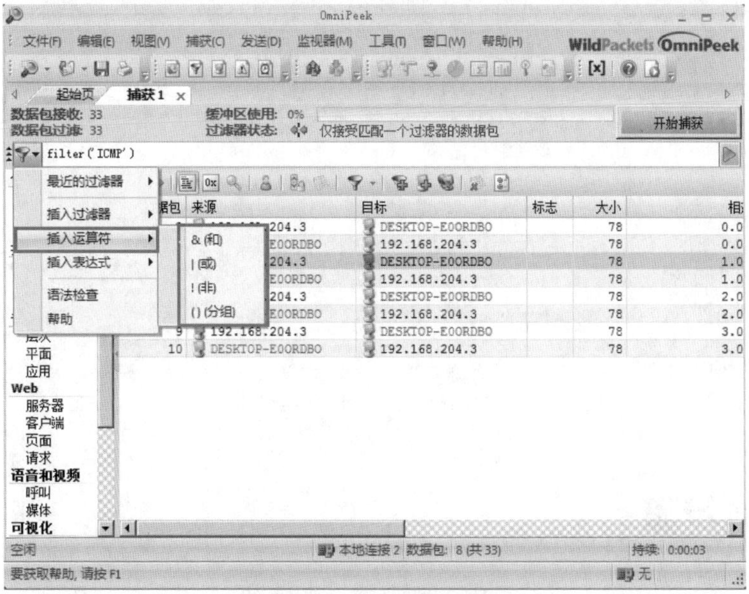

实验图 5-12　多项同时过滤

① 单击右侧箭头，软件会弹出“选择结果”对话框，可在该对话框中进行不同操作，如“隐藏未选择的数据包”，如实验图 5-13 所示。

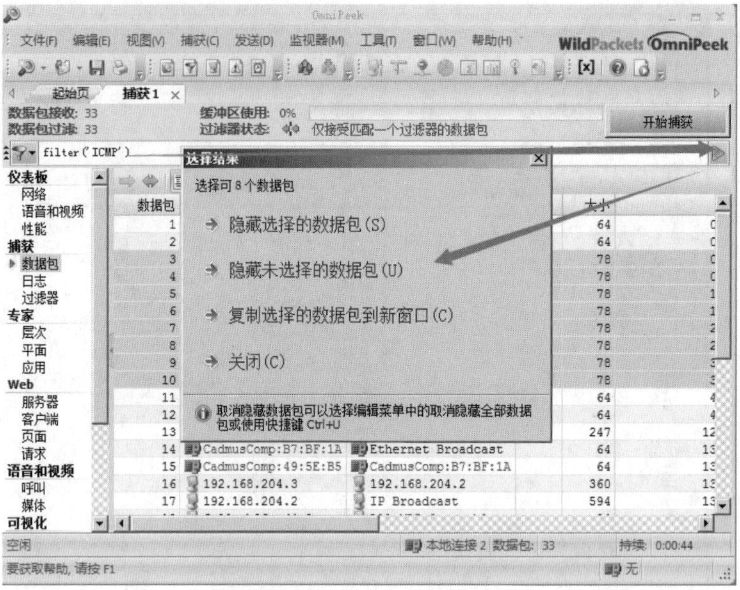

实验图 5-13　隐藏未选择的数据包

② 实验图 5-14 是隐藏未选择的数据包后，当前选中的数据包，即过滤后的数据包。

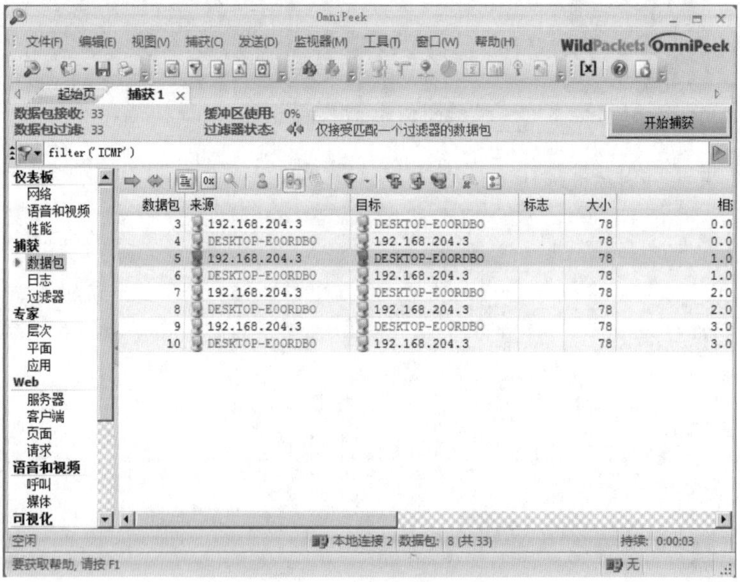

实验图 5-14　显示过滤后的数据包

5.5 实验步骤

OmniPeek 的安装及使用

(1) 熟悉 OmniPeek 工具的使用，参见本章“5.4　OmniPeek 软件介绍”部分。

(2) 设置局域网中主机为 192.165.204.0 网段成员，这里，主机 A 为 192.165.204.1，主机 B 为 192.165.204.3.

(3) ping 应用分析。利用 OmniPeek 捕获访问 ping 应用的数据包，分析数据包结构。设置捕获条件，如实验图 5-15 所示。

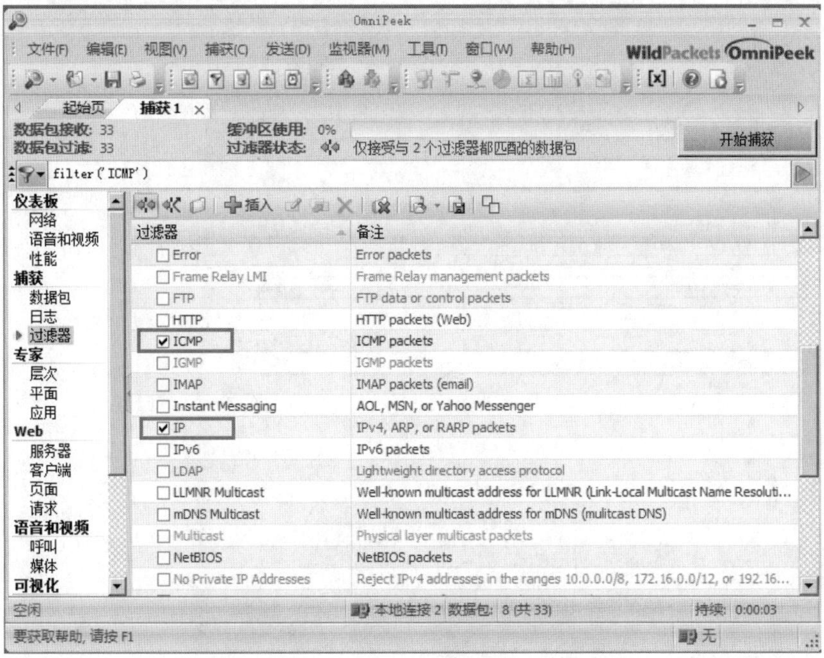

实验图 5-15　ping 应用捕获条件设置

① ping 192.165.204.1 -l 0(192.165.204.1 可以根据自己所用的 IP 地址进行调整)。

ping 一个 IP，指定携带的数据长度为 0。捕获的数据包如实验图 5-16 所示。

实验图 5-16　捕获的数据包

ping 数据包分析，如实验图 5-17 所示。

从实验图 5-17 中的❶处我们可以看到这个数据总大小为 64byte，从❹处可以看到 IP 数据总长度为 28byte。为什么 IP 数据是 28byte？因为 IP 头部是 20 个字节(❸处标记的)，ICMP 头部是 8 个字节，又因为我们的 ping 是指定数据长度为 0 的，所以 ICMP 里不带额外数据，即：20+8=28。

从❷处我们知道以太网类型帧头部是 6 个字节源地址+6 个字节目标地址+2 个字节类型=14 个字节，从❻处我们知道以太网类型帧尾有 4 个字节的校验位。所以，以太网帧头部+IP 数据总长度+以太网帧尾部(14+28+4)=46，注意❺处标记的，填充了 18 个字节“00”。46 个字节+18 个字节=64 个字节，刚好等于总长度。

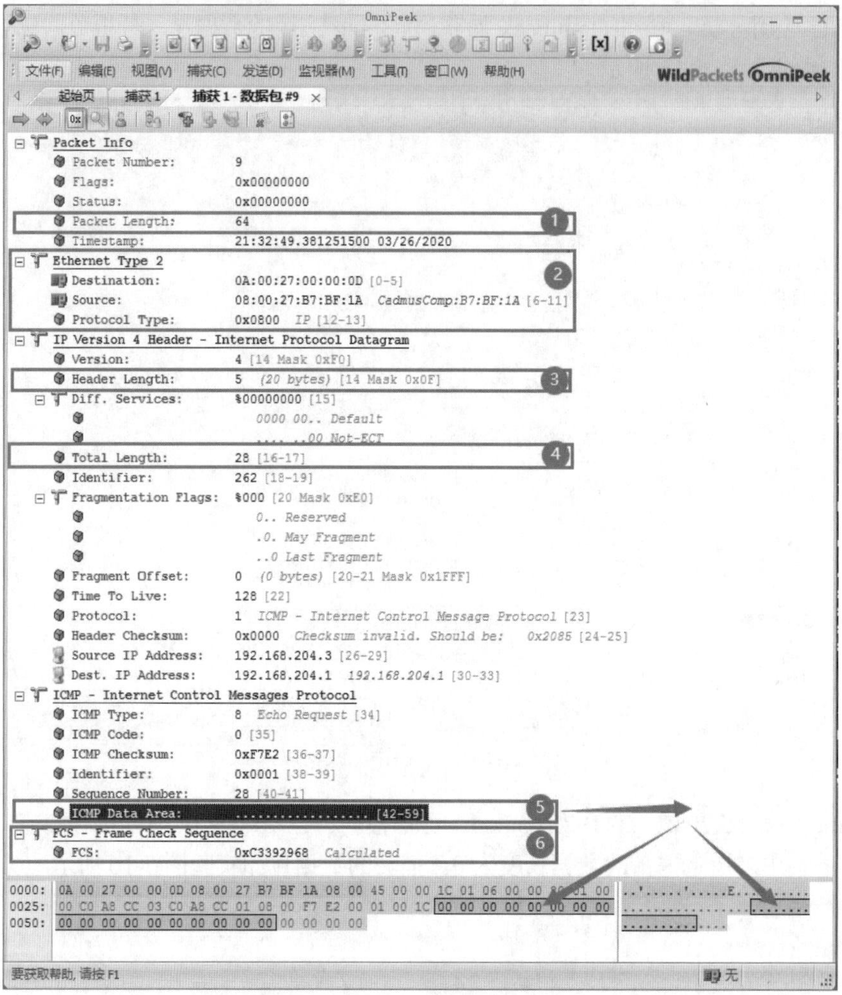

实验图 5-17　ping 应用数据包分析 1

② ping 192.165.204.1 -l 8(192.165.204.1 可以根据自己所用的 IP 地址进行调整)。

ping 一个 IP，指定携带的数据长度为 8。ping 数据包分析，如实验图 5-18 所示。

从实验图 5-18 中的❶处我们可以看到这个数据总大小为 64byte，从❹处可以看到 IP 数据总长度为 36byte。为什么 IP 数据是 36byte？因为 IP 头部是 20 个字节(❸处标记的)，ICMP 头部是 8 个字节，又因为我们的 ping 是指定数据长度为 8 字节的，所以 20＋8＋8＝36。

从❷处我们知道以太网类型帧头部是 6 个字节源地址＋6 个字节目标地址＋2 个字节类型＝14 个字节，从❻处我们知道以太网类型帧尾有 4 个字节的校验位。所以，以太网帧头部＋IP 数据总长度+以太网帧尾部(14＋36+4)=54，注意❺处标记的，在数据“abcdefgh”之后填充了 10 个字节“00”。54 个字节＋10 个字节＝64 个字节，刚好等于总长度。

同学们有没有发现，这里无论 ping 应用携带的信息量是 0 还是 8，捕获到的数据报的总长度都是 64 字节。你知道为什么吗？

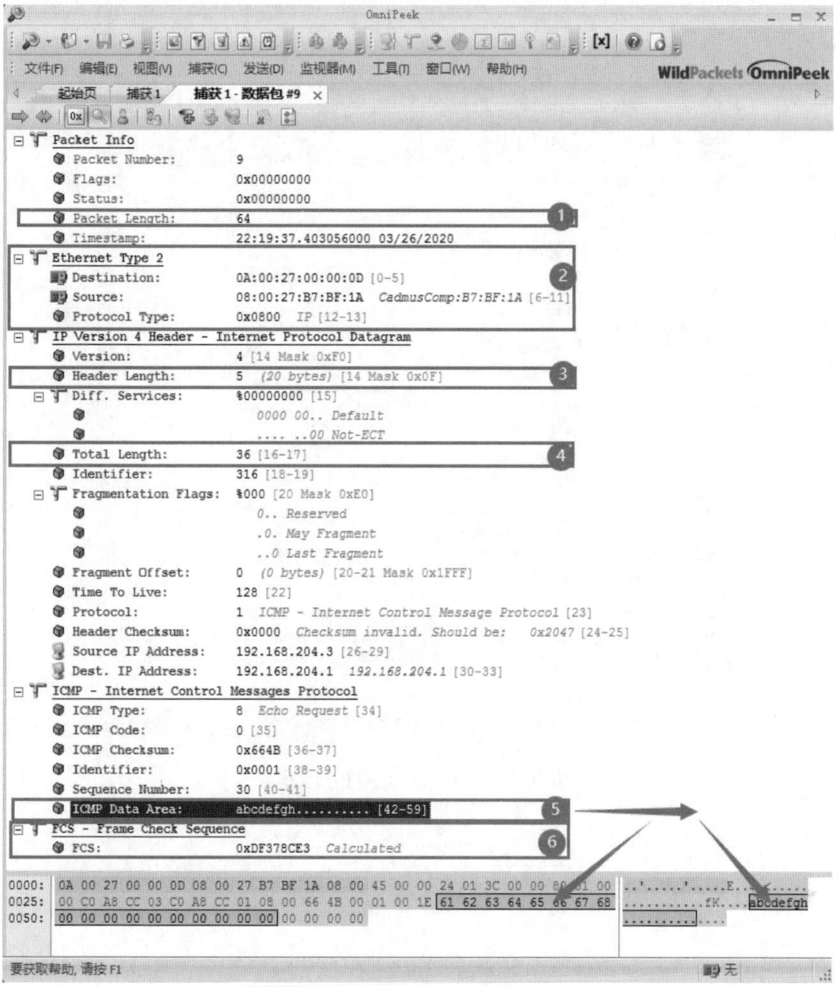

实验 5-18　ping 应用数据包分析 2

(4) 捕获 FTP 数据包并进行分析。现在我们假设主机 A(192.165.204.1，可根据自己实际使用 的 IP 进行调整)访问主机 B(192.165.204.3，可根据自己实际使用的 IP 进行调整)的 FTP 服务。主机 B 上安装了抓包软件 OmniPeek。

① 在主机 B 上启动 FTP 服务，保证主机 A 能顺利访问主机 B 上的 FTP 应用。

② 启动 OmniPeek 软件，参照实验图 5-3 新建捕获，参照实验图 5-10 设置过滤器，如实验图 5-19 所示。

③ 单击“开始捕获”按钮后，返回主机 A，打开 FTP 客户端进程访问主机 B 上的 FTP 服务器，如实验图 5-20 所示。这里，用浏览器做 FTP 客户端进程，访问结果如实验图 5-21 所示。

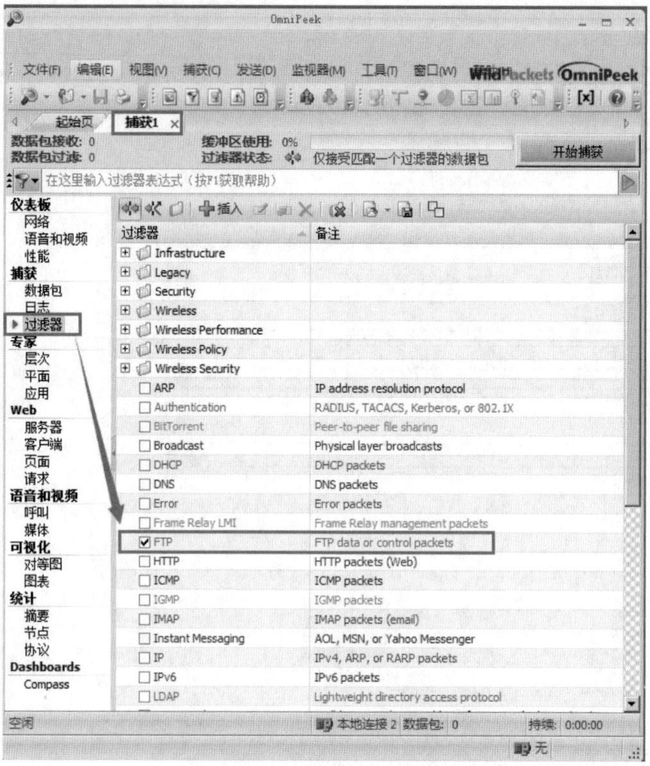

实验图 5-19　设置 FTP 过滤器

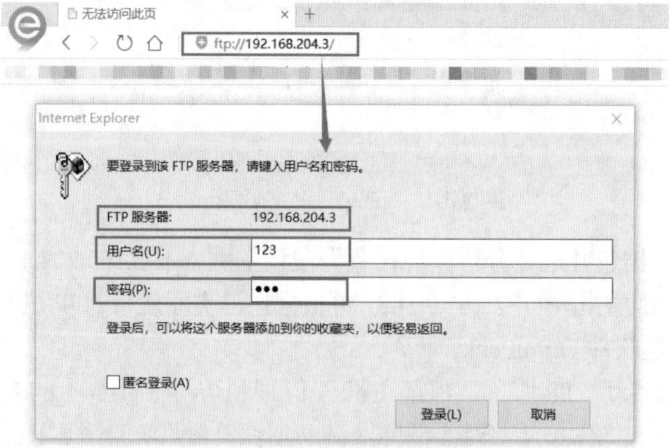

实验图 5-20　登录 FTP 服务器

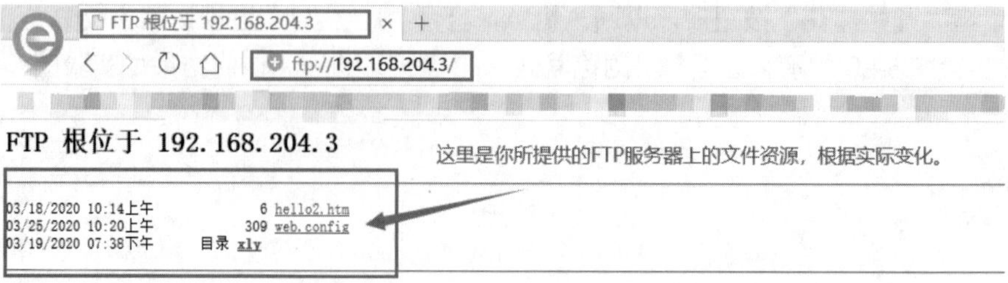

实验图 5-21　访问结果

④ 返回主机 B，进入“捕获 1”页面，单击“停止捕获”按钮后，就可以看到符合过滤条件的捕获数据包，如实验图 5-22 所示。

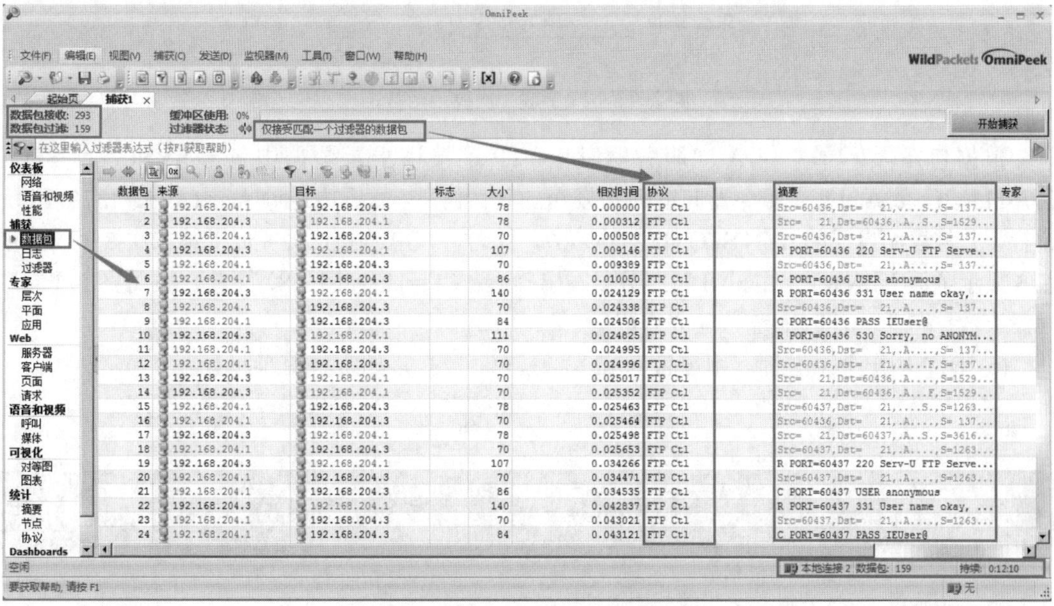

实验图 5-22　符合条件的捕获数据包

(5) 从捕获的包中，我们可以发现大量有用的信息，下面详细讲解 TCP 连接建立的 3 次握手过程。

在捕获报文窗口中，TCP 3 次握手过程的实例如实验图 5-23 所示。

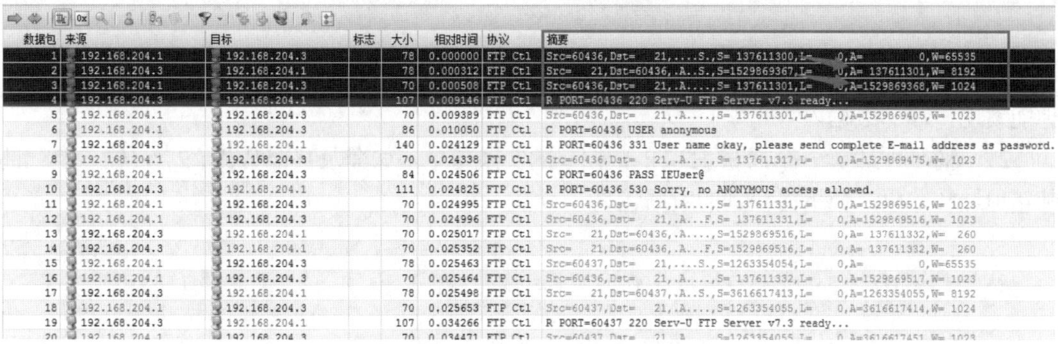

实验图 5-23　TCP 3 次握手过程实例

实验图 5-24 是 TCP 3 次握手示意图。

数据包 1 是 TCP 连接的第一次握手：D=21，S=60436，Dest Address=192.165.204.3，这表明目的端口是 21，源端口是 60436，说明我们从主机 A 的 60436 端口连接 IP 地址为 192.165.204.3 的 FTP 服务器(FTP 服务器占用 21 端口)。

接着，我们可以看到数据包 2、3 分别显示了 TCP 连接过程中的第二次和第三次握手的过程。

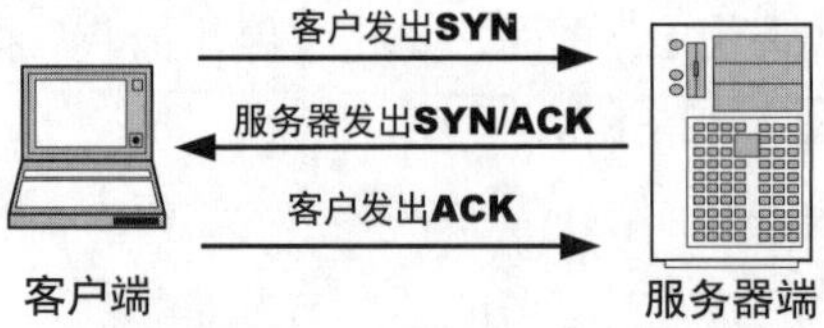

实验图 5-24　TCP 3 次握手示意图

数据包 1 显示了主机 A 向服务器发出 FTP 连接请求，数据中包含 SYN(SYN SEQ=137611300)。数据包 2 是服务器向主机 A 发送的确认信息，数据中通过 ACK(ACK=137611301)进行，并且表明自己的 SYN SEQ=1529869367，此时，TCP 连接已经完成了第二次握手。数据包 3 显示了第三次握手，主机 B 对服务器发出确认 ACK=1529869368，至此，表明整个建立过程没有数据包丢失，TCP 连接建立完成。

(6) FTP 用户登录过程。用户名为 123，密码为 123 ，如实验图 5-25 所示。

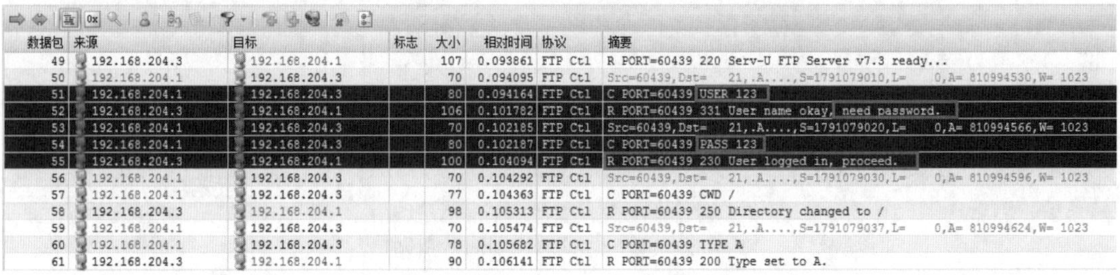

数据包	来源	目标	标志	大小	相对时间	协议	摘要
49	192.168.204.3	192.168.204.1		107	0.093861	FTP Ctl	R PORT=60439 220 Serv-U FTP Server v7.3 ready...
50	192.168.204.1	192.168.204.3		70	0.094095	FTP Ctl	Src=60439,Dst= 21,.A....,S=1791079010,L= 0,A= 810994530,W= 1023
51	192.168.204.1	192.168.204.3		80	0.094164	FTP Ctl	C PORT=60439 USER 123
52	192.168.204.3	192.168.204.1		106	0.101782	FTP Ctl	R PORT=60439 331 User name okay, need password.
53	192.168.204.1	192.168.204.3		70	0.102185	FTP Ctl	Src=60439,Dst= 21,.A....,S=1791079020,L= 0,A= 810994566,W= 1023
54	192.168.204.1	192.168.204.3		80	0.102187	FTP Ctl	C PORT=60439 PASS 123
55	192.168.204.3	192.168.204.1		100	0.104094	FTP Ctl	R PORT=60439 230 User logged in, proceed.
56	192.168.204.1	192.168.204.3		70	0.104292	FTP Ctl	Src=60439,Dst= 21,.A....,S=1791079030,L= 0,A= 810994596,W= 1023
57	192.168.204.1	192.168.204.3		77	0.104363	FTP Ctl	C PORT=60439 CWD /
58	192.168.204.3	192.168.204.1		98	0.105313	FTP Ctl	R PORT=60439 250 Directory changed to /
59	192.168.204.1	192.168.204.3		70	0.105474	FTP Ctl	Src=60439,Dst= 21,.A....,S=1791079037,L= 0,A= 810994624,W= 1023
60	192.168.204.1	192.168.204.3		78	0.105682	FTP Ctl	C PORT=60439 TYPE A
61	192.168.204.3	192.168.204.1		90	0.106141	FTP Ctl	R PORT=60439 200 Type set to A.

实验图 5-25　FTP 用户验证过程

5.6 思考

1. 请你用 FTP 上传或下载文件，捕获数据进行分析。你能发现 TCP 的 3 次连接过程吗？你能发现传输的数据内容吗？

2. 请你帮忙设计一个捕获 HTTP 数据包的实践指导，如登录某个 Web 站点，输入自己的邮箱地址和密码，分析捕获到的数据包。

实验 6

静态路由

6.1 实验目的

(1) 理解路由器的工作原理。
(2) 掌握 Windows Server 路由和远程访问服务功能的使用。
(3) 掌握静态路由的设置。

6.2 实验任务

使用 Windows Server 路由和远程访问服务功能，实现两个及两个以上网段通过路由器互联互通。

(1) 实现两个网段互联互通。
(2) 实现两个以上子网段互联互通，以三个网段为例。

Windows Server 2008 网络配置

6.3 实验环境

(1) 两个网段互联互通，实验环境如实验图 6-1 所示。

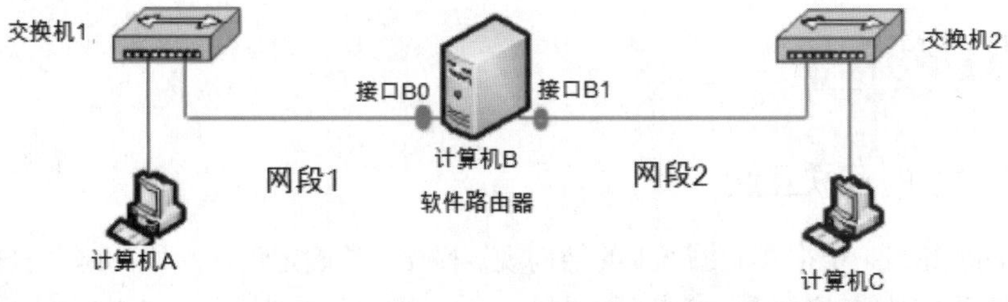

实验图 6-1　两个网络通过路由器互联的实验环境

在实验图 6-1 中，要求每组配置 3 台计算机，其中计算机 B 应安装配置两块网卡，一块网卡与网段 1 相连，接口为 B0，另一块网卡与网段 2 相连，接口为 B1。计算机 A 和 C 均配置一块网卡即可。计算机 A 通过交换机 1 与接口 B0 连接，构成网段 1，计算机 B 通过交换机 2 与接口 B1 连接，构成网段 2。另外，具有两块网卡的计算机(本例中指计算机 B)应安装 Windows Server 并配置路由与远程访问服务功能，其他两台计算机(本例中指计算机 A 和计算机 C)安装 Windows 系统即可。

多网段互联网络配置

(2) 两个以上子网段互联互通，实验环境如实验图 6-2 所示。

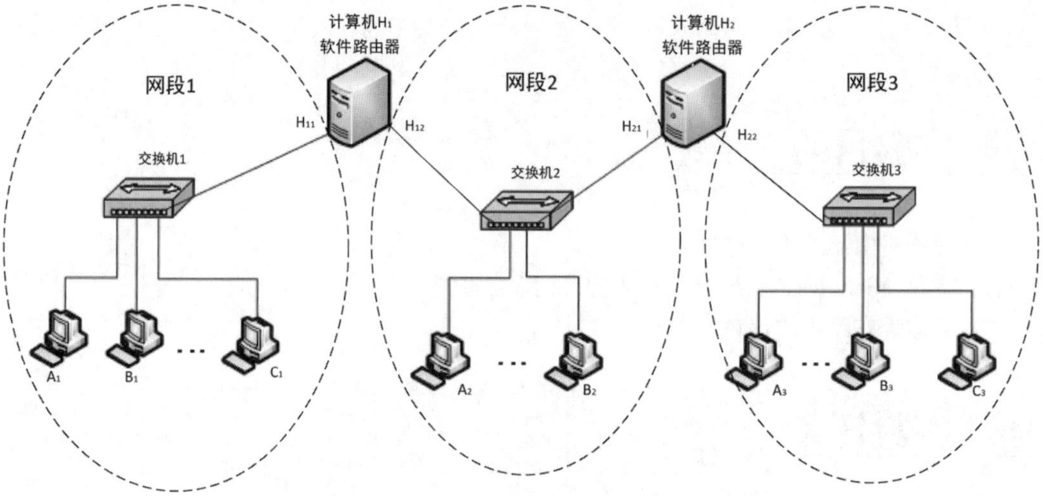

实验图 6-2　两个以上网络通过路由器互联的实验环境

在实验图 6-2 中，要求每组至少配置 5 台计算机，其中计算机 H_1 和 H_2 要求安装配置两块网卡，且安装 Windows Server 系统并配置路由与远程访问服务功能，当作软件路由器使用。其余子网段中至少有一台主机，各安装配置一块网卡即可，安装 Windows 操作系统。本例中，计算机 A_1、B_1、C_1 通过交换机 1 连接接口 H_{11}，构建网段 1；计算机 A_2、B_2 通过交换机 2 连接接口 H_{12} 和接口 H_{21}，构建网段 2；计算机 A_3、B_3、C_3 通过交换机 3 连接接口 H_{22}，构建网段 3。也就是说，网段 1 中的成员有：A_1、B_1、C_1、交换机 1、接口 H_{11}；网段 2 中的成员有：A_2、B_2、交换机 2、接口 H_{12}、接口 H_{21}；网段 3 中的成员有：A_3、B_3、C_3、交换机 3、接口 H_{22}。

6.4 实验步骤

6.4.1 两个网段的互联互通

(1) 规划网段地址。根据实验图 6-1 的结构规划网络，并确定连接网段的网络地址。实验环境规划如实验图 6-3 所示。网段 1 分配网络地址为 192.168.0.0，掩码为255.255.255.0；网段 2 分配网络地址为192.168.1.0，掩码为255.255.255.0。

配置路由器的网络接口

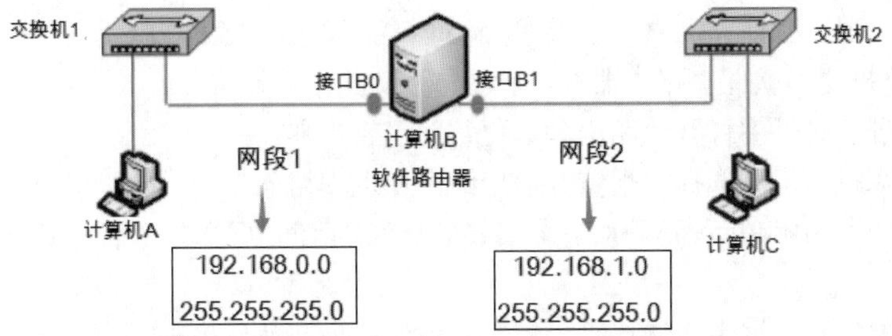

实验图 6-3 两个网络通过路由器互联的实验环境

(2) 分配 IP 地址。根据网段 1 和网段 2 所分配的网络地址，为各网段中的主机或接口配置 TCP/IP 参数。按照 IP 地址的特点，为网段 1 和网段 2 中的成员分配各网段中主机的 TCP/IP 参数，以及路由器接口的 IP 地址，如实验图 6-4 所示。其中，计算机 B 的 B0 接口网卡标识为“本地连接”，计算机 B 的 B0 接口网卡标识为“本地连接 1”。

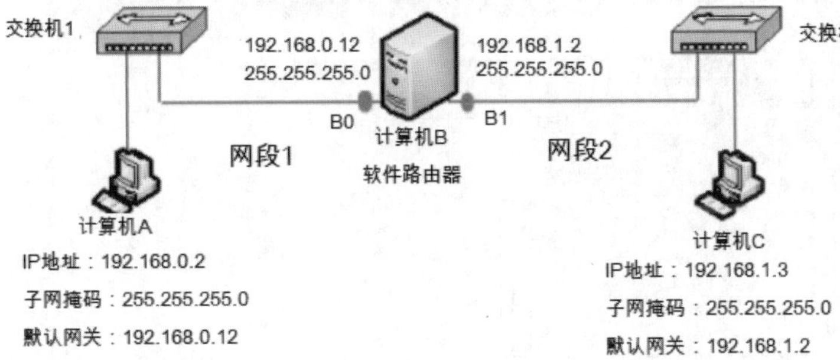

实验图 6-4 主机 TCP/IP 参数以及路由器接口的 IP 地址规划

到这里，同学们需要思考以下几个问题。

第一，为什么计算机 A 和接口 B0 具有相同的网络号？为什么计算机 C 和接口 B1 具有相同的网络号？

本例中，计算机 A 和接口 B0 是同一个网段的成员，所以分配了同样网络号的 IP 地址，都属于 192.168.0.0，子网掩码 255.255.255.0 网段；同理，计算机 C 和接口 B1 是同一个网段的成员，所以分配了同样网络号的 IP 地址，都属于 192.168.1.0，子网掩码 255.255.255.0 网段。

第二，如果在网段 1 中增加一台主机 X，在网段 2 中增加一台主机 Y，如何为它们分配 IP 地址呢？

主机 X 在网段 1 中，是网段 1 的成员，所以应和计算机 A 是同一家人，那么它的 IP 地址为 192.168.0.*(这里*表示除 2 和 12 之外的，在 1～254 中的任何数字)；主机 Y 在网段 2 中，是网段 2 的成员，所以应和计算机是同一家人，那么它的 IP 地址为 192.168.1.*(这里*表示除 2 和 3 之外的，在 1～254 中的任何数字)。

第三，细心的同学一定注意到了，网段 1 中计算机 A 配置了默认网关，而接口 B0 没有，这是为什么呢？

这里计算机 B 起到了路由器的作用，作为路由器的接口，是不需要默认网关的。

第四，计算机 A 的默认网关配置的是 B0，请问，能够是 B1 吗？

从本例的拓扑结构上不难发现，计算机 A 要和计算机 C 通信，需要先到 B0，再到 B1。

(3) 启动路由器。在计算机 B 上安装 Windows 的“路由与远程访问”服务并启动，使计算机变为软件“路由器”，步骤如下。

启动路由器的路由功能

① 从“管理工具”中打开“路由和远程访问”管理器。

② 右击计算机名称并选择“配置并启用路由和远程访问”。

③ 在出现的“路由和远程访问服务器安装向导”对话框中，单击“下一步”按钮。

④ 在“配置”对话框中，选择“自定义配置”选项，然后单击“下一步”按钮。

⑤ 在“自定义配置”对话框中，选择“LAN 路由”选项，单击“下一步”按钮，出现路由和远程访问服务器安装成功提示页面，单击“下一步”按钮，完成配置。

路由与远程访问服务安装成功界面，如实验图 6-5 所示。

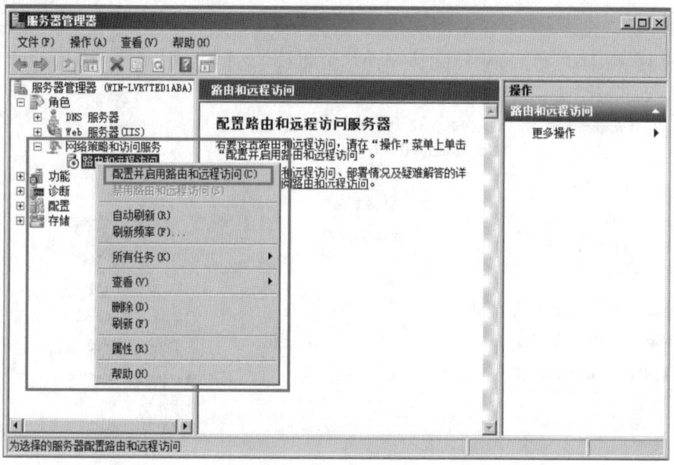

实验图 6-5　路由与远程访问服务安装成功界面

(4) 配置路由表。配置路由器的路由表，实现两个网段的互联互通，步骤如下。

配置路由器的路由表

① 从“路由和远程访问”管理器中的“IP 路由选择”下，选择“静态路由”。

② 右击“静态路由”，在弹出的快捷菜单中选择“新建静态路由”选项，弹出“静态路由”对话框。在“接口”处选中接口“192.168.1.2”(本地接口 1)，在“目标”处输入子网 2 的网络 ID 为“192.168.1.0”，在“网络掩码”处输入“255.255.255.0”，在“网关”处输入“192.168.1.2”，在“跃点数”处输入“1”。

③ 用同样的方法配置接口 192.168.0.12(本地接口)。配置好的静态路由如实验图 6-6 所示。

在实验图 6-6 中，有两条路由记录，一条是到达目的网络 192.168.0.0 中，也就是网段 1 中用户的路径，这条记录说明，路由器将会把到达网段 1 的数据报从 192.168.0.12(接口 B0)这个接口转发；另一条路径是到达目的网络 192.168.1.0 中，也就是网段 2 中用户的路径，这条记录说明，路由器将会把到达网段 2 的数据报从 192.168.1.2(接口 B1)这个接口转发。

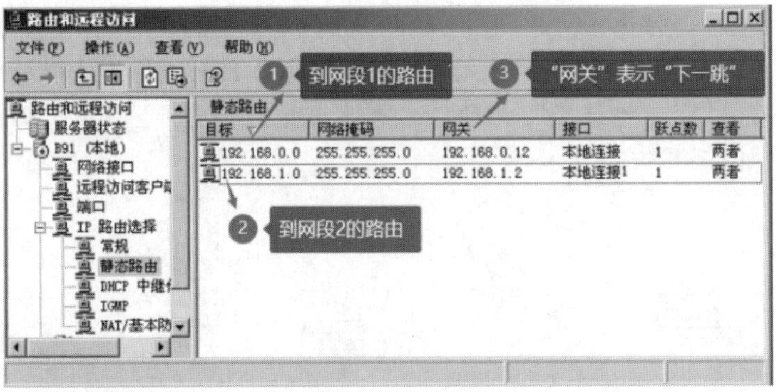

实验图 6-6 静态路由

(5) 测试路由器。在网段 1 中任意一台主机上用 ping 命令 ping 网段 2 中主机的 IP 地址，若 ping 通则表示实验成功，否则，查找原因并进行调整。

测试路由功能

请同学们再思考以下几个问题。

第一，在实验图 6-6 中，到 192.168.0.0 网段 1 的路由的下一跳是否可以是 192.168.1.2？到 192.168.1.0 到网段 2 的路由的下一跳是否可以是 192.168.0.12？

第二，是否可以为接口 B0 和接口 B1 分别设置默认路由，来实现彼此的互联互通？

在接口 192.168.0.12 上配置默认静态路由：在“目标”和“网络掩码”处均输入“0.0.0.0”，在“网关”处输入“192.168.0.12”，在“跃点数”处输入“1”。

在接口 192.168.1.2 上配置默认静态路由：在“目标”和“网络掩码”均输入“0.0.0.0”，在“网关”输入处“192.168.1.2”，在“跃点数”处输入“1”。

请同学动手试试吧！

6.4.2 多于两个网段的互联互通

3 个网段互联配置

(1) 规划网段地址。以 3 个网段互联互通为例，根据实验图 6-2 的结构规划网络，实验环境规划如实验图 6-7 所示。网段 1 分配网络地址为 202.114.138.0/24；网段 2 分配网络地址为 59.0.0.0/8；网段 3 分配网络地址为 181.23.0.0/16。

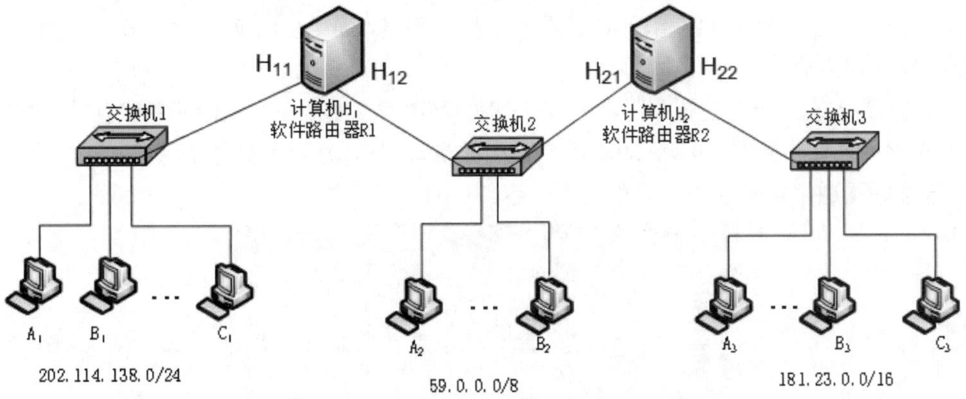

实验图 6-7 三个网络通过路由器互联的实验环境

(2) 分配 IP 地址。根据网段 1、网段 2 和网段 3 所分配的网络地址，按照 IP 地址的特点，为网段 1、网段 2 和网段 3 中的成员分配各网段中主机的 TCP/IP 参数，以及路由器接口的 IP 地址，其中 H_{11} 接口为“本地连接”，H_{12} 为“本地连接 1”，H_{21} 接口为“本地连接”，H_{22} 为“本地连接 1”，如实验图 6-8 所示。

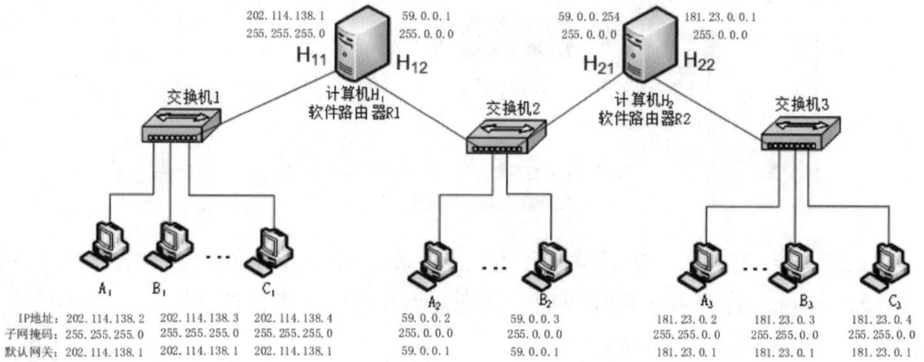

实验图 6-8　主机 TCP/IP 参数以及路由器接口的 IP 地址规划

到这里，同学们需要思考以下几个问题。

第一，网段 1 中用户的默认网关都是 H_{11} 接口 IP 地址 202.114.138.1，是一样的；网段 3 中用户的默认网关都是 H_{22} 接口 IP 地址 181.23.0.1，也是一样的；网段 2 中用户的默认网关一定必须是 H_{12} 接口 IP 地址 59.0.0.1 吗？能不能是 H_{21} 接口 IP 地址 59.0.0.254 呢？

第二，软件路由器 R1 中的两个接口安装在同一台计算机上，但是处于不同的网段，请问他们之间能 ping 通吗？

第三，路由器 R1 和 R2 中应该有几条路由记录呢？

本例中，路由器 R1 直接相连的网络有网段 1 和网段 2，路由器 R1 的路由表中有到网段 1 和网段 2 的路由记录，从 R1 要到网段 3，需要增加一条相应的路由记录，描述如何转发数据包到达网段 3。

(3) 启动路由器。在计算机 H_1 上安装 Windows 的“路由与远程访问”服务，并启动，计算机 H_1 即为软件路由器 R1。同样，在计算机 H_2 上安装 Windows 的“路由与远程访问”服务，并启动，计算机 H_1 即为软件路由器 R2。具体步骤请参照本章“6.4.1 两个网段互联互通”实验中的配置路由器内容。

(4) 配置路由表。分别配置路由器 R1 和 R2 的路由表，实现 3 个网段的互联互通。配置好的 R1 静态路由表如实验图 6-9 所示，R2 静态路由如实验图 6-10 所示。具体步骤请参照本章“6.4.1 两个网段互联互通”实验中的配置路由表内容。

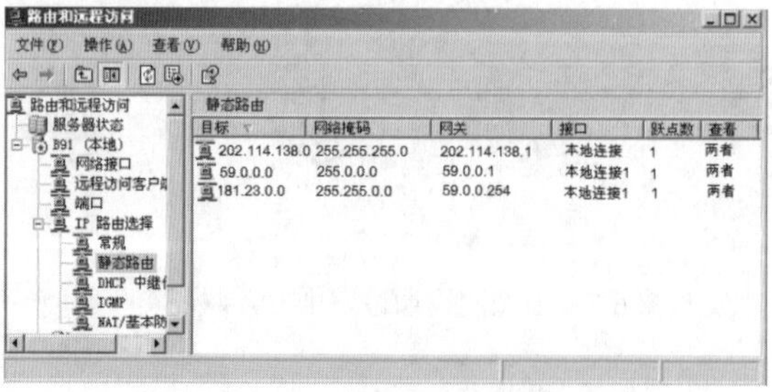

实验图 6-9　软件路由器 R1 路由表

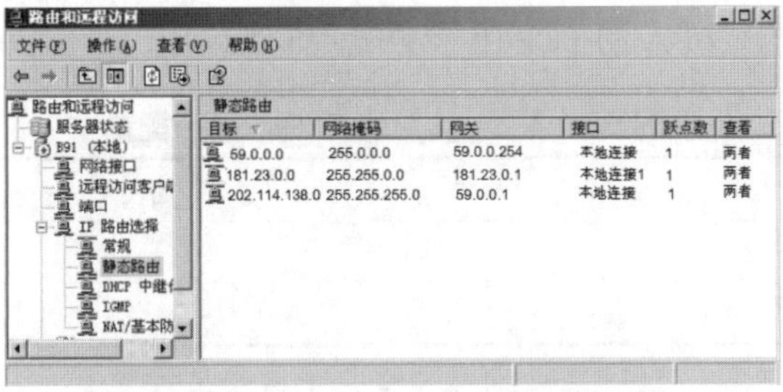

实验图 6-10　软件路由器 R2 路由表

(5) 测试路由器。3 个网段的用户之间互相 ping，若 ping 通则表示实验成功，否则，查找原因并进行调整。

6.5 思考

1. 根据实验图 6-11，回答问题，要求接口均用 IP 地址标识。

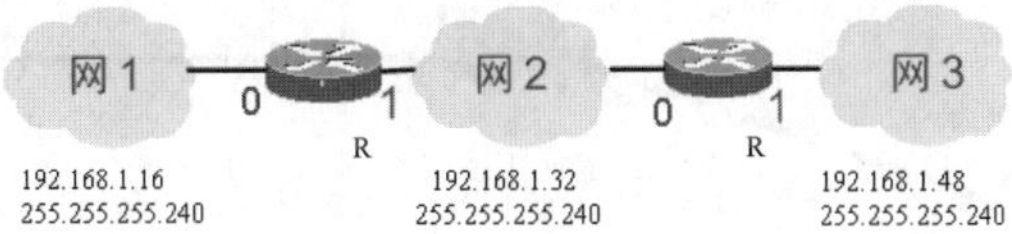

实验图 6-11　3 个网段的互联

(1) 使网段 1～3 互联互通，请配置路由器 R1 和 R2 的接口地址(填入实验表 6-1)，并配置其路由表(填入实验表 6-2 和实验表 6-3)。

实验表 6-1　路由器接口地址

路由器接口	IP 地址	子网掩码
R10		
R11		
R20		
R21		

实验表 6-2　R1 路由表

目的网络	子网掩码	下一跳地址

实验表 6-3　R2 路由表

目的网络	子网掩码	下一跳地址

(2) 描述网段 1 中的主机 A 的 TCP/IP 参数配置情况(填入实验表 6-4)。

实验表 6-4　主机 A 的 TCP/IP 参数配置

项目	值

2. 在实验图 6-11 中，2 个路由器实现了 3 个网段的互通，若有 3 个两接口的路由器，如何实现 4 个网段的互联互通？

3. 因业务发展需要，某企业构建内部网络，要求企业内部的 4 台主机都能接入因特网，并允许外网访问内网中的 WWW 服务，如实验图 6-12 所示。请为该公司设计一个方案。

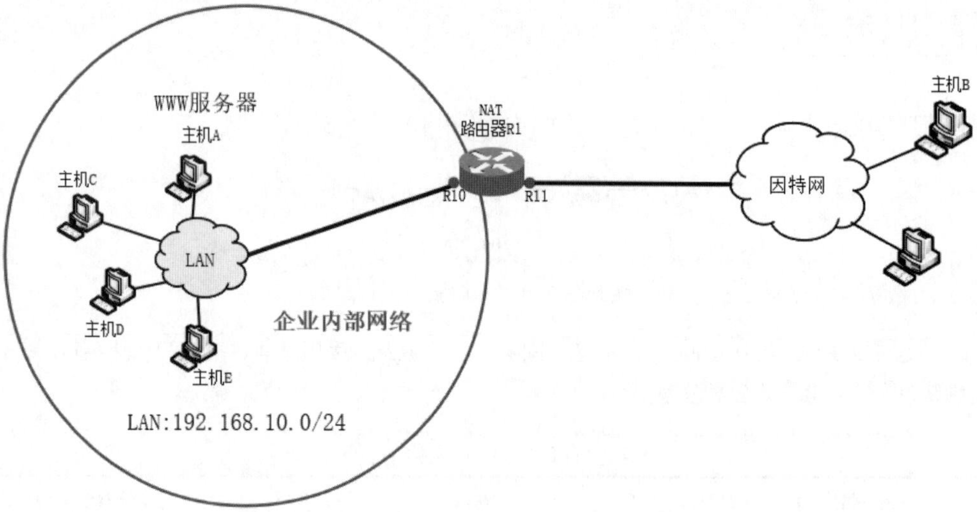

实验图 6-12　某企业构建的内部网络

实验 7

编写简单的客户/服务器程序

7.1 实验目的

(1) 了解传输层协议 TCP 和 UDP。

(2) 理解客户/服务器数据通信的方式。

(3) 熟悉具体通信的实现方法和网络编程的开发应用的方法。

(4) 掌握 Winsock 编程原理。

7.2 实验任务

(1) 利用 VC 或 Dev-C++的 Winsock 控件实现客户端和服务器的应用程序。

(2) 实现 TCP 协议的客户端和服务器端的通信过程。

(3) 实现 UDP 协议的客户端和服务器端的通信过程。

7.3 实验环境

(1) 开发环境：Windows 7 以上操作系统，VC 或 Dev-C++应用开发平台。

(2) 测试环境：将两台以上计算机组成一个 Windows 局域网，一台运行服务器程序，另一台运行客户端程序，用客户进程访问服务器进程。

7.4 相关理论知识

7.4.1 客户与服务器的特性

一台主机上通常可以运行多个服务器程序，每个服务器程序需要并发地处理多个客户的请求，并将处理的结果返回给客户。因此，服务器程序通常比较复杂，对主机的硬件资源(如 CPU 的处理速度、内存的大小等)及软件资源(如分时、多线程网络操作系统等)都有一定的要求。而客户程序由于功能相对简单，通常不需要特殊的硬件和高级的网络操作系统。在实验图 7-1 中，运行服务器程序的主机同时提供 WWW 服务和 FTP 服务。客户 1、客户 2 和客户 3 分别运行访问 FTP 和 WWW 服务的客户端程序，因此，通过 Internet，客户 1 可以访问运行 FTP 服务主机上的文件，而 WWW 服务器程序则需要根据客户 2 和客户 3 的请求，同时为其提供服务。

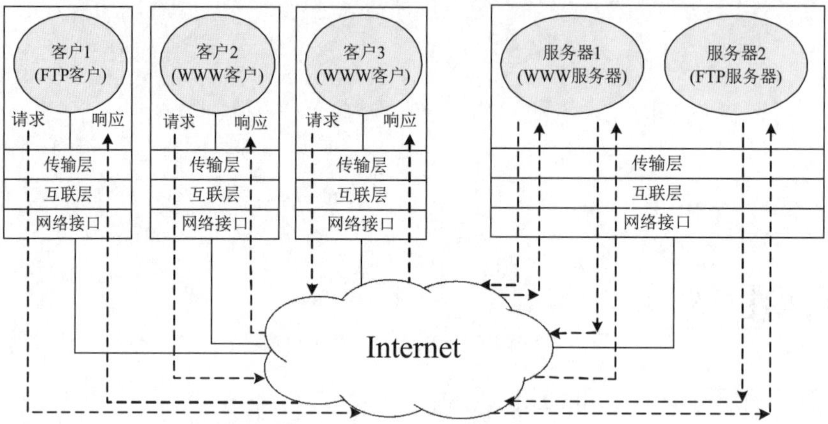

实验图 7-1　客户服务器工作模式

在实验图 7-1 中一台主机可同时运行多个服务器程序，服务器程序需要并发地处理多个客户的请求。客户/服务器模式不但很好地解决了互联网应用程序之间的同步问题(何时开始通信、何时发送信息、何时接收信息等)，而且客户/服务器非对等相互作用的特点(客户与服务器处于不平等的地位，服务器提供服务，客户请求服务)很好地适应了互联网资源分配不均的客观事实(有些主机是具有高速 CPU、大容量内存和外存的巨型机，有些主机则只是简单的个人计算机)，因此成为互联网应用程序相互作用的主要模型。

实验表 7-1 给出了客户程序和服务器程序特性对照情况。

实验表 7-1　客户程序和服务器程序特性对照表

客户程序	服务器程序
是一个非常普通的应用程序，在需要进行远程访问时临时成为客户，同时也可以进行其他本地计算	是一种有专门用途的、享有特权的应用程序，专门用来提供一种特殊的服务
为一个用户服务，用户可以随时开始或停止其运行	同时处理多个远程客户的请求，通常在系统启动时自动调用，并一直保持运行状态
在用户的计算机上本地运行	在一台共享计算机上运行
主动地与服务器程序进行联系	被动地等待各个客户的通信请求
不需要特殊硬件和高级操作系统	需要强大的硬件和高级操作系统支持

7.4.2　实现中需要解决的主要问题

1. 标识一个特定的服务

一台主机可以运行多个服务器程序，因此必须提供一套机制让客户程序无二义性地指明所希望的服务。这种机制要求赋予每个服务一个唯一的标识，同时要求服务器程序和客户程序都使用此标识。当服务器程序开始执行时，首先在本地主机上注册自己提供服务所使用的标识。在客户需要使用服务器提供的服务时，则利用服务器使用的标识指定所希望的服务。一旦运行服务器程序的主机接收到一个具有特定标识的服务请求，它就将该请求转交给注册该特定标识的服务器程序处理。

在 TCP/IP 互联网中，服务器程序通常使用 TCP 协议或 UDP 协议的端口号作为自己的特定标识。在服务器程序启动时，它首先在本地主机注册自己使用的 TCP 或 UDP 端口号。这样，服务程序在声明该端口号已被占用的同时，也通知本地主机如果在该端口上收到信息则需要将这些信息转交给注册该端口的服务器程序处理。在客户程序需要访问某个服务时，可以通过与服务器程序使用的 TCP 端口建立连接(或直接向服务器程序使用的 UDP 端口发送信息)来实现。

2. 服务器对并发请求的响应

在互联网中，客户发起请求完全是随机的，很有可能出现多个请求同时到达服务器的情况。因此，服务器必须具备处理多个并发请求的能力。服务器有以下两种实现方案。

1) 重复服务器(iterative server)方案

该方案实现的服务器程序中包含一个请求队列，客户请求到达后，首先进入队列中等待，服务器按照先进先出(first in first out，FIFO)的原则顺序做出响应。

2) 并发服务器(concurrent server)方案

并发服务器是一个守护进程(daemon)，在没有请求到达时它处于等待状态。一旦客户请求到达，服务器立即再为之创建一个子进程，然后回到等待状态，由子进程响应请求。当下一个请求到达时，服务器再为之创建一个新的子进程。其中，并发服务器叫作主服务器(master server)，子进程叫作从服务器(slave server)。

重复服务器方案和并发服务器方案各有各的特点，应按照特定服务器程序的功能需求选择。重复服务器对系统资源要求不高，但是，如果服务器需要在较长时间内才能完成一个请求任务，那么，其他的请求必须等待很长时间才能得到响应。例如，一个文件传送服务允许客户将服务器端的文件拷贝至客户端，客户在请求中包含文件名，服务器在收到该请求后返回该文件副本。当然，如果客户请求的是很小的文件，那么，服务器能在很短的时间内送出整个文件，等待队列中的其他请求就可以迅速得到响应。但是，如果客户请求的是一个很大的文件，那么，服务器送出该文件的时间自然会很长，等待队列中的其他请求就不可能立即得到响应。因此，重复服务器解决方案一般用于处理可在预期时间内处理完的请求，针对面向无连接的客户/服务器模型。

与重复服务器解决方案不同，并发服务器解决方案具有实时性和灵活性的特点。主服务器经常处于守护状态，多个客户同时请求的任务分别由不同的从服务器并发执行，因此，请求不会长时间得不到响应。但是，创建从服务器会增加系统开销，因此，并发服务器解决方案通常对主机的软硬件资源要求较高。实践中，并发服务器解决方案一般用于处理不可在预期时间内处理完的请求，针对面向连接的客户/服务器模型。

7.4.3　网络编程 Socket

TCP/IP 技术的核心部分是传输层(TCP 和 UDP 协议)、互联层(IP 协议)和主机—网络层(网络接口层)，这 3 层通常在操作系统的内核中实现。为了使应用程序方便地调用内核中的功能，操作系统常常提供编程界面(有时也叫作程序员界面或应用编程界面，也就是我们常说的应用程序接口)。其中，Socket(套接字)调用就是TCP/IP网络操作系统为网络程序开发提供的典型网络编程接口。

Socket分为数据报套接字(datagram sockets)和流式套接字(stream sockets)两种形式。其中，数据报方式使用UDP协议，支持主机之间面向非连接、不可靠的信息传输；流方式使用TCP协议，支持主机之间面向连接的、顺序的、可靠的、全双工字节流传输。

实现网络通信，一般可以采用Berkley Unix Socket接口编程。常用的网络操作系统(如Windows操作系统、UNIX操作系统和Linux操作系统等)都支持Socket网络编程接口。程序员可以利用Socket界面使用TCP/IP互联网功能，完成主机之间的通信。Windows为了更好地支持Socket编程，不仅提供了最基本和最常用的Berkley Unix Socket接口，还对这些接口进行了扩展，扩展函数一般是WSAxxxx形式，例如WSASocket、WSARecv、MFC(microsoft foundation class，微软基础类库)。MFC提供了两个用于Windows Socket编程的类：CasyncSocket和CSocket。Windows网络操作系统提供的Socket被称为Windows Sockets API，程序员可以直接调用这些API编写自己的网络应用程序。

在Windows Socket网络应用中，通信的主要模式是客户/服务器模式(client/server model)，即客户向服务器发出服务请求，服务器接收到请求后，提供相应的服务。客户/服务器模式的建立基于以下两点：首先，网络中软硬件资源、运算能力和信息不均等，需要共享，拥有众多资源的主机提供服务，资源较少的客户可以向服务器请求服务，其次，给不同主机上的进程提供一种通信机制，进程之间可以交换数据，并进行同步，减少异构机器之间的差别。

客户/服务器模式在操作过程中采取的是主动请求方式，首先服务器方要先启动，并根据请求提供以下服务。

(1) 打开一通信通道并告知本地主机，它愿意在某一公认地址上(熟知端口，如FTP为21)接收客户请求。

(2) 等待客户请求到达该端口。

(3) 接收到重复服务请求，处理该请求并发送应答信号。接收到并发服务请求，要激活新线程来处理这个客户请求。新线程处理此客户请求，并不需要对其他请求做出应答。服务完成后，关闭此新线程与客户的通信链路，并终止。

(4) 返回第二步，等待另一客户请求。

(5) 关闭服务。

客户机一般的操作如下。

(1) 打开一通信通道并连接到服务器所在主机的特定端口。

(2) 向服务器发服务请求报文，等待并接收应答；继续提出请求。

(3) 请求结束后关闭通信通道并终止。

从上述过程中我们可以获得如下信息。

(1) 客户与服务器进程的作用是非对称的，因此编码不同。

(2) 服务进程一般是先于客户请求而启动的。只要系统运行，该服务进程一直存在，直到正常或强迫终止。

传输控制协议(TCP)：定义了两台计算机之间进行可靠的传输而交换的数据和确认信息的格式，以及计算机为了确保数据的正确到达而采取的措施。它属于可靠的面向连接的全双工协议。

用户数据报协议(UDP)：是一种提供应用程序之间传送数据的机制，它所提供的服务是不可靠的。每个 UDP 报文不仅传送用户数据，还传送发送方和接收方的协议端口号，以使接收方的 UDP 软件能将报文送到正确的接收进程，并回送应答报文给对应的发送进程。面向连接的套接字系统调用时序图，如实验图 7-2 所示。无连接协议的套接字调用时序图，如实验图 7-3 所示。

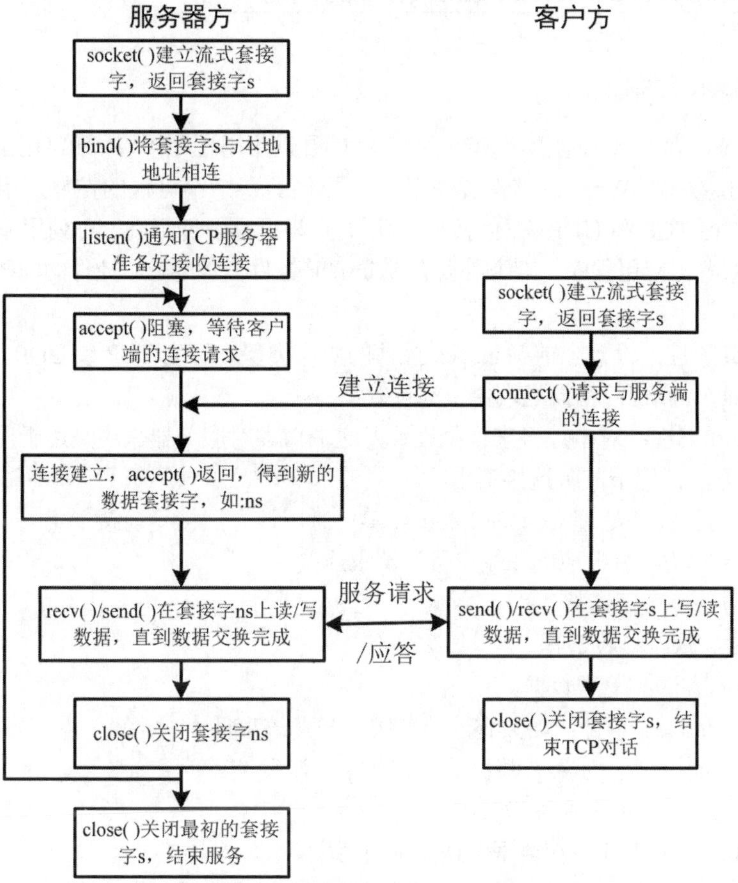

实验图 7-2　面向连接的套接字系统调用时序图

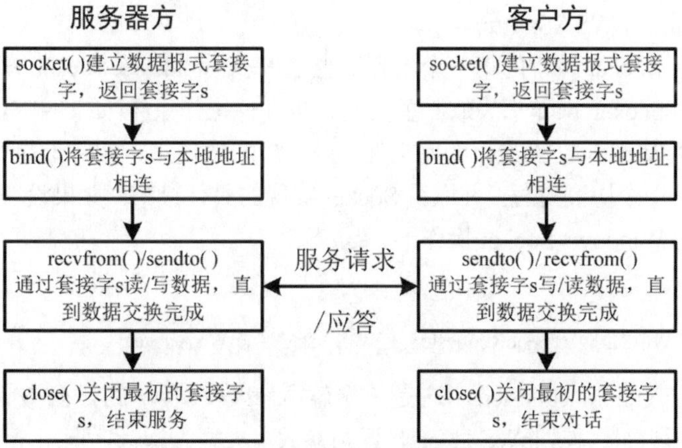

实验图 7-3　无连接协议的套接字调用时序图

所开发程序由服务器端和客户机端两部分组成，这两部分都可以收发信息(包括文本框和发送按钮)。

7.5 Windows Socket API 相关介绍

7.5.1 Winsock 介绍

套接字(Socket)是实现通信协议 TCP 和 UDP 的开发应用程序接口，通常用于在同一域中和其他 Socket 交换数据。Winsock 控件是微软公司提供的一个不可视的控件，用于进行通信。Winsock 控件支持 TCP 和 UDP 两种协议，使用时可根据需要选择其一。使用 Winsock 通信时分为客户机、服务器应用程序，双方都要有 Winsock 控件。Winsock 控件的一些常用方法、属性和事件如下。

- Protocal 属性：设置当前 Winsock 控件的协议类型，可为 TCP 或 UDP。
- Remotehost 属性：指向远端主机地址。
- Localport 属性：对本地机来说是设置发送端口，对服务器来说是用于监听的端口。
- Listen 方法：用于监听连接请求。
- Accept 方法：在处理 ConnectRequest 事件时用该方法接受连接。
- Connect 方法：主机地址和端口号，请求连接。
- Close 方法：关闭连接。
- Getdata 方法：接收数据。
- Senddata 方法：发送数据。
- ConnectRequest 事件：如果有连接请求，激发该事件。
- DataArrival 事件：如果有数据从远程传来，激发该事件。
- SendProgress 事件：在发送数据时激发。
- SendComplete 事件：在数据发送完成时激发。

1. Socket 库文件的初始化和释放

1) 初始化函数——WSAStartup

这是 Windows Socket 编程的第一个步骤，也是很多 Windows Socket 编程容易忽略的一个步骤，以致后面的 Socket 操作都失败，主要原因是其他操作系统(如 UNIX)中没有该步骤。本函数初始化进程对 Windows Socket 的库文件 ws2_32.dll 的使用，实际上是与 Windows 操作系统的 Socket 实现的一个协商过程，并取得 Socket 实现的具体细节。如果没有调用本函数，则不能进行更深一步的 Windows Socket 操作。

函数原型如下。

```
int WSAStartup( WORD wVersionRequested, LPWSADATA lpWSAData);
```

参数说明：wVersionRequested，这是一个输入参数，表示的是函数调用者可以使用的 Windows Socket 的最高版本；lpWSAData，返回参数，类型为指针，指向 Windows Socket 实现的具体细节，其具体结构如下。

```
typedef struct WSAData
{
    WORD  wVersion;
    WORD  wHighVersion;
    char  szDescription[WSADESCRIPTi0N_LEN+1];
    char  szSystemStatus[WSASYS_STATUS_LEN+1];
    unsigned short iMaxSockets;
    unsigned short iMaxUdpDg;
    char FAR * lpVendor Info;
}WSADATA，*LPWSADATA;
```

其中，wVersion 指明了 ws2_32.dll 期望调用者使用的 Windows Socket 版本；wHighVersion 表示 DLL 所支持的 Windows Socket 最高版本。

返回值：如果调用成功，返回 0；如果发生错误，返回错误码。注意，由于 ws2_32.dll 还没有装载，没有存放最近错误信息的数据区域，不能通过 WSAGetLastError 得到错误号。

2) 释放函数——WSACleanup

进程终止对 Windows Socket 库文件 ws2_32.dll 的使用。当应用程序或 DLL 不再使用 Windows Socket 时，必须调用本函数从 Windows Socket 的实现中注销使用，并释放在库文件初始化时给应用程序和 DLL 的资源。

函数原型如下。

```
int WSACleanup(void);
```

参数说明：没有参数。

函数返回值：如果操作成功，函数返回 0；否则函数返回 SOCKET_ERROR，具体的错误原因可以通过调用函数 WSAGetLastError ( )得到错误号。

对每一个成功的 WSAStartup 调用都必须调用 WSACleanup，但只有最后一次调用做实际的清理工作，其他的时候只是减小对 ws2_32.dll 的引用值。

2. Socket 的创建

创建一个 Socket，绑定到特定的服务提供者(service provider)，并分配套接字号和相关的资源。

函数原型如下。

```
SOCKET socket(int af,int type,int protocol)
```

参数说明：af，指定地址族。

Windows Socket 支持的地址协议族如下。

```
/*WinSock2. h*/
#define AF_UNIX         1           /* local to host (pipes, portals) */
#define AF_INET         2           /* internetwork: UDP, TCP, etc. */
#define AF_IMPLINK      3           /* arpanet imp addresses */
#define AF_PUP          4           /* pup protocols: e.g. BSP */
#define AF_CHAOS        5           /* mit CHAOS protocols */
#define AF_NS           6           /* XEROX NS protocols */
#define AF_IPX          AF_NS       /* IPX protocols: IPX, SPX, etc. */
```

```
#define AF_ISO          7          /* ISO protocols */
#define AF_OSI          AF_ISO     /* OSI is ISO */
#define AF_ECMA         8          /* european computer manufacturers */
#define AF_DATAKIT      9          /* datakit protocols */
#define AF_CCITT        10         /* CCITT protocols, X.25 etc */
#define AF_SNA          11         /* IBM SNA */
#define AF_DECnet       12         /* DECnet */
#define AF_DLI          13         /* Direct data link interface */
#define AF_LAT          14         /* LAT */
#define AF_HYLINK       15         /* NSC Hyperchannel */
#define AF_APPLETALK    16         /* AppleTalk */
#define AF_NETBIOS      17         /* NetBios-style addresses */
#define AF_VOICEVIEW    18         /* VoiceView */
#define AF_FIREFOX      19         /* Protocols from Firefox */
#define AF_UNKNOWN1     20         /* Somebody is using this! */
#define AF_BAN          21         /* Banyan */
#define AF_ATM          22         /* Native ATM Services */
#define AF_INET6        23         /* Internetwork Version 6 */
#define AF_CLUSTER      24         /* Microsoft Wolfpack */
#define AF_12844        25         /* IEEE 1284.4 WG AF */
```

常用的是 AF_INET、AF_INET6，分别对应 IPv4 和 IPv6。

type，是要创建的 Socket 的类型。

Winsock2 支持的类型如下。

```
/*Winsock2. h*/
#define SOCK_STREAM       1     /* stream socket 流类型*/
#define SOCK_DGRAM        2     /* datagram socket 数据报类型*/
#define SOCK_RAW          3     /* raw-protocol interface  原始协议接口*/
#define SOCK_RDM          4     /* reliably-delivered message 可靠传输的消息类型*/
#define SOCK_SEQPACKET    5     /* sequenced packet stream 有序数据包流类型*/
```

protocol，与指定的地址协议族有关的特定协议类型。对于 af=AF_INET 或 AF_ INET6，type=SOCK_STREAM 或 SOCK_DGRAM，protocol 可以设置为 0。

返回值说明：如果创建 Socket 成功，返回所创建的 Socket 的套接字号；否则返回 INVALID_SOCKET，具体的错误信息可以通过函数 WSAGetLastError 得到错误号。

创建无连接的 UDP 套接字如下。

```
    int newsock;
    newsock=socket(AF_INET，STREAM-DGRAM,0);
if(newsock= =INVALID_SOCKET)
{
    printf("Error when create socket：%ld\n",WSAGetLastError( ));
    goto Sockct_Cleanup;       //做一些清除工作
}  //newsock 为新创建的 Socket，可以使用该 Socket 接收和发送数据
```

3. 绑定服务器和端口 bind

将服务器的监听套接字与服务器的地址和端口进行绑定，一般服务器绑定在一个熟知的端

口，这样，客户端才知道向哪个服务程序请求服务。客户端程序一般是由操作系统自动分配端口，不需要绑定(当然客户端程序也可以将自己绑定在固定的端口上，只要该端口没有被占用)。

函数原型如下。

```
int bind(SOCKET s，const struct sockaddr FAR* my_addr，int addrlen);
```

参数说明：s，要绑定的套接字，一般由 socket( )函数返回；my_addr，要绑定的服务器地址和端口；addrlen，my_addr 的长度，可以设置为 sizeof(struct sockaddr)。

返回值说明：正确返回 0；否则返回 SOCKET_ERROR，可以调用函数 WSAGetLastError 得到更具体的错误原因。

一个常用的例子如下。

```
struct sockaddr_in server_addr;
memset(&serverad,0,sizeof(struct sockaddr_in));
server_addr.sin_family=AF_INET;                    //不同的地址协议族，有不同的地址
server_addr.sin_port=htons(SERVER_PORT);           //端口
serveraddr.sin_addr.s_addr=inet_addr(INADDR_ANY); //服务器地址
if(bind(sockfd,(structsockaddr*)&server_addr,sizeof(struct sockaddr))= =SOCKET_ERROR)
{
     printf("Error when binding socket\n");
goto Srv_Cleanup; //做一些清理工作
};
```

注意：

给网络地址赋值为 INADDR_ANY，表示绑定在服务器的各个网卡上，也可以绑定在特定的网卡上，只要使用该网卡的 IP 地址即可。

4. 监听套接字 listen

把套接字转换成一个被动监听的套接字，并在套接字指定的端口上开始等待别人来连接，当有人进行连接时，服务器需要进行两个步骤，一是监听等待连接请求，另外一个是调用 accept 来处理连接请求。可能同时有多个客户端程序向服务器程序发起连接请求，所以被动监听的套接字需要建立一个连接队列。

函数原型如下。

```
int listen(SOCKET s，int backlog);
```

参数说明：s，要被动监听的套接字；backlog，未处理的连接请求队列长度。如果连接请求队列满，那么客户端将接收到错误号 WSAECONNREFUSED。

返回值说明：正确返回 0，错误返回 SOCKET_ERROR，可以调用函数 WSAGetLastError 得到具体错误原因。

举例如下。

```
if(1isten(sockfd,l0)= =SOCKET_ERROR)
{
           print("Error when listening socket\n");
           goto Srv_Cleanup;
        }
```

5. 接收连接请求 accept

当套接字被动监听后，如果有连接请求到来，Windows 的网络协议栈就会进行处理。当连接过程的 3 次握手完成后，连接建立完成。服务器接收连接请求是调用函数 accept。当没有完全建立连接的请求时，套接字阻塞，直到有连接完成，函数 accept 被唤醒，返回接收的连接请求的套接字，供以后通信使用。

函数原型如下。

```
SOCKET accept(SOCKET s,struct sockaddr FAR* addr,int FAR* addrlen);
```

参数说明：s，处于被动监听的套接字；addr，连接实体的地址，地址的格式由创建 Socket 的地址协议族决定。对于 IPv4 是指向一个 struct sockaddr_in 结构的指针；addrlen，地址 addr 的长度。

返回值说明：如果没有发生错误，程序返回新的套接字号；否则返回 INVALID_SOCKET，可用 WSAGetLastError 得到具体的错误原因。

举例如下。

```
    int newfd;
    struct sockaddr_in their_addr;
    int addrlen;
while(1)
{
    addrlen=sizeof(struct sockaddr_in);
    newfd=accept(sockfd,(struct sockaddr*)&their_addr,&addrlen);
if(newfd==INVALID_SOCKET)
{
      printf("Accept a wrong connectionha");
continue;
}
          //做些处理
}
```

6. 连接服务器 connect

连接服务器对于面向连接和无连接的套接字是有区别的。对于面向连接的套接字，connect 是开始与服务器进行 3 次握手建立连接；对于无连接的套接字则是在 UDP 套接字结构中记住目的地址和目的端口，以后与服务器连接，系统自动使用已经设置的目的地址和端口来填写数据报头，这也决定了无连接的套接字可以使用 recv/send，而不仅仅使用 recvfrom/sendto 函数。

函数原型如下。

```
int connect(SOCKET s，const struct sockaddr FAR* serv_addr，int addrlen);
```

参数说明：s，套接字，在上面建立连接；serv_addr，要连接的服务器地址；addrlen，服务器地址长度。

返回值说明：正确返回 0；否则返回 SOCKET_ERROR，可以调用 WSAGetLastError 得到具体的错误号。

举例如下。

```
    //初始化服务器地址和端口
    memset(&serv_addr，0,sizeof(serv_addr))；
    serv_addr.sinfamily=AF_INET；
    serv_addr.sin_addr.s_addr=inet_addr(ServerAddress)；
    serv_addr.sin_port=htons(SERVER_POPT)；
    //连接服务器
if(connect(CliSock,(struct sockaddr*)&serv_addr,sizeof(struct
sockaddr))= =SOCKET_ERROR)
{
        printf("Error when connecting to Time Sever\n")；
goto Clnt_End；//做些清理工作
}
```

7. 发送和接收数据(send/recv，sendto/recvfrom)

1) send/recv

根据前面的介绍，send/recv 不仅可以用于面向连接的套接字，还可以用于无连接的套接字。对于无连接的套接字，首先必须调用 connect，然后才可以使用，实现真正的网络数据通信了。

函数原型如下。

```
int send(SOCKET s, const char FAR* buf, int len,int flags)；
int recv(SOCKET s, char FAR* buf, int len,int flags)；
```

参数说明：s，进行发送/接收数据的套接字；buf，对于 send，是要发送数据的缓冲区，recv 是用于接收数据的缓冲区；len，对于发送，是要发送数据的长度，对于接收，是接收数据缓冲区的大小；flags，用于指定函数调用的方式。

flage 参数的值如下。

```
#define MSG_ OOB 0xl                /*process out-of-band data*/
#define MSG_PEEK 0x2                /*peek at incoming message。*/
#define MSG_DONTROUTE 0x4           /*send without using routing tables*/
#define MSG_PARTIAL 0x8000          /*partial send or recv for message xport*/
#define MSG_INTERRUPT 0xl0          /*send/recv in the interrupt context*/
```

但是最常用的是 flags=0，使用缺省方式。

返回值说明如下。

send 函数：正确时返回发送的数据的字节长度，错误时返回 SOCKET_ERROR，通过调用 WSAGetLastError 得到具体的原因。

recv 函数：正确时返回接收到的数据的长度；对于 TCP，如果对方套接字已经关闭，返回 0。错误时返回 SOCKET_ERROR，通过调用 WSAGetLastError 得到具体的原因。

发送实例如下。

```
memset(ReqBuf,256)；
sprintf(ReqBuf，"GetTime")；
if(send(CliSock,ReqBuf,strlen(ReqBuf),0)==SOCKET_ERROR)
{
```

```
        print("Error when sending the Request\n");
        goto CInt_End;
    }
```

接收实例如下。

```
    memset(TimeBuf，0,256);
    if(recv(CliSoek,TimeBuf,255,0)<=0)
    printf("Error when receiveing Respons&n");
    else printf("The Server time is%s\n",TimeBuf);
```

注意：

发送和接收数据可以分为阻塞和非阻塞方式。阻塞方式是指一定要接收到足够的数据或把所有缓冲区里的数据都发送完才返回，否则函数调用一直等着。非阻塞方式是指如果没有接收到或发送数据，函数立即返回 SOCKET_ERROR，WSAGetLastError 返回的错误号为 WSAEWOULDBLOCK，这时应该循环等待操作完成。而实际上在 Windows Socket 的扩展中提供了 5 种 I/O 模式，具体请参考相关书籍。

2) sendto/recvfrom

该函数一般用于无连接的套接字，也可以用于面向连接的套接字。使用这两个函数时，数据不需要建立连接，在只发送少量数据的通信中，代价比较小。但这是一个与服务要求有关的问题。如果要数据可靠地接收和发送，就使用面向连接的套接字；如果希望通信代价尽量小，可靠性不是很重要(一般网络环境允许)，就选用无连接的套接字。无连接的套接字不需要与远程计算机建立连接，所以通信之前需要知道远程计算机的 IP 地址和端口。

函数原型如下。

```
    int sendto(SOCKET s，const char FAR* buf, int len，int flags，
                            const struct sockaddr FAR* to，int tolen);
```

参数说明：s，与远程计算机连接的套接字号；buf，要发送的数据缓冲区；len，缓冲区中数据的长度；flags，与 send/recv 相同；to，远地计算机的地址；tolen，地址长度。

返回值说明：正确时返回发生的数据字节长度，错误时返回 SOCKET_ERROR，通过调用 WSAGetLastError 得到具体的原因。

注意：

如果发送的数据长度 len 超过了操作系统设定的最大长度，将不会发送数据，直接返回错误号 WSAEMSGSIZE。最大长度可以通过函数 getsockopt 来取得。

函数原型如下。

```
    int recvfrom(SOCKET s，char FAR* buf,int len，int flags，
                            struct sockaddr FAR* from，int FAR* fromlen);
```

参数说明：s，与远程计算机连接的套接字号；buf，要接收数据的缓冲区；len，缓冲区中的长度；flags，与 send/recv 相同；from，返回远地计算机的地址；fromlen，地址长度。

返回值说明：正确时返回接收到的数据的长度；对于 TCP，如果连接已经关闭，返回 0。错误时返回 SOCKET_ERROR，通过调用 WSAGetLastError 得到具体的原因。

注意：

如果接收到的数据报文长度大于给定的缓冲区，对于 UDP 这样的不可靠协议，数据将丢失，可以先得到最大接收缓冲区长度，然后指定此大小的缓冲区用于接收数据。

举例如下。

```
        int numbytes,addrlen;
        struct sockaddr_in their_addr;
numbytes=recvfrom(sockfd,buf,MAXBUFLEN,0,(struct sockaddr*)&their_addr,&addrlen);
if(numbytesm==SOCKET_ERROR)
printf("Error when recvfrom data\n");
else
           printf("From %s we got %d bytes data\a", inet_ntoa(their_addr.sin_addr), numbytes);
```

8. 关闭套接字 closesocket 和 shutdown

当网络数据通信完成后，需要关闭套接字，释放创建 Socket 时分配的资源。使用 close 调用后，套接字不再允许进行读写操作。任何有关对套接字进行的读写操作都会返回一个错误 WSAENOTSOCK。

函数原型如下。

```
int closesocket(SOCKET s);
```

参数说明：s，要关闭的套接字。

返回值说明：如果正确，函数返回 0；否则函数返回 SOCKET_ERROR，调用 WSAGetLastError 得到具体的原因。

在调用 closesocket 之后，虽然不可以进行读写操作，但可能调用时有数据没有发送完成(存放在系统的发送缓冲区中)，这时根据套接字选项的不同，可能会继续发送数据，也可能会直接丢掉这些数据。所以 Socket 提供了 shutdown 函数进行进一步控制，允许单向关闭。

函数原型如下。

```
int shutdown(SOCKET s,int how);
```

参数说明：s，要单向关闭的套接字；how，指定要关闭的操作；SD_RECEWE，不允许以后接收数据；SD_SEND，不允许以后发送数据；SD_BOTH，与 close 一样，不允许继续任何读写操作。

返回值说明：如果正确，函数返回 0；否则函数返回 SOCKET_ERROR，调用 WSAGetLastError 得到具体的原因。

注意：

shutdown 并不释放创建 Socket 时分配的资源。如果在一个未连接的数据报套接字上使用 shutdown( )函数，将什么也不做。

举例如下。

```
① if(closesocket(sockfd)==SOCKET_ERROR)
printf("Error when closing socket\n");
② if(shutdown(sockfd,SD_RECEIVE)==SOCKET_ERROR)
                    printf("Error when closing socket\n");
```

在 Microsoft Visual C++中，这些 Socket API 被封装成 CAsyncSocket 类，使程序员的网络编程更加方便。

7.5.2 CAsyncSocket 介绍

CAsyncSocket 对 Windows Sockets API 在比较低的级别上进行了封装，利用 CAsyncSocket 编制网络应用程序，不但比较灵活，而且能够避免直接调用 Windows Sockets API 函数的烦琐工作。

1. 创建 Socket

Socket 的创建需要分两步进行，首先通过调用 CAsyncSocket 类的构造函数构造 CAsyncSocket 对象，然后再调用 Create 成员函数创建和初始化 Socket。CAsyncSocket 对象的构造可以按以下两种方式进行。

(1) 在堆栈上构造 CAsyncSocket 对象。

```
CAsyncSocket sock;
```

(2) 在堆上构造 CAsyncSocket 对象。

```
CasyncSocket *pSocket = new CAsyncSocket;
```

在构造 CAsyneSocket 对象之后，需要调用 Create 成员函数对其进行创建和初始化。

Create 成员函数的原型如下。

```
BOOL Create(
    UINT nSocketPort=0,
    int nSocketType=SOCK_STREAM,
    long lEvent=FD_READ|FD_WRITE|
                FD_OOB|FD_ACCEPT|FD_CONNECT|FD_CLOSE,
    LPCTSTR lpszSocketAddress = NULL);
```

Create 成员函数中各参数的意义如下。

- nSocketPort 为 Socket 指定一个端口。如果是服务器端的 Socket，那么应该为其指定一个具体的端口号。如果是客户机端的 Socket，那么既可以为其指定一个具体的端口号，也可以让系统自动为其分配一个端口号。默认值 0 表示让系统自动为其选择端口号。
- nSocketType 指定 Socket 类型。Socket 类型分为流方式和数据报方式两种。流方式通过 SOCK_STREAM 指定，数据报方式通过 SOCK_DGRAM 指定。其中，流方式为默认方式。
- lEvent 用于指定要生成的事件通知。CAsyneSocket 类将事件处理封装成了虚函数，应用程序重载这些虚函数就可以处理这些事件。事件 FD_READ、FD_WRITE、FD_OOB、FD_ACCEPT、FD_CONNECT 和 FD_CLOSE 处理对应的虚函数分别为 OnReceive、OnSend、OnOutOfBandData、OnAccept、OnConnect 和 OnClose。

- lpszSocketAddress 指定 Socket 的网络地址。该地址既可以为主机的 IP 地址(如 202.113.25.99)，也可以为主机的域名地址(如 netlab.nankai.edu.cn)。默认值为 NULL。将 Socket 的网络地址限定为本机。

如果调用成功，Create 以非 0 值返回。调用出错时，可以调用 GetLastError 函数得到具体的错误信息。

创建 Socket 的例子如下。

(1) 以流方式创建 Socket。

```
CAsyncSocket MySock;
BOOL bFlag=MySock.Create(2000，SOCK_STREAM，FD_ACCEPT);
if(!bFlag)
{
    …  //创建套接口错误处理
}
…
```

(2) 以数据报方式创建 Socket。

```
CAsyncSocket MySock;
BOOL bFlag=MySock.Create(2000，SOCK_DGRAM，FD_READ);
lf(!bFlag)
{
    …  //创建套接口错误处理
}
…
```

其中，第一种方式按照流方式创建和初始化 Socket。它在本机的 2000 端口等待远程应用程序的连接请求，并在收到远程应用程序的连接请求后触发 FD_ACCEPT 事件。第二种方式按照数据报方式创建和初始化 Socket。它在本机的 2000 端口等待远程应用程序发送的数据，并在收到远程应用程序发送的数据后触发 FD_READ 事件。

2. 发送和接收数据报

如果创建的是数据报 Socket，那么可以用 CAsyncSocket 的成员函数 SendTo 发送数据报，用 ReceiveFrom 接收数据报。由于采用数据报方式，在利用 SendTo 和 ReceiveFrom 发送和接收数据报时不需要与目标建立连接。

SendTo 成员函数的原型如下。

```
int SendTo(
    const void *lpBuf,
    int nBufLen.
    UINT nHostPort.
    LPCTSTR IpszHostAddress=NULL,
    int nFlags=0
);
```

参数说明：lpBuf，存放需要发送的数据信息；nBufLen，需要发送的字节数；nHostPort，目标主机端口号；lpszHostAddress，目标主机的 IP 地址或域名；nFlags，指定以何种方式调用该函数。

如果没有错误发生，那么 SendTo 将返回已经发送的字节数。如果发生错误，SendTo 将以 SOCKET_ERROR 返回，具体的错误信息可以通过调用 GetLastError 得到。

ReceiveFrom 成员函数的原型如下。

```
Int ReceiveFrom(
    void* lpBuf,
    int nBufLen,
    Cstring& rSocketAddress,
    UINT& rSocketPort,
    int nFlags=0
);
```

参数说明：lpBuf，存放接收到的数据信息；nBufLen，接收缓冲区 lpBuf 的长度；rSocketAddress，发送方使用的 IP 地址；rSocketPort，发送方使用的端口号；nFlags，指定以何种方式调用该函数。

在没有错误发生时，ReceiveFrom 返回实际读取的字节数。如果调用发生错误，ReceiveFrom 将以 SOCKET_ERROR 返回，具体的错误信息可以调用 GetLastError 函数得到。

3. 客户程序的建连请求

如果利用流方式使用 Socket，那么客户程序在发送正式的数据信息之前需要调用 CAsyncSocket 的 Connect 成员函数请求与服务器建立连接。Connect 成员函数的原型如下：

```
BOOL Connect(
    LPCTSTR lpszHostAddress,
    UINT nHostPort
);
```

其中，lpszHostAddress 指定需要连接的远程主机的 IP 地址或域名；nHostPort 指定需要连接的远程主机的端口号。

如果连接成功，Connect 函数返回 TRUE；否则返回 FALSE。在连接失败时，可以调用 GetLastError 得到详细的错误报告。注意，默认状态下 CAsyncSocket 使用异步方式，在操作不能立即返回时采用触发事件通知方式。因此，在 Connect 函数返回 FALSE 后，需要判定是连接出错，还是没有完成。如果这时调用 GetLastError 函数返回 WSAEWOULDBLOCK，那么可以判定 Connect 操作还未完成；一旦完成，系统将通过事件 FD_CONNECT 调用虚函数 OnConnect。程序员可以通过重载 OnConnect 对已经完成的建连请求进行处理。

4. 服务器程序的连接接受

服务器程序在创建 Socket 之后，需要调用 CAsyncSocket 的 Listen 成员函数侦听连接请求。Listen 成员函数的原型如下。

```
BOOL Listen(
    int nConnectionBacklog=5
);
```

参数说明：nConnectionBacklog 为连接请求等待队列的最大长度，有效值为 1～5，默认值为 5。

如果 Listen 函数调用成功，则返回非 0 值；否则返回 0。具体的错误信息可以通过调用 GetLastError 函数得到。

当客户程序的连接请求到来时，系统通过触发 FD_ACCEPT 事件调用 OnAccept 虚函数。为了接受客户程序的连接请求，程序员需要重载 OnAccept 函数并在该函数中调用 CAsyncSocket 的成员函数 Accept。

Accept 成员函数的原型如下。

```
Virtual BOOL Accept(
    CasyncSocket& rConnectedSocket，
    SOCKADDR* lpSockAddr=NULL,
    int* lpSockAddrLen=NULL
);
```

利用 Accept 成员函数接受客户程序的建连请求时，首先需要构造一个新的 CAsyncSocket 对象，并将该对象与建立的连接联系起来。通过该连接进行的数据收发等操作都需要通过这个新建立的 CAsyncSocket 对象进行。在 Accept 函数中，rConnectedSocket 参数指向这个新构造的 CAsyncSocket 对象，lpSockAddr 和 lpSockAddrLen 为接收到的请求端的地址信息和长度。

5. 发送和接收流式数据

在流式 Socket 中发送和接收数据可以分别调用 CAsyncSocket 的 Send 和 Receive 成员函数。当一个 Socket 的发送缓冲区空并且可以进行另一次发送时，系统将触发 FD_WRITE 事件并调用 OnSend 虚函数通知程序员可以通过调用 Send 成员函数发送数据。

Send 函数的原型如下。

```
virtual int Send(
    const void* lpBuf,
    int nBufLen，
    Int nFlags=0
);
```

参数说明：lpBuf，指向需要发送数据的缓冲区；nBufLen，需要发送数据的长度；nFlags，指定以何种方式调用该函数。

在调用成功后，Send 函数将返回实际送出的字节数；否则，Send 将返回 SOCKET_ERROR，具体的错误信息可以调用 GetLastError 函数获得。

当 Socket 接收到数据后，系统将触发 FD_READ 事件并调用 OnReceive 虚函数通知程序员可以通过调用 Receive 成员函数从 Socket 接收缓冲区中读取数据。Socket 接收的数据将一直保存在缓冲区中，直到调用 Receive 成员函数将其读走。

Receive 成员函数的原型如下。

```
virtual int Receive(
    void* lpBuf,
    int nBufLen,
    int nFlags=0
);
```

参数说明：lpBuf，指定存放接收到数据的缓冲区；nBufLen，接收数据缓冲区的最大长度；nFlag，指定以何种方式调用该函数。

在调用成功后，Receive 函数将返回实际读取到的字节数；否则，Receive 将返回 SOCKET_ERROR，具体的错误信息可以调用 GetLastError 函数获得。

6. 关闭 Socket

在使用完 Socket 后，需要使用 CAsyncSocket 类的 Close 成员函数将其关闭，以释放该 Socket 占用的有关系统资源。

Close 函数非常简单，其函数的原型如下。

```
virtual void Close( );
```

在调用 Close 函数将 Socket 关闭后，如果应用程序再次使用该 Socket，那么系统将返回错误信息 WSAENOTSOCK。

7.6 实验步骤

7.6.1 利用 Winsocket 编制网络应用程序

项目：一个简单的 timer 服务器。

工作流程：客户端向服务器建立连接后，发送取得服务器本地时间的请求，然后等待服务器返回结果，并显示；服务器接收客户端传送来的得到服务器时间请求，然后获取时间，返回给客户端。

实现方法：采用面向连接的客户端服务器模型(注意：编译时指定 Windows Socket 对应的 lib 文件 ws2_32.lib，在 VC++6.0 中，Project|settings|Link|object library modules 里添加 ws2_32.1ib)。

1. 服务器程序

(1) 初始化 Windows Socket 库文件。
(2) 创建 Socket。
(3) 绑定端口。
(4) 监听套接字。
(5) 阻塞，等待连接。
(6) 接收连接，处理请求。
(7) 返回处理结果。
(8) 关闭套接字，释放对库文件的使用。

```
/* TimeSrv*.c */
#include <mysock.h>          //初始化和释放库文件函数以及一些常用定义，见后文

int main( )
{
   int MySock,ConnSock;
   char TimeBuf[256],ReqBuf[256];
```

```
struct sockaddr_in serv_addr;
printf("\n0. 服务器已准备启动，按任意键单步执行！\n\n");
getch( );
//1. 初始化 Socket 库文件
if(InitSock( )<0)
{
    printf("Error when initialize socket lib\n");
    return -1;
}
printf("1. 调用 WSAStartup( )函数，初始化 Socket 库文件成功！\n\n");
getch( );
// 2. 创建 Socket
MySock=INVALID_SOCKET;
MySock=socket(AF_INET,SOCK_STREAM，0);
if(MySock==INVALID_SOCKET)
{
     print("Error when create socket\n");
     goto Srv_End;
}
printf("2. 调用 socket( )函数，创建 Socket！\n\n");
getch( );
//初始化服务器地址和端口
memset(&serv_addr,0,sizeof(serv_addr));
serv_addr.sin_family=AF_INET;
serv_addr.sin_addr.s_addr=htonl(INADDR_ANY); serv_addr.sin_port=htons(SERVER_PORT);
printf("    初始化服务器地址和端口！\n\n");
getch( );
//3. 将创建的套接字绑定在指定的地址和端口
if(bind(MySock,(struct sockaddr*)&serv_addr,sizeof(serv_addr))<0)
{
      printf("Error when bind the socket\n");
      goto Srv_End;
  }
printf("3. 调用 bind( )函数，将创建的套接字和指定的服务器地址和端口绑定！\n\n");
 //4. 监听套接字
getch( );
listen(MySock,LISTENQ);
printf("4. 调用 listen( )函数，服务器监听客户请求！n\n");
while(1)
{
ConnSock=accept(MySock,0，0);  //5. 阻塞，等待连接
    printf("5. 调用 accept( )函数，等待连接，处理客户请求！\n\n");
        getch( );

      if(ConnSock==INVALID_SOCKET) continue;
      memset(ReqBuf,0,256);
      if(recv(ConnSock,ReqBuf,255,0)<=0) continue; //6. 读取客户端的请求
      printf("6. 调用 recv( )函数，读取客户端的请求！\n\n");
      getch( );
      if(strcmp(ReqBuf,"GetTime"))continue;
```

```
        memset(TimeBuf,0,256);
        sprintf(TimeBuf, "Server Time is 2022-11-26。\n");
        send(ConnSock,TimeBuf,strlen(TimeBuf),0); //7. 返回处理结果
        printf("7. 服务器响应客户端 GetTime 请求，调用 send( )函数，返回处理结果！\n\n");
    }
    Srv End: //8. 关闭套接字，返回处理结果
    printf("8. 调用 closesocket( )，WSACleanup( )函数，关闭套接字，释放库文件！\n\n");
    if(MySock!=INVALID_SOCKET) closesocket(MySock);
    if(ReleaseSock( )<0) printf("Error when Realease socket lib\n");
    return 0;
}
```

2. 客户端程序

(1) 初始化库文件。

(2) 创建套接字。

(3) 连接服务器。

(4) 发送取服务器本地时间请求。

(5) 等待接收请求结果，显示请求结果。

(6) 关闭套接字，释放库文件。

```
/*TimeClnt.c*/
#include <mysock.h>        //初始化和释放库文件函数以及一些常用定义，见后文
static char ServerAddress[]="127.0.0.1"; //本地地址作为服务器地址
int main( )
{
int CliSock;
char TimeBuf [256],ReqBuf [256];
struct sockaddr_in serv_addr;
    printf("\n0. 客户端已准备启动，按任意键单步执行！\n");
    getch( );
 //1. 初始化 Socket 库文件
if(InitSock( )<0)
{
    print("Error when initialize socket lib\n");
    return -1;
  }
printf("1. 调用 WSAStartup( )函数，初始化 Socket 库文件成功！\n\n");
getch( );
//2. 创建 Socket
CliSock=INVALID_SOCKET;
CliSock=socket(AF_INET,SOCK_STREAM,0);
if(CliSock= =INVALID_SOCKET)
{
printf("Error when create socket\n");
goto ClntEnd;
}
printf("2. 调用 socket( )函数，创建 Socket！\n");
  getch( );
//初始化服务器地址和端口
```

```
memset(&serv_addr,0,sizeof(serv_addr));
serv_addr.sin_family=AF_INET;
serv_addr.sin_add.S_addr=inet_addr(ServerAddress);
serv_addr.sin_port=htons(SERVER_PORT);
printf("    初始化服务器地址和端口！\n\n");
getch( );
//3. 连接服务器
if(connect(CliSock,(struct sockaddr*)&serv_addr,sizeof(struct sockaddr))
= =SOCKET_ERROR)
{
        printf("Error when connect to Time Sever\a");
    goto Clnt_End;
  }
printf("3. 调用 connect( )函数,连接服务器成功！\n\n");
  //4. 发送取服务器本地时间请求
getch( );
memset(ReqBuf,0,256);
sprintf(ReqBuf,"GetTime");
if(send(CliSock,ReqBuf,strlen(ReqBuf)，0)==SOCKET_ERROR)
{
    printf("Error when sending the Request\n");
    goto Clnt_End;
}
printf("4. 调用 send( )函数，发送取服务器本地时间请求！\n\n");
//5. 等待接收请求结果，并显示
getch( );
printf("5. 调用 recv( )函数，等待接收请求结果，并显示！\n\n");
memset(TimeBuf,0,256);
if(recv(CliSock,TimeBuC255,0)<=0)
print("Error when receiveing Response\n");
else
printf("The Server time is%s\n",TimeBuf);
Clnt_End：//6. 关闭套接字，释放库文件
getch( );
printf("6. 调用 closesocket( )，WSACleanup( )函数，关闭套接字，释放库文件！\n\n");
   if(CliSock!=INVALID_SOCKET) closesocket(CliSock);
   if(ReleaseSock( )<0) printf("Error when Realease socket lib \ n");
   return 0;
}
```

3. mysock.h

```
/* mysock.h */
#include <winsock2.h>
#define SERVER_PORT 4000 //服务器端口
#define LISTENQ   5         //监听队列长度
int InitSock( )
{
    WORD wVersionRequested;
    WSADATA wsaData;
```

```
        int err;
        wVersionRequested=MAKEWORD(2,2);
        err=wSAStartup(wVersionRequested,&wsaData);
        if(err!=0) return -1;
        return 1;
}
int ReleaseSock( )
{
        if(WSACleanup( )= =SOCKET_ERROR)    return -1;
        return l;
}
```

4. 程序运行顺序

(1) 先启动服务器程序，运行服务器程序，界面如实验图 7-4 所示。

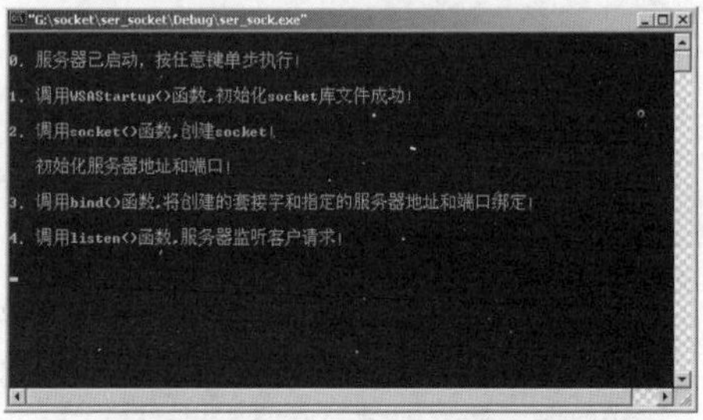

实验图 7-4　运行服务器程序

(2) 发起客户端请求，运行客户端程序，服务器和客户端界面如实验图 7-5 所示。

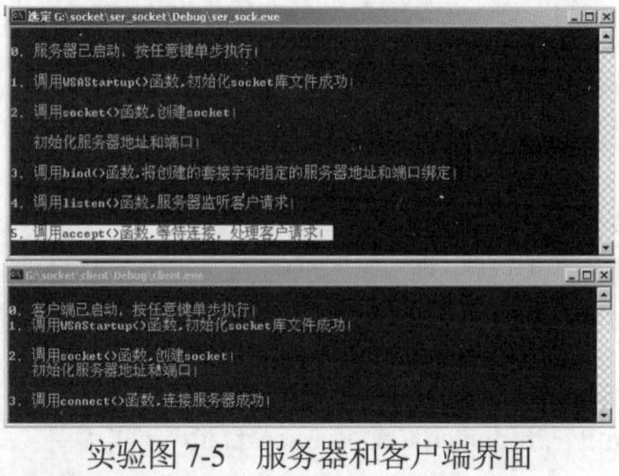

实验图 7-5　服务器和客户端界面

(3) 客户向服务器发出“GetTime”命令，客户端界面如实验图 7-6 所示。

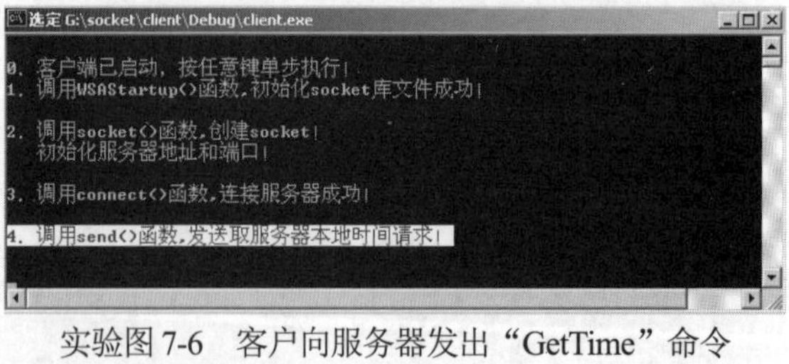

实验图 7-6　客户向服务器发出“GetTime”命令

(4) 服务器接收命令，处理命令，返回处理结果，服务器界面如实验图 7-7 所示。

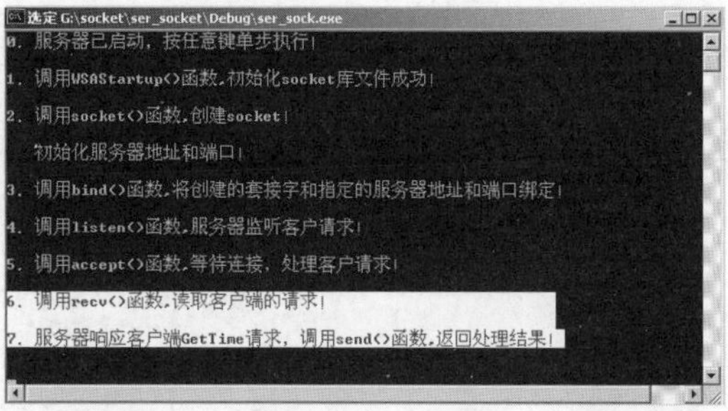

实验图 7-7　服务器接收“GetTime”请求处理

(5) 客户端接收服务器处理结果，结果如实验图 7-8 所示。

(6) 客户端运行结束，释放 Socket 连接，客户端界面如实验图 7-9 所示。

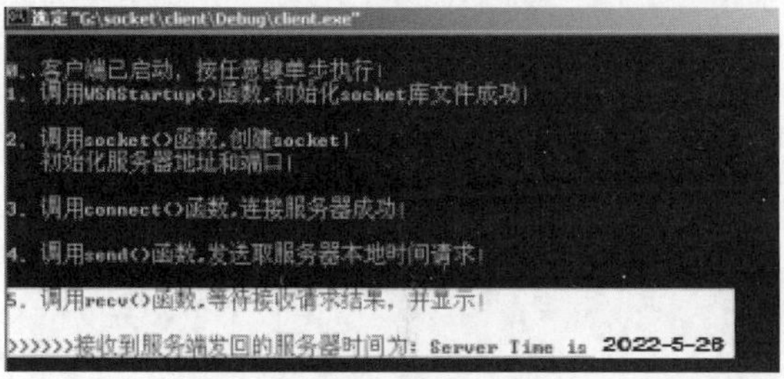

实验图 7-8　处理结果

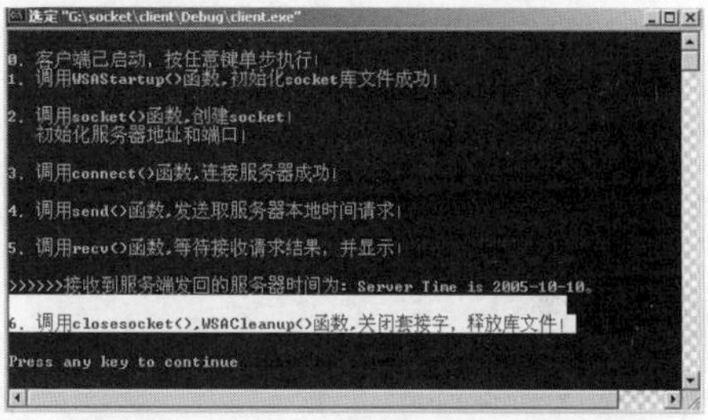

实验图 7-9　客户端释放 Socket 连接

(7) 服务器继续等待下一个客户的请求，直到服务器关闭释放。下一个客户发出请求，服务器响应客户端请求，如实验图 7-10 所示。

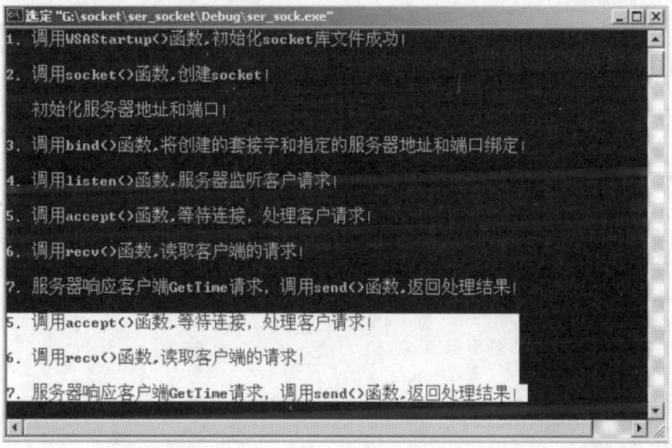

实验图 7-10　服务器响应客户端请求

7.6.2　用C#编制网络应用程序

用 C#语言提供的数据报(UDP)方式编写一个简单的客户/服务器程序，实现服务器对客户日期请求的响应。其中，客户程序和服务器程序的界面如实验图 7-11 和实验图 7-12 所示。

UDP 通信界面简单介绍

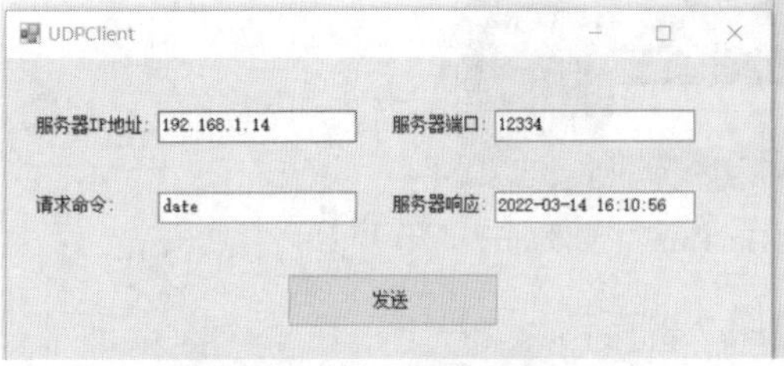

实验图 7-11 客户程序界面

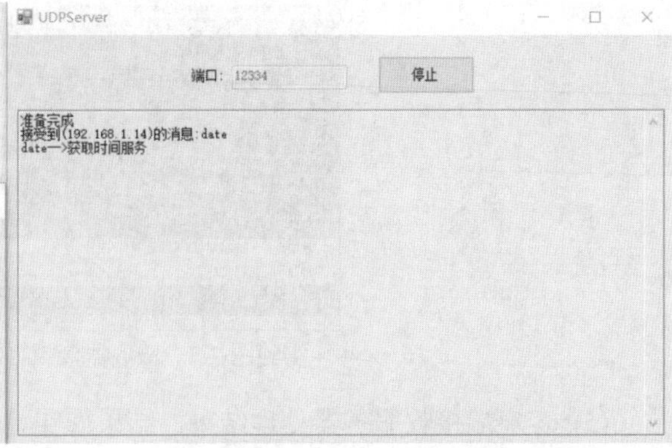

实验图 7-12 服务器程序界面

(1) 服务器端源码如下所示。

```
using System;
using System.Collections.Generic;
using System.ComponentModel;
using System.Data;
using System.Drawing;
using System.Linq;
using System.Net;
using System.Net.Sockets;
using System.Text;
using System.Threading;
using System.Threading.Tasks;
using System.Windows.Forms;

namespace UDPServer
{
    public partial class Form1 : Form
    {
        public Form1( )
        {
            InitializeComponent( );
        }

        /// <summary>
        /// UDP 服务器
        /// </summary>
        private UdpClient UDPServerSocket;
        /// <summary>
        ///  远程 IP 地址和端口
        /// </summary>
        private IPEndPoint listenIpAndPort;

        /// <summary>
        ///  监听线程
        /// </summary>
        private Thread thrSend;
```

```
//窗口加载函数
private void Form1_Load(object sender, EventArgs e)
{

}


//监听按钮
private void btnServerListen_Click(object sender, EventArgs e)
{
    if((sender as Button).Text == "监听")
    {
        //锁死端口框
        this.txtServerPort.Enabled = false;
        //清空日志内容
        this.txtServerLog.Text = "";

        thrSend = new Thread(SendMessage);
        thrSend.IsBackground = true;
        thrSend.Start( );
        this.txtServerLog.Text += "准备完成\r\n";

        (sender as Button).Text = "停止";
    }
    else
    {
        //停止监听
        //停止监听进程
        if(this.thrSend != null && this.thrSend.ThreadState == ThreadState.Running)
        {
            //线程正在运行，停止线程执行
            this.thrSend.Abort( );
            //等待进程完全退出
            while (this.thrSend.ThreadState != ThreadState.Aborted)
            {
                Thread.Sleep(100);
            }
        }
        //置空 Socket 和网络参数信息
        if(this.UDPServerSocket != null)
        {
            this.UDPServerSocket.Close( );
            this.UDPServerSocket = null;
        }
        this.listenIpAndPort = null;


        //开启端口输入
        this.txtServerPort.Enabled = true;
```

```
                (sender as Button).Text = "监听";
            }

        }


        //监听函数
        private void SendMessage( )
        {
            IPEndPoint remoteIpep = new IPEndPoint(IPAddress.Any, 0);
            //获取监听端口
            try
            {
                int port = Convert.ToInt32(this.txtServerPort.Text);
                this.listenIpAndPort = new IPEndPoint(IPAddress.Any, port);
            }
            catch (Exception ex)
            {
                MessageBox.Show(ex.Message);
                return;
            }
            while (true)
            {
                try
                {

                    this.UDPServerSocket = new UdpClient(listenIpAndPort);

                    byte[] bytRecv = this.UDPServerSocket.Receive(ref remoteIpep);
                    string message = Encoding.Unicode.GetString(bytRecv, 0, bytRecv.Length);
                    this.txtServerLog.BeginInvoke(new Action(delegate
                    {
                        this.txtServerLog.Text += "接受到("+ remoteIpep.Address.ToString( ) +")的消息:"
                                                + message + "\r\n";
                    }));
                    if(message == "date")
                    {
                        this.txtServerLog.BeginInvoke(new Action(delegate
                        {
                            this.txtServerLog.Text += message + "-->获取时间服务\r\n";
                        }));
                        //发送数据
                        sendOutData(remoteIpep, DateTime.Now.ToString( ));
                    }
                    else
                    {
                        sendOutData(remoteIpep, message);
                    }
                    this.UDPServerSocket.Close( );
                    this.UDPServerSocket.Dispose( );
```

```
                }
                catch (Exception ex)
                {
                    this.txtServerLog.BeginInvoke(new Action(delegate
                    {
                        this.txtServerLog.Text += ex.Message + "\r\n";
                    }));
                    break;
                }
            }
        }

        //发送数据
        private void sendOutData(IPEndPoint remoteIpep, String dataStr)
        {
            byte[] sendbytes = Encoding.Unicode.GetBytes(dataStr);
            this.UDPServerSocket.Connect(remoteIpep);
            this.UDPServerSocket.Send(sendbytes, sendbytes.Length);
        }

    }
}
```

(2) 客户端源码如下所示。

```
using System;
using System.Collections.Generic;
using System.ComponentModel;
using System.Data;
using System.Drawing;
using System.Linq;
using System.Net;
using System.Net.Sockets;
using System.Text;
using System.Threading;
using System.Threading.Tasks;
using System.Windows.Forms;

namespace UDPClient
{
    public partial class Form1 : Form
    {
        public Form1( )
        {
            InitializeComponent( );

            reThread = new Thread(reFun);
            reThread.IsBackground = true;
            //reThread.Start( );
        }
```

```
private Thread reThread = null;

private void reFun( )
{
    try
    {
        IPAddress ipAddress = null;
        int port = -1;
        String sendStr = null;

        this.Invoke(new Action(delegate
        {
            ipAddress = IPAddress.Parse(this.txtServerIP.Text);
            port = Convert.ToInt32(this.txtServerPort.Text);
            sendStr = this.txtRequestCode.Text;
        }));


        string message = "";
        UdpClient UDPClientSocket = new UdpClient( );
        UDPClientSocket.Connect(ipAddress, port);

        //发送数据
        byte[] sendbytes = Encoding.Unicode.GetBytes(sendStr);
        UDPClientSocket.Send(sendbytes, sendbytes.Length);

        IPEndPoint remoteIpep = new IPEndPoint(IPAddress.Any, 0);
        byte[] bytRecv = UDPClientSocket.Receive(ref remoteIpep);
        message = Encoding.Unicode.GetString(bytRecv, 0, bytRecv.Length);
        UDPClientSocket.Close( );

        this.Invoke(new Action(delegate
        {
            this.txtServerResponse.Text = message;
            this.txtServerResponse.Refresh( );
        }));

        while(true)
        {
            Thread.Sleep(1000);
        }
    }
    catch (Exception ex)
    {
        MessageBox.Show(ex.Message);
    }
}

/// <summary>
/// 发送按钮
```

```
        /// </summary>
        /// <param name="sender"></param>
        /// <param name="e"></param>
        private void btnSendOut_Click(object sender, EventArgs e)
        {
            (sender as Button).Enabled = false;

            //MessageBox.Show(this.reThread.ThreadState.ToString( ));
            if (this.reThread.ThreadState == ThreadState.Running)
            {
                this.reThread.Abort( );
                while (this.reThread.ThreadState != ThreadState.Aborted)
                {
                    Thread.Sleep(100);
                }
            }
            this.reThread = new Thread(reFun);
            this.reThread.IsBackground = true;
            this.reThread.Start( );

            (sender as Button).Enabled = true;
        }
    }
}
```

7.7 思考

1. 思考客户和服务进程工作的原理，熟练掌握 Windows Socket API 实现客户和服务进程的流程。

2. Winsock 控件的原理与作用是什么？

参考文献

[1] 谢希仁. 计算机网络[M]. 5版. 北京：电子工业出版社，2008.
[2] 吴功宜. 计算机网络[M]. 4版. 北京：电子工业出版社，2011.
[3] 冯博琴. 计算机网络[M]. 2版. 北京：高等教育出版社，2004.
[4] CHAPPELL L A，TITTEL E. TCP/IP协议原理与应用[M]. 马海军，吴华，译. 北京：清华大学出版社，2005.
[5] TANENBAUM A S. 计算机网络[M]. 3版. 熊桂喜，王小虎，译. 北京：清华大学出版社，1999.
[6] KUROSE J F，ROSS K W. 计算机网络——自顶向下方法与Internet特色[M]. 陈鸣，译.北京：机械工业出版社，2005.
[7] 谢钧，谢希仁. 计算机网络教程[M]. 4版. 北京：人民邮电大学出版社，2014.
[8] 溪利亚，彭文艺，苏莹. 计算机网络教程[M]. 北京：北京邮电大学出版社，2014.
[9] 肖盛文. 计算机网络实用教程[M]. 北京：北京邮电大学出版社，2010.
[10] 张建忠，徐敬东. 计算机网络实验指导书[M]. 北京：清华大学出版社，2005.
[11] 石硕. 计算机网络实验技术[M]. 北京：电子工业出版社，2002.
[12] 段云所，魏仕民，唐礼勇. 信息安全概论[M]. 北京：高等教育出版社，2003.
[13] 彭新光，王铮. 信息安全技术与应用[M]. 北京：人民邮电出版社，2013.
[14] 郭亚军，宋建华，李莉. 信息安全原理与技术[M]. 北京：清华大学出版社，2008.
[15] 洪帆，崔国华，付小青. 信息安全概论[M]. 武汉：华中科技大学出版社，2005.
[16] 户根勤. 网络是怎样连接的[M]. 周自恒，译. 北京：人民邮电出版社，中国工信出版集团，2017.1.
[17] 谢钧，谢希仁. 计算机网络教程[M]. 6版. 北京：人民邮电出版社，中国工信出版集团，2021.12.

附录A

实践虚拟仿真环境介绍

1.1 安装虚拟机

本例中，选用 Oracle 公司的 VirtualBox 虚拟机管理器构建虚拟环境，同学们可以到官网 https://www.virtualbox.org/下载最新版本。

下面以版本为 VirtualBox-5.2.0-118431-Win 的 64 位程序安装为例进行介绍。

(1) 运行安装，按照默认向导安装，如附录图 1-1 至附录图 1-6 所示。

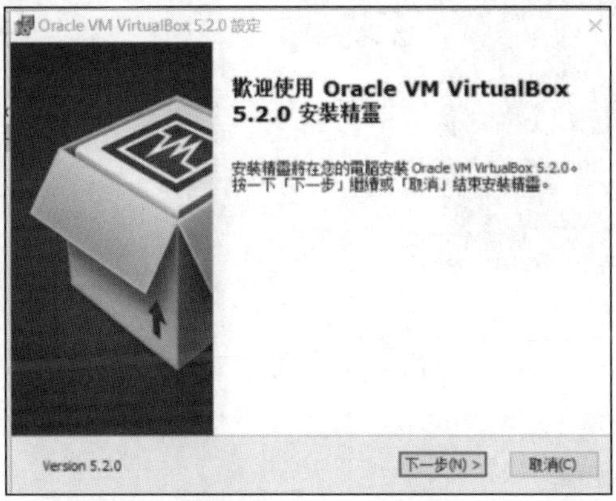

附录图 1-1　安装向导

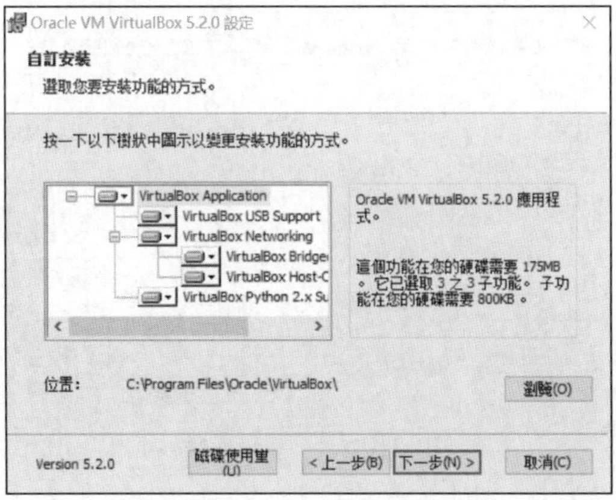

附录图 1-2　选择安装方式

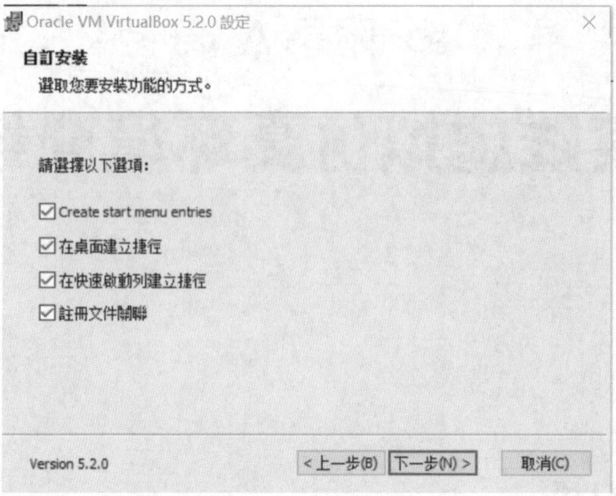

附录图 1-3　安装设置

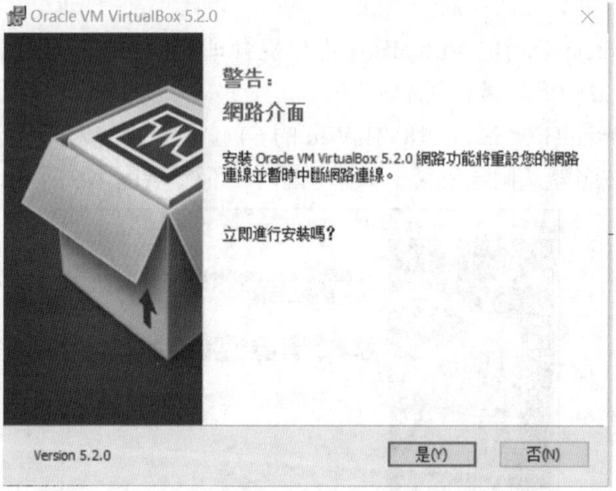

附录图 1-4　安装警告

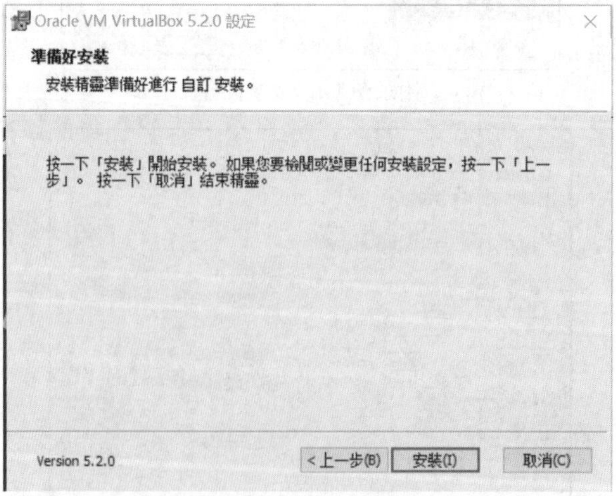

附录图 1-5　开始安装

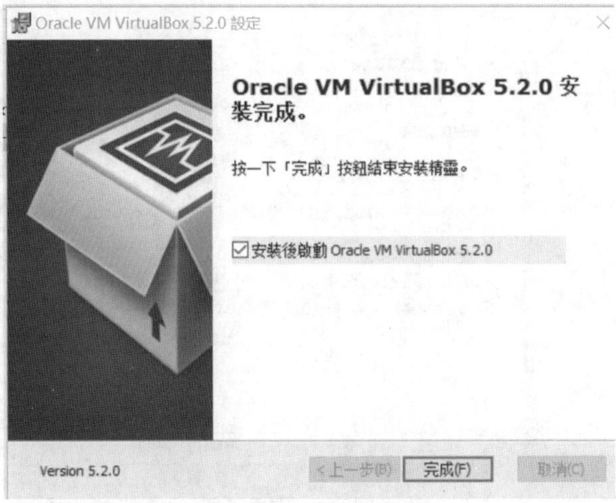

附录图 1-6　完成安装

(2) 新建虚拟机，如附录图 1-7 至附录图 1-14 所示。

新建一个虚拟机

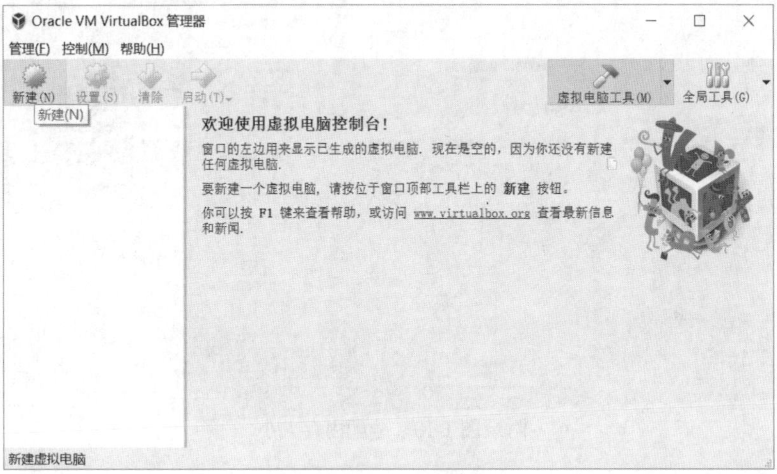

附录图 1-7　新建虚拟

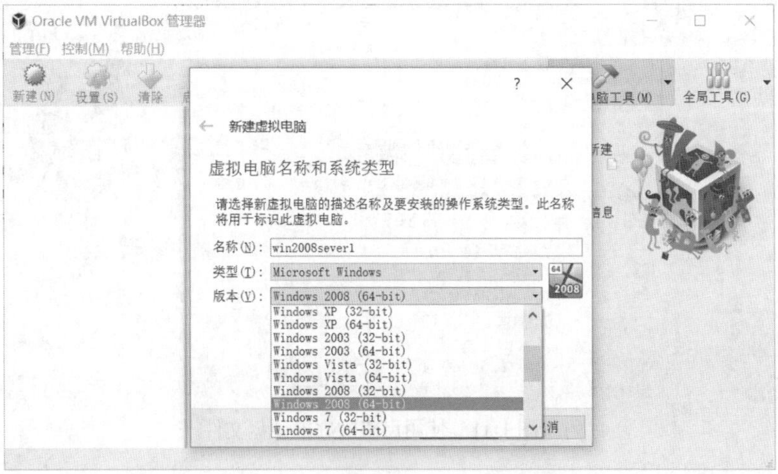

附录图 1-8　设置名称、类型与版本

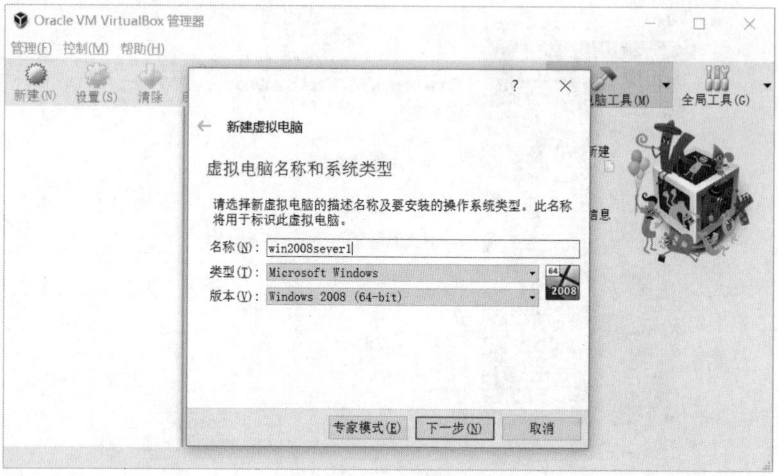

附录图 1-9　完成设置

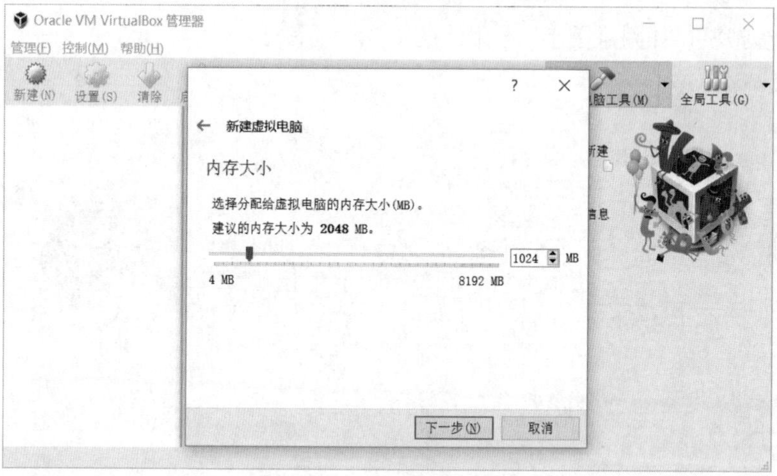

附录图 1-10　分配内存大小

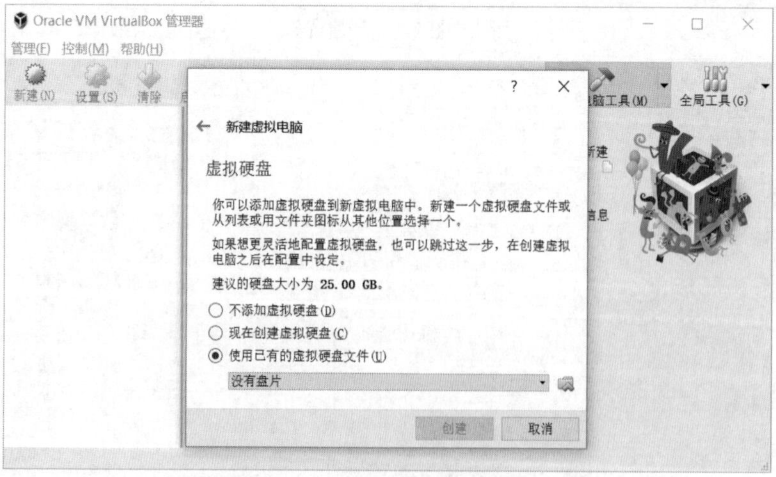

附录图 1-11　使用已有的虚拟硬盘文件

附录图 1-12　选择虚拟硬盘

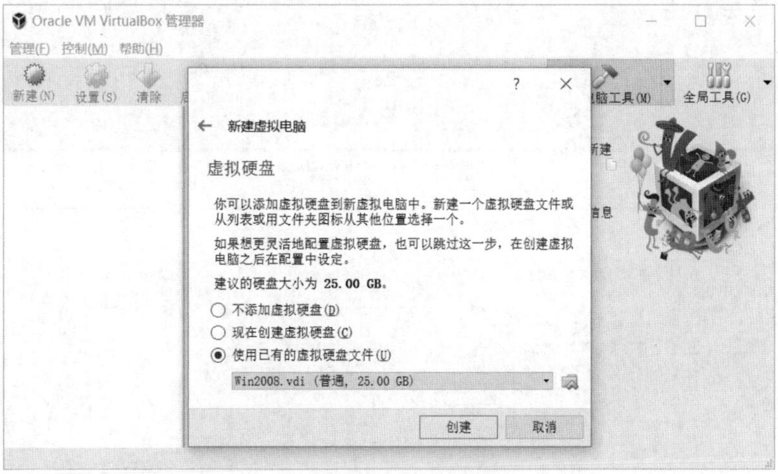

附录图 1-13　完成选择

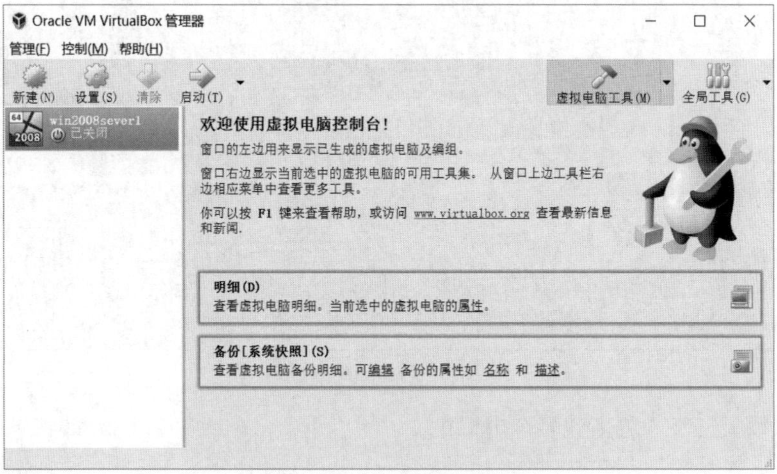

附录图 1-14　完虚拟机创建

(3) 启动虚拟机，如附录图 1-15 和附录图 1-16 所示。

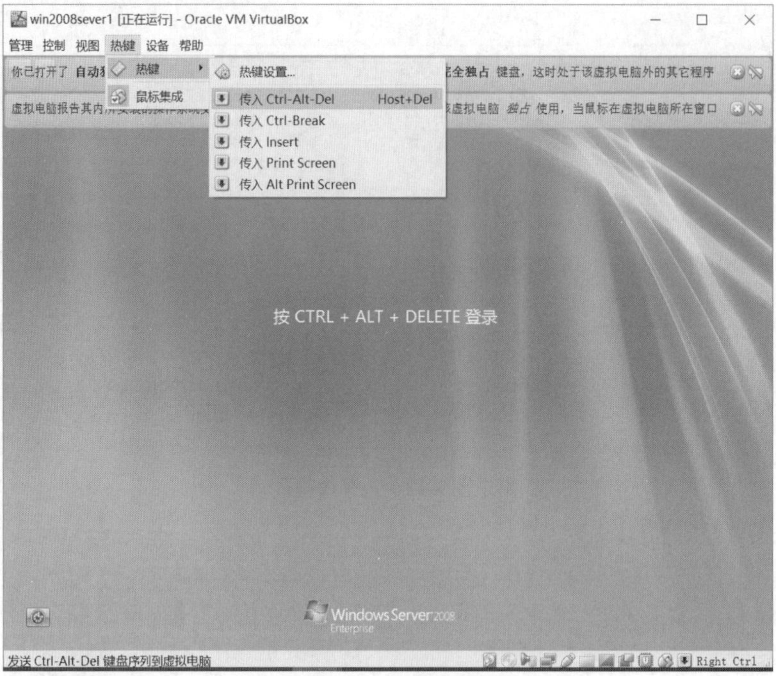

附录图 1-15　热键设置

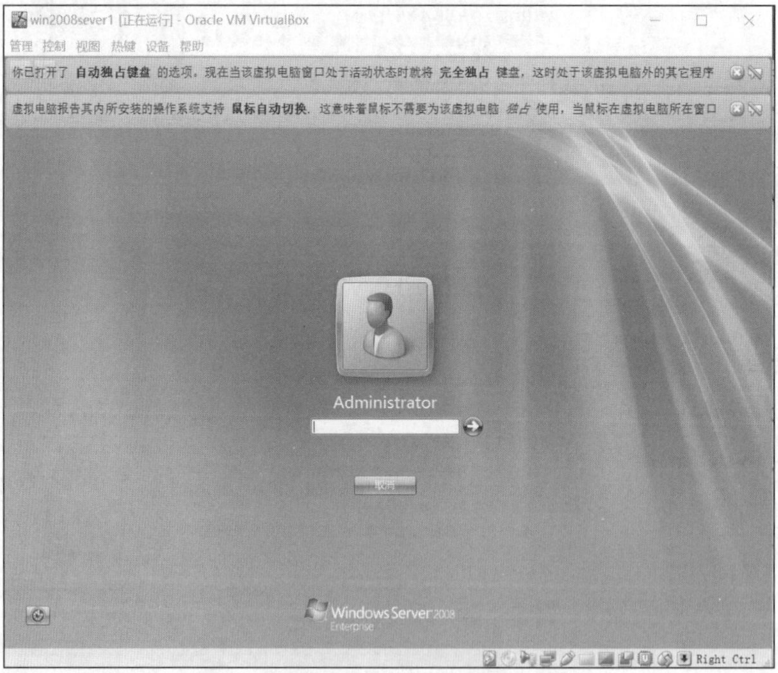

附录图 1-16　启动虚拟机

(4) 按照以上三步，可新建多个虚拟机。

创建多个虚拟机系统

1.2 宿主机和虚拟机共享文件

宿主机和虚拟机共享文件

实现虚拟机管理器中的虚拟机与宿主机(即物理机)的文件共享，具体步骤如下。

(1) 启动虚拟机，在虚拟机管理器的菜单中选择“设备→安装增强功能”选项，如附录图 1-17 所示。根据向导提示进行安装，完成后需要重新启动系统。

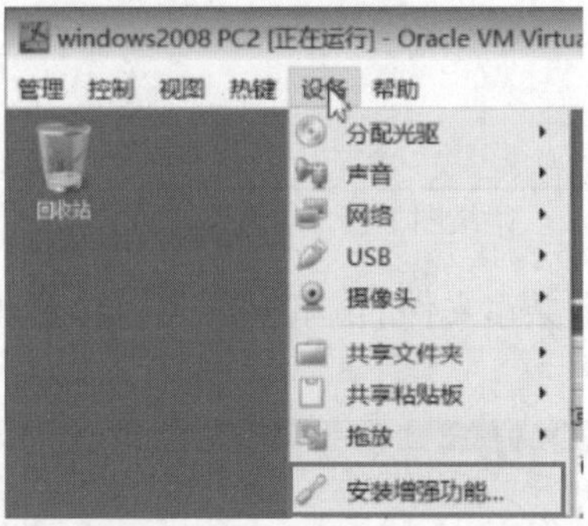

附录图 1-17 安装增强功能

(2) 重新启动系统后，打开 CD 驱动器(本例中是磁盘 D)，根据操作系统选择合适的文件安装，本例中运行“VBoxWindowsAdditions”程序，如附录图 1-18 所示。

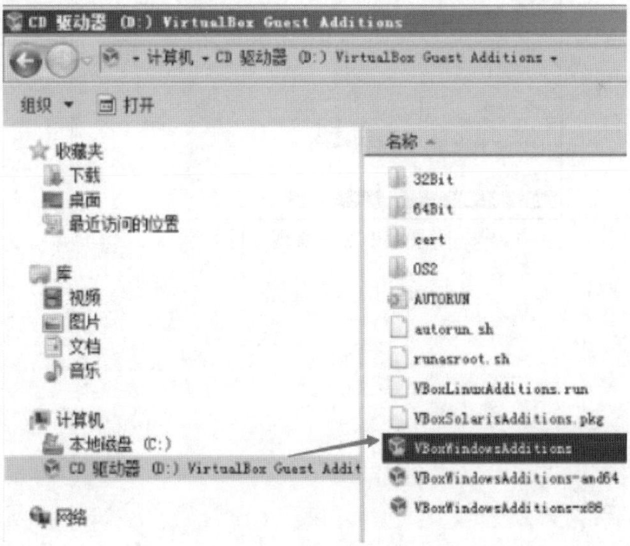

附录图 1-18 运行程序

(3) 返回虚拟机管理器界面，选择“设置→共享文件夹→添加共享文件夹”选项，打开“添加共享文件夹”对话框，在宿主机上选择“共享文件夹路径”(本例中选择“其他”)和“共享文件夹名称”，如附录图 1-19 所示。

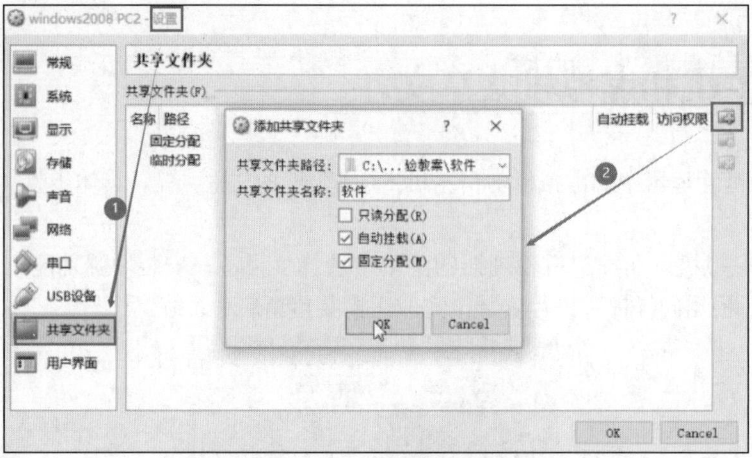

附录图 1-19 设置路径与名称

(4) 设置完成后，返回设置共享文件的虚拟机，可以看到“网络”中有共享文件夹，如附录图 1-20 所示。

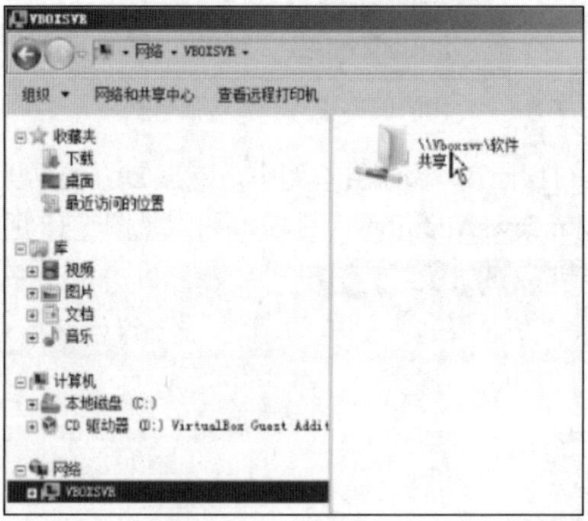

附录图 1-20 实现文件共享